万水 ANSYS 技术丛书

ANSYS 解读 ASME 分析设计规范与开孔补强

栾春远　编著

中国水利水电出版社
www.waterpub.com.cn
· 北京 ·

内 容 提 要

第 1 章对 CACI 译 2007/2013 版 ASMEⅧ-2:5 主要译文案例的分析，包括给出规范原文难句的“语法分析”和“译文分析”，每揭示一句译文的错误，就能使译文向等效规范方向靠近一步，同时旨在提醒并防止因 CACI 的译文有语法错误和理解错误而继续产生误导。第 2 章展现 ASMEⅧ-2:5 的规范正文，它是学习、理解和应用规范的依据，是第 3 章正确解读的基础。第 3 章给出 ASMEⅧ-2:5 按分析要求设计的【规范软件初步解读】。采用 ANSYS 分析实例，图文并茂解读：弹性应力分析和弹－塑应力分析评定元件防止塑性垮塌、局部失效、屈曲垮塌和由循环载荷引起的失效（包插棘轮评定），极限载荷分析法评定元件防止塑性垮塌。第 3 章的解读，要根据第 2 章规范的规定。第 3 章完成第 2 章分析设计。因此，第 1、2、3 章是紧密关联的。第 1 章案例分析是首次尝试，首次应用。

第 4 章给出 ASMEⅧ-2:4.5 在壳体和封头上开孔的设计规则。第 5 章给出 EN 13445-3: 9 在壳体上开孔。第 6 章给出 ГОСТ Р 52857.3 在内压或外压作用下壳体和封头的开孔补强、接管上外载荷作用下圆筒和球形封头的强度计算。第 7 章给出接管开孔补强综合分析以及实例计算结果的比较。这三个规范给出开孔补强的标准图例 65 个，犹如群星灿烂，最大限度地满足了工程需要。实例计算表明，从 GB150 转入美欧俄三个规范的计算切入点，完全解决了 GB150 只具有径向开孔补强的一种功能和不能做到“一孔一校”的问题。

本书可供压力容设计、制造、检验和使用等各环节的工程技术人员参考，也可供大专院校“过程装备与控制工程”专业及相近专业的师生参考。

图书在版编目（CIP）数据

ANSYS解读ASME分析设计规范与开孔补强 / 栾春远编著. -- 北京 : 中国水利水电出版社, 2017.7
（万水ANSYS技术丛书）
ISBN 978-7-5170-5515-0

Ⅰ. ①A… Ⅱ. ①栾… Ⅲ. ①有限元分析－应用软件 Ⅳ. ①O241.82-39

中国版本图书馆CIP数据核字(2017)第139510号

责任编辑：杨元泓　　加工编辑：孙 丹　　封面设计：李 佳

书　名	万水 ANSYS 技术丛书 ANSYS 解读 ASME 分析设计规范与开孔补强 ANSYS JIEDU ASME FENXI SHEJI GUIFAN YU KAIKONG BUQIANG
作　者	栾春远　编著
出版发行	中国水利水电出版社 （北京市海淀区玉渊潭南路 1 号 D 座　100038） 网址：www.waterpub.com.cn E-mail：mchannel@263.net（万水） sales@waterpub.com.cn 电话：（010）68367658（营销中心）、82562819（万水）
经　售	全国各地新华书店和相关出版物销售网点
排　版	北京万水电子信息有限公司
印　刷	三河市鑫金马印装有限公司
规　格	184mm×260mm　16 开本　21 印张　520 千字
版　次	2017 年 7 月第 1 版　2017 年 7 月第 1 次印刷
印　数	0001—3000 册
定　价	68.00 元

前　言

本书第 1 章是对 CACI 译 2007/2013 版 ASMEⅧ-2∶5 主要译文案例的分析。

由于 ASME 已经表态：对该译书的任何语法错误或因对标准的误解而产生的矛盾不负责任。因此，在学习 ASMEⅧ-2∶5 的过程中，发现该"中译本"确实存在涉及诸多方面的错误：如对原文理解有误，产生误导；对原文的语法分析有误；专业术语使用不当，造成译文错误；看错英文单词，造成译文错误；将原文削减不译，造成译文错误；软件知识欠缺，选择词义不当，造成译文错误；较多的译文是病句等等。本章仅提出 **155** 个译文案例是针对译文质量进行分析，给出相应的"语法分析"和"译文分析"，旨在提醒并防止因语法错误和理解错误而继续产生误导。在标准规范的翻译中，译文案例的分析，是首次出现、首次尝试，供读者学习规范时参考，力求规范译文正确、与原文等效。

第 2 章 ASMEⅧ-2:5 按分析要求设计。只有规范译文正确，才能便于读者准确理解和应用规范。见第 1 章 **1.3** 可怕的病句（仅列几例）。这样的译文会产生不良后果。又如规范 **5.2.1.2**（见本书 **2.2.1.2**）"对于具有复杂的几何形状或复杂载荷工况的元件、应力分类，需要高深的知识和鉴别能力。对三维应力场，这是尤其正确的。对于**分类过程**可产生模棱两可的结果的场合，推荐分别应用规范 5.2.3（见本书 2.2.3）极限载荷法或规范 5.2.4（见本书 2.2.4）弹－塑性分析法"。CACI 对原文"Application of the limit load or elastic-plastic analysis methods in 5.2.3 and 5.2.4, respectively, is recommended for cases where the categorization process may produce ambiguous results."中，"the categorization process"是指"分类过程"，却译成"**应力分类方法**"可以产生模棱两可的结果的情况，就是将规范**念歪**了，造成译文的错误，导致别人也人云亦云，见第 1 章[10]。"**应力分类方法**"是弹性应力分析的基础，见规范 5.2.2.2，是不会产生"模棱两可的结果"。一语道破，该译者并不懂得"模棱两可"的涵义。**分类过程就是选择路径的过程**，对三维应力场，可产生 "模棱两可的结果"，详见第 3 章。

第 3 章 ASMEⅧ-2:5 按分析要求设计【规范软件初步解读】。国内发表这方面的文章和专著甚少。新版 ASMEⅧ-2:5 将规范条款和软件数值分析融为一体，用软件数值分析结果实现规范条款的规定。

本书采用 **ANSYS** 分析实例，以同一的几何模型和有限元模型，图文并茂【解读】弹性应力分析和弹－塑应力分析评定元件防止塑性垮塌、局部失效、屈曲垮塌和由循环载荷引起的失效（包括棘轮评定），极限载荷分析法评定元件防止塑性垮塌。

采用的材料模型有：弹性应力分析法防止塑性垮塌用弹性材料模型；极限载荷分析法防止塑性垮塌用弹性－理想塑性材料模型（屈服极限用 1.5 倍的许用应力）；弹－塑性应力分析法防止塑性垮塌用规范附录 3-D 给出真实的应力应变曲线模型；弹性应力分析法防止局部失效用弹性材料模型；弹－塑性应力分析法防止局部失效用真实的应力应变曲线模型；一次循环分析法防止由循环载荷引起失效用随动强化的循环的应力幅－应变幅曲线模型；两倍屈服法防止由循环载荷引起失效用循环的应力范围－应变范围的滞回曲线材料模型；棘轮评定——弹性应力分析用弹性材料模型；棘轮评定——弹－塑性应力分析用弹性－理想塑性材料

模型（屈服极限用规范附录 3-D 给出的真实的屈服极限）。

在【规范软件初步解读】的过程中，本书作者的**原创工作**是：

（1）**从 P_L+P_b+Q 中分出 Q 的方法**，回答了有关学者提出的问题“如何将等效线性化处理得到的薄膜加弯曲应力进一步分解成一次应力和二次应力则是国内外压力容器界热烈讨论的问题，目前尚无公认的结论”。

（2）对于极限载荷分析法，规范指出“通过一个小的载荷增量不能达到平衡解，说明了这一点（该解不收敛）。”本书作者真正看到了“极限载荷的**境域**”，见第 3 章，当加载设计压力等于 60.50 MPa，求解完成，ANSYS 给出的应力云图，显示颜色标尺的第二档（橙黄色），由一档降为二档，Mises 应力下降了，出现塑性流动和应力再分布。

（3）采用弹－塑性应力分析，确定元件的塑性垮塌载荷时，规范也指出“通过一个小的载荷增量不能达到平衡解，说明了这一点（该解不收敛）”，当加载设计压力达到 118MPa，求解完成。加载设计压力等于 119MPa，ANSYS 停止计算。加载为 118MPa 就是总体塑性垮塌载荷。这时出现总体塑性垮塌载荷的相应**境域**是，应力云图上出现 **68** 个节点，其 Mises 当量应力 SMX 达到了材料的强度极限 552MPa。

第 4 章 ASMEⅧ-2:4.5 在壳体和封头上开孔的设计规则。该规则的基本理论是，**“最大局部一次薄膜应力法”**。接管与壳体相贯区是总体结构不连续，这里的薄膜应力是局部一次薄膜应力 P_L。本规则就是确定最大局部一次薄膜应力，并以 1.5 倍的许用应力进行评定，并且必须进行“一孔一校”。

本规范给出两条主线：其一是规范 4.5.5（见本书 4.5）圆筒上的径向接管，给出 10 个计算步骤，完成接管开孔补强设计；其二是规范 4.5.10（见本书 4.10）球壳或成形封头上的径向接管。其他各种位置的斜接管，均作某些参数的相应替代，然后回归到相应主线上继续计算，直至完成。

该规则对开孔率虽然没有明确限制条件，但从公式中可发现它的实际应用的可能性。

对于补强范围有重叠的两个接管开孔，规范给出方法计算每一单个接管 L_R，然后返回到主线上计算。

第 5 章 EN 13445-3: 9 在壳体上开孔。该标准实施**“压力面积法”**（pressure area design method），该方法建立在保证材料提供的反作用力大于或等于由压力产生的作用力的基础上。因此，补强计算的重点是，计算应力作用面和压力作用面。该标准也规定“一孔一校”。

该标准规定了开孔率：圆筒上接管补强的开孔，d_{ib} / $(2r_{is})$应不超过 1.0；在半球形封头和其他的凸形封头上开孔，d/D_e 应不超过 0.6；用壳体补强的没有接管的开孔，开孔率为 0.5。圆筒和锥壳纵截面上的斜接管，φ 角不超过 60°，在球壳和凸形封头上斜接管，用公式控制。

对不满足单个开孔条件，本标准给出相邻开孔的孔间带校核和全面校核。开孔靠近壳体不连续处的距离 W，必须满足标准 9.7.2（见本书 5.7.2）的规定：$W \geqslant W_{min}$。

第 6 章 ГОСТ Р 52857.3 在内压或外压作用下壳体和封头的开孔补强、接管上外载荷作用下圆筒和球形封头的强度计算。该标准以**极限平衡**（极限载荷）**理论**为基础推导出补强计算条件：壳体和接管的多余壁厚的相应面积，加上补强圈的贡献面积≥计算壁厚下失去的净面积。必须进行“一孔一校”。

该标准规定了开孔率：圆筒或锥壳上实现 1.0；凸形封头上达到 0.6；接管上有外载荷作用下，圆筒开孔率达 0.8；半球形封头上达到 0.6。

当在圆筒上设置具有圆形横截面的倾斜接管时，γ（见图 A.11б）不超过 45°。对于椭圆形封头上非中心部位的接管（见图 A.5），γ 不超过 60°。圆筒和锥壳纵截面上的斜接管以及对半球形封头和碟形封头球面部分的所有开孔，开孔的计算直径：$d_p=(d+2c_s)/\cos^2\gamma$。对于两个相互有影响的接管开孔，由孔桥的许用压力控制。

第 7 章接管开孔补强综合分析。给出实例计算结果汇总一览表，三个规范开孔补强功能对比分析。

第 4～6 章，均给出概述，标准正文，从 GB150 转入三个标准规范的计算切入点，实例计算，小结和原文难句分析。

三个开孔补强规范中给出标准图例共 65 个，犹如群星灿烂，最大限度地满足了工程需要，设计人员通过计算，完美地设计出精彩的压力容器产品，也实现了最高的设计享受。

在开孔补强标准方面，美欧俄三个规范，实施三种完全不同的基本理论，形成三足鼎立的局面，任何其他国家压力容器的开孔补强标准无法比拟，这是不容置疑的。

由于作者水平有限，对书中的错误，敬请专家学者和广大读者给予批评和指正。

作 者

2017 年 4 月

目　录

前言

第 1 章　对 CACI 译 2007/2013 版 ASMEⅧ-2:5 主要译文案例的分析 …… 1
第 1 节　概述 …… 1
1.1　对翻译的认识 …… 1
1.2　自造词 …… 1
1.3　可怕的病句 …… 3
1.4　译文案例的概况 …… 5
第 2 节　主要译文案例的分析 …… 9
第 3 节　小结 …… 84
参考文献 …… 85

第 2 章　ASMEⅧ-2:5 按分析要求设计 …… 86
第 1 节　概述 …… 86
第 2 节　标准正文 …… 86
2.1　一般要求 …… 86
2.2　防止塑性垮塌 …… 88
2.3　防止局部失效 …… 93
2.4　防止屈曲垮塌 …… 94
2.5　防止由循环载荷引起的失效 …… 95
2.6　接管颈部应力分类的补充要求 …… 107
2.7　螺栓的附加要求 …… 108
2.8　管板的附加要求 …… 109
2.9　多层容器的附加要求 …… 109
2.10　实验应力分析 …… 109
2.11　断裂力学评定 …… 109
2.12　定义 …… 109
2.13　符号 …… 111
2.14　表 …… 115
2.15　图 …… 124
附录 2-A　应力线性化结果用于应力分类 …… 125
附录 2-B　循环图的设计和疲劳分析的循环计数 …… 136
附录 2-C　用于弹性疲劳分析的交变塑性修正系数和有效的交变应力 …… 139
附录 2-D　应力指数 …… 144
参考文献 …… 149

第 3 章　ASMEⅧ-2:5 按分析要求设计【规范软件初步解读】 …… 150
第 1 节　概述 …… 150
第 2 节　【规范软件初步解读】 …… 151
3.1　ANSYS 解读用的分析实例 …… 151
3.2　弹性应力分析法防止塑性垮塌 …… 153
3.3　极限载荷分析法防止塑性垮塌 …… 162
3.4　弹一塑性应力分析法防止塑性垮塌 …… 165
3.5　弹性应力分析法防止局部失效 …… 167
3.6　弹一塑性应力分析法防止局部失效 …… 168
3.7　防止屈曲垮塌 …… 173
3.8　疲劳评定－弹性应力分析和当量应力 …… 177
3.9　疲劳评定——弹一塑性应力分析和当量应变 …… 181
3.10　棘轮评定——弹性应力分析 …… 186
3.11　棘轮评定——弹一塑性应力分析 …… 187
第 3 节　小结 …… 188
参考文献 …… 190

第 4 章　ASMEⅧ-2:4.5 在壳体和封头上开孔的设计规则 …… 191
第 1 节　概述 …… 191
第 2 节　标准正文 …… 191
4.1　应用范围 …… 191
4.2　各种接管的尺寸和形状 …… 191
4.3　接管连接的方法 …… 192
4.4　接管颈部最小厚度要求 …… 193
4.5　圆筒上的径向接管 …… 193
4.6　圆筒横截面上的山坡接管（hillside nozzle） …… 196

4.7 圆筒纵截面上与纵轴中心线成某一角度的接管 …… 197
4.8 锥壳上的径向接管 …… 197
4.9 锥壳上的接管 …… 198
4.10 球壳或成形封头上的径向接管 …… 198
4.11 成形封头上的垂直接管和山坡接管 …… 202
4.12 平盖上的圆形接管 …… 203
4.13 对接管间距的要求 …… 204
4.14 接管连接焊缝的强度 …… 204
4.15 壳体和成形封头的接管上由外载荷产生的局部应力 …… 207
4.16 检查开孔 …… 207
4.17 承受压缩应力的开孔补强 …… 208
4.18 符号 …… 209
4.19 表 …… 212
4.20 图例 …… 213
第 3 节 从 GB150 转入本规范的计算切入点 …… 219
第 4 节 实例计算 …… 220
第 5 节 小结 …… 229
第 6 节 对 CACI 译 2007/2013 版 ASMEⅧ-2:4.5 主要译文案例的分析 …… 231
参考文献 …… 235
第 5 章 EN 13445-3:9 在壳体上开孔 …… 236
第 1 节 概述 …… 236
第 2 节 标准正文 …… 236
5.1 应用范围 …… 236
5.2 本条定义 …… 236
5.3 专用符号 …… 237
5.4 一般规定 …… 240
5.5 单个开孔 …… 248
5.6 多个开孔 …… 260
5.7 开孔靠近壳体不连续处 …… 267
第 3 节 从 GB150 转入本标准的计算切入点 …… 271
第 4 节 实例计算 …… 272
第 5 节 小结 …… 278
第 6 节 原文主要的难句分析 …… 281
参考文献 …… 282
第 6 章 在内压或外压作用下壳体和封头的开孔补强 接管上外载荷作用下圆筒和球形封头的强度计算 …… 283
第 1 节 概述 …… 283
第 2 节 标准正文 …… 284
1 应用范围 …… 284
2 引用标准 …… 284
3 符号 …… 284
4 一般规定 …… 286
5 内压或外压下的开孔补强计算 …… 287
6 接管上的外部静载荷作用下圆筒和球形封头的强度计算 …… 293
附录 A …… 298
第 3 节 从 GB150 转入本标准的计算切入点 …… 307
第 4 节 实例计算 …… 307
第 5 节 小结 …… 315
第 6 节 主要的难句分析 …… 318
参考文献 …… 319
第 7 章 接管开孔补强综合分析 …… 320
第 1 节 实例计算结果一览表 …… 320
第 2 节 开孔补强功能对比分析 …… 321
第 3 节 展望 …… 324
参考文献 …… 325

第1章 对CACI译2007/2013版 ASMEⅧ-2:5主要译文案例的分析

第1节 概述

1.1 对翻译的认识

翻译压力容器国外标准规范是一项艰难的工作。压力容器技术界的专业人员和学生，除外文水平很高的学者直接阅读原版外，一般是要通过相应的中译本，或结合中译本和原版来学习、理解和应用国外先进的标准规范。

标准规范属于科技文体，它和科技专著、论文、学术报告、专业期刊、说明书、考察和试验报告一样，归为一类。科技文体的翻译要比文学译作的翻译要求高得多。“文学译作是一种名符其实的再创作，可以而且往往必然偏离原文（起码在形式上），一时不慎出点笔误，或稍有偏离原文，无伤大局[11]。”

我国历史上最伟大的翻译家玄奘提出八个字的翻译标准[6]：既须求真，又须喻俗。“求真”就是忠实于原文，“喻俗”就是通俗易懂。

科技文体的翻译标准，不能套用[11]“信、达、雅”三个字。应是“正确、通顺”。正确是指忠实于原文，译文的涵义与原文等值，应确切地表达出原文的内容，尤其是原理、规则、方法、定义、符号和公式。不得咨意发挥，也不得压缩削减，造成误导。标准规范的结构严谨，逻辑性很强，不得有半点含糊其词[6]。“通顺”是指译文要符合汉语的语法规则，译文应达到像看中文一样的顺畅，且符合专业的要求和规定。因此，翻译工作本身要求翻译人员具有三种水平：外文水平、专业水平和中文水平，三者同时具备，缺一不可。一个汉语水平达不到要求的译者无法再现原文的精华，行文生硬、费解、累赘。没有相应的专业知识或软件技能，就会被“卡住”，或吃不准，或硬着头皮译出，自己也不懂。对原文理解不透彻，汉语再好也无法正确表达原文的思想，外文水平较高，若不想查词典确认，忽视外文单词的固定搭配，选择词义不当，出现译文错误，就不能与原文等效。

翻译是在原文的基础上，进行再思索、再表达的过程。翻译是技术。

1.2 自造词

自造词是指对规定的术语自行地、随意地造词。除被相应的专业吸纳外，本书予以舍弃。

（1）CACI译2007/2013版ASMEⅧ-2:5译文中的自造词。

1）载荷频率曲线（loading histogram）

词典上给出“histogram”词义有矩形图、直方图、频率曲线。CACI的译者将“loading

histogram”译为“载荷频率曲线”。该短语出现的次数较多。从 5.1.3.1 第一次出现“载荷频率曲线”到 5.C.2.1 止，共出现 20 次。5.5.2.4 的步骤 1～8 中，5.5.4.1 中，该译者又将“load histogram”改译为“载荷规律”，出现 8 次，总计 28 次。

频率的准确定义是某种物理量在单位时间（通常为 1 秒钟）内作周期性变化的次数。单位是“赫兹”。压力容器的载荷循环不能以频率来表征，通常以每小时的载荷变化次数表示循环次数。因此，所有的“载荷频率曲线”的译文全错，应全部舍弃。

“histogram”的词义有“矩形图”，这是载荷循环图中的一种，见[12]中的 **ГОСТ Р52857.6** 图 1 载荷循环图（**Эпюры циклов нагружения**）中给出的“**矩形**”和“**正弦曲线形**”。因此，将“loading histogram”译为“**载荷循环图**”。

2）许用应力极限（allowable stress limit），**一次+二次当量应力范围许用极限**（The allowable limit on the primary plus secondary stress range）

通常知道的有屈服极限、抗拉强度极限、持久极限和蠕变极限，力学专书中均有定义，但没有许用应力极限。对“allowable stress limit”中的“limit”选择词义时，有“限制”“极限”。许用应力就是对计算应力的限制。应译为“许用应力限制”或“**许用应力限制条件**”。不能一遇到“limit”，就是“……极限”。

对“limit on”，词典上给出“对……限制”，上述译为“**对一次+二次应力范围的许用限制**”，但还要译成“极限”。专业术语用错。CACI 的中译本中，这类自造词相当多。

3）焊缝**对中**（joint alignment）和焊缝**凸出**（weld peaking）

在 5.5.1.7 中，将壳体和封头处的焊接接头译为“对中”和“焊缝凸出”。按 GB150 制造部分的常用术语，译为焊接接头“**对口错边**”和焊缝“**棱角**”。

4）不规范的译法

在 5.2.3.5 Step 1 中将“numerical model”译为“数字模型”，在 5.2.4.4 Step 1 中将“numerical model”译为“**数字模快**”。在其他地方使用了“数值模型”。

附录 **5-B 中 5-B.2**（e）（f）定义，将“first derivative”译为“一次导数”，应译为“一阶导数”。

附录 5-C.3.2 中将“time step”译为“时间步进”，应译为“时间步”。

5）逐一循环分析法（cycle-by-cycle analysis method）和**二步屈服法**（twice yield method）

将“cycle-by-cycle analysis method”译为“逐一循环分析法”不明确。

“cycle”的词义，有“周期”“循环”。介词“by”的词义，有“逐（个）”“一一”，如“box by box”，译为“逐箱”或“一箱”。“cycle-by-cycle”译为“一次”。若用“逐”字，显得别扭，就去掉“逐”字。《英汉科技大词库》中有一组词“cycle-by-cycle device”，给出词义为“**逐周**装置（调频限制器）”。照此推定，应译为“逐周分析法”。实际上，载荷循环体现“逐周”循环，载荷变化了一个周期，回到初始位置，就是一次循环。如 5000 次循环，就是载荷变化了 5000 个周期。压力容器疲劳分析，均以一次循环作为分析的基础。做不到，也没必要“逐一循环分析”。因此，应视为“逐周分析法”=“一次循环分析法”。根据上面的演译过程，确定译为“**一次循环分析法**”合适。

“二步屈服法”中的“二步”是什么概念？要舍弃。应译为“两倍屈服法”，因为对应的是滞回曲线。

（2）[10]译文。

1）在规范 5.13 中，将“Fatigue penalty factor $K_{e,k}$”译为“疲劳罚系数”。这不是在商贸或体育界，可用“惩罚”一词。在词典中，“penalty”还有“损失”词义供选用。“疲劳罚系数”很“新鲜”。而在翻译规范 5.13 符号“*m,n*”时，将“fatigue knock-down factor”译为“疲劳降低系数”。实际上，在规范 5.13 符号“*m,n*”中均指出，在规范 5.5.6.2 简化的弹塑性分析所使用的 fatigue knock-down factor，这里唯一指出的系数就是 $K_{e,k}$，而在表 5.13 的表头用 Fatigue penalty factor。因此，fatigue penalty factor, $K_{e,k}$= fatigue knock-down factor。[10]没有深入分析这两个系数相同的涵义。

其他的自造词，不再一一列出。

另外，还在规范 **5-B.5.2** 步骤 9 中漏译（c）等。

2）在术语、符号和表格中的译文，或评定步骤中的某些译文，相当多的译文同[2]，甚至[2]在 2013 版作过更改，[10]是按 2013 版翻译的，但还保留着 2007 版[2]的译文，[2]译错，[10]也跟着错，详见第 2 节。[10]应把[2]列入[10]的参考文献中。

3）译“两倍屈服法”是对的。

1.3 可怕的病句

汉语指的病句是，没有把意思正确、通顺表达出来的句子，但读者还能从中明白作者想要表达的正确意思。如 5.2.4.3 中的译文“限制塔可能引起对操作担心的挠度”。还有一种比这更可怕的病句，就是没有正确理解原文的意思，胡诌出来的病句。例如：

1 原文 5-A.5.2（b）“When using three-dimensional continuum elements, forces and moments must be summed with respect to the mid-thickness of a member from the forces at nodes in the solid model at a through-thickness cross section of interest.”

【原文分析】

原文中的“forces and moments”是指外力和外力矩向某一中壁求合形成节点力，但“from”没有“形成”的词义，不对。“forces and moments”与“from the forces at nodes”是什么关系？从 CACI 的译文中看，这一层意思没有搞清楚。**（b）**段最后指出，图 5-A.7 说明这一过程。再看看图 5-A.7 标出的框图 “Element Nodal Internal Forces”，说明“forces and moments”不是外力，而是内力。如果取“from”的词义“按着”不行，仍然没有表明它们之间的关系。显然“forces and moments”就是存在于节点上的内力。将“from”的介词短语“from the forces at nodes in the solid model at a through-thickness cross section of interest”作为“forces and moments”的定语，合乎逻辑判断。

（1）CACI 译 2007 版 ASMEⅧ-2:5 译文：“当采用三维连续单元时，力和力矩必须相对于**元件**的中面加以汇总，汇总是由在所关注的穿过横截面厚度处的实体模型中节点上的各个力所作出的。”

（2）[10]的译文：“当采用三维连续单元时，力和力矩必须相对于**元件**的厚度中心面加以汇总，汇总是由在所关注的穿过横截面厚度处的实体模型中节点上的各个力所作出的。”

【译文分析】

（2）和（1）的译文相同。

这就是没有理解原文的正确意思，没有弄清“forces and moments”与“from the forces at nodes”之间的关系，而且还将“a member”错误地译为“元件”。译文出现两层错误，体现出译者自已也不懂，在胡诌。

（3）本书的译文：“当采用三维连续单元时，必须将来自所考虑的通过壁厚的横截面上实体模型中的各节点力的力和力矩相对于某一单元的中壁求合。”

2　原文 5.12 DEFINITIONS 7:“Fatigue Endurance Limit: The maximum stress below which a material can undergo 10^{11}alternating stress cycles without failure.”

（1）CACI 译 2007 版 ASMEⅧ-2:5 译文：“7. 疲劳持久极限：是最大应力低于该值时，该材料能经受 10^{11} 次交变应力循环而不发生失效的应力值。”

2013 版的译文同上。

（2）[10]的译文：“7. 疲劳持久极限：是最大应力低于该值时，材料经受 10^{11} 次交变应力循环而不发生失效的应力值。”

【译文分析】

（2）和（1）译文完全相同。

这里的问题是：第一，最大应力与“该值”，哪个代表持久极限，从译文中看，“该值”是译者想象中要代表的持久极限，介词短语 below which 中，which 代表“该值”，所以出现“最大应力低于该值”的译法；第二，which 代表原文中出现的某一名词，绝对不能代表译者虚加的“该值”。

见第 3 章图 3.29，从（$\Delta\sigma_R$- N）疲劳曲线上看，欧盟标准将 5×10^6 对应的应力范围作为焊缝区疲劳持久极限 $\Delta\sigma_D$。即经过 5×10^6 循环后，最大应力不再有明显变化，曲线渐趋于水平线，将此时最大应力定义为疲劳持久极限。而这里的定义是 ASME 对所有的材料、所有的疲劳设计曲线所下的总定义：第一，见 3-F.9，只有 3-F.1、3-F.2、3-F.3 的循环次数有 10^{11}，其他的为 10^8、10^6 等；第二，介词短语“below which”中，“which”代表 10^{11}。因此，上述两位译者不会翻译由“below which”引出的定语从句，是在胡诌。

（3）本书的译文：“**7.** 疲劳持久极限：材料能经受低于 10^{11} 的交变应力循环而不失效的最大应力。”

3　原文 5.2.2.4 Step 5“The allowable limit on local primary membrane and local primary membrane plus bending, S_{PL}, is computed as the larger of the quantities shown below.

（a）1.5 times the tabulated allowable stress for the material from Annex 3-A.

（b）S_y for the material from Annex 3-A, except that the value from（a）shall be used when the ratio of the minimum specified yield strength to ultimate tensile strength exceeds 0.70, or the value of S is governed by time-dependent properties as indicated in Annex 3-A.”

（1）CACI 译 2007 版 ASMEⅧ-2:5 译文：“一次局部薄膜应力和一次局部薄膜应力加弯曲应力的许用极限 S_{PL}，取以下计算值的较大者。

（a）附录 3-A 中的材料所列的许用应力的 1.5 倍。

（b）附录 3-A 中的材料 S_y 值，然而，当最小屈服极服与极限抗拉强度的比值超过 0.7，或者 S 值受附录 3-A 中所示的其性质与时间相关时，**应使用（a）中的值**。”

2013 版的译文同上。

（2）[10]在其 57 页给出下面的结果：

当 YS/UTS≤0.70　　S_{PL}=max[1.5S,2S_y]

当 YS/UTS＞0.70　　S_{PL}=1.5S

其中，当 YS/UTS＞0.70，S_{PL}=1.5S，同（1）（b）的译文；当 YS/UTS≤0.70 ，S_{PL}=max[1.5S,2S_y]

是错的，原文是 S_y，这里是 $2S_y$。

【译文分析】

由“when”引导时间状语从句中规定了屈强比大于 0.70 或 S 值由与时间有关的特性决定时，除了应使用（a）值外，还应考虑到附录 3-A 材料的 S_y。**（1）译的“应使用（a）中的值”** 改变了规范的规定。（1）和（2）译文相同，理解错误。这样的胡诌后果是，更改规范的评定准则，影响深远，甚至造成材料的浪费。

另外将“The allowable limit”译为“许用极限”是错的，因为没有这个概念。

（3）本书的译文：“许用应力对局部一次薄膜及局部一次薄膜+一次弯曲当量应力的限制 S_{PL}，应计算为下列两值中的较大值：

（a）按附录 3-A 表列的材料许用应力的 1.5 倍。

（b）当规定的屈服极限与抗拉强度最小值之比大于 0.70，或 S 值取决于附录 3-A 所示的与时间相关的特性时，除了应使用（a）值外，还应考虑到使用附录 3-A 的材料 S_y。”

本书的理解： 屈强比和材料的塑性变形能力及材料的加工硬化能力有关，材料的塑性愈好，屈强比愈小。屈强比对高强度钢有重要意义，提高屈强比，提高材料的许用应力，也提高了材料的使用应力。（b）条规定，屈强比大于 0.70，除了（a）值外，应使用附录 3-A 的材料 S_y。这就是两值中选较大值的规定的地方。因此，

屈强比≤0.70，$S_{PL}=1.5S$

屈强比＞0.70，$S_{PL}=\max[1.5S, S_y]$

同类的错误，见 **5.5.6.1**（d）。

4　原文 5.12 DFFINITIONS 15“the normal operating cycle, defined as any cycle between startup and shutdown which is required for the vessel to perform its intended purpose.”

（1）CACI 译 2007 版 ASMEⅧ-2:5 译文：“定义为在启动和对容器为完成其预期目的所需要的停车之间的任何循环的操作循环。”

（2）[10]的译文：“正常操作循环，其定义为是为完成预期使用目的，容器在开、停车之间的任何循环。”

【译文分析】

（1）的译文“对容器为完成其预期目的所需要的停车……”，这种译文是笑话，[10]的译文“……完成预期使用目的……”。这两种译文均对原文“for the vessel to perform its intended purpose”没有正确理解，是在胡诌。这是“for+名词+不定式”复合结构，vessel 是逻辑主语。这种复合结构整体在定语从句中作状语，谓语是 is required，主语是 which。译文是“为使容器运到它的预期时间”。

Which 代表什么，（1）的译文，which 代表“对容器为完成其预期目的所需要的停车”。有停车就要有“开车”，显然不符合逻辑意义判断。因为定语从句的谓语是单数第三人称，所以 which 是代表单数名词，若代表 any cycle 也不合适。因此，which 代表主句整个意思，从句谓语为单数第三人称。

（3）本书的译文：“正常操作循环定义是，为使容器运行到它的预期时间所需开、停车之间的任意循环。”

1.4　译文案例的概况

压力容器技术是一门综合性的学科。压力容器技术的环节较多，有设计、制造、安装、

使用、检验、修理改造，安全评定，软件应用，用户产品监造，重大设备国产化，科研试验等，凡是遇到没有涉及上述领域，或没有做过的工作，在专业上就不像从事过的环节那样熟悉，表态坚硬。因此，虽为压力容器技术范畴，但翻译自己不甚了解的内容，就会感到很难翻译，或易出错误。如将“棱角”译成“凸出”；将“事件”译成“重要事件”。从 2007 版开始，ASME Ⅷ-2:5 的规范要求已与软件实现联系在一起。因此，不懂或不太懂软件的学者已经深感力不从心。就算在 JB4732《分析设计》中，有关翻译 ASMEⅧ-2:5 的部分也未必都是正确的。

既然中译本出版发行，作为一种商品，就是供给读者看的，必然要受到读者的评价或评论。本章提出 **155** 个译文案例，是对译文质量进行分析，其中涉及诸多方面的错误，如对原文理解有误，产生误导；对原文的语法分析有误；专业术语使用不当，造成译文错误；看错英文单词，造成译文错误；将原文削减不译，造成译文错误；软件知识欠缺，选择词义不当，造成译文错误等。本章列出汉语的病句只是主谓搭配不当的病句。

从 CACI 译 2007/2013 版 ASMEⅧ-2:5 的全部译文中提取主要的译文案例进行分析。

这里仅列出如下几个问题，查看概况，要看全部案例的分析详情，请阅第 2 节，案例分析的次序同规范的序号一致。

（a）译文的主谓搭配不当

原文 5.1.1.1：“Detailed design procedures utilizing the results from a stress analysis are provided to evaluate components for plastic collapse, local failure, buckling, and cyclic loading.”

【语法分析】

本句的主语是 Detailed design procedures，谓语是 are provided，被动语态。utilizing 是现在分词并引出分词短语 utilizing the results from a stress analysis，作定语修饰 procedures。本句难点：一是谓语 are provided 不能说明句中的主语，主谓不能搭配，一般要加虚指主语；二是不定式 to evaluate 的语法作用，它在本句中作主语补语，并带自己的宾语 components；再看，动词 are provided+for 固定搭配，是不能被分割的，所以在本句中不是固定搭配，介词 for 引出介词短语作 components 的定语。

（1）CACI 译 2007 版 ASMEⅧ-2:5 译文：“采用由应力分析所得结果的详细设计方法，都规定了考虑到塑性垮塌、局部失效、失稳以及循环载荷等方面评定各元件。”

【译文分析】

1）该译文是病句，“设计方法”与“都规定了”这种主谓关系，主语不是谓语陈述的对象，在意义上无法配合。词组织得不好，句子不通顺。没有突显主语与不定式在意义上的主谓关系。

2）are provided 与 for 在此句中不是固定搭配，不能译为“规定”，对介词“for”选择词义只能是一种，此句的译文却同时选择了两种词义：“考虑到”和“等方面”。因此，选择“防止”词义更好。

3）参考句子

He is often seen to work a compressor.

有人常看见他在操作一台压缩机。

（2）本书的译文：“本篇提供，利用每一应力分析所得结果的**详细设计方法，评定**元件防止塑性垮塌、局部失效、屈曲和循环载荷引起的失效。”

（b）词义选错

原文 5.13 “M_o = longitudinal bending moment per unit length of circumference existing at the weld junction of layered spherical shells or heads due to discontinuity or external loads.”

（1）CACI 译 2007 版 ASMEⅧ-2:5 译文：“M_o =在多层球壳或封头的**焊缝连接**处由于不连续或外部载荷所存在的按单位周长计的轴向弯矩。”

2013 版的译文同上。

（2）[10]的译文：“M_o=在多层球壳或封头的**焊缝连接**处由于不连续或外部载荷所存在的按单位周长计的轴向弯矩。”

【译文分析】

（2）译文同（1）译文。

错在“weld junction”不是“焊缝连接”，而是“**熔合线**”。译错了。

（3）本书的译文：“M_o= 由于结构不连续或外加载荷引起的，在多层球壳或封头的**熔合线**上存在的，单位周长的纵向弯矩。”

（c）看错英文单词，造成译文错误

如**原文 5-B.4.2** Step 4：“If there are less than 3 points, go to Step 3; If not, form ranges X and Y using the three most recent peaks and valleys that have not been discarded.”

【语法分析】

第二个并列句的主句是 form ranges X and Y，主语是 form，谓语是 ranges，宾语是 X and Y。分词 using 引出的分词短语 using the three most recent peaks and valleys 作状语，其后带 1 个定语从句 that have not been discarded 说明“peaks and valleys”。

（1）CACI 译 2007 版 ASMEⅧ-2:5 译文：“如少于三个点，则转入第 3 步，否则，由 X 和 Y **范围**采用未予排除的、最近的三个波峰和波谷。”

CACI 译 **2013** 版的译文同上。仍然保持上述错误。

【译文分析】

译文中“由 X 和 Y 范围”译错了。其中名词“**form**”，而不是介词“**from**”。

（2）本书的译文：“如果少于 3 个点，则转到步骤 3。如果不是，采用没有抛弃的 3 个最近的波峰和波谷，形式排列成 X 和 Y。”

（d）将原文削减不译，造成译文错误

如表 5-D.3 注（2）：“Maximum stress/stress intensity in Region 3 for transverse moment M_{BT} occurs 90 deg away from in-plane moment. ”

（1）CACI 译 2007 版 ASMEⅧ-2:5 译文：“区域 3 中横向弯矩的 M_{BT} 最大应力/应力强度发生在与面内弯矩成 90° 处。”

【译文分析】

从图 5-D.3 来看，弯矩 M_{BT} 与 M_B 成 90° ，但译文将“away from in-plane moment”削减不译是不妥的。

类似削减不译之处，请看译文案例 **89，将主句削掉。**

（2）本书的译文：“区域 3 中对于横向弯矩 M_{BT} 的最大应力/应力强度发生在 90° ，离开面内的弯矩。”

（e）软件知识欠缺，选择词义不当，造成译文错误

如**原文 5.12**：“4. Cycle: A cycle is a relationship between stress and strain that is established by the specified loading at a location in a vessel or component. More than one stress-strain cycle may be produced at a location, either within an event or in transition between two events, and the accumulated fatigue damage of the stress-strain cycles determines the adequacy for the specified operation at that location. This determination shall be made with respect to the stabilized stress-strain cycle."

【语法分析】

"**either** within an event **or** in transition between two events" 是连接词 either...or 的用法，在此句中应选"不是……就是"的词义，因为在一个事件内，不能产生多于一个应力－应变循环。因此，不能选"可以……或"的词义。

（1）CACI 译 2007 版 ASMEⅧ-2:5 译文："4. 循环是在容器或元件的某处所规定的载荷所确定的应力和应变之间的关系。在一处可以在一个重要事件或两个重要事件过渡处产生多个应力－应变循环，应力－应变循环的疲劳积累损伤确定了在该处对所规定操作的适合程度。这种确定应是在根据稳定的应力－应变循环的情况下作出的。"

【译文分析】

（1）的译文不通顺，存在错误如下：第一，原文"at **a location** in a vessel or component"，"may be produced at **a location**"和"the specified operation at **that location**"，均将"location"译为"某处""一处"和"该处"，全是错的，这里必须译为"位置"。这是译者不太懂软件造成的；第二，"在一处**可以**在一个重要事件**或**两个重要事件过渡处产生多个应力－应变循环"也是错的，在一个事件内只能产生一种应力－应变循环，不能产生多个应力－应变循环，这是概念错误；第三，"应力－应变循环的疲劳积累损伤确定了在该处对所规定操作的适合程度"，译者没有按这个"adequacy for"词组来译；第四，"循环是在容器或元件的某处**所规定**的载荷**所确定**的应力和应变之间的关系"的译文中，有两个"所规定的"和"所确定的"，很"别扭"。

（2）本书的译文："**4. 循环**：循环是在某一容器或元件的某一位置上由规定的载荷确定的应力与应变之间的一种关系。**不是**在一个事件内部，**就是**在两个事件之间的转换中，在同一个位置上可产生多于一个的应力－应变循环，并且应力－应变循环的累积疲劳损伤确定在那个位置上适合规定的操作。根据稳定的应力－应变循环作出这样规定。"

（f）专业术语使用不当，造成译文错误

如**原文 5.13**："S_Q = allowable limit on the secondary stress range."

（1）CACI 译 2007 版 ASMEⅧ-2:5 译文："S_Q = 二次应力范围的许用极限。"

【译文分析】

"limit on"，词典上给出"**对……限制**"。上述译文译错了，材料力学书上没有"许用极限"的定义。因此，可以说 JB4732-95《钢制压力容器－分析设计标准》5.3 中译为"许用极限"也是错的。

同上述译文相同的"许用极限"的译法还有符号"S_{PS}"，译为"一次加二次应力范围的许用极限"，应译为"对一次+二次应力范围的许用限制条件"。规范原文使用**词组"allowable limit on"**，用在 3 个符号"S_Q""S_{PL}""S_{PS}"上，就是"对……许用限制条件"。

（3）本书的译文："S_Q = 对二次应力范围的许用限制条件。"

（g）不负责任的翻译

原文 5.7.3.1（b）（1）："The material is one of the following: SA-193 Grade B7 or B16, SA-320 Grade L43, SA-540 Grades B23 and B24,heat treated in accordance with Section 5 of

SA-540.”

（1）CACI 译 2007 版 ASMEⅧ-2:5 译文：“材料为下述之一：SA-193 B7 或 B16 级，SA-320 L43 级，SA-540 B23 和 B24 级，按照 SA-540 **第 5 卷**作热处理。”

【译文分析】

此文错在“按照 SA-540 **第 5 卷**作热处理”，第 5 卷是无损检测，钢号 SA-540，第 5 条热处理。

（2）本书的译文：“材料是下列之一的材料：SA-193 等级 B7 或 B16，SA-320 等级 L43，SA-540 等级 B23 和 B24，热处理按 SA-540 第 5 条规定。”

第 2 节　主要译文案例的分析

1　原文 5.1.1.1：“Detailed design procedures utilizing the results from a stress analysis are provided to evaluate components for plastic collapse, local failure, buckling, and cyclic loading.”

【语法分析】

本句的主语是 Detailed design procedures，谓语是 are provided，被动语态。utilizing 是现在分词并引出分词短语 utilizing the results from a stress analysis，作定语修饰 procedures。本句难点：一是谓语“are provided”不能说明句中的主语，主谓不能搭配，一般要加虚指主语；二是不定式“to evaluate”的语法作用，它在本句中作主语补语，并带自己的宾语 components；再看，动词 are provided+for 固定搭配，是不能被分割的，所以在本句中，不是固定搭配，介词 for 引出介词短语作 components 的定语。

（1）CACI 译 2007 版 ASMEⅧ-2:5 译文：“采用由应力分析所得结果的详细设计方法，都规定了考虑到塑性垮塌、局部失效、失稳、以及循环载荷等方面评定各元件。”

2013 版的译文同上。

【译文分析】

1）该译文是病句，“设计方法”与“都规定了”这种主谓关系，主语不是谓语陈述的对象，在意义上无法配合。词组织得不好，句子不通顺。没有突显主语与不定式在意义上的主谓关系。

2）are provided 与 for 在此句中不是固定搭配，不能译为“规定”，对介词“for”选择词义只能是一种，此句的译文，却同时选择了两种词义：“考虑到”，“等方面”。因此，选择“防止”词义好，句子通顺。

3）参考句子

He is often seen to work a compressor.

有人常看见，他在操作一台压缩机。

（2）本书的译文：“本篇提供，利用每一应力分析所得结果的详细设计方法，评定元件防止塑性垮塌、局部失效、屈曲和循环载荷引起的失效。”

2　原文 5.1.1.1：“Supplemental requirements are provided for the analysis of bolts, perforated plates and layered vessels.”

【语法分析】

主语是 Supplemental requirements，谓语是 are provided for，被动语态，且动词与 for 是固定搭配，表示“为……提供”。

（1）CACI 译 2007 版 ASMEⅧ-2:5 译文：“对螺栓、多孔板和多层容器的分析规定了补充要求。”

2013 版的译文同上。

【译文分析】

该译文没有显示词典上给出的“are provided for”固定搭配关系的词义。

（2）本书的译文：“为螺栓、管板和多层容器的分析提供补充要求。”

3　原文 5.1.1.2：“The design-by-analysis requirements are organized based on protection against the failure modes listed below.”

【语法分析】

主语是 The design-by-analysis requirements，谓语是 are organized，被动语态，过去分词短语是 based on protection against the failure modes listed below，在句中作状语。

（1）CACI 译 2007 版 ASMEⅧ-2:5 译文：“编制了基于防止以下所列各失效模式的按分析设计要求。”

2013 版的译文同上。

【译文分析】

从译文中可以看出，将过去分词短语译成主语的定语，读起来生硬，也不能将“按分析要求设计”随意地改为“按分析设计要求。”

（2）本书的译文：“编制按分析要求设计基于防止下列的失效模式。”

4　原文 5.1.1.2：“The component shall be evaluated for each applicable failure mode.”

【语法分析】

主语是 The component，谓语是 shall be evaluated，一般将来时被动语态，介词短语 for each applicable failure mode 在句中作状语。

（1）CACI 译 2007 版 ASMEⅧ-2:5 译文：“元件应针对每一种失效模式进行评定。”

2013 版的译文同上。

【译文分析】

译文是病句，元件既不能针对什么，更不能作谓语的陈述对象“元件和评定”，主谓不能配合。反过来，“评定和元件”可组成动宾结构。上述译文是病句。

（2）本书的译文：“评定的元件应适合于每一种适用的失效模式。”

采用转换译法。

5　原文 5.1.1.2：“If multiple assessment procedures are provided for a failure mode, only one of these procedures must be satisfied to qualify the design of a component.”

【语法分析】

这是一个主从复合句，由“If”引导的条件从句中，谓语是 are provided for，主语是 multiple

assessment procedures。主句中，不定式短语 to qualify the design of a component 作状语。

（1）CACI 译 2007 版 ASMEⅧ-2:5 译文："如果对一种失效模式规定了多个评定方法，则对该元件设计只是必须满足这些方法之一的评定。"

2013 版的译文同上。

【译文分析】

第一，"qualify"没有选定词义，"对该元件设计"语意未完；第二，不定式短语"to qualify the design of a component"的语法作用不明确；第三，将"only"修饰动词，但它紧接在"one"之前。

（2）本书的译文："如果为一种失效模式提供多种评定方法，要使元件设计合格，必须满足其中仅一种评定方法。"

6　原文 5.1.2.2："Procedures are provided for performing stress analyses to determine protection against plastic collapse,local failure, buckling, and cyclic loading."

【语法分析】

主语是 Procedures，谓语是 are provided for，performing stress analyses 作谓语中介词 for 的宾语，不定式短语 to determine protection against plastic collapse,local failure, buckling, and cyclic loading 作 Procedures 主语补语。

（1）CACI 译 2007 版 ASMEⅧ-2:5 译文："对完成的应力分析规定了确定防止塑性垮塌、局部失效、失稳以及循环载荷失效的各种方法。"

2013 版的译文同上。

【译文分析】

第一，谓语是 are provided for，固定搭配，可选词义"规定"或"为……提供"，这里应选"为……提供"，拆译不妥；第二，译文"规定""各种方法"对应的原文应是"are provided for procedures"，而原文不是规定"各种方法"；第三，将不定式短语"to determine protection against plastic collapse,local failure, buckling, and cyclic loading"作主语定语不合适。

语法分析有误，译文费解。

（2）本书的译文："为完成应力分析提供全部相应的方法，确定防止塑性垮塌、局部失效、屈曲和由循环载荷引起的失效。"

7　原文 5.1.2.2："These procedures provide the necessary details to obtain a consistent result with regards to development of loading conditions, selection of material properties, post-processing of results, and comparison to acceptance criteria to determine the suitability of a component."

【语法分析】

主语是 These procedures，谓语是 provide，宾语是 the necessary details。第一个动词不定式短语 to obtain a consistent result 作目的状语，第二个动词不定式短语 to determine the suitability of a component 作结果状语。短语介词 **with regards to** 作"在……方面""对于"解。

（1）CACI 译 2007 版 ASMEⅧ-2:5 译文："这些方法规定了所要求的细节，以获得与载荷条件、材料性能的选择、所得结果的后处理等的推导无关的、相一致的结果，并且与合格准则相比较以确定元件的适用性。"

2013 版的译文同上。

【译文分析】

“推导无关的”的译法不正确。译文不通顺。“consistent+with”与……一致的结果，其后全是应力分析的各个步骤。

（2）本书的译文：“要获得在载荷工况的生成、材料性能的选择、后处理结果，以及与评定准则比较，确定元件的适用性等方面的一致结果，这些方法均给出必要的说明。”

8　原文 5.1.2.4：

（a）Physical properties – Young′s Modulus, thermal expansion coefficient, thermal conductivity, thermal diffusivity, density, Poisson′s ratio

（b）Strength Parameters – Allowable stress, minimum specified yield strength, minimum specified tensile strength

（1）CACI 译 2007 版 ASMEⅧ-2:5 译文：“thermal conductivity”译为“导热性”;“thermal diffusivity”译为“热扩散性”;“minimum specified yield strength”译为“最小规定屈服强度”;“minimum specified tensile strength”译为“最小规定拉伸强度”。

2013 版的译文同上。

[10]的译文同上（注：[10]的参考文献中没有列入[2]）。

（2）本书的译文：“thermal conductivity”应译为“热导率”;“thermal diffusivity”应译为“热扩散率”;“minimum specified yield strength”应译为“规定的屈服极限最小值”;“minimum specified tensile strength”应译为“规定的抗拉强度最小值”。

按[4]和 GB150 的材料部分选定词义，符合工程统一的用语。

9　原文 5.1.3.1：“If the load case varies with time, a loading histogram shall be developed to show the time variation of each specific load.”

【语法分析】

这是一个复合句，由 If 引导条件状语从句，主语是 the load case，谓语是 varies with time。主句主语是 a loading histogram，谓语是 shall be developed，一般将来时被动语态，不定式短语 to show the time variation of each specific load 作主句的主语补足语，它能和主语体现主谓关系。

（1）CACI 译 2007 版 ASMEⅧ-2:5 译文：“如果载荷情况随时间而变，则应拟定载荷频率曲线以表示每一规定载荷随时间的变化关系。”

2013 版的译文同上。

【译文分析】

“loading histogram”这一词组使用次数较多，CACI 译为“载荷频率曲线”是错的。虽词典上“histogram”有“频率曲线”这个词义，但在它之前还列出“直方图、矩形图”的词义。因为“频率”的定义是“物质在 1 秒内完成周期性变化的次数”。而循环载荷的变化不能用频率来表征。如 HDPE 产品出料罐的压力周期变化，1 小时为 13 次，所以不能用“频率曲线”。应译为“**载荷循环图**”（见 ГОСТ Р 52857.6 图 1），见 1.2 节。

（2）本书的译文：“如果载荷工况随时间而变化，应绘制载荷循环图，显示每一规定载荷随时间的变化。”

10　原文 5.1.3.1："The load case definition shall be included in the User's Design Specification."

（1）CACI 译 2007 版 ASMEⅧ-2:5 译文："载荷情况的定义应包括在用户设计说明书中。"

2013 版的译文同上。

【译文分析】

"the User's Design Specification"译为"用户设计说明书"，档次太低。应译为"用户设计技术条件"，让制造商重视它如同重视"code"一样。

（2）本书的译文："用户设计技术条件应包括载荷工况定义。"

11　原文 5.1.3.2："In evaluating load cases involving the pressure term, P, the effects of the pressure being equal to zero shall be considered."

【语法分析】

介词"In"引出介词短语作状语，主语是 the effects，谓语是 shall be considered。介词 of 后，即"介词+名词 pressure+ 现在分词 being+……"，出现主谓结构，being equal to 仍然保留 be equal to 的固定搭配关系。

（1）CACI 译 2007 版 ASMEⅧ-2:5 译文："在评定包括压力 *P* 项在内的载荷情况时，应考虑到压力会等于零的影响。"

【译文分析】

不能将"evaluating"译为"评定"，选择词义不妥，如表 5.3－表 5.5 中列出载荷工况的组合，是要通过软件计算，实现载荷工况组合。译文中"应考虑到压力会等于零的影响"，汉语动词"会"是多余的，因为 "应考虑"就包括"会"，译文中的"影响"改为"意义"更好。

（2）本书的译文："在计算包括压力 *P* 项的载荷工况过程中，应考虑压力等于零的意义"。

12　原文 5.1.3.3（a）："The number of cycles associated with each event during the operation life, these events shall include start-ups, normal operation, upset conditions, and shutdowns."

（1）CACI 译 2007 版 ASMEⅧ-2:5 译文："在操作寿命期间内与每一过程相关的循环次数，这些过程应包括开车、正常操作、失常情况以及各种事故。"

【译文分析】

不能将事件"events"译为"过程"，不能将停车"shutdowns"译为"各种事故"。

（2）本书的译文："在操作寿命期间内，与每一事件关联的循环次数，这些事件应包括开车、正常操作、非正常停车和计划停车。"

13　原文 5.2.1.1（b）："Limit-Load Method – A calculation is performed to determine a lower bound to the limit load of a component. The allowable load on the component is established by applying design factors to the limit load such that the onset of gross plastic deformations (plastic collapse) will not occur."

【语法分析】

这一段包括一个简单句和另一个主从复合句。第一个简单句中，不定式 to determine a lower bound to the limit load of a component 是作为主语 A calculation 的补足语。第二个句子带有 such that 引导的结果状语从句，用介词 by 引出的介词短语作 is established 的状语。

（1）CACI 译 2007 版 ASMEⅧ-2:5 译文："极限载荷法——完成确定元件极限载荷下限值的计算。元件上的许用载荷是以极限载荷并采用设计系数予以确定，使得不能发生刚开始的塑性变形（塑性垮塌）。"

2013 版的译文同上。

【译文分析】

第一，译文将两个动词"完成确定"并排在一起，谓语能支配宾语，各自的宾语在哪里；第二，将不定式短语 to determine a lower bound to the limit load of a component 译成主语的定语不对；第三，"元件上的许用载荷是以极限载荷并采用设计系数予以确定"译错，忽略 apply to 固定搭配，状语从句的译法也很费解。句子不通顺。

（2）本书的译文："完成计算，确定元件极限载荷的下限值。给出极限载荷赋值设计系数就能确定元件的许用载荷，这样，显著的塑性变形（塑性垮塌）一开始就不能发生。"

14　原文 5.2.1.1（c）："Elastic-Plastic Stress Analysis Method – A collapse load is derived from an elastic-plastic analysis considering both the applied loading and deformation characteristics of the component. The allowable load on the component is established by applying design factors to the plastic collapse load."

（1）CACI 译 2007 版 ASMEⅧ-2:5 译文："弹－塑性应力分析法——考虑了所作用的载荷以及元件中的变形特性两个方面，以弹塑性分析导出垮塌载荷。元件上的许用载荷是对塑性垮塌载荷并采用设计系数予以确定。"

2013 版的译文同上。

【译文分析】

Considering 是现在分词并带宾语的分词短语作 elastic-plastic analysis 的定语，谓语是 is derived from，第二个句子中 applying to 是固定搭配。翻译时，可将被动主体 by applying design factors to the plastic collapse load 译成主语，主语 allowable load 译成谓语 is established 的宾语。

（2）本书的译文："考虑元件加载和变形特性两方面的弹－塑性分析推导出垮塌载荷。给塑性垮塌载荷赋值设计系数就能确定元件的许用载荷。"

15　原文 5.2.1.2："Application of the limit load or elastic-plastic analysis methods in 5.2.3 and 5.2.4, respectively, is recommended for cases where the categorization process may produce ambiguous results. "

（1）CACI 译 2007 版 ASMEⅧ-2:5 译文："**对应力分类方法**可以产生模棱两可的结果的情况，分别推荐采用 5.2.3 和 5.2.4 中的极限载荷法或弹－塑性分析方法。"

2013 版的译文同上。

【译文分析】

原文是"categorization process"分类过程，将"分类过程"译为"应力分类方法"，这是概念错误。

（2）本书的译文："对于**分类过程**可产生模棱两可的结果的场合，推荐分别应用 5.2.3 极限载荷法或 5.2.4 的弹－塑性分析法。"

16 原文 5.2.1.3："The use of elastic stress analysis combined with stress classification procedures to demonstrate structural integrity for heavy-wall ($R/t \leqslant 4$) pressure containing components, especially around structural discontinuities, may produce non-conservative results and is not recommended. The reason for the non-conservatism is that the nonlinear stress distributions associated with heavy wall sections are not accurately represented by the implicit linear stress distribution utilized in the stress categorization and classification procedure. The misrepresentation of the stress distribution is enhanced if yielding occurs. For example, in cases where calculated peak stresses are above yield over a through thickness dimension which is more than five percent of the wall thickness, linear elastic analysis may give a non-conservative result. In these cases, the elastic-plastic stress analysis procedures in 5.2.3 or 5.2.4 shall be used."

【语法分析】

该条原文包括 5 个句子。第 1 个句子是一个主语带两个谓语的并列句：主语是 The use of elastic stress analysis combined with stress classification procedures，谓语是 may produce 和 is not recommended，不定式短语 to demonstrate structural integrity 作状语，谓语"may produce"的宾语是 non-conservative results。第 2 个句子是主从复合句，主语是 The reason，谓语是 is，由其后的 that 引出一个表语从句。表语从句中的谓语是 are not accurately represented，被动语态。第 3 个句子是主从复合句，带"if"引导的条件状语从句。第 4 个句子是简单句，谓语是 may give。第 5 个句子是简单句，谓语是 shall be used。

（1）CACI 译 2007 版 ASMEⅧ-2:5 译文："特别是在结构不连续处的周围，采用弹性应力分析连同应力分类方法一起以证实厚壁（$R/t \leqslant 4$）承压元件的结构完整性，可以产生不保守的结果，故不推荐采用。其不保守的理由是与厚壁载面相关连的非线性应力分布在所采用的应力分类和分类的方法中，并非精确地由无疑的线性应力分布表示，如果屈服发生，这种应力分布的错误表示就会放大。例如，在所计算的超过屈服强度的峰值应力，其沿壁厚的尺寸超过 5%壁厚的情况下，线弹性分析可以得到不保守的结果。在此情况下，应采用 5.2.3 或 5.2.4 的弹一塑性应力分析方法。"

2013 版的译文同上。

【译文分析】

第一个句子的译文，结构混乱，证实厚壁（$R/t \leqslant 4$）承压元件的结构完整性与"特别是在结构不连续处的周围"是什么关系，没有说清楚。

第二个句子译文，译文不通顺。

第三个句子译文，"如果屈服发生，这种应力分布的错误表示就会放大"，因为实际应力就是那样分布的，这里用"错误"表述不合适。

（2）本书的译文："要评估厚壁（$R/t \leqslant 4$）压力容器元件，尤其是结构不连续处的周围的结构完整性，采用弹性应力分析结合应力分类方法可产生非保守的结果，不推荐使用。非保守的理由是，按应力分类和分类方法所利用的，无疑呈线性的应力分布，不能精确地表示与厚壁截面有关的非线性应力分布。如果发生屈服，这种线性应力分布偏离实际分布就会增大，例如，遍及大于 5%壁厚的壁厚尺寸上计算的峰值应力超过屈服极限的情况下，线弹性分析可给出非保守的结果。在此情况下，应采用 5.2.3 或 5.2.4 弹一塑性应力分析方法。"

17　原文 5.2.1.4：“The structural evaluation procedures based on elastic stress analysis in 5.2.2 provide an approximation of the protection against plastic collapse. A more accurate estimate of the protection against plastic collapse of a component can be obtained using elastic-plastic stress analysis to develop limit and plastic collapse loads. The limits on the general membrane equivalent stress, local membrane equivalent stress and primary membrane plus primary bending equivalent stress in 5.2.2 have been placed at a level which conservatively assures the prevention of collapse as determined by the principles of limit analysis. These limits need not be satisfied if the requirements of 5.2.3 or 5.2.4 are satisfied. ”

（1）CACI 译 2007 版 ASMEⅧ-2:5 译文：“在 5.2.2 中基于弹性应力分析的结构评定方法提供防止塑性垮塌的近似值。对元件防止塑性垮塌的较为精确的判断可以采用弹－塑性应力分析以求得极限值和塑性垮塌载荷而获得。在 5.2.2 中总体薄膜当量应力、局部薄膜当量应力以及一次薄膜加一次弯曲当量应力的极限已置于这样的水平上，它保守地保证防止由极限分析原理所确定的垮塌。如果满足了 5.2.3 或 5.2.4 的各项要求，则这些极限不需要满足。”

2013 版的译文同上。

【译文分析】

第一，原文“limits on”表示“对……限制”，而译者译为“极限”不妥。

第二，译文“对元件防止塑性垮塌的较为精确的判断可以采用弹－塑性应力分析以求得极限值和塑性垮塌载荷而获得”是病句。不定式短语“to develop limit and plastic collapse loads”应作目的状语。因为极限载荷分析和弹－塑性应力分析最后要求出极限载荷和塑性垮塌载荷。

第三，原文最后“These limits”不应译为“这些极限”。若符合专业表述，须要将“限制”的词义引伸，译为“限制条件”。

（2）本书的译文：“基于 5.2.2 弹性应力分析的结构评定方法提供防止塑性垮塌的近似值。要导出极限载荷和垮塌载荷，采用弹－塑性应力分析，能得到防止元件塑性垮塌较精确的评定。5.2.2 中对总体薄膜当量应力、局部薄膜当量应力、一次薄膜加一次弯曲的当量应力的限制，已经控制在由极限分析原理所确定的、保证防止垮塌的保守水平上。如果满足 5.2.3 或 5.2.4 的各项要求，则不需要满足 5.2.2 的那些限制条件。”

18　原文 5.2.2.2：“The three basic equivalent stress categories and associated limits that are to be satisfied for plastic collapse are defined below.”

【语法分析】

该句是一个带定语从句的主从复合句，主句谓语是 are defined，主语是 The three basic equivalent stress categories and associated limits。定语从句是 that are to be satisfied，从句主语是关系代词 that，代表 categories 和 limits，谓语是 are to be satisfied，其中不定式被动语态 to be satisfied 作表语，应译为“是要满足的”。

（1）CACI 译 2007 版 ASMEⅧ-2:5 译文：“对塑性垮塌要满足的三个基本当量应力类别和相关的极限作如下规定。”

2013 版的译文同上。

【译文分析】

Limits 译为“极限”，词义选择不恰当，应译为“限制”，词义引伸为“限制条件”。以下该词使用较多，对此不再分析。

（2）本书的译文："对于塑性垮塌，是要满足的三个基本的当量应力类别和相关限制条件，规定如下。"

19 原文 5.2.2.2："The design loads to be evaluated and the allowable stress limits are provided in Table 5.3."

【语法分析】

"to be evaluated" 不定式作 The design loads 后置定语。

（1）CACI 译 2007 版 ASMEⅧ-2:5 译文："要评定的设计载荷和许用应力极限在表 5.3 中规定。"

2013 版的译文同上。

【译文分析】

表 5.3 中的设计载荷不是要评定的，是要计算的，对"to be evaluated"这一词，不能选"评定"词义。对"allowable stress limits"词组，译为"许用应力极限"不妥，许用应力怎会有极限？既不符合原意也不符合专业要求。在所有力学书中找不到"许用应力极限"的定义，而实际上，都是给定许用应力的限制，如 1 倍、1.5 倍、3 倍等。应译为"许用应力限制条件"。

（2）本书的译文："表 5.3 给出了要计算的设计载荷和许用应力的限制条件。"

20 原文 5.2.2.2（a）（1）："The general primary membrane equivalent stress (see Figure 5.1) is the equivalent stress, derived from the average value across the thickness of a section, of the general primary stresses produced by the design internal pressure and other specified mechanical loads but excluding all secondary and peak stresses."

【语法分析】

这是一个简单句，过去分词短语"derived from the average value across the thickness of a section"和由介词"of"引出的短语作非限制性定语。

（1）CACI 译 2007 版 ASMEⅧ-2:5 译文："总体一次薄膜当量应力（见图 5.1）是由截面上沿其厚度平均值导得的当量应力，是由设计内压和其他规定的机械载荷所产生的、但不包括二次应力和峰值应力在内的总体一次应力的当量应力。"

2013 版的译文同上。

【译文分析】

总体一次薄膜当量应力是在总体薄膜区选定路径，应力线性化结果分出的一项类别。译文中"是由截面上沿其厚度平均值导得的当量应力"译错，不是沿**截面厚度的平均值**，而是"从垂直截面厚度的**应力平均值**推导出来的"。

标点符号"、"用在"是由设计内压和其他规定的机械载荷所产生的、但不包括二次应力和峰值应力在内的总体一次应力的当量应力"这里也是错的。

（2）本书的译文："总体一次薄膜当量应力（见图 5.1）是一种当量应力，从垂直截面厚度的应力平均值推导出来的，由设计内压和其他规定的机械载荷产生的总体一次应力，但不包括所有二次应力和峰值应力。"

21　原文 5.2.2.2（b）（1）：“The local primary membrane equivalent stress (see Figure 5.1) is the equivalent stress, derived from the average value across the thickness of a section, of the local primary stresses produced by the design pressure and specified mechanical loads but excluding all secondary and peak stresses.”

（1）CACI 译 2007 版 ASMEⅧ-2:5 译文：“局部一次薄膜当量应力（见图 5.1）是由截面上沿其厚度的平均值导得的当量应力，是由设计内压和其他规定的机械载荷所产生的、但不包括二次和峰值应力在内的局部一次应力的当量应力。”

2013 版的译文同上。

【译文分析】

此句是局部一次薄膜当量应力的定义。该译文错在“由截面上沿其厚度的平均值导得的当量应力”。实际上，穿过壁厚路径只显示等厚的截面。因此，“平均值”不是指截面厚度，而是指应力。另外将“across the thickness of a section”的介词短语译为 “由截面上沿其厚度”是错误的，应译为“垂直截面厚度的”。

（2）本书的译文：“局部一次薄膜当量应力（见图 5.1）是一种当量应力，是从垂直截面厚度的应力平均值推导出来的，由设计内压和其他规定的机械载荷产生的局部一次应力，但不包括所有二次应力和峰值应力的当量应力。”

22　原文 5.2.2.2（b）（1）：“A region of stress in a component is considered as local if the distance over which the equivalent stress exceeds 1.1S does not extend in the meridional direction more than $\sqrt{Rt}$.”

【语法分析】

该句是带一条件状语从句的主从复合句。从句主语是 distance，谓语是 does not extend，over which 引出定语从句 over which the equivalent stress exceeds 1.1S 修饰 distance，介词短语 in the meridional direction 作状语，副词比较级 more than $\sqrt{Rt}$ 作状语。该从句是否定句，形式上是否定谓语的一般否定，实质上是否定状语 more than $\sqrt{Rt}$ 。由于英语在表达否定结构上有许多不同于汉语的特点，稍不注意就可能产生误解，铸成大错。

“as local”作主语补语。

（1）CACI 译 2007 版 ASMEⅧ-2:5 译文：“如果当量应力超过 1.1S 的元件中的应力区沿经线方向的延伸距离不大于 $\sqrt{Rt}$，则此应力区可认为是局部的。”

2013 版的译文同上。

【译文分析】

对 distance，同时选择应力**区**和延伸**距离，**不妥。Over which 应削减不译。

（2）本书的译文：“如果当量应力超过 1.1S 以上的作用距离在经向延伸不大于 $\sqrt{Rt}$ ，则认为元件中的应力区域是局部的。”

23　原文 5.2.2.2（c）（1）：“The Primary Membrane (General or Local) Plus Primary Bending Equivalent Stress (see Figure 5.1) is the equivalent stress, derived from the highest value across the thickness of a section, of the linearized general or local primary membrane stresses plus primary bending stresses produced by design pressure and other specified mechanical loads but excluding all secondary and peak stresses."

（1）CACI 译 2007 版 ASMEⅧ-2:5 译文："一次薄膜（总体或局部）加一次弯曲当量应力（见图 5.1）是由截面上沿其厚度的最高应力值导得的当量应力，是由设计压力和其他规定的机械载荷所产生的、但不包括二次和峰值应力在内的线性的总体或局部一次薄膜应力加一次弯曲应力的当量应力。"

2013 版的译文同上。

【译文分析】

此句是一次薄膜（总体或局部）加一次弯曲当量应力的定义。该译文错在两处：一是介词短语"across the thickness of a section"译为"由截面上沿其厚度"；二是过去分词 "linearized" 译为"线性的"。应分别译为"垂直截面厚度"和"**线性化**的"。因为只有线性化的，软件才能给出"一次薄膜+一次弯曲"（即薄膜+弯曲）的当量应力。

（2）本书的译文："一次薄膜（总体或局部的）+一次弯曲当量应力（见图 5.1）是一种当量应力，是从垂直截面厚度的最高应力值推导出来的，由设计压力和其他规定的机械载荷产生的，**线性化**的总体或局部一次薄膜应力+一次弯曲应力的，但不包括二次应力和峰值应力的当量应力。"

24 原文 5.2.2.3："Linearization of Stress Results for Stress Classification"

（1）CACI 译 2007 版 ASMEⅧ-2:5 译文："用于应力分类的总应力线性化"。

2013 版的译文同上。

【译文分析】

此句的主语是 Linearization，谓语是 Results，不及物动词，单数第三人称，选择词意为"结果"。介词短语 for Stress Classification 作目的状语，而不是作定语。译文中的"总应力"是译者随意加的。

（2）本书的译文："应力线性化结果用于应力分类"。

25 原文 5.2.2.4 Step2："At the point on the vessel that is being investigated, calculate the stress tensor (six unique components of stress) for each type of load. Assign each of the computed stress tensors to one or to a group of the categories defined below. Assistance in assigning each stress tensor to an appropriate category for a component can be obtained by using Figure 5.1 and Table 5.6. Note that the equivalent stresses Q and *F* do not need to be determined to evaluate protection against plastic collapse. However, these components are needed for fatigue and ratcheting evaluations that are based on elastic stress analysis (see 5.5.3 and 5.5.6, respectively)."

（1）CACI 译 2007 版 ASMEⅧ-2:5 译文："对容器上所要关注的点，对每种载荷类型计算其应力张量（6 个单值的应力分量）。对每一个计算得的应力张量赋予按下面定义的一个或一组类别。对某一元件在赋予每一应力张量为一相应的类别中，可以采用图 5.1 和表 5.6 以获得帮助。要注意的是，并不需要确定当量应力 Q 和 *F* 以评定防上塑性垮塌。但是，这些分量对基于弹性应力分析的疲劳和棘轮评定都是需要的（分别见 5.5.3 和 5.5.6）。"

2013 版的译文同上。

【译文分析】

此段译文有两处值得商榷：一是“six unique components of stress”译为“6 个单值的应力分量”，从词典上看 unique 词义确有“单值的”，但此处不能选，应选“独立的”词义，因为容器中某一确定点上的应力张量有 9 个应力分量，其中 3 个正应力分量，6 个剪应力分量，根据剪应力互等，实际上独立的剪应力分量只有 3 个；二是“these components”译为“这些分量”，应译为“这些当量应力 Q 和 F”，更准确。

（2）本书的译文：“正在考察的容器的一点上，计算每一载荷类型的应力张量（6 个独立的应力分量）。给每一计算的应力张量赋予下面定义的一种或一组类别。对于某一元件，在给每一应力张量赋予一个合理的类别过程中，采用图 5.1 或表 5.6 能得到借鉴。应注意：要评定防止塑性垮塌，不需要确定当量应力 Q 和 F。然而，基于弹性应力分析的疲劳评定和棘轮评定需要当量应力 Q 和 F（分别见 5.5.3 和 5.5.6）。”

26　原文 5.2.2.4 Step 3：“Sum the stress tensors (stresses are added on a component basis) assigned to each equivalent stress category.The final result is a stress tensor representing the effects of all the loads assigned to each equivalent stress category.Note that in applying STEPs in this paragraph, a detailed stress analysis performed using a numerical method such as finite element analysis typically provides a combination of P_L+P_b and P_L+P_b+Q+F directly.”

（1）CACI 译 2007 版 ASMEⅧ-2:5 译文：“取这些应力张量的总和（各应力都在分量的基础上叠加）并赋予每个当量应力以类别。最终的应力是代表所有载荷影响的对每一当量应力给定类别的应力张量。要注意的是，本节中所使用的步骤，在采用数值方法、典型的如有限元分析所完成的详细的应力分析，则直接提供了 P_L+P_b 和 P_L+P_b+Q+F 的组合。”

2013 版的译文同上。

【译文分析】

此段译文，行文生硬。第一，次序混乱，如“取这些应力张量的总和并赋予每个当量应力以类别”是先求和后赋予，还是先赋予后求和，没说清楚。第二，“各应力都在分量的基础上叠加”，**[10]也是这样译的**。怎么叠加？原文“stresses are added on a component basis”中的不定冠词“a”不能省略，它有“同一”的词意，引伸为“同名”。第三，“最终的应力是代表所有载荷影响的对每一当量应力给定类别的应力张量”。这里，分词短语“assigned to each equivalent stress category”不是修饰载荷，而是修饰应力张量，表达错误。第四，typically 是副词，原文将“typically”修饰动词“provides”，而译文却是“**典型的**如有限元分析……”。

（2）本书的译文：“赋予各自当量应力类别的各应力张量求和（在同名应力分量基础上叠加）。叠加后的最终应力是一个应力张量，表示赋予各自当量应力类别的所有载荷的作用。应注意的是，本条实施的各个步骤中，采用了数值方法，如有限元分析，完成的详细应力分析一般直接给出 P_L+P_b 和 P_L+P_b+Q+F 的组合。”

27　原文 5.2.2.4 Step 3（b）：“If a load case is analyzed that includes only "strain-controlled" loads (e.g. thermal gradients), the computed equivalent stresses represent Q alone;”

（1）CACI 译 2007 版 ASMEⅧ-2:5 译文：“如果所分析的载荷情况仅包括“应变控制的”（例如，温度梯度），所计算的当量应力单独表示为 Q；”

（2）[10]的译文同上。

【译文分析】

在 the computed equivalent stresses represent Q alone 句子中，alone 若位于名词或代词之后，它的词义应选“只有”。“所计算的当量应力单独表示为 Q”与“计算的当量应力表示只有 Q”，两者在语意和符合原意方面是有差距的。

（3）本书的译文：“如果分析包括**只有**‘应变控制’的载荷的载荷工况（如温度梯度），计算的当量应力表示只有 Q；”

28 原文 5.2.2.4 Step 4：“Determine the principal stresses of the sum of the stress tensors assigned to the equivalent stress categories,and compute the equivalent stress using Eq. (5.1).”

【语法分析】

分词短语 assigned to the equivalent stress categories 作 the stress tensors 的定语。

（1）CACI 译 2007 版 ASMEⅧ-2:5 译文：“确定以当量应力类别表示的各应力张量总和的主应力，并采用式（5.1）计算当量应力。”

2013 版的译文同上。

（2）本书的译文：“确定赋予当量应力类别的各应力张量求和的三个主应力，并采用式（5.1）计算当量应力。”

29 原文 5.2.2.4 Step 5：“The allowable limit on local primary membrane and local primary membrane plus bending, S_{PL} , is computed as the larger of the quantities shown below.

（a）1.5 times the tabulated allowable stress for the material from Annex 3-A.

（b）S_y for the material from Annex 3-A, except that the value from（a）shall be used when the ratio of the minimum specified yield strength to ultimate tensile strength exceeds 0.70, or the value of S is governed by time-dependent properties as indicated in Annex 3-A.

【语法分析】

第一，as the larger of the quantities shown below 作为主语 The allowable limit 的补语。

第二，The allowable limit on 译为“许用应力对……限制”，不能译为“许用应力极限”。

第三，(b) 中，由 when 引导的两个并列的时间状语从句，其中第一个从句的主语是 ratio，谓语是 exceeds；第二个从句的主语是 value of S，谓语是 is governed by。主句中有一个带介词短语的名词“S_y for the material from Annex 3-A,”，另外还有一个由 except that 引导的名词从句“except that the value from (a) shall be used”。As indicated in Annex 3-A 作 time-dependent properties 的定语。

（1）CACI 译 2007 版 ASMEⅧ-2:5 译文：“一次局部薄膜应力和一次局部薄膜应力加弯曲应力的许用极限 S_{PL}，取以下计算的值的较大者。

（a）附录 3-A 中的材料所列的许用应力的 1.5 倍。

（b）附录 3-A 中的材料 S_y 值，然而，当最小屈服极服与极限抗拉强度的比值超过 0.7，或者 S 值受附录 3-A 中所示的其性质与时间相关时，应使用（a）中的值。”

2013 版的译文同上。

（2）[10]在其 57 页给出下面的结果：

当 YS/UTS≤0.70 $S_{PL}=\max[1.5S,2S_y]$

当 YS/UTS＞0.70　　　S_{PL}=1.5S

当 YS/UTS＞0.70，S_{PL}=1.5S，同（1）（b）；当 YS/UTS≤0.70 ，S_{PL}=max[1.5S,2S_y]是错的，原文是 S_y，这里是 2S_y。

【译文分析】

由 when 引导的时间状语从句中规定了屈强比大于 0.70 或 S 值由与时间有关的特性决定时，除了应使用（a）值外，还应考虑到附录 3-A 材料的 S_y。**（1）译的“应使用（a）中的值”**，改变规范的规定。（1）和（2）译文相同，理解错误。这样的胡诌后果是，更改规范的评定准则，影响深远，甚至造成材料的浪费。

另外将“The allowable limit”译为“许用极限”是错的，因为没有这个概念。

（3）本书的译文：“许用应力对局部一次薄膜及局部一次薄膜+一次弯曲当量应力的限制 S_{PL}，应计算为下列两值中的较大值：

（a）按附录 3-A 表列的材料许用应力的 1.5 倍；

（b）当规定的屈服极限与抗拉强度最小值之比大于 0.70，或 S 值取决于附录 3-A 所示的时间相关的特性时，除了应使用（a）值外，还应考虑到附录 3-A 的材料 S_y。”

30　原文 5.2.3.1（a）：“Limit-load analysis addresses the failure modes of ductile rupture and the onset of gross plastic deformation (plastic collapse) of a structure.” ... “it provides one option to protect a vessel or component from plastic collapse”，“Limit-load analysis provides an alternative to elastic analysis and stress linearization and the satisfaction of primary stress limits in 5.2.2.2.”

（1）CACI 译 2007 版 ASMEⅧ-2:5 译文：“极限载荷分析涉及塑性破坏的失效模型以及结构的总体塑性变形（塑性垮塌）的开始。”……“它提供了防止容器或元件**由**塑性垮塌的一种选择。”……“极限载荷分析对弹性分析和应力线性化以及在 5.2.2.2 节中的满足一次应力极限提供了另一种选择。”

2013 版的译文同上。

【译文分析】

原文 the failure modes 中的 modes 是复数，译者将“失效模型”仅归于塑性破坏，是不妥的。“失效模型”包括塑性破坏和结构的总体塑性变形（塑性垮塌）的开始。“它提供了防止容器或元件**由**塑性垮塌的一种选择”，汉语介词“**由**”导致行文生硬。将“primary stress limits”译为“一次应力极限”是错误的。不符合原意和专业要求，这是进行简单直译的结果，对“limit”选择词义，除“极限”外，还有“限制”，再引伸为“限制条件”。

2）本书的译文：“极限载荷分析给出结构的塑性破坏和总体塑性变形开始的失效模型，（结构的塑性垮塌）。”……“它提供了防止容器或元件产生塑性垮塌的一种选择。”……“对于弹性分析、应力线性化和满足 5.2.2.2 节一次应力限制条件，极限载荷分析提供了另一可供选择的方法。”

31　原文 5.2.3.1（c）：“Protection against plastic collapse using limit load analysis is based on the theory of limit analysis that defines a lower bound to the limit load of a structure as the solution of a numerical model with the following properties:

（1）The material model is elastic-perfectly plastic with a specified yield strength.”

【语法分析】

该句是一主从复合句，主句的主语是 Protection against，谓语是 is based on，现在分词 using 的短语作状语。由 that 引出定语从句，that 在从句作主语，它代表“theory”。由 as 引出的短语 as the solution of a numerical model with the following properties 作宾语 a lower bound to the limit load of a structure 的补足语。

（1）CACI 译 2007 版 ASMEⅧ-2:5 译文：“采用极限载荷分析防止塑性垮塌是基于极限分析理论，该理论对结构的极限载荷规定一下限，连同以下性能，作为数值模型解：

（1）材料模型是弹性－用规定屈服强度的全塑性。”

2013 版的译文同上。

【译文分析】

第一，defines…as 是固定搭配。译文不体现这种语法功能。由 as 引出的短语作 Defines 的宾语补足语。

第二，“材料模型是弹性－用规定屈服强度的全塑性”，译文不符合专业用语。这里规定屈服极限是 **1.5*S***，说明是“弹性－理想塑性模型”，而译者翻译的“用规定屈服强度”仅说明全塑性，是错的。

（2）本书的译文：“采用极限载荷分析防止塑性垮塌是基于极限分析理论，该理论将结构极限载荷的下限规定为具有下列特征的数值模型解：

（1）材料模型是具有规定屈服极限的弹性－理想塑性模型。”

32　原文 5.2.3.2（a）：“The effect of strain-controlled loads resulting from prescribed non-zero displacements and temperature fields is not considered.”

【语法分析】

此句是一个简单句，主语是 effect，谓语是 is not considered，现在分词短语 resulting from prescribed non-zero displacements and temperature fields 作 loads 的定语。

（1）CACI 译 2007 版 ASMEⅧ-2:5 译文：“由规定的非零位移且不考虑温度场得出应变控制载荷的影响。”

2013 版的译文同上。

【译文分析】

译文是错误的，译者误认以为 is not considered 只作 temperature fields 的谓语，而前面 The effect of strain-controlled loads resulting from prescribed non-zero displacements 却没有谓语。

（2）本书的译文：“不考虑由规定的非零位移和温度场产生的应变控制载荷的作用。”

33　原文 5.2.3.3：“The limit load is obtained using a numerical analysis technique (e.g. finite element method) by incorporating an elastic-perfectly-plastic material model and small displacement theory to obtain a solution.”

（1）CACI 译 2007 版 ASMEⅧ-2:5 译文：“采用数值分析技术（例如有限元方法）结合弹性－全塑性材料模型以及为求解的小位移理论以求得极限载荷。”

【译文分析】

不定式短语 to obtain a solution 不是仅作 theory 的定语，还作“材料模型结合小位移理论”

的定语。译文不通顺。

（2）本书的译文："采用数值分析技术（例如有限元法），通过求解弹性－理想塑性材料模型结合小变形理论获得极限载荷。"

34　原文 5.2.3.4：

"（a）A global plastic collapse load is established by performing a limit-load analysis of the component subject to the specified loading conditions. The plastic collapse load is taken as the load which causes overall structural instability. The concept of Load and Resistance Factor Design (LRFD) is used as an alternative to the rigorous computation of a plastic collapse load to design a component. In this procedure, factored loads that include a design factor to account for uncertainty, and the resistance of the component to these factored loads is determined using a limit load analysis (see Table 5.4).

（b）Service Criteria – Service criteria as provided by the Owner/User that limit the potential for unsatisfactory performance shall be satisfied at every location in the component when subject to the design loads. The service criteria shall satisfy the requirements of 5.2.4.3（b）using the procedures in 5.2.4."

【语法分析】

（a）中第一句中的 subject to，词义是"承受……"。Subject 是形容词，译为"承受规定载荷工况的元件"

第二句中的 is taken as，词义是"被看作"。As 引出主语补足语，"The plastic collapse load is taken as the load which causes overall structural instability"译为"塑性垮塌载荷被看作是引起整体结构失稳的载荷"。

第三句中的 is used as，词义是"被用作"。As 引出主语补足语，"The concept of Load and Resistance Factor Design (LRFD) is used as an alternative to the rigorous computation of a plastic collapse load to design a component."译为"对于设计元件的塑性垮塌载荷的精确计算，载荷与抗力系数设计概念（LRFD）被用作另一可供选择的方法。"

第四句"factored load"译为"乘上系数的载荷"，见"英汉科技大词库"。"factored loads that include a design factor to account for uncertainty"译为"乘上系数的各载荷包括考虑误差的设计系数"。

（b）中前一句是一个简单句，主语是 Service criteria，谓语是 shall be satisfied，一般将来时被动语态，as provided by the Owner/User 作 criteria 的定语，这是"as+过去分词"的一种语法功能，而由关联词 that 引出定语从句 that limit the potential for unsatisfactory performance 修饰 criteria（复数，与 limit 对应），在此定语从句中，主语是 that，谓语是 limit，宾语是 potential，介词短语 for unsatisfactory performance 作 potential 的定语。

When subject to the design loads 是一个时间状语从句，句中的 subject 是形容词，后面跟着 to，此句中省略 it is，译为"承受设计载荷时"。

（1）CACI 译 2007 版 ASMEⅧ-2:5 译文：

"（a）总体的准则：由经受规定载荷条件元件所完成的极限载荷分析来确定总体的塑性垮塌载荷。塑性垮塌载荷取为引起总的结构失稳的载荷。载荷和阻力系数设计（LRFD）的概念是用作对设计元件所用塑性垮塌载荷的严密计算的另一种选择。在这一方法中，包括带有计及不确定性的设计系数的载荷，以及元件对这些带有系数载荷的抵抗能力都由极限载荷分析来确定（见表 5.4）。

（b）使用准则：是由业主/用户所规定的使用准则，是对承受设计载荷元件中的每一位置都应满足可能的不满意性能的限制条件。使用准则应满足采用 5.2.4 中方法的 5.2.4.3.b 的各项要求。"

2013 版的译文同上。

【译文分析】

译文（a）错在：①谓语是 is established，没有将 by 引出的介词短语译为主语，其中"元件所完成的极限载荷分析"的翻译是病句，应译"完成元件的极限载荷分析"；②"设计元件所用塑性垮塌载荷"的翻译不正确，to design a component 作"塑性垮塌载荷"的定语。is used as 译为"被用作是"，as 引出主语补足语；③"载荷和阻力系数设计（LRFD）的概念是用作对设计元件所用塑性垮塌载荷的严密计算的另一种选择"，采用动宾结构不会译出这类病句；④"包括带有计及不确定性的设计系数的载荷"，翻译生硬，且丢掉了"factored loads"，应译为"乘上系数的各项载荷包括考虑误差的设计系数"。

译文（b）错在：定语从句 that limit the potential for unsatisfactory performance shall be satisfied at every location in the component，that 代表 Service criteria。"是对承受设计载荷元件中的每一位置都应满足可能的不满意性能的限制条件"，译者肆意发挥的"应满足限制条件"。

（2）本书的译文：

"（a）总体准则：完成一个承受那些规定载荷工况的元件的极限载荷分析，确定总体塑性垮塌载荷。塑性垮塌载荷被看作是引起整体结构失稳的载荷。对于精确计算设计元件的塑性垮塌载荷，载荷与抗力系数设计概念（LRFD）被用作另一可供选择的方法。在这个方法中，乘上系数的各项载荷包括考虑误差的设计系数，以及该元件对这些乘上系数的各项载荷的抗力，均采用极限载荷分析确定（见表 5.4）。

（b）使用准则：当承受设计载荷时，元件的每个部位都应满足由业主或用户规定的，限制元件可能出现的不良性能的使用准则。采用 5.2.4 的方法，使用准则应满足 5.2.4.3（b）的各项要求。"

35　原文 5.2.3.5 Step 1："Develop a numerical model of the component including all relevant geometry characteristics. The model used for the analysis shall be selected to accurately represent the component geometry, boundary conditions, and applied loads. The model need not be accurate for small details, such as small holes, fillets, corner radii, and other stress raisers, but should otherwise correspond to commonly accepted practice."

【语法分析】

第二个句子的主语是 The model，谓语是 shall be selected，不定式短语 to accurately represent the component geometry, boundary conditions, and applied loads 作主语 The model 的补足语。

第三个句子，谓语是 need not be accurate，need 作助动词，一般用于否定句中，后面动词用原形，accurate 是形容词，作 be 的表语。

（1）CACI 译 2007 版 ASMEⅧ-2:5 译文："制定包括所有相关几何特性在内的元件的数字模型。用于分析的模型应选择能精确地表示几何特性、边界条件和所作用的载荷，对于小的结构细节，例如小孔、转角、转角半径以及其他的应力增高源，模型不需要精确，但是在其他方面应与通用的验收实际相对应。”

2013 版的译文同上。

【译文分析】

将“numerical model”译为“**数字**模型”不符合专业用语。词典给出“stress raisers”译为“应力集中因素”，词典给出“accepted practice”的固定译法为“习惯作法”。而该译文是“应力增高源”和“应与通用的**验收实际**相对应”，是从字面上的意义来解释，必定出错，不查词典核对，就容易出这方面的毛病。

（2）本书的译文：“提出元件的一个数值模型，包括所有相应的几何特性。选择分析用的模型应精确地代表元件的几何特性、边界条件和加载。对于小的结构详图，如小孔、圆角、转角半径和其他的应力集中因素，该模型是不需要精确的，但应另外遵循通用的习惯作法。”

36　原文 5.2.4.1（**b**）：“Elastic-plastic stress analysis provides a more accurate assessment of the protection against plastic collapse of a component relative to the criteria in 5.2.2 and 5.2.3 because the actual structural behavior is more closely approximated.The redistribution of stress that occurs as a result of inelastic deformation (plasticity) and deformation characteristics of the component are considered directly in the analysis.”

【语法分析】

（b)段有两个句子，前一个句子是复合句，带一个原因状语从句，主句主语是 Elastic-plastic stress analysis，谓语是 provides，宾语是 assessment。由 because 引出的原因状语从句的谓语是 is more closely approximated，一般现在时被动语态。后一个复合句中，主语是 redistribution，谓语是 are considered，其中夹带一个说明原因的定语从句“that occurs as a result of inelastic deformation (plasticity) and deformation characteristics of the component”，主语是 that，谓语是 occurs，由 as 引出短语作状语，译为“由于……结果”。

（1）CACI 译 2007 版 ASMEⅧ-2:5 译文：（b）“因为其实际的结构行为比较接近，所以弹－塑性应力分析相对于在 5.2.2 和 5.2.3 中的准则而言，对防止元件的塑性垮塌有比较精确的评定，对由非弹性变形（塑性）以及元件的变形特征导致发生的应力再分布都在分析中计及。”

2013 版的译文同上。

【译文分析】

如“因为其实际的结构行为比较接近”，比较接近什么？这样的译文含糊不清，如加一个字“与”，“因为与其实际的结构行为比较接近”，这样改完读者就能明白其意。按主动语态译为“更接近实际结构的行为”，就更容易明白。又如“对由非弹性变形（塑性）以及元件的变形特征导致发生的应力再分布都在分析中计及”，动宾关系搭配不好，译文不通顺。

（2）本书的译文：（b）“与 5.2.2 和 5.2.3 的准则比较，弹－塑性应力分析提供一种防止元件塑性垮塌的更为精确的评定，因为更接近实际结构的行为。该分析直接考虑了由于元件的非弹性变形（塑性变形）和变形特征的结果发生的应力再分布。”

37　原文 5.2.4.2：“The plastic collapse load can be obtained using a numerical analysis technique (e.g.finite element method) by incorporating an elastic-plastic material model to obtain a solution. The effects of non-linear geometry shall be considered in this analysis. The plastic collapse load is the load that causes overall structural instability. This point is indicated by the inability to achieve an equilibrium solution for a small increase in load (i.e. the solution will not converge).”

（1）CACI 译 2007 版 ASMEⅧ-2:5 译文：“塑性垮塌载荷可以采用数值分析技术（例如，有限元方法）、包括弹－塑性材料模型得到的解求得。在分析中应考虑结构非线性**化**的影响。塑性垮塌载荷是引起总的结构失稳的载荷。这可以由小的载荷增量再也不能获得平衡解这一点来表示（即该解不再收敛）。”

2013 版的译文同上。

【译文分析】

第一句，“塑性垮塌载荷可以采用数值分析技术（例如，有限元方法）、包括弹－塑性材料模型得到的解求得”，incorporating 是动名词，作介词 by 的宾语，而不定式短语 to obtain a solution 作 model 的定语，译者选择 incorporating 的词义是不通的，前面的标点符号“、”也使用错误，这个句子译文不通顺，像是“宾动”结构，应译为“动宾”结构。

第二句，“The effects of non-linear geometry shall be considered in this analysis.”译为“在分析中应考虑结构非线性**化**的影响。”原文没有“结构”，而是“几何”。原文没有“非线性**化**”，这个“**化**”字的添加带来许多误导。译文是错的。只有“几何非线性”和“材料非线性”，没有 “结构非线性”的提法。

（2）本书的译文：“采用数值分析技术（如有限元方法），结合求解的弹－塑性材料模型，能获得塑性垮塌载荷。该分析应考虑**几何非线性**的影响。塑性垮塌载荷是引起总体结构失稳的载荷。对于一个小的载荷增量不能达到平衡解，说明了这一点（该解不收敛）。”

38　原文 5.2.4.3（b）：“Service Criteria – Service criteria that limit the potential for unsatisfactory performance shall be satisfied at every location in the component when subject to the design loads (see Table 5.5). Examples of service criteria are limits on the rotation of a mating flange pair to avoid possible flange leakage concerns and limits on tower deflection that may cause operational concerns.”

（1）CACI 译 2007 版 ASMEⅧ-2:5 译文：“使用准则——使用准则对承受设计载荷元件中的每一位置都应满足可能的不满意性能的限制条件（见表 5.5）。使用准则的实例是对成对法兰的旋转限制，以避免可能担心的法兰泄漏，以及限制塔可能引起对操作担心的挠度。”

2013 版的译文同上。

【译文分析】

元件中的每一位置应满足什么，是使用准则还是限制条件，因为主语是 Service criteria，谓语是 shall be satisfied，所以应满足使用准则。定语从句“that limit the potential for unsatisfactory performance”中的主语是 that，它代表 Service criteria，谓语是 limit。

“limits on tower deflection that may cause operational concerns”作 are 的表语，译文为“限制塔可能引起对操作担心的挠度”，此句是病句，读起来别扭。“that may cause operational concerns”是非限制性定语从句，不要硬按限制性定语从句译。根据专业判断：挠度引起塔体变形→影响传质操作→分析产品不合格→导致操作失控。

对 concerns 一词，要找到与汉语相对应的词义，词典上“担心”词义用在此处不通。

（2）本书的译文：“使用准则——元件的每个部位都应满足使用准则，使用准则限制潜在的不良性能。使用准则的实例是：对配对法兰旋转的限制，避免可能出现的法兰泄漏事故；对塔体挠度的限制，它能引起操作失控。”

39　原文 5.2.4.4 Step 1：“Develop a numerical model of the component including all relevant geometry characteristics.”

（1）CACI 译 2007 版 ASMEⅧ-2:5 译文：“制定包括所有相关几何特性在内的元件的**数字模块**。”

2013 版的译文同上。

【译文分析】

将 numerical model 译为“数字模块”不对。ANSYS 通用软件中有满足各行业的通用数值模块。译者并未分清“数值模快”和“数值模型”的涵义。这种随意翻译是不负责的。读者也做不到制定“**数字模块**”。ANSYS 引入中国后，某单位分析软件自动退出市场，就说明它的软件功能不行，即包括数值模快的整个软件功能，对抗 ANSYS 没有优势。

（2）本书的译文：“提出元件的一个**数值模型**，包括所有相应的几何特性。”

40　原文 5.2.4.4 Step 3：“A true stress-strain curve model that includes temperature dependent hardening behavior is provided in Appendix 3-D. When using this material model, the hardening behavior shall be included up to the true ultimate stress and perfect plasticity behavior (i.e. the slope of the stress-strain curves is zero) beyond this limit.”

【语法分析】

第一个句子是主从复合句，主句的主语是 A true stress-strain curve model，谓语是 is provided，定语从句是 that includes temperature dependent hardening behavior，修饰 model。第二个句子也是主从复合句，由 When 引导的时间状语从句，主句是 the hardening behavior shall be included，介词短语 up to 作状语，beyond this limit 的介词短语作状语。

（1）CACI 译 2007 版 ASMEⅧ-2:5 译文：“附录 3-D 中提供了包括硬化行为和温度有关的实际应力－应变曲线模型。当采用这一材料模型时，直到真实极限应力和全塑性行为（即应力－应变曲线的斜率为零）超过此极限时，应一直包括硬化行为。”

2013 版的译文同上。

【译文分析】

第一个句子的定语从句，错误译为“包括硬化行为和温度有关的”，应译为“包括与温度有关的硬化行为的”。

第二个句子译文存在的问题是“超过此极限”，此极限是什么极限？译文表述不清楚。

（2）[10]的译文：“附录 3-D 中提供了包括与温度有关的硬化行为的实际应力－应变曲线模型。当采用这一材料模型时，应包含直至真实极限应力的硬化行为，超过这个极限后为理想塑性行为（即应力－应变曲线的斜率为零）。”

此译文中的“超过这个极限后为理想塑性行为”，这个极限指哪个极限？未说清楚。

（3）本书的译文："附录 3-D 给出了真实的应力应变曲线模型，它包括与温度有关的强化行为。当采用这个材料模型时，包括强化行为，一直到真实的极限应力和超过屈服极限的理想塑性行为（即应力应变曲线的斜率是零）。"

41　原文 5.3.3.1 Step 1："Perform an elastic-plastic stress analysis based on the load case combinations for the local criteria given in Table 5.5."

（1）CACI 译 2007 版 ASMEⅧ-2:5 译文："对在表 5.5 中所列的**局部失效准则**，基于载荷情况组合完成弹－塑性应力分析。"

2013 版的译文同上。

【译文分析】

此句译文错在：①表 5.5 中是局部准则（local criteria），而不是局部失效准则；②介词 for 短语作 load case combinations 的定语。载荷工况组合要与局部准则对应。

如式（5.5）或式（5.7），这是局部失效准则。而表 5.5 中给出与局部准则对应的载荷工况组合。随意翻译是不负责的。

（2）本书的译文："完成弹－塑性应力分析，该分析是基于表 5.5 给出的，适用于局部准则的载荷工况组合。"

42　原文 5.3.3.2："If a specific loading sequence is to be evaluated in accordance with the User's Design Specification, a strain limit damage calculation procedure may be required."

（1）CACI 译 2007 版 ASMEⅧ-2:5 的译文："如果所要评定的规定载荷顺序按照用户设计说明书，则可需要应变极限损伤计算方法。"

2013 版的译文同上。

【译文分析】

将 specific loading sequence 译为"规定载荷顺序"，字面上翻译没有错。对 sequence 一词，应选"方式"。此句应译为"特定的加载方式"。

（2）本书的译文："如果按用户设计技术条件要评定特定的加载方式，则可需要应变极限损伤计算方法。"

43　原文 5.4.1.2："The following design factors shall be the minimum values for use with shell components when the buckling loads are determined using a numerical solution."

（1）CACI 译 2007 版 ASMEⅧ-2:5 的译文："下述的设计系数应是用于壳体元件、且当失稳载荷采用数值解确定时的最小值。"

2013 版的译文同上。

【译文分析】

由 when 引出时间状语从句不能作最小值的定语从句。此从句是确定失稳载荷，还是确定设计系数最小值，译文表述不清楚。标点符号"、"用错。

（2）本书的译文："采用数值解确定屈曲载荷时，下列设计系数是壳体元件用的最小值。"

44　原文 5.4.1.2（a）Type1："If a bifurcation buckling analysis is performed using an elastic stress analysis without geometric nonlinearities in the solution to determine the pre-stress in the component, a minimum design factor of $\Phi_B = 2/B_{cr}$ shall be used (see 5.4.1.3).”

【语法分析】

该句是由 If 引出的条件状语从句的主从复合句，从句主语是 bifurcation buckling analysis，谓语是 is performed，using 现在分词短语作状语，without 介词短语作状语，介词短语 in the solution 作状语，动词不定式 to determine 作状语。

（1）CACI 译 2007 版 ASMEⅧ-2:5 的译文：“如果在求解中采用无几何非线性的弹性应力分析以确定在元件中的预应力来完成分叉点失稳分析，应采用 $\Phi_B = 2/B_{cr}$ 的最小设计系数（见 5.4.1.3 节）。”

2013 版的译文同上。

【译文分析】

采用无几何非线性的弹性应力分析，既能确定元件中的预应力，又可完成分叉点失稳分析，这是不可能的，它只能完成分叉点的失稳分析。元件中的预应力是基于表 5.3 的载荷组合确定的，不是弹性分析或弹－塑性分析（见 Type 2）确定的。采用有限元分析时，需要激活预应力选项。

（2）本书的译文：“如果采用弹性应力分析，没有几何非线性，在求解中，确定元件中的预应力，完成分叉点的屈曲分析，应使用设计系数最小值 $\Phi_B = 2/B_{cr}$（见 5.4.1.3 条）。”

45　原文 5.4.2：“For example, when determining the minimum buckling load for a ring-stiffened cylindrical shell, both axisymmetric and non-axisymmetric buckling modes shall be considered in determination of the minimum buckling load.”

（1）CACI 译 2007 版 ASMEⅧ-2:5 的译文：“例如，对经环向加强的圆筒，在确定其最小失稳载荷时，在最小失稳载荷确定中，应考虑轴对称和非轴对称模式二者。”

2013 版的译文同上。

【译文分析】

“在确定其最小失稳载荷时，在最小失稳载荷确定中”，可否认为这样的译文是对原文理解不透彻导致的。原意是指：要从“轴对称和非轴对称模式二者”中确定最小失稳载荷。

（2）本书的译文：“例如，确定带有一个加强圈的圆筒最小屈曲载荷时，应考虑轴对称和非轴对称两种屈曲模型，从中确定最小屈曲载荷。”

46　原文 5.5.1.1：“A fatigue evaluation shall be performed if the component is subject to cyclic operation. The evaluation for fatigue is made on the basis of the number of applied cycles of a stress or strain range at a point in the component. The allowable number of cycles should be adequate for the specified number of cycles as given in the User's Design Specification.”

（1）CACI 译 2007 版 ASMEⅧ-2:5 的译文：“如果元件经受循环操作，则应进行疲劳评定。疲劳评定是以在元件上一点处所施加的应力或应变范围的作用次数为基础作出的。许用循环次数应是对在用户设计说明书中所给定的循环次数来说是可以**胜任的**。”

2013 版的译文同上。

【译文分析】

该原文第二句中的“number of applied cycles…”译为“作用次数”不妥，应译为“所施加的应力或应变范围的循环次数”。第三句的译文“许用循环次数应是对在用户设计说明书中所给定的循环次数来说是可以**胜任的**”，词典上给出“胜任的”，原文 should be adequate for 是固定搭配，“**胜任的**”的词意不能体现这一点，也不能应用于此处。

（2）本书的译文：“如果元件承受循环操作，则应完成疲劳评定。根据在元件中的一点上所施加的应力或应变范围的循环次数，进行疲劳评定。许用循环次数足够用于用户设计技术条件给出规定的循环次数。”

47　原文 5.5.1.3：“Fatigue curves are typically presented in two forms: fatigue curves that are based on smooth bar test specimens and fatigue curves that are based on test specimens that include weld details of quality consistent with the fabrication and inspection requirements of this Division.”

（a）Smooth bar fatigue curves may be used for components with or without welds. The welded joint curves shall only be used for welded joints.

（c）If welded joint fatigue curves are used in the evaluation, and if thermal transients result in a through-thickness stress difference at any time that is greater than the steady state difference, the number of design cycles shall be determined as the smaller of the number of cycles for the base metal established using either 5.5.3 or 5.5.4, and for the weld established in accordance with 5.5.5.

（1）CACI 译 2007 版 ASMEⅧ-2:5 的译文：“……以及基于包括其质量与本册制造和检验要求相符的**焊接零件试样**的疲劳曲线。”

（a）“……而焊接连接件的疲劳曲线仅用于是焊接连接件。”

（c）“……且如果热传递导致沿厚度的应力差在任何时候都大于稳态时的力差，则设计循环次数应取以下二者中的较小者……”

2013 版的译文同上。

【译文分析】

第一，weld details 应译为“焊接节点”，而不是“焊接零件”。

第二，welded joints 应译为“焊接接头”（见《焊接词典》中国机械工程学分焊接学会编），而不是“焊接连接件。”

从上述可以看出：译者选择的词义不准确，导致译文偏离原意。

第三，丢掉了 transients，应译为“热传递”。

（2）本书的译文：“……基于包括焊接节点试样的疲劳曲线，焊接节点的质量应符合本册的制造和检验要求。”

（a）“……焊接接头的疲劳曲线只能用于焊接接头。”

（c）“……且若**瞬态**传热导致通过壁厚的应力差在任何时候都大于稳态的应力差，则设计循环次数应确定为采用 5.3.3 或 5.3.4 所确定的母材的循环次数与按 5.5.5 所确定的焊缝的循环次数二者中的较小值。”

48　原文 5.5.1.5：“Under certain combinations of steady state and cyclic loadings there is a possibility of ratcheting. A rigorous evaluation of ratcheting normally requires an elastic-plastic analysis of the component; however, under a limited number of loading conditions, an approximate analysis can be utilized based on the results of an elastic stress analysis,see 5.5.6."

（1）CACI 译 2007 版 ASMEⅧ-2:5 译文："在某些稳态和可能引起棘轮现象的循环载荷组合作用下，对棘轮现象的严密评定要求元件的弹塑性应力分析。但是，在限定的载荷情况数时，可以采用弹性应力分析结果为基础的近似分析。见 5.5.6。"

2013 版的译文同上。

【译文分析】

原文此段有 3 个句子，第 1 个句子是"Under certain combinations of steady state and cyclic loadings there is a possibility of ratcheting."但译者却将此句译成中文的一个状语。对于"there be+主语+状语"的句型，there is a possibility of ratcheting 的谓语是 there is，主语是 possibility of ratcheting，而状语是由 Under 引出的介词短语，句子成分完整。只有在没有主语的情况下，there be 的结构作定语从句时可以省略作主语的关系代词。因此，译文"在某些稳态和可能引起棘轮现象的循环载荷组合作用下"就是将 there is a possibility of ratcheting 看作 cyclic loadings 的定语，这是错误的。另外，有棘轮的可能，是指稳态和循环载荷的某些组合下，而不是单指"可能引起棘轮现象的循环载荷"。

（2）本书的译文："在稳态和循环载荷的某些组合下，存在棘轮的可能。棘轮的精确评定，通常需要元件的弹－塑性分析。然而，在载荷条件的有限循环次数下，可利用基于弹性应力分析结果的近似分析，见 5.5.6。"

49　原文 5.5.1.7："If a fatigue analysis is required, the effects of joint alignment (see 6.1.6.1) and weld peaking (see 6.1.6.3) in shells and heads shall be considered in the determination of the applicable stresses."

（1）CACI 译 2007 版 ASMEⅧ-2:5 译文："如果要求进行疲劳分析，在确定可用的应力时，需要考虑壳体和封头**对中**（6.1.6.1）及焊缝**凸起**（6.1.6.3）的影响。"

2013 版的译文同上。

【译文分析】

译文的错误在于，joint alignment 应译为"焊接接头对口错边"，而不是"**对中**"，压力容器制造厂也做不到完全"对中"，所以才给出允许的"对口错边量"。weld peaking 应译为"焊缝棱角"，而不是"焊缝**凸起**"。

（2）本书的译文："如果需要疲劳分析，在确定合适的应力过程中，应考虑壳体和封头处焊接接头对口错边和焊缝棱角的影响（见 6.1.6.3）。"

50　原文 5.5.2.1（a）：

"（1）Provisions of 5.5.2.2, Experience with comparable equipment operating under similar conditions."

"（2）Provisions of 5.5.2.3, Method A based on the materials of construction (limited applicability), construction details, loading histogram, and smooth bar fatigue curve data."

（1）CACI 译 2007 版 ASMEⅧ-2:5 译文：

"（1）5.5.2.2 节的规定，用可以比较的设备在类似的条件下操作所得出的经验。"

“（2）5.5.2.3 节的规定，以建造用的材料（适用性受到限制）、结构细节、载荷频率曲线以及光滑杆件试样疲劳曲线数据为基础所得出的方法 A。”

2013 版的译文同上。

【译文分析】

译文的问题是：第一，Experience with 有固定搭配，而译文没有体现这一点；第二，“载荷频率曲线”的词义选择是错误的。

（2）本书的译文：

“（1）5.5.2.2 的各项规定，在相似条件下操作可比设备的长期使用经验。”

“（2）5.5.2.3 的各项规定，基于结构材料（适用性受限制）、结构节点、载荷循环图和光滑杆件疲劳曲线数据的方法 A。”

51　原文 5.5.2.2：“Fatigue Analysis Screening Based on Experience With Comparable Equipment. If successful experience over a sufficient time frame is obtained with comparable equipment subject to a similar loading histogram and addressed in the User's Design Specification (see 2.2.2.1（f）), then a fatigue analysis is not required as part of the vessel design. When evaluating experience with comparable equipment operating under similar conditions as related to the design and service contemplated, the possible harmful effects of the following design features shall be evaluated.”

【语法分析】

此段原文有两个句子：第一个句子带一个由 If 引导的状语从句，其中有两个并列从句，有介词 over 的介词短语作状语，有 with 引出的介词短语也作状语，形容词 subject to 作 equipment 的后置定语，状语从句主语是 successful experience，谓语是 is obtained 和 addressed。主句的主语是 a fatigue analysis，谓语是 is not required as。第二个句子带一个由 When 引导的时间状语从句，其中由 under 介词短语作状语，as related to 作 conditions 的定语。主句主语是 the possible harmful effects，谓语是 shall be evaluated。

（1）CACI 译 2013 版 ASMEⅧ-2:5 译文：“**以采用可比设备的经验为基础的疲劳分析筛分**，如果通过足够的时间所得到的有用经验，以及用可比较设备承受同样的载荷频率曲线并在用户设计说明书中提及（见 2.2.1.1（f）），则疲劳分析不需要作为容器设计的一个组成部分。当用可比较设备在与相关的设计和预期操作同样条件下操作的评定经验时，应对下列设计特征的有害影响进行评定。”

【译文分析】

译文行文生硬、别扭。“疲劳分析筛分”是表达不通顺的，没有明确意义短语。Screening 是现在分词，作后置定语，应译为“筛分的疲劳分析”。Frame 没有译出，features 词义选择为“特征”，均处理不妥。“可比较设备承受同样的载荷频率曲线”“载荷频率曲线”的词义是概念错误。

（2）本书的译文：“**基于可比设备长期使用经验的、筛分的疲劳分析**，如果是借助用户设计技术条件（见 2.2.2.1（f））给出的，承受相似的载荷循环图的可比设备，通过足够的时间照片，获得成功的使用经验，则不需要将疲劳分析作为容器设计的一部分。在与设计和预期使用有关的相似条件下，评定操作的可比设备的使用经验时，应考虑下列设计的零部件可能产生的有害影响。”

52　原文 5.5.2.3 Step 4（b）：“For through-the-thickness temperature differences, adjacent points are defined as any two points on a line normal to any surface on the component.”

（1）CACI 译 2007 版 ASMEⅧ-2:5 译文：“对穿过厚度的温度差，相邻两点定义为垂直于元件上任意表面线上表面的任意两点。”

2013 版的译文同上。

【译文分析】

错在“垂直于元件上任意表面线上表面的任意两点”，实际上，并不一定是表面的任意两点。“表面的任意两点”中“表面”是 CACI 的译者加的。

（2）本书的译文：“对于通过壁厚的温度差，相邻两点定义为垂直元件任意表面的某一线上的任意两点。”

53　原文 5.5.3.1：

“（a）An effective total equivalent stress amplitude is used to evaluate the fatigue damage for results obtained from a linear elastic stress analysis.”

“（b）The primary plus secondary plus peak equivalent stress (see Figure 5.1) is the equivalent stress, derived from the highest value across the thickness of a section…。”

（1）CACI 译 2007 版 ASMEⅧ-2:5 译文：

“（a）对于由线弹性应力分析所得的结果，有效的总当量应力幅用于评定疲劳损伤。”

“（b）一次加二次加峰值当量应力（见图 5.1）是由沿截面厚度最高值导得的当量应力……”

2013 版的译文同上。

【译文分析】

对于（a），译者将 for results obtained from a linear elastic stress analysis 介词短语译成状语是不对的，它是作 fatigue damage 的定语。有“所得的结果”，才能评定“所得的结果的疲劳损伤”。

对于(b)，译为“……是沿截面厚度最高值导得的……”，其中 across the thickness of a section 不能译为“沿截面厚度”，而应译为“垂直截面厚度”，这是指应力方向垂直截面厚度，垂直截面厚度最高值，显然是指壁厚中的最高应力值。

（2）本书的译文：

“（a）有效的总当量应力幅用来评定从每一线弹性应力分析所得结果的疲劳损伤。”

“（b）一次+二次+峰值当量应力（见图 5.1）是当量应力，从垂直载面厚度的最高应力值推导出来的……”

54　原文 5.5.3.2 Step 2：“…Define the total number of cyclic stress ranges in the histogram as *M*.”

（1）CACI 译 2007 版 ASMEⅧ-2:5 译文：“……将频率曲线中的循环应力范围总次数定义为 *M*。”

2013 版的译文同上。

【译文分析】

不能将 histogram 译为“频率曲线”，见 1.2 节。

（2）本书的译文：“……将载荷循环图中循环应力范围的总次数定义为 M。”

55　原文 5.5.3.2 Step 3（b）：“If the effective alternating equivalent stress is computed using Equation (5.36), …The component stress ranges between time points ${}^{m}t$ and ${}^{n}t$, and the effective equivalent stress range for use in Equation (5.36) are given by Equations (5.28) and (5.29), respectively.”

（1）CACI 译 2007 版 ASMEⅧ-2:5 译文：“如果有效的交变当量应力采用式（5.36）计算，……在时间点 ${}^{m}t$ 和 ${}^{n}t$ 之间的应力分量范围……。”

2013 版的译文同上。

【译文分析】

将 The component stress ranges 译为“应力分量范围”不妥，没有“应力分量范围”之说，应译分量应力范围。

（2）本书的译文：“如果采用式（5.36）计算有效的交变当量应力，……时间点 ${}^{m}t$ 和 ${}^{n}t$ 之间的分量应力范围……”

56　原文 5.5.3.3（b）：“Method 2 –The alternate plasticity adjustment factors and alternating equivalent stress may be computed using Annex 5-C.”

（1）CACI 译 2013 版 ASMEⅧ-2:5 译文：“方法 2——可以采用附录 5-C 计算另外的交变塑性调整系数和交变当量应力。”

【译文分析】

该译文中，alternate 有“交变的”“另外的”的词义，应选择其中的一个词义，不必要同时选用两个。在译文中，多余的字必须删除，才能做到精练。

（2）本书的译文：“方法 2——采用附录 5-C 可计算交变塑性修正系数和交变当量应力。”

57　原文 5.5.3.4：“In lieu of a detailed stress analysis, stress indices may be used to determine peak stresses around a nozzle opening in accordance with Annex 5-D.”

（1）CACI 译 2013 版 ASMEⅧ-2:5 译文：“作为详细应力分析的替代可采用按附录 5-D 的应力指数法以确定开孔接管周围的峰值应变。”

【译文分析】

2007 版的译文是“峰值应力”，2013 版将同一原文 peak stresses 译为“峰值应变”，改错了。

（2）本书的译文：“可使用附录 5-D 应力指数法确定开孔接管周围的峰值应力，代替详细应力分析。”

58　原文 5.5.4.1（a）：“The Effective Strain Range is used to evaluate the fatigue damage for results obtained from an elastic-plastic stress analysis. The Effective Strain Range is calculated for each cycle in the loading histogram using either cycle-by-cycle analysis or the Twice Yield Method.

For the cycle-by-cycle analysis, a cyclic plasticity algorithm with kinematic hardening shall be used.”

（1）CACI 译 2007 版 ASMEⅧ-2:5 译文：“对于由弹－塑性应力分析所得结果，采用有效应变范围来评定疲劳损伤。对于载荷规律中的每一循环，采用**逐一循环分析**或**二步屈服法**中的任一方法计算有效应变范围。对于逐一循环分析，应采用具有运动硬化的循环塑性算法。”

2013 版的译文同上。

（2）[10]译为“逐一循环分析法”。

【译文分析】

该译文中有三处需要分析：第一，从语法上看，介词短语 for results obtained from an elastic-plastic stress analysis 作 fatigue damage 的定语，因为弹－塑性应力分析可有多个结果，为了计算疲劳损伤，这里要用“许用循环次数”的结果。第二，将 cycle-by-cycle analysis 译为“逐一循环分析”不妥，见 1.2 节。“二步屈服法”应译为“两倍屈服法”，因为对应的是滞回曲线。第三，将 kinematic hardening 译为“运动硬化”不妥，应译为“随动强化”。

（3）本书的译文：“有效的应变范围用来评定适用于从弹－塑性应力分析所得结果的疲劳损伤。对于载荷循环图（loading histogram）中的每一种循环，采用**一次循环分析法**或**两倍屈服法**，计算有效的应变范围。对于**一次循环分析法**，应使用随动强化（kinematic hardening）的循环塑性计算法。”

59　原文 5.5.4.1（b）：“Twice Yield Method is an elastic-plastic stress analysis performed in a single loading step, based on a specified stabilized cyclic stress range-strain range curve and a specified load range representing a cycle. Stress and strain ranges are the direct output from this analysis. This method is performed in the same manner as a monotonic analysis and does not require cycle-by-cycle analysis of unloading and reloading. The Twice Yield Method can be used with an analysis program without cyclic plasticity capability.”

【语法分析】

此段有 4 个句子：第 1 个句子中过去分词 based on 的短语和主句用逗号分开，作状语，其中 a cycle 应译为“一次循环”；第 3 个句子中作状语的介词短语是 in the same manner as，固定词义是“和……同样的方法”；而 cycle-by-cycle analysis of unloading and reloading 中的“of+名词=形容词”，作“有……”词义；第 4 个句子中的谓语是 can be used with，固定词组，不能拆开译。

（1）CACI 译 2007 版 ASMEⅧ-2:5 译文：“二步屈服法是在单个载荷步进中，以规定的稳定循环应力范围－应变范围曲线，以及表示一个循环的、规定的载荷范围为基础所完成的弹－塑性应力分析。应力和应变范围直接自本分析中输出。这一方法是以和单调分析相同的方式完成且并不需要卸载和重新加载的逐一循环分析。二步屈服法能用于并无循环塑性功能的分析程序。”

2013 版的译文同上。

【译文分析】

译文的问题是：第一，“二步屈服法”的翻译不正确；第二，“一个循环”后面的标点“、”用错；第三，将 cycle-by-cycle analysis 译为“逐一分析法，见 1.2 节；第四，将 can be used with

拆译是错的。

（2）本书的译文："两倍屈服法是以代表**一次循环**的、规定的稳定循环应力范围－应变范围曲线和一个规定载荷范围为基础，在单一载荷步中完成的弹－塑性应力分析。应力范围和应变范围是该分析的直接输出项。施行这种方法和单调分析的方法相同，且不需要**有**卸载和重新加载的一次循环分析。两倍屈服法能和没有循环塑性功能的分析程序一起使用。"

60 原文 5.5.4.1（c）："For the calculation of the stress range and strain range of a cycle at a point in the component, a stabilized cyclic stress-strain curve and other material properties shall be used based on the average temperature of the cycle being evaluated for each material of construction. The cyclic curve may be that obtained by test for the material, or that which is known to have more conservative cyclic behavior to the material that is specified. Cyclic stress-strain curves are also provided in 3-D.4 of Annex 3-D for certain materials and temperatures. Other cyclic stress-strain curves may be used that are known to be either more accurate for the application or lead to more conservative results."

【语法分析】

此段有 4 个句子：第 1 个句子中，主语是 a stabilized cyclic stress-strain curve and other material properties，谓语是 shall be used，由介词 For 引出的介词短语作状语，由过去分词 based on 引出的分词短语作状语，其中 being evaluated 是现在分词的被动语态，作 average temperature 的定语。第 2 个句子中，or that which is known to have more conservative cyclic behavior to the material that is specified 作 may be 的表语，其中，that 代表 cyclic curve，由 which 引出定语从句，主语是 which，谓语是 is known，而由不定式 to have 引出短语作 which 的主语补足语。第 4 个句子，主语是 Other cyclic stress-strain curves，谓语是 may be used，由 that 引出的定语从句 that are known to be either more accurate for the application or lead to more conservative results 进一步说明 Other cyclic stress-strain curves 的具体内容，其中不定式 to be 和 lead to（lead 前省略不定式符号 to）均作 that 的主语补足语。

（1）CACI 译 2007 版 ASMEⅧ-2:5 译文："对于在元件中某点处循环应力范围和应变范围的计算，对结构中的每一材料，应采用所要评定循环平均温度时的稳定循环的应力－应变曲线和其他的材料性能。循环曲线可以是由材料试验所得的曲线，或是比所规定的材料的循环行为更为保守的曲线。对确定的材料和温度，循环应力－应变曲线也是在附录 3.D 中的 3.D.4 节中规定。可以采用在使用中更为精确或会导致更为保守结果的其他循环应力－应变曲线。"

2013 版的译文同上。

【译文分析】

译文的问题是：第一，第 1 个句中的 a cycle 省略不定冠词 a，铸成错误，译文不体现因果关系，没有力度；第二，最后 1 个句子 are known 丢掉不译。

（2）本书的译文："为在元件某一点上计算**一次循环**的应力范围和应变范围，依据正要计算的每一种结构材料的循环的平均温度，应使用稳定的循环应力－应变曲线和其他的材料特性。循环曲线是由材料试验获得的曲线，或已知比规定材料更具保守的循环行为的曲线。附录 3-D 的 3-D.4 还提供了某些材料和温度的循环的应力－应变曲线。可使用已知的，或应用更为精确，或导致更为保守结果的其他的循环应力－应变曲线。"

61　原文 5.5.4.2 Step 1：“Determine a load history based on the information in the User's Design Specification and the methods in Annex 5-B. The load history should include all significant operating loads and events that are applied to the component.”

（1）CACI 译 2007 版 ASMEⅧ-2:5 译文：“以用户设计说明书中的信息以及附录 5.B 中的方法为基础，确定载荷规律。载荷规律应包括显著的操作载荷以及作用于元件的重要事件。”

2013 版的译文同上。

【译文分析】

“作用于元件的重要事件”中的“重要”二字是 CACI 的译者所加，姿意发挥。

（2）本书的译文：“根据用户设计技术条件的规定和附录 5-B 的方法，确定**某一载荷随时间的变化**。载荷随时间的变化应包括所有重要的操作载荷及作用于元件上的全部事件。”

62　原文 5.5.4.2 Step 4：“Perform elastic-plastic stress analysis for the k^{th}cycle. For cycle-by-cycle analysis, constant-amplitude loading is cycled using cyclic stress amplitude-strain amplitude curve (5.5.4.1). For the Twice Yield Method, the loading at the start point of the cycle is zero and the loading at the end point is the loading range determined in Step 3. The cyclic stress range-strain range curve is used (5.5.4.1). For thermal loading, the loading range in Twice-Yield Method may be applied by specifying the temperature field at the start point for the cycle as an initial condition, and applying the temperature field at the end point for the cycle in a single loading step.”

（1）CACI 译 2007 版 ASMEⅧ-2:5 译文：“对 k^{th} 循环完成弹一塑性应力分析。对逐一循环分析，恒幅载荷是采用循环应力幅一应变幅曲线所得的载荷（5.5.4.1 节）。对二步屈服法，在循环的起点处载荷是零，在终点处的载荷是由第 3 步所确定的载荷范围。采用循环应力范围一应变范围曲线（5.5.4.1 节）。对于温度载荷，在二步屈服法中的载荷范围可以采用规定该循环始点处的温度场为初始条件，并采用在单一载荷步**进中**该循环终点处的温度场。”

2013 版的译文同上。

【译文分析】

“恒幅载荷是采用循环应力幅一应变幅曲线所得的载荷（5.5.4.1 节）”这句译错了。见原文“constant-amplitude loading is cycled using cyclic stress amplitude-strain amplitude curve (5.5.4.1).”，主语是 constant-amplitude loading，谓语是 is cycled，现在分词 using 的分词短语作状语。何来“所得的载荷”之说？

“对于温度载荷……在单一载荷步**进中**该循环终点处的温度场”读不懂。

（2）本书的译文：“完成 k^{th} 循环的弹一塑性应力分析。对于一次循环分析法，采用循环应力幅一应变幅曲线（5.5.4.1），将恒幅载荷循环。对于两倍屈服法，循环始点的载荷是零，终点的载荷是步骤 3 所确定的载荷范围，使用循环应力范围一应变范围曲线（5.5.4.1）。对于热载荷，通过将循环始点的温度场规定为初始条件，将循环终点的温度场施加到同一载荷步中的方法，可施加两倍屈服法的载荷范围。”

63　原文 5.5.4.2 Step 5：“…The component stress and plastic strain ranges (differences between the components at the start and end points of the cycle) for the kth cycle are designated as

$\Delta\sigma_{ij,k}$ and $\Delta p_{ij,k}$, respectively…. ”

（1）CACI 译 2007 版 ASMEⅧ-2:5 译文：“……对 k^{th} 循环时，**元件**的应力范围和塑性应变范围（该元件在循环始点和终点之间的差）分别标为 $\Delta\sigma_{ij,k}$ 和 $\Delta p_{ij,k}$……”

2013 版的译文同上。

【译文分析】

此处将 component 译为“**元件**”是错误的，应译为“分量”。从符号 $\Delta\sigma_{ij,k}$ 和 $\Delta p_{ij,k}$ 可以判明是分量的应力范围和分量的塑性应变范围。

（2）本书的译文：“……将 k^{th} 循环的分量应力范围和分量的塑性应变范围（循环的始点和终点上各分量间的差）分别标记为 $\Delta\sigma_{ij,k}$ 和 $\Delta p_{ij,k}$……”

64　原文 5.5.5.1(a)：“…The controlling stress for the fatigue evaluation is the structural stress that is a function of the membrane and bending stresses normal to the hypothetical crack plane…”

【语法分析】

这是一个简单句，由 that 引出定语从句 that is a function of the membrane and bending stresses normal to the hypothetical crack plane 作表语 the structural stress 的定语。此定语从句中 a function of 是固定搭配，词义是“随……而变”。

（1）CACI 译 2007 版 ASMEⅧ-2:5 译文：“在疲劳评定中起决定性的应力是结构应力，它是垂直于假想裂缝平面的薄膜和弯曲应力的函数。”

2013 版的译文同上。

【译文分析】

不能将结构应力译为“薄膜和弯曲应力的函数”，不可能用函数来描述它们的关系。

（2）本书的译文：“疲劳评定的控制应力是结构应力，结构应力随垂直于假想裂纹平面的薄膜应力和弯曲应力而变。”

65　原文 5.5.5.2 Step 1：“Determine a load history based on the information in the User's Design Specification and the histogram development methods in Annex 5-B. The load history should include all significant operating loads and events that are applied to the component.”

（1）CACI 译 2007 版 ASMEⅧ-2:5 译文：“由用户设计说明书的信息以及附录 5.B 中拟定频率曲线的方法确定载荷规律。载荷规律应包括显著的操作载荷以及作用于元件上的重要事件。”

2013 版的译文同上。

【译文分析】

“频率曲线”是自造词，见 1.2 节。“重要事件”中的“重要”是恣意发挥。

过去分词短语 based on 作状语，没译出它的词义。

（2）本书的译文：“根据用户设计技术条件的规定和附录 5-B 的循环图设计法，确定载荷随时间的变化。载荷随时间的变化应包括所有重要的操作载荷及作用于元件上的全部事件。”

66　原文 5.5.5.2 Step 5：“The corresponding local nonlinear structural stress and strain ranges,

$\Delta\sigma_k$and $\Delta\varepsilon_k$, respectively, are determined by simultaneously solving Neuber's Rule, Equation (5.54), and a model for the material hysteresis loop stress-strain curve given by Equation (5.55), see Annex 3-D, 3-D.4.”

（1）CACI 译 2007 版 ASMEⅧ-2:5 译文：“其相应的局部非线性结构应力和应变范围分别为 $\Delta\sigma_k$ 和 $\Delta\varepsilon_k$，都由同步求解式（5.53）Neuber's 规则确定，材料的滞回应力－应变曲线模型由式（5.54）给定，见附录 3.D，3-D.4 节。”

2013 版的译文同上。

【译文分析】

由一个式（5.53）不能求出 2 个未知数，而是联立求解式（5.53）和式（5.54），译文译错。

（2）本书的译文：“联立求解式（5.54）Neuber's 定律和式（5.55）给出材料的应力应变滞回曲线模型，见附录 3-D，3-D.4，分别确定相应的局部非线性结构应力范围 $\Delta\sigma_k$ 和应变范围 $\Delta\varepsilon_k$。”

67　原文 5.5.5.2 Step 10：“Compute the accumulated fatigue damage using the following equation. The location along the weld joint is suitable for continued operation if this equation is satisfied.”

（1）CACI 译 2007 版 ASMEⅧ-2:5 译文：“采用下式计算疲劳累积损伤，如果满足下式，则连续操作时沿焊接接头处是适宜的。”

2013 版的译文同上。

【译文分析】

译文“则连续操作时沿焊接接头处是适宜的”不通顺，关键是 suitable for 是不能拆译的。

（2）本书的译文：“采用下式计算累积疲劳损伤。如果满足下式，沿焊接接头的部位适用于连续操作。”

68　原文 5.5.5.3：“In Equation (5.69), $F(\delta)$ is a function of the out-of-phase angle between $\Delta\sigma_k$ and $\Delta\tau_k$ if both loading modes can be described by sinusoidal functions, or:

$$F(\delta)=\frac{1}{\sqrt{2}}\left[1+\left[1-\frac{12\cdot\Delta\sigma_k^2\cdot\Delta\tau_k^2\cdot\sin^2[\delta]}{\left[\Delta\sigma_k^2+3\Delta\tau_k^2\right]^2}\right]^{0.5}\right]^{0.5} \qquad (5.75).”$$

（1）CACI 译 2007 版 ASMEⅧ-2:5 译文：“在式（5.69）中，如果 $\Delta\sigma_k$ 和 $\Delta\tau_k$ 两者的载荷模型可以用正弦函数表示，$F(\delta)$为异相的 $\Delta\sigma_k$ 和 $\Delta\tau_k$ 之间夹角的函数，或：

$$F(\delta)=\frac{1}{\sqrt{2}}\left[1+\left[1-\frac{12\cdot\Delta\sigma_k^2\cdot\Delta\tau_k^2\cdot\sin^2[\delta]}{\left[\Delta\sigma_k^2+3\Delta\tau_k^2\right]^2}\right]^{0.5}\right]^{0.5} \qquad (5.74).”$$

2013 版的译文同上。

【译文分析】

Or 前有逗号，应译“即”“就是”，这里译为“或”是错误的，会让读者费解。

同类错误，还有 5-A.4.1.2 中的步骤 1。

（2）本书的译文：“在式（5.69）中，如果 $\Delta\sigma_k$ 和 $\Delta\tau_k$ 两者的载荷模型能用正弦函数表示，则 $F(\delta)$是 $\Delta\sigma_k$ 和 $\Delta\tau_k$ 之间的异相角的函数，即：”

$$F(\delta)=\frac{1}{\sqrt{2}}\left[1+\left[1-\frac{12\cdot\Delta\sigma_k^2\cdot\Delta\tau_k^2\cdot\sin^2[\delta]}{\left[\Delta\sigma_k^2+3\Delta\tau_k^2\right]^2}\right]^{0.5}\right]^{0.5} \tag{5.75}$$

69　原文 5.5.6.1（a）：“To evaluate protection against ratcheting the following limit shall be satisfied.”

（1）CACI 译 2007 版 ASMEⅧ-2:5 译文：“对防止棘轮的评定，应满足以下的极限。”

2013 版的译文同上。

【译文分析】

Limit 不能选用“极限”词义，在这里用不合适。不定式 To evaluate 的短语作状语。

（2）本书的译文：“要评定防止棘轮失效，须满足下列限制条件。”

70　原文 5.5.6.1（b）：“The primary plus secondary equivalent stress range, $\varDelta S_{n,k}$, is the equivalent stress range, derived from the highest value across the thickness of a section, of the combination of linearized general or local primary membrane stresses plus primary bending stresses plus secondary stresses , produced by specified operating pressure and other specified mechanical loads and by general thermal effects. The effects of gross structural discontinuities but not of local structural discontinuities (stress concentrations) shall be included. Examples of this stress category for typical pressure vessel components are shown in Table 5.6.”

【语法分析】

此段有三个句子，第一个句子较长，过去分词短语 derived from the highest value across the thickness of a section，介词短语 of the combination of linearized general or local primary membrane stresses plus primary bending stresses plus secondary stresses 和过去分词短语 produced by specified operating pressure and other specified mechanical loads and by general thermal effects 均作 the equivalent stress range 的定语。

（1）CACI 译 2007 版 ASMEⅧ-2:5 译文：“一次加二次当量应力范围 $\varDelta S_{n,k}$ 是由越过截面厚度最高值导得的当量应力范围，是由规定的操作压力和其他规定的机械载荷以及总体热效应所引起的线性的总体或局部一次薄膜应力加一次弯曲应力加二次应力（P_L+P_b+Q）组合得的当量应力范围，应包括总体结构不连续，但不包括局部结构不连续（应力集中）的影响。对压力容器元件，这类应力的典型实例列于表 5.6。”

2013 版的译文同上。

【译文分析】

这里有两处问题：其一是，“由越过截面厚度最高值导得的当量应力范围”，由截面厚度的最高值导得的，显然理解错了；其二是，“线性的总体或局部一次薄膜应力加一次弯曲应力加二次应力（P_L+P_b+Q）组合得的当量应力范围”，这里不是线性的，原文 linearized 的意思是

"线性化"的，若不是线性化，不能得到 P_L+P_b+Q。

（2）本书的译文："一次加二次当量应力范围 $\Delta S_{n,k}$ 是当量应力范围，从垂直截面厚度的最高应力值推导出来的，由规定的操作压力和其他规定的机械载荷，以及由总体热效应产生的，线性化的总体或局部一次薄膜应力+一次弯曲应力+二次应力（P_L+P_b+Q）组合的当量应力范围。应包括总体结构不连续影响，但不括包局部结构不连续（应力集中）影响。典型压力容器元件的这种应力分类的实例示于表 5.6 中。"

71 原文 5.5.6.1（c）："The maximum range of this equivalent stress is limited to S_{PS} . The quantity S_{PS} represents a limit on the primary plus secondary equivalent stress range and is defined in（d）. In the determination of the maximum primary plus secondary equivalent stress range, it may be necessary to consider the effects of multiple cycles where the total stress range may be greater than the stress range of any of the individual cycles. In this case, the value of S_{PS} may vary with the specified cycle, or combination of cycles, being considered since the temperature extremes may be different in each case.Therefore, care shall be exercised to assure that the applicable value of S_{PS} for each cycle, or combination of cycles, is used (see 5.5.3)."

【语法分析】

Is limited to 的词义为"局限于"，limit on 的词义为"对……限制"。It may be necessary to consider 是不定式作主语。Care shall be exercised 是惯用句型，译为"应注意"。

（1）CACI 译 2007 版 ASMEⅧ-2:5 译文："当量应力的最大范围限于 S_{PS}。量 S_{PS} 代表对一次加二次当量应力范围的极限，并在 5.5.6.1.d 节中规定。在确定最大一次加二次当量应力范围中，可以考虑多种循环的影响，在此多种循环中，其总应力范围可大于任何个别循环的应力范围。在此情况下，因为在每一循环中其温度的极值可以不同，所以 S_{PS} 可以随着规定的循环或所要考虑的各种循环的组合而变，因此，应予小心以保证对每一种循环或多种循环组合时使用适用 S_{PS} 的值（见 5.5.3 节）。"

2013 版的译文同上。

【译文分析】

这里有四处问题：其一是，"量 S_{PS} 代表对一次加二次当量应力范围的**极限**"，请见式（5.78），不是极限，而是限制条件；其二是，"其总应力范围可大于任何个别循环的**应力范围**"，此处的应力范围是指什么应力范围？原文是 the stress range，就是指"一次加二次当量应力范围"，属于定冠词的一种用法；其三是，原文 being considered 是现在分词的被动语态，作后置定语，说明 specified cycle, or combination of cycles，而从译文来看，却只是作"所要考虑的各种循环的组合"中"各种循环的组合"的定语；其四是，译文"应予小心以保证"行文生硬，care shall be exercised 应译为"应注意"。

（2）本书的译文："这种当量应力的最大范围局限于 S_{PS}。量 S_{PS} 表示对一次+二次当量应力范围的限制，并在（d）中规定了 S_{PS} 值。在确定最大的一次+二次当量应力范围过程中，必须考虑总应力范围可大于任意单个循环的应力范围的多种循环的作用，由于在每一情况中温度极值是不同的，在此情况下，S_{PS} 值可随考虑的规定的循环或循环的组合而变化。因此，应注意：确保使用合适的 S_{PS} 值用于每一循环或循环的组合（见 5.5.3）。"

72 原文 5.5.6.1（d）：“The allowable limit on the primary plus secondary stress range, S_{PS} , is computed as the larger of the quantities shown below.

（1）Three times the average of the S values for the material from Annex 3-A at the highest and lowest temperatures during the operational cycle.

（2）Two times the average of the S_y values for the material from Annex 3-D at the highest and lowest temperatures during the operational cycle, except that the value from（1）shall be used when the ratio of the minimum specified yield strength to ultimate tensile strength exceeds 0.70 or the value of S is governed by time-dependent properties as indicated in Annex 3-A.”

（1）CACI 译 2007 版 ASMEⅧ-2:5 译文：“一次+二次应力范围的许用极限 S_{PS} 可取由以下所算得两值中的较大者。

1）在正常操作期间，在最高和最低温度时由附录 3.A 所得材料 S 平均值的三倍。

2）在正常操作期间，在最高和最低温度时由附录 3.A 所得材料 S_y 的二倍。但当最小规定屈服强度对极限拉伸强度之比超过 0.7 时，或在附录 3.A 中所列 S 值是由与时间相关的性能决定时，应采用 5.5.6.1.d.1 节所得之值。”

2013 版的译文同上。

【译文分析】

这里有六处问题：其一是，“一次+二次应力范围的许用极限”，原文是 allowable limit on，其中 limit on 的词义是“对……限制”，译“许用限制”比“许用极限”要好；其二是，“1）在正常操作期间”译错了，原文 during the operational cycle 应译为“在操作循环期间内”；其三是，“2）在正常操作期间”译错了；其四是，“在最高和最低温度时由附录 3.A 所得材料 S_y 的二倍”，原文“…Two times the average of the $S_y$values for the material from Annex 3-D…”不是附录 3.A，而是附录 3-D；其五是，漏掉“except that the value from（1）shall be used”不译，铸成大错，产生了误导；其六是，“当最小规定屈服强度对极限拉伸强度之比超过 0.7 时……应采用 5.5.6.1.d.1 节所得之值”理解错误。此时正是选择两值中的较大值。

（2）[10]的 125 页上，对一次+二次应力范围的许用限制 S_{PS}，该书给出值如下：

当　　YS/UTS≤0.70　$S_{PS}=\max[3S_{cyxle},2S_{y,cycle}]$

当　　YS/UTS＞0.70　$S_{PS}=3S_{cyxle}$

上述给出值是错的，应为：

当　　YS/UTS≤0.70　$S_{PS}=3S_{cyxle}=3S$

当　　YS/UTS＞0.70　$S_{PS}=\max[3S_{cyxle},2S_{y,cycle}]=\max[3S,2S_y]$

（2）同（1），全错。

（3）本书的译文：

“对一次+二次应力范围的许用限制 S_{PS}，确定为下列两值中的较大值。

1）在操作循环期间内，在最高和最低温度下，按附录 3-A 材料 S 的平均值的 3 倍。

2）当规定屈服极限与抗拉强度最小值之比超过 0.70，或 S 值取决于附录 3-A 所示的与时间有关的特性时，除了应使用 1）值以外，在操作循环期间，在最高和最低温度下，按附录 3-D 材料 S_y 的平均值的 2 倍。”

73 原文 5.5.6.2：“The equivalent stress limit on the range of primary plus secondary equivalent stress in 5.5.6.1 may be exceeded provided all of the following are true:”

（1）CACI 译 2007 版 ASMEⅧ-2:5 译文：“如果满足以下所列，在 5.5.6.1 节中的一次加二次当量应力范围的当量应力极限可以超过。”

2013 版的译文同上。

【译文分析】

这里有两处问题：其一是，“如果满足以下所列”，译文似有意译，provided 是连词，连接状语从句，而 following 是名词，作介词 of 的宾语，此句不难译出，不可意译；其二是，“当量应力极限”的译法不妥，专业上没有“应力极限”之说，limit on 的词义是“对……限制”。

（2）本书的译文：“只要下列条款全部成立，可以超过 5.5.6.1 当量应力对一次+二次当量应力范围的限制。”

74　原文 5.5.6.3：“The allowable limit on the secondary equivalent thermal stress range to prevent ratcheting, when applied in conjunction with a steady state general or local primary membrane equivalent stress, is determined below. This procedure can only be used with an assumed linear or parabolic distribution of a secondary stress range (e.g. thermal stress).”

（1）CACI 译 2013 版 ASMEⅧ-2:5 译文：“二次当量热应力范围当和稳定的总体或局部一次薄膜当量应力组合一起作用时，防止棘轮现象的许用极限可确定如下，此法仅能用于假设为二次应力（例如温差应力）范围的分布是按线性或抛物线时。”

【译文分析】

这里有四处问题：其一是，“二次当量热应力范围当和稳定的总体或局部一次薄膜当量应力组合一起作用时”中的“**当**”的位置不当，改为“当二次当量热应力范围和稳定的总体或局部一次薄膜当量应力组合一起作用时”较好；其二是，不定式短语 to prevent ratcheting 作状语用，但译文作定语用，“防止棘轮现象的许用极限可确定如下”也不妥当，且力度不强；其三是，译文“许用极限”不当，limit on 的词义为“对……限制”；其四是，最后一个句子的译文生硬，是对谓语 can only be used with 没理解好。

（2）本书的译文：“当和稳态的总体或局部一次薄膜当量应力共同作用时，为防止棘轮失效，对二次当量热应力范围的许用限制确定如下。此方法仅能与假定二次应力范围呈线性或抛物线分布一起使用（即热应力）。”

75　原文 5.5.6.3 Step 3：“Compute the secondary membrane plus bending equivalent thermal stress range, ΔQ_{mb} , using elastic analysis methods.”

（1）CACI 译 2013 版 ASMEⅧ-2:5 译文：“采用弹性分析法，计算二次薄膜和二次弯曲当量应力范围许用极限 ΔQ_{mb}。”

【译文分析】

此句译错了。是“当量热应力范围”，不是“当量应力范围许用极限”。

（2）本书的译文：“采用弹性分析方法，计算二次的薄膜+弯曲当量热应力范围 ΔQ_{mb}。”

76　原文 5.5.6.3 Step 4：“Determine the allowable limit on the secondary membrane plus bending equivalent thermal stress range, S_{Qmb} .”

（1）CACI 译 2013 版 ASMEⅧ-2:5 译文：“确定二次薄膜加弯曲当量热应力范围的许用极限 S_{Qmb}。”

【译文分析】

译为“许用极限”不妥。

（2）本书的译文：“确定对二次薄膜+弯曲当量热应力范围的许用限制 S_{Qmb}。”

77 原文 5.5.6.3 Step 4（b）：“For a secondary equivalent stress range from thermal loading with a parabolic constantly increasing or decreasing variation through the wall thickness.”

（1）CACI 译 2013 版 ASMEⅧ-2:5 译文：“对于由沿壁厚的变化是按抛物线稳定地增加或减小的情况的温差载荷所引起的二次当量应力范围。”

【译文分析】

“沿着壁厚变化是按抛物线稳定地增加或减少情况的”这一层意思不能作“温差载荷”的定语。层次叠加混乱，译文不通顺。

应该用数学语言描述沿抛物线的变化，“增加或减小”译为“呈上升或下降趋势”，而不能死译。

（2）本书的译文：“对于由热载荷引起的，经壁厚呈抛物线稳定上升或稳定下降变化的一个二次当量应力范围。”

78 原文 5.5.6.4：“Therefore primary plus secondary equivalent stresses that produce slippage between the parts of a non-integral connection in which disengagement could occur as a result of progressive distortion, shall be limited to the minimum specified yield strength at temperature, S_y , or evaluated using the procedure in 5.5.7.2.”

【语法分析】

该句是有一个主语和两个谓语的双成分的简单句。主语是 primary plus secondary equivalent stresses，两个谓语：一个是 shall be limited to；另一个是 evaluated，其中省略 shall be。定语从句 that produce slippage between the parts of a non-integral connection 作主语的定语，由 in which 引导的定语从句 in which disengagement could occur as a result of progressive distortion 作 a non-integral connection 的定语，其中的短语介词 as a result of 作状语。The minimum specified yield strength at temperature, S_y 作宾语。

（1）CACI 译 2007 版 ASMEⅧ-2:5 译文：“因此，对于渐次变形能导致失去啮合能力的非整体式连接件，能引起其连接构件间滑动的一次加二次应力强度，应限于该温度时的最小规定屈服强度 S_y，或采用 5.5.7.2 节的方法评定。”

2013 版的译文同上。

【译文分析】

有 3 个问题：一是，“对于渐次变形能导致失去啮合能力的非整体式连接件”，其中的“失去啮合能力”是译者加的，这里不一定都是螺纹联接，原文意思是“能发生脱离”；二是，“一次加二次应力强度”译错了，原文是 primary plus secondary equivalent stresses，意思是“一次+二次当量应力”；三是，原文没有指明在什么温度下，而译者却译为“该温度时”，这里究竟是指什么温度？不清楚。在循环载荷条件下，要采用操作条件的数据。

（2）本书的译文：“因此，由于渐增性变形结果能发生脱离的非整体连接件部件间产生滑动的一次+二次当量应力，应被限制在操作温度下规定的屈服极限最小值 S_y，或采用 5.5.7.2 的方法评定。”

79　原文 5.5.7.1：“A separate check for plastic shakedown to alternating plasticity is not required.”

（1）CACI 译 2007 版 ASMEⅧ-2:5 译文：“对塑性安定性，不需要对交变的塑性分别校核。”

2013 版的译文同上。

【译文分析】

此译文译错了，因为原文有两个介词：一个是介词 for，另一个是介词 to。到底校核“塑性安定”还是“交变塑性”？译者选择了交变塑性。实际上，check for 是固定搭配，词义有“校核，检查”。对于 A separate check for，separate 是形容词，选其词义“单独的”。A separate check for plastic shakedown 译为“单独校核塑性安定”。

（2）本书的译文：“对于交变塑性，不需要单独校核塑性安定。”

80　原文 5.5.7.2 Step 3：“The yield strength defining the plastic limit shall be the minimum specified yield strength at temperature from Annex 3-D.”

（1）CACI 译 2007 版 ASMEⅧ-2:5 译文：“规定为塑性极限的屈服强度应是由附录 3.D 在设计温度时的最小规定屈服强度。”

2013 版的译文同上。

【译文分析】

译文“应是由附录 3.D 在设计温度时的最小规定屈服强度”，此处的设计温度是译者另加的。

（2）本书的译文：“定义塑性极限的屈服强度应是附录 3-D 给定温度下规定的屈服极限的最小值。”

81　原文 5.5.7.2 Step 4：“ Perform an elastic-plastic analysis for the applicable loading from Step 2 for a number of repetitions of a loading event (see Annex 5-B), or, if more than one event is applied, of two events that are selected so as to produce the highest likelihood of ratcheting.”

（1）CACI 译 2007 版 ASMEⅧ-2:5 译文：“对由第 2 步所得所作用的载荷对载荷过程（见附录 5-B）的交变次数进行弹—塑性分析，或者，如果作用有多个过程，则选择其中能使得最可能引起棘轮现象发生的两个过程。”

2013 版的译文同上。

【译文分析】

译文明显不通顺。原文中有两个介词 for，介词 for 的短语作状语。So as to produce thehighest likelihood of ratcheting 作目的状语，而不是译文中显示的作定语用。

译文中的“两个过程”译错。

（2）本书的译文：“对步骤 2 的适用载荷，考虑加载事件的重复次数（见附录 5-B），或若施加多个事件，选择两个事件，以至能产生棘轮的可能性最大，完成弹—塑性分析。”

82 原文 5.5.7.2 Step 5(b)：“There is an elastic core in the primary-load-bearing boundary of the component.”

2013 版的译文同上。

（1）CACI 译 2007 版 ASMEⅧ-2:5 译文：“在元件中一次载荷的承载边界处有一弹性核心。”

【译文分析】

不能一见到 primary 就译为“一次”。载荷没有一次载荷。

（2）本书的译文：“元件主要承载边界的内部存在弹性体。”

83 原文 5.6（a）：“Within the limits of reinforcement given by 4.5, whether or not nozzle reinforcement is provided, the following classification shall be applied.”

（1）CACI 译 2007 版 ASMEⅧ-2:5 译文：“在 4.5 节所给出的补强范围以内，不论接管是否补强，都应采用以下的应力分类。”

2013 版的译文同上。

【译文分析】

原文中，由 whether or not 引出让步从句。对“不管……是否……” 用法，译文“不论接管是否补强”的翻译是错误的，且将谓语 is provided 丢掉了不译。“不管”应放在让步从句的主语前，“是否”应放在谓语前。

（2）本书的译文：“4.5 给出的补强范围以内，**不管**接管补强**是否**提供，应采用下面分类。”

84 原文 5.6（a）（1）：“A P_m classification is applicable to equivalent stresses resulting from pressure induced general membrane stresses as well as stresses, other than discontinuity stresses, due to external loads and moments including those attributable to restrained free end displacements of the attached pipe.”

【语法分析】

主语是“A P_m classification”，谓语是 is applicable to，译为“适用于”。现在分词短语 resulting from pressure 作 equivalent stresses 的定语，过去分词短语 induced general membrane stresses 作 pressure 的定语，由 due to 引出的短语作 as well as stresses 中 stresses 的定语。

（1）CACI 译 2007 版 ASMEⅧ-2:5 译文：“由压力引起的总体薄膜应力，以及由外载荷和力矩，包括由于连接管道的自由端位移受到约束所引起的外部载荷和力矩所引起的，除不连续应力外的应力所导致的当量应力属于 P_m 类。”

2013 版的译文同上。

【译文分析】

译文不通顺，如“两个所引起的”，层次混乱。

（2）本书的译文：“P_m 类适用于由引起总体薄膜应力的压力产生的当量应力，除不连续的应力外，以及由外载荷及外力矩，包括属于限制连接管道自由端位移的那些约束引起的当量应力。”

85 原文 5.6（a）（2）：“A P_L classification shall be applied to local primary membrane equivalent stresses derived from discontinuity effects plus primary bending equivalent stresses due to combined pressure and external loads and moments including those attributable to restrained free end displacements of the attached pipe.”

（1）CACI 译 2007 版 ASMEⅧ-2:5 译文：“由于压力以及外部载荷和力矩，包括由于连接管道的自由端位移受到约束所引起的外部载荷和力矩的组合作用所引起的一次弯曲当量应力加上由不连续效应所导出的局部一次薄膜当量应力属于 P_L 类。”

2013 版的译文同上。

【译文分析】

由压力+外载荷+外力矩+约束组合，约束本身就是一种载荷。译者将 including those attributable to restrained free end displacements of the attached pipe 作 external loads and moments 的定语是错的。

（2）本书的译文：“P_L 类适用于由不连续效应+由压力与外载荷及外力矩，包括属于限制连接管道自由端位移的那些约束的组合引起的一次弯曲当量应力产生的局部一次薄膜当量应力。”

86　原文 5.6（a）（3）：“A P_L+P_b+Q classification (see 5.5.2) shall apply to primary plus secondary equivalent stresses resulting from a combination of pressure, temperature, and external loads and moments, including those due to restrained free end displacements of the attached pipe.”

（1）CACI 译 2007 版 ASMEⅧ-2:5 译文：“由压力、温度以及外部载荷和力矩，包括由于连接管道的自由端位移受到约束所引起的外部载荷和力矩的组合作用所引起的一次加二次当量应力属于 P_L+P_b+Q 类。”

2013 版的译文同上。

【译文分析】

译者将 including those attributable to restrained free end displacements of the attached pipe 作 external loads and moments 的定语是错的。

（2）本书的译文：“P_L+P_b+Q 类（见 5.5.2 条）适用于由压力、温度、外载荷和外力矩，包括属于限制连接管道自由端位移的那些约束的组合产生的一次+二次当量应力。”

87　原文 5.6（b）（1）：“A P_m classification is applicable to equivalent stresses resulting from pressure induced general membrane stresses as well as the average stress across the nozzle thickness due to externally applied nozzle axial, shear, and torsional loads other than those attributable to restrained free end displacement of the attached pipe.”

（1）CACI 译 2007 版 ASMEⅧ-2:5 译文：“由压力引起的总体薄膜应力和由作用于接管的外部轴向、剪切和扭转载荷（不包括由于连接管道的自由端位移约束所引起的上述外部载荷）所引起的沿接管壁厚的平均应力所导出的当量应力属于 P_m 类。”

2013 版的译文同上。

【译文分析】

译者将 including those attributable to restrained free end displacements of the attached pipe 作 external loads and moments 的定语是错的。

（2）本书的译文：“P_m 类适用于由引起总体薄膜应力的压力产生的当量应力，以及由外加的接管轴向载荷、切向载荷和扭转载荷引起的沿接管厚度的平均应力产生的当量应力，除属于限制连接管道自由端位移的那些约束之外。”

88　原文 5.6（b）（2）：“A P_L+P_b classification is applicable to the equivalent stresses resulting from adding those stresses classified as P_m to those due to externally applied bending moments except those attributable to restrained free end displacement of the pipe.”

（1）CACI 译 2007 版 ASMEⅧ-2:5 译文：“由外部作用的弯矩、不包括连接管道的自由端位移受到约束所引起的弯矩所引起的应力，叠加到 P_m 类应力上所导出的当量应力属于 P_L+P_b。”

2013 版的译文同上。

【译文分析】

译者将 except those attributable to restrained free end displacement of the pipe 作 externally applied bending moments 的定语是错的。

（2）本书的译文：“P_L+P_b 类适用于将那些如 P_m 类的应力加到由外加弯矩引起的那些应力产生的当量应力，除属于限制连接管道自由端位移的那些约束之外。”

89　原文 5.6（b）（3）：“A P_L+P_b+Q classification (see 5.5.2) is applicable to equivalent stresses resulting from all pressure, temperature, and external loads and moments, including those attributable to restrained free end displacements of the attached pipe.”

（1）CACI 译 2007 版 ASMEⅧ-2:5 译文：“由所有的压力、温度以及外部载荷和力矩，包括由于连接管道自由端位移受到约束所引起的外部载荷和力矩所引起的当量应力属于 P_L+P_b+Q 类（见 5.5.2 节）。”

2013 版的译文同上。

【译文分析】

译者将 including those attributable to restrained free end displacement of the attached pipe 作 external loads and moments 的定语是错的。

（2）本书的译文：“P_L+P_b+Q 类（见 5.5.2）适用于由压力、温度和外载荷及外力矩，包括属于限制连接管道自由端位移的那些约束的所有载荷产生的当量应力。”

90　原文 5.6（c）：“Beyond the limits of reinforcement, the S_{PS} limit on the range of primary plus secondary equivalent stress may be exceeded as provided in 5.5.6.2, except that in the evaluation of the range of primary plus secondary equivalent stress P_L+P_b+Q, stresses resulting from the restrained free end displacements of the attached pipe may also be excluded. The range of membrane plus bending equivalent stress attributable solely to the restrained free end displacements of the attached piping shall be less than S_{PS} .”

（1）CACI 译 2007 版 ASMEⅧ-2:5 译文：“在补强范围以外，除在一次加二次当量应力范围 P_L+P_b+Q 的评定中，由连接管道的自由端位移受到约束所引起的应力也可以不包括以外，如 5.5.6.2 节所规定，一次加二次当量应力范围的极限 S_{PS} 可以被超出。单独由于连接管道自由端位移受到约束所引起的薄膜加弯曲当量应力范围应小于 S_{PS}。”

2013 版的译文同上。

【译文分析】

“一次加二次当量应力范围的极限 S_{PS}” 译错了。Limit on 的词义是 “对……限制”，应将 S_{PS} limit on the range of primary plus secondary equivalent stress 译为 “S_{PS} 对一次+二次当量应力范围的限制”。

（2）本书的译文：“补强范围以外，可以超出如 5.5.6.2 规定的，S_{PS} 对一次+二次当量应力范围的限制。除了在一次+二次当量应力范围 P_L+P_b+Q 的评定中，由限制连接管道自由端位移产生的应力，同样可排除以外。完全属于限制连接管道自由端位移的薄膜+弯曲当量应力范围应小于 S_{PS}。”

91　原文 5.7.2（b）：“When the bolts are tightened by methods otherthan heaters, stretchers, or other means which minimize residual torsion, the stress measure used in the evaluation shall be the equivalent stress as defined in Equation (5.1).”

（1）CACI 译 2007 版 ASMEⅧ-2:5 译文：“当螺栓不是用加热器、拉紧器或其他使残余扭矩减至最小的方法拧紧时，则用于评定中的应力量度应是在式（5.1）中所规定的当量应力。”

2013 版的译文同上。

【译文分析】

前句主语是 “螺栓”，谓语是 “拧紧”，主语和谓语无法配合，译文是病句。

（2）本书的译文：“当采用除加热器、拉紧器或使残余扭矩减至最低的其他手段以外的方法拧紧螺栓时，在评定中所使用的应力度量应是式（5.1）所定义当量应力。”

92　原文 5.7.3.1：“The suitability of bolts for cyclic operation shall be determined in accordance with the following procedures unless the vessel on which they are installed meets all the conditions of 5.5.2 (afatigue analysis is not required).”

（1）CACI 译 2007 版 ASMEⅧ-2:5 译文：“除非安装螺栓的容器满足 5.5.2 节的所有条件（不需要进行疲劳分析），否则受循环操作时螺栓的适用性应按照以下方法确定。”

2013 版的译文同上。

【译文分析】

“受循环操作时螺栓的适用性应按照以下方法确定”这句译文有毛病，因为 The suitability of bolts for cyclic operation 是固定搭配，即属于 “The suitability of M for N” 句型：“M 适合于 N 的性能”。译者或是不熟悉，或是忽视了。

（2）本书的译文：“应按下列方法确定**螺栓适合于循环操作的性能**，除非安装螺栓的容器满足 5.5.2 条的所有条件（不要求疲劳分析）。”

93　原文 5.7.3.1（b）：“High strength alloy steel bolts and studs shall be evaluated for cyclic operation using the methodology in 5.5.3 with the applicable design fatigue curve of Annex 3-F, provided all of the following are true:”

（1）CACI 译 2007 版 ASMEⅧ-2:5 译文：“如果遇到以下情况，高强度合金钢螺栓和双头螺柱应采用 5.5.3 节的方法，采用附录 3.F 适用的设计疲劳曲线对循环操作进行评定。”

2013 版的译文同上。

【译文分析】

译文是病句。主语是“高强度合金钢螺栓和双头螺柱”，谓语是“进行评定”，主语和谓语无法配合，译文是病句。

（2）本书的译文：“如果下面所有条件成立，应采用 5.5.3 的方法和附录 3-F 适用的设计疲劳曲线，评定用于循环操作的高强度合金钢螺栓和双头螺柱：”

94　原文 5.7.3.1（b）（1）：“The material is one of the following: SA-193 Grade B7 or B16, SA-320 Grade L43, SA-540 Grades B23 and B24,heat treated in accordance with Section 5 of SA-540.”

（1）CACI 译 2007 版 ASMEⅧ-2:5 译文：“材料为下述之一：SA-193 B7 或 B16 级、SA-320 L43 级、SA-540 B23 和 B24 级，按照 SA-540 第 5 卷作热处理。”

2013 版的译文同上。

【译文分析】

此文错在“按照 SA-540 **第 5 卷**作热处理”，第 5 卷是无损检测，查 SA-540，第 5 条是热处理。这是不负责任的翻译。

（2）本书的译文：“材料是下列之一的材料：SA-193 等级 B7 或 B16、SA-320 等级 L43、SA-540 等级 B23 和 B24，热处理按 SA-540 第 5 条规定。”

95　原文 5.7.3.1（b）（2）：“The maximum value of the service stress at the periphery of the bolt cross section (resulting from direct tension plus bending and neglecting stress concentrations) shall not exceed 2.7S, if the higher of the two fatigue design curves for high strength bolting given in Annex 3-F is used (the 2S limit for direct tension is unchanged).”

（1）CACI 译 2007 版 ASMEⅧ-2:5 译文：“如采用在附录 3.F 中对高强度螺栓所列两条疲劳设计曲线中较高的一条，则螺栓横截面周边处（由直接拉伸加弯曲且忽略应力集中所引起的），操作应力最大值应不超过 2.7S（对单向拉伸，2S 的极限不变）。”

2013 版的译文同上。

【译文分析】

“对单向拉伸，2S 的极限不变”，译文又使用“2S 的极限”，这里明明是“2S 的限制”。

（2）本书的译文：“如果使用附录 3-F 给出的高强度螺栓用两条疲劳设计曲线中较高的一条（用于直接拉伸，2S 限制是不变的），螺栓横截面周边上操作应力的最大值（由直接拉伸+弯曲引起的且略去应力集中）应不超过 2.7S。”

96　原文 5.7.3.1（b）（4）：“The fillet radii at the end of theshank shall be such that the ratio of fillet radius to shank diameter is not less than 0.060.”

（1）CACI 译 2007 版 ASMEⅧ-2:5 译文：“螺栓柱体端的圆角半径与螺栓体直径之比应不小于 0.060。”

2013 版的译文同上。

【译文分析】

译文译错了。At the end of 的词义为“在……末端”，at the end of theshank 指螺栓无螺纹部分末端。

（2）本书的译文：“螺栓无螺纹部分末端的圆角半径与螺栓无螺纹部分直径之比应不小于 0.060。”

97　原文 5.7.3.2：“The bolts shall be acceptable for the specified cyclic operation application of loads and thermal stresses provided the fatigue damage fraction, D_f, is less than or equal to 1.0(see 5.5.3).”

（1）CACI 译 2007 版 ASMEⅧ-2:5 译文：“对规定的载荷和热应力循环状态，如果疲劳损伤分值 D_f 小于或等于 1.0（见 5.5.3 节），则螺栓是合格的。”

2013 版的译文同上。

【译文分析】

谓语 shall be acceptable for 是固定搭配，译者将其拆译，不通顺。

（2）本书的译文：“如果疲劳损伤分数值 D_f 小于或等于 1.0（见 5.5.3 条），则螺栓适用于规定的载荷和热应力循环操作使用。”

98　原文 5.9：“The equations developed for solid wall cylindrical shells, spherical shells, or heads as expressed in this Part may be applied to layered cylindrical shells, spherical shells or heads, provided that in-plane shear force on each layer is adequately supported by the weld joint. In addition, consideration shall be given to the construction details in the zones of load application. In order to assure solid wall equivalence for layered cylindrical shells, spherical shells, or heads as described above, all cylindrical shells, spherical shells, or heads subjected to radial forces and/or longitudinal bending moments due to discontinuities or externally applied loads shall have all layers adequately bonded together to resist any longitudinal shearing forces resulting from the radial forces and/or longitudinal bending moments acting on the sections.”

【语法分析】

此段有三个句子：第一个句子是主从复合句，带一个由 provided that 引导的条件状语从句，其主语是 in-plane shear force，译为“面内剪力”，谓语是 is adequately supported，主句主语是 The equations，谓语是 may be applied to；第二个句子是简单句；第三个句子也是简单句，不定式短语作状语，为了表示目的更加突出，在不定式前加上 In order，主语是 all cylindrical shells, spherical shells, or heads，谓语是 **shall have all layers adequately bonded together**，其中 shall have bonded 是完成体的将来时，不定式 to resist 作主语补足语。

（1）CACI 译 2007 版 ASMEⅧ-2:5 译文：“如果在每层上的平面剪力都由焊接接头充分地支承，则在本篇中所列的为单层圆柱壳、球壳或封头制定的公式都可以用于多层圆柱壳、球壳或封头。此外，应对载荷作用区的结构细节给予考虑。为保证对如上所述的多层圆柱壳、球壳或封头对实体壁等效性，经受径向力和/或由于结构不连续所引起的轴向弯矩或外加载荷的圆柱壳、球壳或封头，应对其所有各层都达到满意的相互连接以承受作用在该段上由径向力和/或由轴向弯矩所引起任何轴向剪力。”

2013 版的译文同上。

【译文分析】

将 in-plane shear force on each layer 翻译为“在每层上的平面剪力”不妥，因为圆柱壳、球壳或封头都是曲面，此处应是“面内剪力”。

将 shall have all layers adequately bonded together 译为“应对其所有各层都达到满意的相互连接”，不能表达原意，“达到满意地相互连接”是随意翻译，应译为“所有各层能充分结合在一起”。

（2）本书的译文：“假若每层的面内剪力由焊接接头全部承受，如 ASMEⅧ-2 所表示的，为单层圆筒、球壳或封头推导的公式可以适用于多层圆筒、球壳或封头。此外，对载荷作用区域的结构详图应给予考虑。为了保证对上述的多层圆筒、球壳或封头单层等效，承受径向力和/或由于结构不连续或外加载荷引起的纵向弯矩的所有圆筒、球壳或封头，所有各层能充分结合在一起，共同抵抗由作用于各段上的径向力和/或纵向弯矩产生的任何纵向剪力。”

99　原文 5.11：“Fracture mechanics evaluations performed to determine the MDMT in accordance with 3.11.2.8 shall be in accordance with API/ASME FFS-1. Residual stresses resulting from welding shall be considered along with primary and secondary stresses in all fracture mechanics calculations.”

（1）CACI 译 2007 版 ASMEⅧ-2:5 译文：“按照 3.11.2.8 节进行断裂力学评定以确定 MDMT 应按照 API/ASME FFS-1。在所有断裂力学计算中，连同一次和二次应力，应考虑由焊接引起的残余应力。”

2013 版的译文同上。

【译文分析】

译文混乱。“按照 3.11.2.8 节进行断裂力学评定以确定 MDMT 应按照 API/ASME FFS-1”是按哪个内容？解决什么？层次不清楚。

（2）本书的译文：“按 3.11.2.8 确定 MDMT，应按 API/ASME FFS-1 完成断裂力学评定。在所有断裂力学计算中，由焊接产生的残余应力应与一次和二次应力同时考虑。”

译者注：MDMT 为最低设计金属温度。

100　原文 5.12：“**1. Bending Stress**: The variable component of normal stress, the variation may or may not be linear across the section thickness.”

（1）CACI 译 2007 版 ASMEⅧ-2:5 译文：“1. 弯曲应力——正应力的变化分量，变化可以是或不是沿截面厚度线性分布。”

2013 版的译文同上。

[3]的译文：“弯曲应力是法向应力的变化分量，沿厚度上的变化可以是线性的，也可以不是线性的。其最大值发生在容器的表面处，设计时取最大值。本标准是指线性弯曲应力。”

（2）[10]的译文：“弯曲应力——正应力的变化分量，可能沿截面厚度线性分布，也可能不是。”

【译文分析】

正应力或法向应力**本身是没有分量的**。介词短语 across the section thicknes 应译为“垂直截面厚度”。

（3）本书的译文：“1. 弯曲应力：法向应力的变化**部分**，垂直截面厚度的变化可能是线性的，也可能不是线性的。”

101　原文 5.12：“**2. Bifurcation Buckling**: The point of instability where there is a branch in the primary load versus displacement path for a structure.”

（1）CACI 译 2007 版 ASMEⅧ-2:5 译文：“2. 分叉失稳——在一次载荷对结构位移途径的关系图上出现分叉的不稳定点。”

2013 版的译文同上。

（2）[10]的译文：“2. 分叉曲屈——对某结构，在其基本载荷－位移路径上出现分叉的失稳点。”

【译文分析】

1）译文中的“关系图上”，属译者加字。

Where 引导一个限制性的定语从句，说明 point，定语从句带一个地点状语“in the primary load versus displacement path for a structure.”翻译时，将定语从句中的地点状语译成主语, 而将主语 branch 译为“有”的宾语。采用转换技巧处理，译文通顺。

2）的译文中“对某结构”，原文没有 “对某一结构”。

（3）本书的译文：“2. 分叉屈曲：主要载荷与结构位移路径有一个分叉的不稳定点。”

102　原文 5.12：“**3. Event**: The User's Design Specification may include one or more events that produce fatigue damage. Each event consists of loading components specified at a number of time points over a time period and is repeated a specified number of times. For example, an event may be the startup, shutdown, upset condition, or any other cyclic action. The sequence of multiple events may be specified or random.”

【语法分析】

第一，over a time period 是介词短语，其中的 a time 译为“一次”，整个短语译为“经过一次循环”。

第二，at a number of time points 也是介词短语，其中 a number of=number of，词义为“一些，若干，许多”，number of time points 可译为“各时间点上”。

第三，loading components 不是“载荷分量”，更不是“受载元件”。

（1）CACI 译 2007 版 ASMEⅧ-2:5 译文：“3. 重要事件——用户设计说明书可以包括一个或多个产生疲劳损伤的重要事件,每一个重要事件由所规定的受载元件在跨过时间周期各时间点的次数时所组成，并且按时间的规定次数交变。例如，重要事件可以是启动、停车、失常条件或任何其他的循环作用。多个重要事件的顺序可以是规定的或不规则的。”

2013 版的译文同上。

（2）[10]的译文：“3. 事件——用户设计说明书可以包括一个或多个产生疲劳损伤的事件，每一个事件由一个时间段内若干时间点上规定的载荷分量组成，并且按规定次数交变。例如，事件可以是启动、停车、非正常状态或任何其他的循环作用。多个事件的顺序可以是规定的或随机的。”

【译文分析】

（1）的译文中的问题是：第一，原文“5.12 定义”是十分严密的，不许译者加字。因此译者加“重要”二字是不妥的，是修改原标准的行为。实际上，经疲劳筛分准则，疲劳分析能考虑的事件是没有重要和不重要之分；第二，“每一个重要事件由所规定的受载元件”中，将 loading components 译为“受载元件”是概念错误；第三，“每一个重要事件由所规定的的受载元件在跨过时间周期各时间点的次数时所组成”中，这里指出“跨过时间周期各时间点的次数”是错的，是载荷循环的周期，而不是时间周期，“时间点的次数”译错，at a number of time points 原文是指各时间点上。

（2）的译文，在“每一个事件由一个时间段内若干时间点上规定的载荷分量组成”中，有如下错误：第一，“载荷分量”在这里属于自创概念；第二，将 over a time period 译为“一个时间段内”是不对的，over 是介词，可选“经过，通过”词义，a time 可选“一次，一个”词义，period 可选“周期，循环”词义，介词短语 over a time period 译为“经过一次循环”。

对 is repeated a specified number of times，（1）译为“并且按时间的规定次数交变”，（2）译为“并且按规定次数交变”，均译错了。不是（1）译的“按时间的规定次数”，循环的不是时间，而是事件；也不是（2）译的“按规定次数”。

（3）本书的译文：“**3. 事件**：用户设计技术条件可包括一个或多个产生疲劳损伤的事件，每个事件包括经过一次循环，各时间点上规定的载荷部分，并重复规定的若干次。例如，一个事件可以是开车、停车、非正常条件或其他的循环作用。多个事件的次序可以是规定的，或任意的。”

103　原文 5.12：“4. Cycle: A cycle is a relationship between stress and strain that is established by the specified loading at a location in a vessel or component. More than one stress-strain cycle may be produced at a location, either within an event or in transition between two events, and the accumulated fatigue damage of the stress-strain cycles determines the adequacy for the specified operation at that location. This determination shall be made with respect to the stabilized stress-strain cycle.”

【语法分析】

Either within an event or in transition between two events 使用了连接词 either…or 的用法，在此句中应选“不是……就是……”词义，因为在一个事件内，不能产生多于一个应力－应变循环。

（1）CACI 译 2007 版 ASMEⅧ-2:5 译文：“4. 循环是在容器或元件的某处所规定的载荷所确定的应力和应变之间的关系。在一处可以在一个重要事件或两个重要事件过渡处产生多个应力－应变循环，应力－应变循环的疲劳积累损伤确定了在该处对所规定操作的适合程度。这种确定应是在根据稳定的应力－应变循环的情况下作出的。”

2013 版的译文同上。

（2）[10]的译文：“4. 循环是由规定的载荷在容器或元件的某位置处所确定的应力和应变之间的关系。在一个事件内或两个事件过渡处，**一个位置可以产生不止一个应力－应变循环**，这些应力－应变循环的疲劳积累损伤确定了所规定的操作在该位置处的适合程度。这种确认应根据稳定的应力应变循环作出。”

【译文分析】

（1）的译文不通顺，存在错误：第一，原文 at **a location** in a vessel or component，may be produced at **a location** 和 the specified operation at **that location**，译者分别将 location 译为"某处""一处"和"该处"，全是错的，这里必须译为"位置"。这是译者不懂软件造成的；第二，"在一处可以在一个重要事件或两个重要事件过渡处产生多个应力－应变循环"，也是错的，在一个事件内只能产生一种应力－应变循环，不能产生多个应力－应变循环；第三，"应力－应变循环的疲劳积累损伤确定了在该处对所规定操作的适合程度"，译者没有按这个 adequacy for 词组来译；第四，"循环是在容器或元件的某处**所规定**的载荷**所确定**的应力和应变之间的关系"的译文中，"所规定的"和"所确定的"别扭。

（2）[10]的译文："在一个事件内或两个事件过渡处，一个位置可以产生不止一个应力－应变循环"，其错误同上；"一个位置"不是原意；"累积损伤确定了在该处对所规定操作的适合程度"，其错误同上。

（3）本书的译文："**4. 循环**：循环是在某一容器或元件的某一位置上由规定的载荷确定的应力与应变之间的一种关系。不是在一个事件内部，就是在两个事件之间的转换中，在同一个位置上可产生多于一个的应力－应变循环，并且应力－应变循环的累积疲劳损伤确定在哪个位置上适合规定的操作。根据稳定的应力－应变循环作出这样规定。"

104　原文 5.12："**5. Cyclic Loading**: A service in which fatigue becomes significant due to the cyclic nature of the mechanical and/or thermal loads. A screening criteria is provided in 5.5.2 that can be used to determine if a fatigue analysis should be included as part of the vessel design."

【语法分析】

A service 是一个名词，它带一个由介词 in +which 引导的定语从句。A screening criteria is provided in 5.5.2，该句带一个限制性定语从句 that can be used to determine if a fatigue analysis should be included as part of the vessel design，说明主句的 A screening criteria。

类似的还有 at which，below which，of which，about which 等。

张道真编著《实用英语语法》中说："在介词之后，只能用 which"。例句：This is the question **about which** we have had so much discussion.

这就是我们讨论很多的问题。

（1）CACI 译 2007 版 ASMEⅧ-2:5 译文："5. 循环载荷——是由于机械和/或温差载荷而使疲劳成为有特殊意义的一种操作。在 5.5.2 节中所规定的筛分准则可用于疲劳分析是否要包括为容器设计的一部分。"

2013 版的译文同上。

（2）[10]的译文："循环载荷——是一种操作工况，在该工况下，由机械和（或）热载荷的周期性而引起的疲劳变得非常重要。规范 5.5.2 节中提供的筛分准则可用来确定疲劳分析是否要作为容器设计的一个部分。"

【译文分析】

CACI 的译文将 cyclic nature 丢掉不译。"疲劳分析是否要包括为容器设计的一部分"，其中"疲劳分析是否要包括为"是病句。

[10]的译文，将定语拆译为"是一种操作工况，在该工况下，由机械和（或）热载荷的周期性而引起的疲劳变得非常重要"，"重要"与"操作工况"没有紧密联系，译文没有力度。最

后，将 should be included 丢掉不译，似乎不易表述。

（3）本书的译文：“**5. 循环载荷**：由机械载荷和/或热载荷的循环特性引起的疲劳成为有效的一种操作。5.5.2 筛分准则能用来确定是否应包括疲劳分析作为容器设计的一部分。”

105　原文 5.12：“6. Fatigue: The conditions leading to fracture under repeated or fluctuating stresses having a maximum value less than the tensile strength of the material.”

（1）CACI 译 2007 版 ASMEⅧ-2:5 译文：“6. 疲劳——在其中最大值小于材料拉伸强度的交变或波动应力作用下导致断裂的条件。”

2013 版的译文同上。

（2）[10]的译文：“6. 疲劳——在最大值小于材料拉伸强度的交变或波动应力作用下导致断裂的情况。”

（3）本书的译文：“**6. 疲劳**：具有小于材料抗拉强度最大值的循环应力或波动应力下导致断裂的状态。”

106　原文 5.12：“**7. Fatigue Endurance Limit**: The maximum stress below which a material can undergo 10^{11}alternating stress cycles without failure.”

【语法分析】

The maximum stress 是一个**词组**，它带一个由介词 below + which 引导的定语从句 below which a material can undergo alternating stress cycles without failure。其中 which 代表 10^{11}。

（1）CACI 译 2007 版 ASMEⅧ-2:5 译文：“7. 疲劳持久极限——是最大应力低于该值时该材料能经受 10^{11} 次交变应力循环而不发生失效的应力值。”

2013 版的译文同上。

（2）[10]的译文：“7. 疲劳持久极限——是最大应力低于该值时材料经受 10^{11} 次交变应力循环而不发生失效的应力值。”

【译文分析】

（2）和（1）译文完全相同。

这里的问题是：第一，最大应力与“该值”，哪个代表持久极限？从译文中看，“该值”是译者想象中的持久极限，介词短语 below which 中，which 代表“该值”，所以出现“最大应力低于该值”的译法；第二，which 代表原文中出现的某一名词，绝对不能代表译者虚加的“该值”。

见图第 3 章 3.29，从疲劳曲线（$\Delta\sigma_R$-N）上看，欧盟标准将 5×10^6 对应的应力范围作为焊缝区疲劳持久极限 $\Delta\sigma_D$。即经过 5×10^6 循环后，最大应力不再有明显变化，曲线渐趋于水平线，将此时最大应力定义为疲劳持久极限。而这里的定义是 ASME 对所有的材料、所有的疲劳设计所下的总定义：第一，见 3-F.9，只有 3-F.1、3-F.2、3-F.3 的循环次数有 10^{11}，其他为 10^8、10^6 等；第二，介词短语 below which 中，which 代表 10^{11}。因此，上述两位译者不会翻译由 below which 引出的定语从句，是在胡诌。

（3）本书的译文：“**7. 疲劳持久极限**：“材料能经受低于 10^{11} 的交变应力循环而不失效的最大应力。”

107　原文 5.12：“8. Fatigue Strength Reduction Factor: A stress intensification factor which accounts for the effect of a local structural discontinuity (stress concentration) on the fatigue strength. It is the ratio of the fatigue strength of a component without a discontinuity or weld joint to the fatigue strength of that same component with a discontinuity or weld joint. Values for some specific cases are empirically determined (e.g. socket welds). In the absence of experimental data, the stress intensification factor can be developed from a theoretical stress concentration factor derived from the theory of elasticity or based on the guidance provided in Tables 5.11 and 5.12."

（1）CACI 译 2007 版 ASMEⅧ-2:5 译文："8. 疲劳强度减弱系数——是计及局部结构不连续（应力集中）对疲劳强度影响的应力强度系数。是并无不连续或焊接接头的元件的疲劳强度对带有不连续或焊接接头的同样元件的疲劳强度之比。对某些规定情况，其值都由经验确定（例如承插焊缝）。在缺乏经验数据时，此应力强度系数可以利用由弹性理论导得或基于在表 5.11 或 5.12 中提供指导的理论应力集中系数。"

2013 版的译文同上。

（2）[10]的译文："8. 疲劳强度减弱系数——是一个用来考虑局部结构不连续（应力集中）对疲劳强度影响的应力放大系数。它等于无不连续或焊接接头元件的疲劳强度和有不连续或焊接接头的相同元件的疲劳强度之比。对某些特定情况，其值由经验确定（例如承插焊缝）。在缺乏实验数据时，此应力放大系数可以利用弹性理论得到的理论应力集中系数或基于表 5.11 和表 5.12 中提供的指导来获得。"

【译文分析】

问题是：第一，从译文来看，（1）译为"并无不连续或焊接接头"，语义含糊不清，实际上是"没有"；第二，（1）译文将 based on the guidance provided in Tables 5.11 and 5.12 作为 a theoretical stress concentration factor 的后置定语是明显错误，因为表 5.11 和 5.12 提供焊缝疲劳强度降低系数，而不是理论应力集中系数；第三，（2）译文又将 the stress intensification factor 译为"应力放大系数"，而在"5.12 定义"的"10. Gross Structural Discontinuity"和"12. Local Structural Discontinuity"中，[10]将 A source of stress or strain intensification 译为"应力或应变的强化源"，应译"应力或应变的放大源"。

（3）本书的译文：**"8. 疲劳强度降低系数：**表明局部结构不连续（应力集中）对疲劳强度影响的应力增强系数。它是没有不连续或没有焊接接头的元件的疲劳强度与有不连续或有焊接接头的那个相同元件的疲劳强度之比。经验确定某些特殊情况（如承插焊接）的比值。在缺乏实验数据时，由弹性理论导出的理论应力集中系数求出应力增强系数或根据表 5.11 和表 5.12 提供的控制值。"

108　原文 5.12："9. Fracture Mechanics: An engineering discipline concerned with the behavior of cracks in materials. Fracture mechanics models provide mathematical relationships for critical combinations of stress, crack size and fracture toughness that lead to crack propagation. Linear Elastic Fracture Mechanics (LEFM) approaches apply to cases where crack propagation occurs during predominately elastic loading with negligible plasticity. Elastic-Plastic Fracture Mechanics (EPFM) methods are suitable for materials that undergo significant plastic deformation during crack propagation."

（1）CACI 译 2007 版 ASMEⅧ-2:5 译文："9. 断裂力学——计及在材料中裂纹行为的一

种工程学科。断裂力学模型以应力、裂缝尺寸以及导致裂纹开裂断裂韧性的临界组合规定了数学关系。线弹性断裂力学（LEFM）方法适用于在起作用的、忽略塑性的弹性载荷作用期间发生裂纹扩展的情况。弹一塑性断裂力学（EPFM）方法适用于在裂纹开裂期间经历明显塑性变形的材料。”

2013 版的译文同上。

（2）[10]的译文：“9. 断裂力学——关注材料中裂纹行为的一种工程学科。断裂力学模型对应力、裂缝尺寸及导致裂纹开裂隙的断裂韧度的临界组合规定了数学关系。线弹性断裂力学（LEFM）方法适用于弹性载荷占主导，塑性可忽略情况下发生的裂纹扩展。弹一塑性断裂力学（EPFM）方法适用于在裂纹开裂期间经历明显塑性变形的材料。”

【译文分析】

上述译文的问题是：第一，（1）译文和（2）译文均只用定语从句 that lead to crack propagation 只修饰 fracture toughness 是错的，它修饰 stress, crack size and fracture toughness，译为“导致裂纹扩展的应力、裂纹尺寸和断裂韧性”，即“导致裂纹扩展的”不仅指“断裂韧性”，另外从 lead to 也能判断，因为 lead 不是单数第三称的词尾；第二，介词短语 during predominately elastic loading 和 with negligible plasticity，不能认为是“忽略塑性的”和“塑性可忽略情况下”，只能认为“塑性区很小”，符合线弹性断裂力学的研究范围；第三，（1）译文将介词短语 with negligible plasticity 作 elastic loading 的定语，译成“在起作用的、忽略塑性的弹性载荷作用期间”，造成概念含糊不清，怎么会有“忽略塑性的弹性载荷”？所以要进行专业判断和逻辑判断。

（3）本书的译文：“**9. 断裂力学**：涉及材料裂纹行为的一门工程学科。断裂力学模型为导致裂纹扩展的应力、裂纹尺寸和断裂韧性的危险组合提供了数学关系式。线弹性断裂力学（LEFM）方法适用于在弹性载荷控制和塑性区很小的期间，发生裂纹扩展的地方的情况。弹一塑性断裂力学（EPFM）方法适用于在裂纹扩展期间经受显著塑性变形的材料。”

109　原文 5.12：“10. Gross Structural Discontinuity: A source of stress or strain intensification that affects a relatively large portion of a structure and has a significant effect on the overall stress or strain pattern or on the structure as a whole. Examples of gross structural discontinuities are head-to-shell and flange-to-shell junctions, nozzles, and junctions between shells of different diameters or thicknesses.”

【语法分析】

此段原文有两部分，第一部分是名词词组 A source of stress or strain intensification，由其后的 that 引出有一个主语 that 和两个并列谓语 affects 和 has a significant effect on 的定语从句。As a whole 是习语，词义为“总体来说，总体上”。

（1）CACI 译 2007 版 ASMEⅧ-2:5 译文：“10. 总体结构不连续——对结构的较大部分产生影响的应力或应变强化源，它对总的应力或应变模式，或者对结构整体有重大的影响。总体结构不连续的实例是封头与壳体，或法兰与壳体的连接，接管的连接，以及不同直径或不同厚度的壳体间的连接。”

2013 版的译文同上。

（2）[10]的译文：“10. 总体结构不连续——对结构的较大部分产生影响的应力或应变强

化源，它对总的应力或应变模式，或者对结构整体有重大的影响。总体结构不连续的实例是封头与壳体及法兰与壳体的连接、接管，以及不同直径或不同厚度的壳体间的连接。”

【译文分析】

（1）和（2）译文中的前一部分完全相同。

译文存在的问题：第一，从“对结构的较大部分产生影响的应力或应变强化源”来看，仅将 that affects a relatively large portion of a structure 作 A source of stress or strain intensification 的定语，这是不对的；第二，习语 as a whole 不是作“the structure”的定语。习语 as a whole 的词义为“总体来说，总体上”。

（3）本书的译文：“**10. 总体结构不连续**：应力或应变的增大部位，总体来说，它影响结构的较大范围，且对总应力或总应变状态以及对结构均有显著影响。总体结构不连续的实例是封头与壳体连接，法兰与壳体连接，接管和不同直径或不同厚度的壳体连接。”

110　原文 5.12：“**11. Local Primary Membrane Stress**: Cases arise in which a membrane stress produced by pressure, or other mechanical loading associated with a primary and/or a discontinuity effect would, if not limited, produce excessive distortion in the transfer of load to other portions of the structure. Conservatism requires that such a stress be classified as a local primary membrane stress even though it has some characteristics of a secondary stress.”

【语法分析】

原文有两个句子。前一个句子，主句是 Cases arise，主语是 Cases，复数，谓语是 arise，主句带一个由 in which 引导的定语从句。后一个句子的主句 Conservatism requires，主句还带两个从句，一个是由 that 引出的宾语从句，另一个是由 even though 引出的让步从句。

由 in which 引导的定语从句修饰 Cases，定语从句中主语是 a membrane stress，谓语是 would, if not limited, produce，if not limited 是过去分词作状语，插在谓语当中，谓语 would produce 是一般过去将来时，宾语是 excessive distortion。还有两个动词 produced by 和 associated with，是过去分词短语，均作主语 a membrane stress 的后置定语，说明这种薄膜应力由什么引起的且伴随着什么产生的。

在第二个句子的宾语从句中，谓语是 **be classified as**，be 不随人称变化，词典上就是这样规定的。

【专业分析】

在《按分析要求设计》中，给出了两种结构不连续：总体结构不连续和局部结构不连续，除此再没有给出其他结构不连续。通过弹性应力分析可知，最高总应力的节点落在总体结构不连续区域或落于局部结构不连续区域，经线性化处理后，ANSYS 给出的薄膜应力就是 P_L。因此，定语中 primary，由于其后有 and/or，后面省略了 discontinuity effect。Primary discontinuity effect 表示为主要结构不连续的影响，即总体结构不连续影响。在 and/or 后出现 a discontinuity effect，表示某一不连续结构的影响，应是某一局部结构不连续影响。

因此，associated with 词义选取为“伴随着……而产生”是恰当的。因此，局部一次薄膜应力产生的条件是，必须有不连续结构影响而产生且存在于不连续结构的区域内。

显然，如果没有不连续结构影响的存在，由压力或其他机械载引起的一种薄膜应力就是总体一次薄膜应力。

（1）CACI 译 2007 版 ASMEⅧ-2:5 译文：“11. 局部一次薄膜应力——是由压力或其他机械载引起，与一次应力和/或结构不连续影响相联系的薄膜应力。若不予以限制，在载荷转移到结构的其他部分时会引起过量的变形。虽然它具有二次应力的某些特征，从保守角度考虑，将这种应力划分为局部一次薄膜应力。”

2013 版的译文同上。

（2）[10]的译文：“11. 局部一次薄膜应力——是由压力或其他机械载引起，与一次应力和（或）结构不连续影响相联系的薄膜应力。若不予以限制，在载荷转移到结构的其他部分时会引起过量的变形。虽然它具有二次应力的某些特征，从保守角度考虑，将这种应力划分为局部一次薄膜应力。”

【译文分析】

（1）和（2）译文相同。

上述译文的错误是：第一，**主句 Cases arise 没有翻译**；第二，在 in which 的定语从句中，将 primary 译为一次应力，但其后并没有应力 stress 一词，属恣意发挥；第三，“若不予以限制”前的句号是错误的，因为“薄膜应力”是定语从句的主语。

（3）本书的译文：“**11. 局部一次薄膜应力**：由压力或其他机械载荷引起的，伴随着主要结构不连续影响或某一不连续影响而产生的一种薄膜应力，如不加以限制，在载荷传递到结构的其他部分的过程中，使结构会产生过大变形的**情况就能出现**。即使它具有一个二次应力的某些特点，保守的要求是，这种应力划为局部一次薄膜应力。”

111　原文 5.12: “12. Local Structural Discontinuity: A source of stress or strain intensification which affects a relatively small volume of material and does not have a significant effect on the overall stress or strain pattern, or on the structure as a whole.Examples are small fillet radii, small attachments, and partial penetration welds.”

【语法分析】

由 which 引出两个并列定语从句，修饰 A source，从句中 which 作主语，其一谓语是 affects，其二谓语是 does not have a significant effect on，后者又带两个宾语 overall stress or strain pattern 和 structure。As a whole 是习语。

（1）CACI 译 2007 版 ASMEⅧ-2:5 译文：“12. 局部结构不连续——对材料的较小体积产生影响的应力或应变强化源，它对总的应力或应变模式，或者对结构的整体没有重要的影响。实例是小的圆角半径、小附件以及部分焊透的焊缝。”

2013 版的译文同上。

（2）[10]的译文：“12. 局部结构不连续——对材料的较小体积产生影响的应力或应变强化源，它对总的应力或应变模式，或者对结构的整体没有重要的影响。实例是小的圆角半径、小附件以及部分焊透的焊缝。”

【译文分析】

（1）和（2）译文相同。

译文存在的问题：第一，从“对材料的较小体积产生影响的应力或应变强化源”来看，是仅将 which affects a relatively small volume of material 作 A source of stress or strain intensification 的定语，这是不对的；第二，“对材料的较小体积产生影响”，原文没有介词 on，且将 volume 译为“体积”是选择词义不当；第三，习语 as a whole 不是作 the structure 的定语。习语 as a whole 的词义为“总体来说，总体上”。

（3）本书的译文：“12. 局部结构不连续：应力或应变的增大部位，总体来说，它影响材料的范围较小，且对总应力或总应变的状态，或对结构均没有显著的影响。实例是，小的圆角半径、小的连接件和部分焊透的焊缝。”

112　原文 5.12：“13. Membrane Stress: The component of normal stress that is uniformly distributed and equal to the average value of stress across the thickness of the section under consideration.”

（1）CACI 译 2007 版 ASMEⅧ-2:5 译文：“13. 薄膜应力——均匀分布的法向应力分量，等于沿所考虑截面厚度应力的平均值。”

2013 版的译文同上。

（2）[10]的译文：“13. 薄膜应力——均匀分布的法向应力分量，等于沿所考虑截面厚度应力的平均值。”

【译文分析】

（1）和（2）译文相同。

“均匀分布的法向应力分量”的翻译不确切，法向应力没有分量。Under consideration 在词典上的词义是“考虑中”，不是“所考虑的”，这里没有“考虑”一词的过去分词。

（3）本书的译文：“**13. 薄膜应力**：均匀分布的法向应力部分，且等于垂直考虑中的截面厚度的应力平均值。”

113　原文 5.12：“15. Operational Cycle: An operational cycle is defined as the initiation and establishment of new conditions followed by a return to the conditions that prevailed at the beginning of the cycle. Three types of operational cycles are considered: the startup-shutdown cycle, defined as any cycle which has atmospheric temperature and/or pressure as one of its extremes and normal operating conditions as its other extreme; the initiation of, and recovery from, any emergency or upset condition or pressure test condition that shall be considered in the design; and the normal operating cycle, defined as any cycle between startup and shutdown which is required for the vessel to perform its intended purpose.”

【语法分析】

Followed by a return to the conditions that prevailed at the beginning of the cycle，因 followed 是过去分词，followed by 引出过去分词短语作状语。

As one of its extremes 和 as its other extreme，介词 as 短语作 has 宾语 atmospheric temperature and/or pressure 和 normal operating conditions 的补足语。

For the vessel to perform its intended purpose 是“for+名词+不定式 to perform”结构。

（1）CACI 译 2007 版 ASMEⅧ-2:5 译文：“15. 操作循环——操作循环是定义为新状态的开始和建立，然后又回到循环开始时的状态。要考虑三种操作循环：启动－停车循环，即以环境温度和/或压力为一端，以正常操作状态为另一端的任何循环；起始并由应在设计中予以考虑的任何紧急或失常状态或压力试验状态返回的循环；以及定义为在启动和对容器为完成其预期目的所需要的停车之间的任何循环的操作循环。”

2013 版的译文同上。

（2）[10]的译文：“15. 操作循环——操作循环被定义为新状态开始和建立后又回到循环开始的状态。要考虑三种操作循环：①启动一停车循环，即以环境温度和（或）压力为一端，以正常操作状态为另一端的任何循环；②设计中应考虑的任何紧急或非正常状态或压力试验状态起始和恢复；③正常操作循环，其定义是为完成预期使用目的，容器在开、停车之间的任何循环。”

【译文分析】

存在的问题：第一，（1）和（2）译文均没有译出 followed by 和 prevailed；第二，启动一停车循环，均译为“即以环境温度和（或）压力为一端，以正常操作状态为另一端的任何循环”，这种译法为死译，什么为一端？什么为另一端？不符合循环操作的专业术语；第三，（1）译文，“起始并由应在设计中予以考虑的任何紧急或失常状态或压力试验状态返回的循环”，将 any emergency or upset condition or pressure test condition that shall be considered in the design”作为定语是错的；第四，“以及定义为在启动和对容器为完成其预期目的的所需要的停车之间的任何循环的操作循环”，译文中将 which is required for the vessel to perform its intended purpose 作 shutdown 的定语，译出“对容器为完成其预期目的所需要的停车”，也是错误的。“对容器为完成其预期目的所需要的停车”，这种译文是**笑话**。（1）和（2）译文均没有对 for the vessel to perform its intended purpose 的不定式复合结构作出正确翻译。

（3）本书的译文：“**15. 操作循环**：一个操作循环定义为新状态的开始和建立，随即返回到次序超过循环开始时的状态。考虑三种类型的循环操作：开车一停车循环，定义为具有常温或常压为最低值，正常操作条件为另一最高值的任意循环；在设计中应考虑任意紧急事故或异常状态，或压力试验状态的开始和由此恢复的操作循环；正常操作循环定义是，为使容器运行到它的预期时间所需的开、停车之间的任意循环。”

114　原文 5.12：“16. Peak Stress: The basic characteristic of a peak stress is that it does not cause any noticeable distortion and is objectionable only as a possible source of a fatigue crack or a brittle fracture. A stress that is not highly localized falls into this category if it is of a type that cannot cause noticeable distortion. Examples of peak stress are: the thermal stress in the austenitic steel cladding of a carbon steel vessel, the thermal stress in the wall of a vessel or pipe caused by a rapid change in temperature of the contained fluid, and the stress at a local structural discontinuity.”

【语法分析】

由 as 引出的介词短语 only as a possible source of a fatigue crack or a brittle fracture 作谓语 is objectionable 的状语。

原文第二个句子是一个主从复合句，主句主语是 A stress，主语后带一个定语从句 that is not highly localized，主句谓语是 falls into，宾语是 this category，由 if 引出条件状语从句 if it is of a type that cannot cause noticeable distortion，其中带一个定语从句，修饰 a type。

（1）CACI 译 2007 版 ASMEⅧ-2:5 译文：“16. 峰值应力——峰值应力的基本特征是，它不引起任何显著变形，之所以有害仅因为它是可能导致疲劳裂纹和脆性断裂的原因。对于并不高度局部性的应力，如果它不引起显著变形，也属于这一类。峰值应力的实例是：在碳钢容器的奥氏体不锈钢覆层中的热应力，在容器或管壁中由于内部流体温度的急剧变化所引起的热应力，以及在局部结构不连续处的应力。”

2013 版的译文同上。

（2）[10]的译文：“16. 峰值应力——峰值应力的基本特是，它不引起任何显著的变形，之所以有害仅因为它是可能导致疲劳裂纹有脆性断裂的原因。对于并不高度局部性的应力，如果它不引起显著变形，也属于这一类。峰值应力的实例是：在碳钢容器的奥氏体不锈钢覆层中的热应力，在容器或管壁中由于内部液体温度的急剧变化所引起的热应力，以及在局部结构不连续处的应力。”

【译文分析】

（1）和（2）译文相同，译文的问题：第一，“对于并不高度局部性的应力”的翻译不好，“对于”二字是译者加的；第二，将 if it is of a type 中的 a type 丢掉不译。

（3）本书的译文：“**16．峰值应力**：峰值应力的基本特征是，它不引起任何显著的变形，并且仅作为疲劳裂纹和脆性断裂的可能原因，它是有害的。如果它具有不引起显著变形的**特性**，并非高度局部的应力归于此类。峰值应力的实例是：碳钢容器的奥氏体钢复层中的热应力，由内部流体温差的急剧变化引起的容器或管道壁中的热应力和局部结构不连续处的应力。”

115　原文 5.12：“17. Primary Stress: A normal or shear stress developed by the imposed loading which is necessary to satisfy the laws of equilibrium of external and internal forces and moments. The basic characteristic of a primary stress is that it is not self-limiting. Primary stresses which considerably exceed the yield strength will result in failure or at least in gross distortion. A thermal stress is not classified as a primary stress. Primary membrane stress is divided into general and local categories. A general primary membrane stress is one that is distributed in the structure such that no redistribution of load occurs as a result of yielding. Examples of primary stress are general membrane stress in a circular cylindrical or a spherical shell due to internal pressure or to distributed live loads and the bending stress in the central portion of a flat head due to pressure. Cases arise in which a membrane stress produced by pressure or other mechanical loading and associated with a primary and/or a discontinuity effect would, if not limited, produce excessive distortion in the transfer of load to other portions of the structure. Conservatism requires that such a stress be classified as a local primary membrane stress even though it has some characteristics of a secondary stress. Finally a primary bending stress can be defined as a bending stress developed by the imposed loading which is necessary to satisfy the laws of equilibrium of external and internal forces and moments.”

【语法分析】

原文第一句中带一个由 which 引出的定语从句 which is necessary to satisfy the laws of equilibrium of external and internal forces and moments，修饰 A normal or shear stress，定语从句中不定式短语 to satisfy the laws of equilibrium of external and internal forces and moments 作 which 的补足语。

原文第八个句子，详见 **11. Local Primary Membrane Stress**，将主句 Cases arise 去掉不译。

（1）CACI 译 2007 版 ASMEⅧ-2:5 译文：“17. 一次应力——是由所加载荷引起，需要满足内、外力和力矩平衡规律的正应力或剪应力。一次应力的基本特征是，它不是自限的。大大超过屈服强度的一次应力将导致结构失效或至少是总体变形。热应力不属于一次应力。一次薄膜应力分为总体的和局部的两类。总体一次薄膜应力在结构中分布不会由于屈服而引起载荷的再分布。一次应力的实例是，在圆柱壳或球壳中由于内压或分布的活载荷所引起的总体薄膜应力，以及在平封头中心区域由于压力所引起的弯曲应力。由压力或其他机械载荷以及与一次和/或不连续影响相联系的薄膜应力如不加以限制，在此情况下，在载荷转移至结构的其他部分时会引起过量变形，虽然它具有二次应力的某些特征，从保守角度考虑，将这种应力划分为局部一次薄膜应力。最后，一次弯曲应力可以定义为由所施加的、满足内外和力矩平衡规律所需的载荷所引起的弯曲应力。”

2013 版的译文同上。

（2）[10]的译文：“17. 一次应力——是由所加载荷引起，需要满足内、外力和力矩平衡规律的正应力或剪应力。一次应力的基本特征是，它不是自限的。大幅度超过屈服强度的一次应力将导致结构失效或至少是总体变形。热应力不属于一次应力。一次薄膜应力分为总体的和局部的两类。总体一次薄膜应力在结构中分布不会由于屈服而引起载荷的再分布。一次应力的实例是：在圆柱壳或球壳中由于内压或分布的活载荷所引起的总体薄膜应力，以及在平封头中心区域由于压力所引起的弯曲应力。由压力或其他机械载荷以及与一次和/或不连续影响相联系的薄膜应力如不加以限制，在此情况下，载荷转移至结构的其他部分时会引起过量变形，虽然它具有二次应力的某些特征，从保守角度考虑，将这种应力划分为局部一次薄膜应力。最后，一次弯曲应力可以定义为由外载荷引起的、满足内外和力矩平衡规律的弯曲应力。”

【译文分析】

第六句中 such that 丢掉不译。译文“总体一次薄膜应力在结构中分布不会由于屈服而引起载荷的再分布”不符合原意。

（1）译文中最后一个句子的翻译，将 which 代表 imposed loading，所以译文是“满足内、外和力矩平衡规律所需的载荷所引起的弯曲应力”，弯曲应力和谁平衡？译文译错的。

[3]说“‘由外部载荷引起的’一句，这是不必要的”。ASME 并未删除。不由外载荷引起的，哪有一次应力？

（3）本书的译文：**“17. 一次应力**：由施加载荷产生的，必须满足外力、内力和力矩的平衡条件的正应力或剪应力。一次应力的基本特征是非自限性的。超过屈服极限很大的一次应力将导致失效，或至少导致总体变形。热应力不划为一次应力。一次薄膜应力划分为总体或局部两类。总体一次薄膜应力是结构中分布的薄膜应力，并不因屈服结果而发生载荷再分布。一次应力的实例是，在圆筒和球壳中由内压或分布的工作载荷引起的总体薄膜应力和由压力引起的平盖中心部分的**弯曲应力**。由压力或其他机械载荷引起的，伴随着总体结构不连续影响或某一不连续影响而产生的一种薄膜应力，如不加以限制，在载荷传递到结构的其他部分的过程中，使结构产生过大变形的**情况就会出现**。即使它具有一个二次应力的某些特点，保守的要求是，这种应力划为局部一次薄膜应力。最后，一次弯曲应力定义为由施加载荷产生的，必须满足外力、内力和力矩平衡条件的弯曲应力。

116 原文 5.12：“18. Ratcheting: A progressive incremental inelastic deformation or strain that can occur in a component subjected to variations of mechanical stress, thermal stress, or both (thermal stress ratcheting is partly or wholly caused by thermal stress). Ratcheting is produced by a sustained load acting over the full cross section of a component, in combination with a strain controlled cyclic load or temperature distribution that is alternately applied and removed. Ratcheting causes cyclic straining of the material, which can result in failure by fatigue and at the same time produces cyclic incremental growth of a structure, which could ultimately lead to collapse."

【语法分析】

在"Ratcheting is produced by a sustained load acting over the full cross section of a component, in combination with a strain controlled cyclic load or temperature distribution that is alternately applied and removed."这个句子中，主语是 Ratcheting，谓语是 is produced，一般现在时被动语态，由介词 by 引出行为主体，由介词短语 in combination with 引出的介词短语与 by 的行为主体共同作用产生棘轮。定语从句 that is alternately applied and removed 修饰 sustained load 和 a strain controlled cyclic load or temperature distribution。

（1）CACI 译 2007 版 ASMEⅧ-2:5 译文："18. 棘轮现象——经受机械应力或热应力的变化、或此二者都变化的元件中所发生的递增性非弹性变形或应变（热应力棘轮是部分或全部地由热应力引起的）。棘轮现象是由作用在元件全截面上的持续载荷以及由应变控制的的循环载荷或交替施加并卸去的温度分布相组合所引起的。棘轮现象引起材料的循环应变，它能导致由疲劳引起的失效且同时引起结构的循环递增性增长，这种增长归根结底能导致垮塌。"

2013 版的译文同上。

（2）[10]的译文："18. 棘轮——经受机械应力、热应力或二者（热应力棘轮是部分或全部由热应力引起的）的变化的元件中发生的递增性、非弹性变形或应变。棘轮是由作用在元件整个截面上的恒载荷与应变控制的循环载荷或交替施加并卸去的温度分布相组合所引起的。棘轮引起材料的循环应变，它能导致由疲劳引起的失效且同时引起结构的循环递增性增长，这种增长最终能导致垮塌。"

【译文分析】

（1）和（2）译文共同的问题是，认为 that is alternately applied and removed 只修饰 temperature distribution，所以才译为"交替施加并卸去的温度分布"，这是错的。（2）的译文译为"恒载荷"也是错的。

（3）本书的译文："**18. 棘轮**：经受机械应力变化、热应力变化或两者（热应力部分或全部引起热应力棘轮）共同变化的元件中可产生递增性的非弹性变形或应变。作用于元件整个横截面上的某一长期载荷与交替加载和卸载的某一应变控制循环载荷或温度分布联合在一起产生棘轮。棘轮引起材料的循环应变，导致疲劳失效，并同时引起结构循环的递增变形，最终能导致垮塌。"

117　原文 5.12："19. Secondary Stress: A normal stress or a shear stress developed by the constraint of adjacent parts or by self-constraint of a structure. The basic characteristic of a secondary stress is that it is self-limiting. Local yielding and minor distortions can satisfy the conditions that cause the stress to occur and failure from one application of the stress is not to be expected. Examples of secondary stress are a general thermal stress and the bending stress at a gross structural discontinuity."

【语法分析】

在 Local yielding and minor distortions can satisfy the conditions that cause the stress to occur 这个句子中，不定式 to occur 作 the stress 的宾语补足语。

在 failure from one application of the stress is not to be expected 中，不定式被动语态 to be expected 作表语。

（1）CACI 译 2007 版 ASMEⅧ-2:5 译文："19. 二次应力——由于相邻元件的相互约束或结构的自身约束所引起的法向应力或剪应力。二次应力的基本特征是，它是自限的。局部屈服和小量变形可以使引起这种应力的条件得以消除，一次性施加这种应力是不会导致失效的。二次应力的实例是总体热应力和总体结构不连续的弯曲应力。"

2013 版的译文同上。

（2）[10]的译文："19. 二次应力——由于相邻元件的相互约束或结构自身的约束所引起的法向应力或剪应力。二次应力的基本特征是，它是自限的。局部屈服和小量变形可以使引起这种应力的条件得以消除，一次性施加这种应力是不会导致失效的。二次应力的实例是总体热应力和总体结构不连续弯曲应力。"

【译文分析】

（1）和（2）的译文相同。

在 Local yielding and minor distortions can satisfy the conditions that cause the stress to occur 这个句子中，怎么能译成"局部屈服和小量变形可以使引起这种应力的条件得以**消除**"？两个译文全错。

将 failure from one application of the stress is not to be expected 译为"一次性施加这种应力是不会导致失效的"也是错的。

（3）本书的译文："**19. 二次应力**：由相邻元件的约束或结构的自身约束产生的法向应力或剪应力。二次应力的基本特征是自限性。局部屈服和较小变形能满足引起这种应力存在的条件且不能认为一次施加这种应力引起失效。二次应力的实例是总体热应力和总体结构不连续处的弯曲应力。"

118　原文 5.12："20. Shakedown: Caused by cyclic loads or cyclic temperature distributions which produce plastic deformations in some regions of the component when the loading or temperature distribution is applied, but upon removal of the loading or temperature distribution, only elastic primary and secondary stresses are developed in the component, except in small areas associated with local stress (strain) concentrations. These small areas shall exhibit a stable hysteresis loop, with no indication of progressive deformation. Further loading and unloading, or applications and removals of the temperature distribution shall produce only elastic primary and secondary stresses."

【语法分析】

此段原文有三个句子：第一个句是"Caused by cyclic loads or cyclic temperature distributions which produce plastic deformations in some regions of the component when the loading or temperature distribution is applied, but upon removal of the loading or temperature distribution, only elastic primary and secondary stresses are developed in the component, except in small areas associated with local stress (strain) concentrations.”由 when 连接的时间状语从句和由 but 表示对比转折意义的状语从句的两个并列连词。第一个主句不是句子，是词组 plastic deformations，被过去分词 Caused by 修饰。定语从句 which produce，which 作主语，produce 作谓语，不及物动词，修饰 cyclic loads or cyclic temperature distributions。在由 but 连接的从句后，主句的主语是 only elastic primary and secondary stresses，谓语是 are developed。第二个句子的主语是 These small areas，谓语是 shall exhibit。第三个句子的主语是 Further loading and unloading, or applications and removals of the temperature distribution，谓语是 shall produce，宾语是 only elastic primary and secondary stresses。

（1）CACI 译 2007 版 ASMEⅧ-2:5 译文："20. 安定性——是由能使元件的某些区域产生塑性变形的循环载荷或循环温度分布所引起，当就在除去载荷或温度分布时作用以载荷或温度分布，除和局部应力（应变）集中相关的小区域外，仅在元件中引起弹性的一次和二次应力。这些小区域应呈现稳定的滞回曲线而并无递增性的变形出现。进一步的加载和卸载，或施加或除去温度分布，应只产生弹性的一次和二次应力。"

2013 版的译文同上。

（2）[10]的译文："20. 安定性——由使元件的某些区域产生塑性变形的循环载荷或循环温度分布所引起，但在除去载荷或温度分布后，除了局部应力（应变）集中相关的小区域外，元件中仅产生弹性的一次和二次应力。这些小区域应呈现稳定的滞回曲线而并无递增性的变形出现。进一步的加载和卸载，或施加或卸去温度分布，将只产生弹性的一次和二次应力。"

【译文分析】

第一，（1）和（2）译文认为定语从句 which produce plastic deformations in some regions of the component 是作 cyclic loads or cyclic temperature distributions 的定语。过去分词 Caused by 修饰什么，没有中心词，所以在译文中出现"所引起"，这种翻译是错的。

第二，对于"安定"，结构要承受循环载荷。因前面有过去分词短语 Caused by cyclic loads or cyclic temperature distributions，提到循环载荷 cyclic loads or cyclic temperature distributions。因此，由 when 连接的时间状语从句中，就不再提"循环载荷或循环温度分布"，而用定冠词 the loading or temperature distribution。（1）译文将两个并列连词合译为："当就在除去载荷或温度分布时作用以载荷或温度分布"。因为该译者认为，不作用以载荷或温度分布，怎么会有"仅在元件中引起弹性的一次和二次应力"。对于安定，在加载或卸载时均符合虎克定律，有弹性应变产生，即有弹性应力产生。

第三，在与局部应力（应变）集中有关联小范围产生塑性变形外，结构的其他大部分区域产生只有弹性的一次应力和二次应力。Only 在句中的位置不同，会使全句的意思或着重点有所不同，一般来讲，only 应紧接在它所修饰的词之前。本句中，only 修饰 elastic，该译者却将 only 修饰动词或介词短语，不妥。

（3）本书的译文："**20. 安定性**：当施加循环载荷或循环温度分布时，在元件的某些部位，由产生的循环载荷或循环温度分布引起塑性变形，但卸除循环载荷或循环温度分布时，除了小范围与局部应力（应变）集中有关外，在元件中产生只有弹性的一次和二次应力。这些小范围将呈现一个稳定的滞回曲线，不显示递增变形。进一步加载或卸载，或施加和卸除温度分布，将产生只有弹性的一次和二次应力。"

119 原文 5.12：“22. Stress Concentration Factor: The ratio of the maximum stress to the average section stress or bending stress.”

（1）CACI 译 2007 版 ASMEⅧ-2:5 译文：“22. 应力集中系数——最大应力对截面平均应力或弯曲应力之比。”

2013 版的译文同上。

（2）[10]的译文：“22. 应力集中系数——最大应力与平均截面应力或弯曲应力之比。”

【译文分析】

（2）译文中“平均截面应力”不是专业术语，没有“截面应力”一说。

（3）本书的译文：“**22. 应力集中系数**：最大应力与截面平均应力或弯曲应力之比。”

120 原文 5.12：“23. Stress Cycle: A stress cycle is a condition in which the alternating stress difference goes from an initial value through an algebraic maximum value and an algebraic minimum value and then returns to the initial value. A single operational cycle may result in one or more stress cycles.”

（1）CACI 译 2007 版 ASMEⅧ-2:5 译文：“23. 应力循环——应力循环是一种状态，在此状态下，交变的应力差由起始值通过代数最大值和代数最小值运行，然后再回到其起始化值。单一操作循环可以引起一个或几个应力循环。”

2013 版的译文同上。但将“其起始化值”改为“其起始值”。

（2）[10]的译文：“23. 应力循环——应力循环是一种状态，在此状态下，交变的应力差由初始值通过代数最大值和最小值，然后再回到初始化值。单一操作循环可以引起一个或几个应力循环。”

【译文分析】

（1）和（2）译文完全相同。译文中“然后再回到初始化值”中的“初始化”的译法引起费解。

（3）本书的译文：“**23. 应力循环**：应力循环是交变应力差从初始值经过代数最大值和代数最小值，随后返回到初始值的一种状态。一个单一的操作循环可导致一个或多个应力循环。”

121 原文 5.12：“24. Thermal Stress: A self-balancing stress produced by a non-uniform distribution of temperature or by differing thermal coefficients of expansion. Thermal stress is developed in a solid body whenever a volume of material is prevented from assuming the size and shape that it normally should under a change in temperature. For the purpose of establishing allowable stresses, two types of thermal stress are recognized, depending on the volume or area in which distortion takes place. A general thermal stress that is associated with distortion of the structure in which it occurs. If a stress of this type, neglecting stress concentrations, exceeds twice the yield strength of the material, the elastic analysis may be invalid and successive thermal cycles may produce incremental distortion. Therefore this type is classified as a secondary stress. Examples of general thermal stress are: the stress produced by an axial temperature distribution in a cylindrical shell, the stress produced by the temperature difference between a nozzle and the shell to which It is attached, and the equivalent linear stress produced by the radial temperature distribution in a cylindrical shell. A Local thermal stress is associated with almost complete suppression of the differential expansion and thus produces no significant distortion. Such stresses shall be considered only from the fatigue standpoint and are therefore classified as local stresses. Examples of local thermal stresses are the stress in a small hot spot in a vessel wall, the difference between the non-linear portion of a through-wall temperature gradient in a cylindrical shell, and the thermal stress in a cladding material that has a coefficient of expansion different from that of the base metal."

【语法提示】

"Thermal stress is developed in a solid body whenever a volume of material is prevented from assuming the size and shape that it normally should under a change in temperature."是主从复合句，由 whenever 引出状语从句"whenever a volume of material is prevented from assuming the size and shape that it normally should under a change in temperature."，从句的主语是 a volume of material，谓语是 is prevented from，assuming 是动名词，作介词 from 的宾语，the size and shape 作动名词 assuming 的宾语。其后带一定词从名 that it normally should under a change in temperature.，其中 it 代表 volume of material，而 that 代表 the size and shape。谓语是 normally should，省略动词 be。此段的译文是"**每当**阻止材料的体积呈现在温度变化下正常发生的尺寸和形状时，在实体中产生了热应力。"

现在分词短语"depending on the volume or area in which distortion takes place"作状语。现在分词短语"neglecting stress concentrations"作状语。

（1）CACI 译 2007 版 ASMEⅧ-2:5 译文："24. 热应力——由于温度的不均匀分布或不同的热膨胀系数所引起的自平衡应力。只要在经过温度变化时材料的体积在正常状态所应具有的尺寸和形状受到限制，在实体中就会产生热应力。为了确定许用应力，根据其产生的变形的体积或面积，认识到有二种热应力类型。总体热应力和产生此热应力结构的变形相联系，如果忽略应力集中的这种应力，超过材料屈服强度的两倍，则弹性分析就可能失效而连续的热循环可能引起递增性变形。因此，这种应力划分为二次应力。总体热应力的实例是：在圆柱壳中由轴向温度分布所引起的应力，由接管和与之相连的壳体之间的温差所引起的应力，在圆柱壳中由径向温度分布所引起的当量线性应力。局部热应力是和膨胀差几乎完全被抑制所联系，因此不引起显著的变形。这种应力仅由于疲劳的角度才应加以考虑，因此划分为局部应力。局部热应力的实例是，容器壁中小热点处的应力，圆柱壳中穿过器壁的温度梯度的非线性部分间的差值［可理解为实际应力与非线性部分间的差值（译注）］，其膨胀系数与母材不同的覆层材料中的热应力。"

2013 版的译文同上。

（2）[10]的译文："24. 热应力——由于温度的不均匀分或不同的热膨胀系数所引起的自平衡应力。只要在经受温度变化时材料的体积在正常状态所应具有的尺寸和形状受到限制，在实体中就会产生热应力。为了确定许用应力，根据其产生变形的体积或面积，认识到有两种类型的热应力。总体热应力与产生此热应力的结构形变相关。如果忽略应力集中的这种应力超过材料屈服强度的两倍，则弹性分析就可能失效而连续的热循环可能引起递增性形变。因此，这种应力划分为二次应力。总体热应力的实例是：在圆柱壳中由轴向温度分布所引起的这种应力，由接管和与之相连的壳体之间的温差所引起的应力，在圆柱壳中由径向温度分布所引起的当量线性应力。局部热应力是与膨胀差几乎被完全抑制相关，因此不引起显著的不形变。这种应力仅从疲劳的角度才应加以考虑，因此划分为局部应力。局部热应力的实例是，容器壁中小热点处的应力，圆柱壳中贯穿器壁的温度梯度的非线性部分所引起的应力，膨胀系数与母材不同的覆层材料中的热应力。局部热应力特征是具有两个几乎相等的主应力。”

【译文分析】

（1）和（2）的译文相同。

存在问题：第一，whenever 均译为“只要”，它不是这个词义，“只要在经受温度变化时材料的体积在正常状态所应具有的尺寸和形状受到限制，在实体中就会产生热应力”，译得不好；第二，分词短语 neglecting stress concentrations 前后用的逗号，不能作定语，（1）和（2）译文“如果忽略应力集中的这种应力，超过材料屈服强度的两倍，”将其作定语是错的；第三，将 the elastic analysis may be invalid 译为“则弹性分析就可能失效”也是不妥的，应译为“无效的”；第四，（2）译文“因此不引起显著的不形变”译错。

（3）本书的译文：“**24．热应力**：由温度非均匀分布或不同的热膨胀系数引起的自平衡应力。**每当**阻止材料的体积呈现在温度变化下正常发生的尺寸和形状时，在实体中产生了热应力。为了确定许用应力，考虑两种类型的热应力，视发生变形的体积和面积而定。总体热应力与结构发生变形有关。忽略应力集中，如果总体热应力超过材料屈服强度的二倍，则弹性分析可能是无效的且连续的热循环可引起递增性形变。因此，总体热应力划为二次应力。总体热应力的实例是：圆筒轴向温度分布产生的应力，接管与其相连的壳体之间的温差产生的应力，圆筒中由径向温度分布产生的当量线性应力。局部热应力与几乎完全抑制膨胀差有关，于是不引起显著变形。仅从疲劳观点应考虑这种应力。因此，划为局部应力。局部热应力的实例是容器壁中小热点中的应力，通过圆筒壁厚温度梯度的非线性部分间的温度差，具有与基层材料不同的膨胀系数的复合材料中的热应力。”

122　原文 5.13：“$\Delta e_{ij,k}$ = change in total strain range components minus the free thermal strain at the point under evaluation for the k^{th}cycle.”

（1）CACI 译 2007 版 ASMEⅧ-2:5 译文：“$\Delta e_{ij,k} = k^{th}$ 循环在评定点处总应变范围分量减去自由热应变的变化。”

2013 版的译文同上。

（2）[10]的译文：“$\Delta e_{ij,k}$　k^{th} 循环在评定点处总应变范围分量减去自由热应变的变化。”

【译文分析】

（2）译文同（1）译文。

不能将 total strain range components 译为“总应变范围分量”。类似地译为“总应变范围分量”的符号还有 $\Delta p_{ij,k}$。

（3）本书的译文：“$\Delta e_{ij,k}=$ 对 k^{th} 循环评定点处总应变范围部分减去自由热应变的变化。”

123　原文 5.13：“$\Delta \varepsilon_{ij,k}$ = component strain range for the k^{th}cycle, computed using the total strain less the free thermal strain.”

（1）CACI 译 2013 版 ASMEⅧ-2:5 译文：“$\Delta \varepsilon_{ij,k}$ = 采用总应变减去自由热应变计算所得 k^{th} 循环的应变范围分量。”

2013 版的译文同上。

（2）[10]的译文："$\Delta\varepsilon_{ij,k}$ = 采用总应变减去自由热应变计算所得 k^{th} 循环的应变范围分量。"

【译文分析】

（2）译文同（1）译文。

不能将 component strain range 译为"应变范围分量"，而应译为"分量的应变范围"。

（3）本书的译文："$\Delta\varepsilon_{ij,k}$ = 采用总应变减去自由热应变计算的 k^{th} 循环的分量应变范围。"

124　原文 5.13："$\Delta\varepsilon_{el,k}$ = equivalent strain range for the kth cycle, computed from elastic analysis."

（1）CACI 译 2013 版 ASMEⅧ-2:5 译文："$\Delta\varepsilon_{el,k}$ = 由弹性分析所得 k^{th} 循环的当量应变范围。"

【译文分析】

Computed 漏译。

（2）[10]的译文，该书是译 2013 版的，有此符号，漏译了。而 CACI 译 **2007** 版时有$(\Delta\varepsilon_{t,k})_{ep}$和$(\Delta\varepsilon_{t,k})_e$两个符号，译 **2013** 版时没有了，但[10]中还保留了这两个 2007 版的旧符号。

（3）本书的译文："$\Delta\varepsilon_{el,k}$ = 对 k^{th} 循环按弹性分析计算的当量应变范围。"

125　原文 5.13："δ = out-of-phase angle between $\Delta\sigma_k$ and $\Delta\tau_k$ for the k^{th}cycle."

（1）CACI 译 2007 版 ASMEⅧ-2:5 译文："δ = k^{th} 循环时在 $\Delta\sigma_k$ 与 $\Delta\tau_k$ 之间相位角。"

2013 版的译文同上。

（2）[10]的译文："$\delta = k^{th}$ 循环时在 $\Delta\sigma_k$ 与 $\Delta\tau_k$ 之间相位角。"

【译文分析】

（2）译文同（1）译文，译错了。Out-of-phase angle 应译为"异相位角"。

（3）本书的译文："δ = 对 k^{th} 循环 $\Delta\sigma_k$ 与 $\Delta\tau_k$ 之间异相位角。"

126　原文 5.13："F = additional stress produced by the stress concentration over and above the nominal stress level resulting from operating loadings."

（1）CACI 译 2007 版 ASMEⅧ-2:5 译文："F = 由操作载荷引起的由于应力集中所产生在名义应力水平上超过名义应力的附加应力。"

2013 版的译文同上。

（2）[10]的译文："F　由操作载荷引起的由于应力集中所产生在名义应力水平上超过名义应力的附加应力。"

【译文分析】

（2）译文同（1）译文。

问题是：第一，over and above 是短语介词，短语介词的宾语是 the nominal stress level，现在分词短语 resulting from 作其后置定语，不能将短语介词拆分；第二，"由操作载荷引起的由于应力集中所产生的"，这两个不能并排作定语，各有各的修饰位置。

（3）本书的译文："F = 由操作载荷引起的在名义应力水平之上，由应力集中产生的附加应力。"

127　原文 5.13：“M_o = longitudinal bending moment per unit length of circumference existing at the weld junction of layered spherical shells or heads due to discontinuity or external loads.”

（1）CACI 译 2007 版 ASMEⅧ-2:5 译文：“M_o =在多层球壳或封头的焊缝连接处由于不连续或外部载荷所存在的按单位周长计的轴向弯矩。”

2013 版的译文同上。

（2）[10]的译文：“M_o=在多层球壳或封头的焊缝连接处由于不连续或外部载荷所存在的按单位周长计的轴向弯矩。”

【译文分析】

（2）译文同（1）译文。

错在 weld junction 的意思不是“焊缝连接”，焊接词典给出的词义是“**熔合线**”。译错了。

（3）本书的译文：“M_o = 由结构不连续或外加载荷引起的，在多层球壳或封头的**熔合线**处存在的，单位周长的经向弯矩。”

128　原文 5.13：

“m = material constant used for the fatigue knock-down factor used in the simplified elastic-plastic analysis.”

“n = material constant used for the fatigue knock-down factor used in the simplified elastic-plastic analysis.”

（1）CACI 译 2007 版 ASMEⅧ-2:5 译文：

“m = 在简化的弹一塑性分析中所采用的用于疲劳降低系数的材料常数”。

“n = 在简化的弹一塑性分析中所采用的用于疲劳降低系数的材料常数”。

2013 版的译文同上。

（2）[10]的译文：“m,n=在简化的弹一塑性分析中所采用的用于疲劳降低系数的材料常数”。

【译文分析】

（1）和（2）译文相同。

问题是：第一，均将原文中的 the fatigue knock-down factor 译为“疲劳降低系数”。上述原文指出 used in the simplified elastic-plastic analysis，查“5.5.6.2（b）The value of the alternating stress range in 5.5.3.2, Step 4 is multiplied by the factor $K_{e,k}$ (see Equations (5.31) through (5.33), or 5.5.3.3).”，再查“5.5.3.2, Step 4（b）The fatigue penalty factor, $K_{e,k}$…”，明白 the fatigue knock-down factor= The fatigue penalty factor, $K_{e,k}$；第二，（1）译文在 5.5.3.2 第 4 步中将 The fatigue penalty factor, $K_{e,k}$ 译为“疲劳损失系数”，（2）译文将其译为“疲劳罚系数 $K_{e,k}$”，而到翻译 5.13 符号“m,n”时，两位译者又统一到重新译名为“疲劳降低系数”。

（3）本书的译文：

“m = 在简化的弹一塑分析中所使用的疲劳损失系数用的材料常数。”

“n = 在简化的弹一塑分析中所使用的疲劳损失系数用的材料常数。”

129　原文 5.13：“S_Q = allowable limit on the secondary stress range.”

（1）CACI 译 2007 版 ASMEⅧ-2:5 译文：“S_Q = 二次应力范围的许用极限。”

2013 版的译文同上。

（2）[10]的译文：“S_Q= 二次应力范围的许用极限。”

【译文分析】

Limit on，词典上给出的意思是“对……限制”。上述译文均译为“许用极限”。因此，可以说：JB4732－95《钢制压力容器－分析设计标准》5.3 中译为“许用极限”也是错的。

同上述的译文“许用极限”的相同译法还有符号 S_{PS}。

（3）本书的译文：“S_Q= 对二次应力范围的许用限制条件。”

130　原文 5.13：“$S_a(N)$ = stress amplitude from the applicable design fatigue curve (see Annex 3-F, 3-F.1.2) evaluated at N cycles.”

（1）CACI 译 2007 版 ASMEⅧ-2:5 译文：“$S_a(N)$ = 由适用的疲劳设计曲线（见附录 3.F，3.F.1.2 节）在 *N* 次循环次数时所评定得的应力幅。”

2013 版的译文同上。

（2）[10]的译文：“$S_a(N)$ = 由适用的疲劳设计曲线（见附录 3.F，3.F.1.2 节）在 *N* 次循环次数时所评定得的应力幅。”

【译文分析】

（1）和（2）译文相同。

这里 evaluated 不能译为“所评定得的”，因为在疲劳曲线上，以横坐标“循环次数”可查得纵坐标的“应力幅”值。

At *N* cycles 应译为“按 *N* 次循环”，不能译为“在 N 次循环次数时”。

与上述的译文相同的译法还有符号 $S_a(N_{\Delta P})$,$S_a(N_{\Delta S})$,$S_a(N_{\Delta TN})$,$S_a(N_{\Delta TM})$和 $S_a(N_{\Delta TR})$。

（3）本书的译文：“$S_a(N)$ = 按 *N* 次循环从适用的设计疲劳曲线（见附录 3-F，3-F.1.2）查得的应力幅。”

131　原文 5.13：“σ_i = are the principal stress components.”

（1）CACI 译 2007 版 ASMEⅧ-2:5 译文：“σ_i = 各主应力分量”。

2013 版的译文同上。

（2）[10]的译文：“σ_i = 各主应力分量”。

【译文分析】

主应力有 3 个，没有分量。都译错了。这时应该认识到：不能一见到 component 就译为分量。

（3）本书的译文：“σ_i = 各主应力。”

132　原文 5.14：“**Table 5.2**　Load Descriptions：transportation loads (the static forces obtained as equivalent to the dynamic loads experienced during normal operation of a transport vessel [see 1.2.1.2（b）]).

【语法分析】

括号内容(the static forces obtained as equivalent to the dynamic loads experienced during normal operation of a transport vessel ［see 1.2.1.2（b）］)不是一个句子，而是一个词组 **the static forces**，过去分词 obtained 作 forces 的后置定语，由介词 as 引出的介词短语作 obtained 的状语，equivalent to 作介词 as 的宾语，equivalent to 的宾语是 the dynamic loads，experienced 作 the dynamic loads 的后置定语，during normal operation of a transport vessel 作整个词组的状语。

（1）CACI 译 2013 版 ASMEⅧ-2:5 译文：“运输载荷（运输容器在正常操作期间，经历的动态载荷而当量成的静力见 12.1.2（b）节）。”

（2）[10]的译文：“移动容器正常操作中经受的动载荷。”

【译文分析】

（2）译文没有全译完。（1）译文中“而当量成的静力”，是没有将 equivalent to 词典上给出的词义译出，应译为“相等于”“等同于”“与……等效”。

（3）本书的译文：“运输载荷（所得到的静力与移动式容器正常操作期间经受的动载荷等效［见 1.2.1.2（b)]）。”

133 原文 5.14 Table 5.2：“Load Descriptions：Is the pressure test wind load case. The design wind speed for this case shall be specified by the Owner-User.”

（1）CACI 译 2013 版 ASMEⅧ-2:5 译文：“是否在风载荷情况下做压力试验，此情况下的设计风速应由用户规定。”

【译文分析】

（1）译文，“**是否**在风载荷情况下作压力试验”，原文中没有“if”，怎么能译出“是否”？开头部分均是随意性的翻译，是不妥的。

（2）本书的译文：“**是**压力试验的风载荷工况，适用于该工况的设计风速由用户规定。”

134 原文 5.14 Table 5.2：“Load Descriptions：Is the self-restraining load case (i.e. thermal loads, applied displacements).This load case does not typically affect the collapse load, but should be considered in cases where elastic follow-up causes stresses that do not relax sufficiently to redistribute the load without excessive deformation.”

【语法分析】

原文中第二个句子是一个主语 This load case，两个谓语 does not typically affect 和 should be considered，由连词 but 连接的并列句，在第二个并列句中，由关系副词 where 引导的定语从句 where elastic follow-up causes stresses，修饰 cases，此句又带一个定语从句 that do not relax sufficiently to redistribute the load without excessive deformation 修饰 stresses，介词 without 引出介词短语作状语。

（1）CACI 译 2013 版 ASMEⅧ-2:5 译文：“载荷情况是否自限（即温差载荷，所作用的位移）。此载荷情况并不特有地对垮塌载荷有影响，但是在弹性流动至所引起的应力至这样的水平，若没有过量的变形不足以缓和至载荷再分布的情况，则应予考虑。”

（2）[10]的译文：“为自限性工况（即热载荷，所施加的位移）。此载荷通常对垮塌载荷没有影响，但以下情况应给予考虑：弹性**跟进**（elastic follow-up）引起的应力在没有过量形变时不足以缓和至再分布。”

【译文分析】

（1）译文又出现“是否”一词，“此载荷情况并不特有地对垮塌载荷有影响”，译文另人费解。（1）和（2）译文中出现“弹性流动”和“弹性**跟进**”，实际上 follow-up 作状语用，应译为“继续”较好。Do not relax sufficiently to 译为“不能缓解到足以做出……”。

译文均不通顺。

（3）本书的译文："是自限性载荷工况（即热载荷，施加的位移）。这种载荷工况一般不影响垮塌载荷，但没有过多变形，不足以做出载荷再分布，缓解弹性继续引起应力的情况下，应考虑这种载荷工况。"

135　原文 5.14 Table 5.5："Loads listed herein shall be considered to act in the combinations described above; whichever produces the most unfavorable effect in the component being considered. Effects of one or more loads not acting shall be considered."

【语法提示】

Shall be considered to 应译为"被认为是能"，固定搭配。

（1）CACI 译 2013 版 ASMEⅧ-2:5 译文："在此处所列的各种载荷应看作为上面所述在所考虑的元件中引起最严峻的各种组合，应考虑一种或几种载荷并未作用的影响。"

（2）[10]的译文："应考虑把此处所列的载荷应按上述的组合进行施加，任何一项对元件产生最不利效应的载荷组合应予以考虑，对一个或多个未施加的载荷效应应予以考虑。"

【译文分析】

（1）译文中的 to act 和 whichever 没有译出。

（2）译文像一种编译。将 to act 译为"施加"。"任何一项对元件产生最不利效应的载荷组合应予以考虑"背离原意，这里是指"考虑元件中……"，而不是"最不利效应的载荷组合应予以考虑"。

（3）本书的译文："此处所列的载荷被认为是上述说明的各种组合中能起作用的；在考虑的元件中，无论哪种组合应产生最不利的作用；应考虑不起作用的一种或多种载荷。"

136　原文 5.14 Table **5.6** NOTES：（2）："If the bending moment at the edge is required to maintain the bending stress in the center region within acceptable limits, the edge bending is classified as P_b ; otherwise, it is classified as Q."

【语法分析】

这是一个主从复合句，条件状语从句中的主语是 the bending moment，谓语是 is required，不定式短语 to maintain the bending stress 作主语补足语。并列主句，主语是 the edge bending 和 it，两个谓语是 is classified as。

（1）CACI 译 2007 版 ASMEⅧ-2:5 译文："如果要求边缘弯曲力矩能使中心区域的弯曲应力保持在许用范围内，那么边缘弯曲应力为 P_b，否则为 Q。"

2013 版的译文同上。

（2）[10]的译文："如果要求边缘弯曲力矩能使中心区域的弯曲应力保持在许用范围内，那么边缘弯曲应力为 P_b，否则为 Q。"

【译文分析】

（2）和（1）译文相同。

（3）本书的译文："如果要求边缘弯矩**抑制**中心区域的弯曲应力在容许的范围之内，则将边缘弯曲应力划为 P_b，否则，将它划为 Q。"

137　原文 5.14 Table **5.6** NOTES:（4）:“Equivalent linear stress is defined as the linear stress distribution that has the same net bending moment as the actual stress distribution.”

【语法分析】

原文是一个复合句，主语是 Equivalent linear stress，谓语是 is defined as，the linear stress distribution 作 as 的宾语，定语从句 that has the same net bending moment 修饰 the linear stress distribution，最后介词短语 as the actual stress distribution 作状语。

（1）CACI 译 2007 版 ASMEⅧ-2:5 译文：“当量线性应力是与实际应力分布具有相等净弯矩的线性应力分布。”

2013 版的译文同上。

（2）[10]的译文：“当量线性应力是与实际应力分布具有相等净弯矩的线性应力分布。”

【译文分析】

（1）和（2）译文相同。

第一，“当量线性应力”与“实际应力分布”具有“相等净弯矩”，此时，实际应力分布还是不知道的；第二，谁和谁有相等的净弯矩，没弄清楚；第三，将谓语丢掉不译；第四，净弯矩是什么概念，材料力学中没有此定义。

（3）本书的译文：“当量线性应力定义为具有相同**纯弯矩**的线性应力分布，作为实际应力分布。”

138　原文 5.14:

Table 5.9
Fatigue-Screening Criteria for Method A

Type of Construction	Component Description	Fatigue-Screening Criteria
Integral construction	Attachments and nozzles in the knuckle region of formed heads	$N_{\Delta FP}+N_{\Delta PO}+N_{\Delta TE}+N_{\Delta T\alpha}\le 350$
	All other components	$N_{\Delta FP}+N_{\Delta PO}+N_{\Delta TE}+N_{\Delta T\alpha}\le 1000$
Nonintegral construction	Attachments and nozzles in the knuckle region of formed heads	$N_{\Delta FP}+N_{\Delta PO}+N_{\Delta TE}+N_{\Delta T\alpha}\le 60$
	All other components	$N_{\Delta FP}+N_{\Delta PO}+N_{\Delta TE}+N_{\Delta T\alpha}\le 400$

（1）CACI 译 2007 版 ASMEⅧ-2:5 译文：“不含裂纹的所有其他元件。”

但 CACI 译 2013 版 ASMEⅧ-2:5 译文时改为：“所有其他元件。”

（2）[10]（表 10.4）中的译文：“不含裂纹的所有其他元件。”

【译文分析】

[10]是按 **2013** 版翻译的，CACI 也按 2013 版改正，但[10]还在沿用 2007 版 CACI 的译文。

139　原文 5.14 Table 5.13 NOTES:（1）:“The fatigue penalty factor should be used only if all of the following are satisfied:”

【语法提示】

Only if 是惯用句型，词义为“只有当才……”。

（1）CACI 译 2007 版 ASMEⅧ-2:5 译文：“疲劳损失系数仅用于以下所列全部满足时：”

2013 版的译文同上。

（2）[10]的译文：“疲劳罚系数仅用于以下所列全部满足时：”

【译文分析】

原文中均将 only if 拆开译，这样不行。

（2）译文将 The fatigue penalty factor 译为“疲劳罚系数”，这是自造词。

（3）本书的译文：“只有当满足下列全部条件时才能使用疲劳损失系数：”

140　原文图 5.2“Example of Girth Weld Used to Tie Layers for Solid Wall Equivalence”

（1）CACI 译 2007 版 ASMEⅧ-2:5 译文：“为等效于实体壁所采用的连接各层的环焊缝举例”。

2013 版的译文同上。

【译文分析】

To Tie 是不定式，不能忽略。

（2）本书的译文：“多层包扎用的环焊缝实例达到实体等效”。

141　原文 5-A.1：“This Annex provides recommendations for post-processing of the results from an elastic finite element stress analysis for comparison to the limits in 5.2.2.”

【语法提示】

Recommendations for 词义是“关于……的推荐值”，作谓语 provides 的宾语，而介词短语作 for comparison to the limits in 5.2.2 作宾语 recommendations for 的补足语。

（1）CACI 译 2013 版 ASMEⅧ-2:5 译文：“本附录对由弹性有限元应力分析所得结果为和 5.2.2 中的极限相比较提供了用于后处理的建议。”

2013 版的译文同上。

【译文分析】

译文的错误是：第一，弹性应力分析所得结果是什么能和 5.2.2 中的极限相比较，实际上是没有的，经过后处理才出现当量应力，能与 5.2.2 中的极限相比较；第二，在介词短语 for post-processing of the results from an elastic finite element stress analysis 中，有 3 个介词 for，of，from 连用，不可从中切出来译；第三，不是“5.2.2 中的极限”，而是“5.2.2 中的限制条件”。

（2）本书的译文：“本附录提供由弹性有限元应力分析产生的后处理的推荐值用于与 5.2.2 限制条件作比较。”

142　原文 5-A.2（a）：“If shell elements (shell theory) are used, then the membrane and bending stresses shall be obtained directly from shell stress resultants.”

（1）CACI 译 2013 版 ASMEⅧ-2:5 译文：“如果用壳体单元（壳体理论），则由壳体总应力可直接得到薄膜和弯曲应力。”

2013 版的译文同上。

【译文分析】

译文错误是：第一，“由壳体总应力可直接得到薄膜和弯曲应力”，原文中没有壳体总应力，这样译文不忠实于原文；第二，采用壳单元，ANSYS 不给出总应力，看来译者不大熟悉软件的功能。因此，稍加不慎，易于出错。

（2）本书的译文：“如果采用壳单元（壳体理论），应直接从壳体应力结果得到薄膜和弯曲应力。”

143　原文 5-A.2（c）（2）：“Structural Stress Method Based on Nodal Forces –This method is based on processing of nodal forces, and has been shown to be mesh insensitive and correlate well with welded fatigue data [Ref. WRC-474].”

【语法分析】

此句是一个简单句，一个主语 This method，按有三个并列谓语看：is based on，has been shown to be，correlate well with。考察前两个谓语，助动词 is 和 has 均是单数第三人称，与主语一致，唯有第三个谓语动词 correlate 与主语在人称上不一致。因此，第三个谓语是和第二个谓语并列，且有省略，完整地还原回去，应为 has been shown to correlate well with。另外，to be 和 to correlate 均作主语补足语。词典上给出“has been shown to be”为“已被证明是……”。

（1）CACI 译 2007 版 ASMEⅧ-2:5 译文：“以节点力为基础的结构应力法——此法以对节点力的处理为基础，且已表示出对网格的不敏感性，以及与焊接件的疲劳数据有很好的关连性（参见 WRC-474）。”

2013 版的译文同上。

【译文分析】

译文“此法以对节点力的处理为基础”，其中“对”是多余的“汉语介词”，后两段的译文没有体现不定式 to be 和 to correlate 的**润色**作用，没有力度。Welded fatigue data 中的 welded 是过去分词，作定语，译为“焊接件”是错的。

（2）本书的译文：“基于节点力的结构应力法——这种方法以节点力的处理为根据，并已被证明是对网格不敏感，且能很好地与焊接的疲劳数据相关联（参照 WRC-474）。”

144　原文 5-A.3（c）（1）：“SCLs should be oriented normal to contour lines of the stress component of highest magnitude. However, as this may be difficult to implement, similar accuracy can be obtained by orienting the SCL normal to the mid-surface of the cross section. SCL orientation guidelines are shown in Figure 5-A.3.”

【语法提示】

由 as 引出从句 as this may be difficult to implement 是状语从句。

（1）CACI 译 2007 版 ASMEⅧ-2:5 译文：“SCLs 应定位成垂直于最高值的应力分量的等场强度。但是，要做到这点可能难以实现，将 SCL 定位成垂直于横截面的中面可以获得类似的精确度。在图 5.A.3 中作出了布置 SCL 的有关指导。”

2013 版的译文同上。

【译文分析】

将 contour lines 译为等场强度，从应力云图上看，等场强度是一片，怎么找呢？只给出最高应力值的应力是一点，没有方向，对它作垂线可有若干条，且它不是应力分量。最后的译文“在图 5.A.3 中作出了布置 SCL 的有关指导”是一种意译。“SCLs 应定位成垂直于最高值的应力分量的等场强度”是病句。

（2）本书的译文：“应将 SCL 线定位垂直于最高应力值的外形线。然而，由于这是难以作出的，所以将 SCL 线定位垂直于横截面的中面，可获得同样的精确度。SCL 的定位准则示于图 5-A.3。”

145　原文 5-A.3（c）（2）：“Hoop and meridional component stress distributions on the SCL should be monotonically increasing or decreasing, except for the effects of stress concentration or thermal peak stresses, see Figure 5-A.3（b）.”

【语法提示】

第一，except for 是介词短语，词义是“除了”“除了……之外”，介词短语词组作状语；第二，谓语是过去将来进行时 should be monotonically increasing or decreasing，主动态。

（1）CACI 译 2007 版 ASMEⅧ-2:5 译文：“分布在 SCL 上的周向和经向应力，除由于应力集中或温差峰值应力的影响之外，应单调增加或减少，见图 5.A.3.b。”

2013 版的译文同上。

【译文分析】

译文的错误是：第一，distributions 不能作 Hoop and meridional component stress 的定语，漏掉 component 不译；第二，将短语介词 except for 拆分，译成“除由于”，不行。

（2）本书的译文：“除应力集中或热峰值应力影响之外，在 SCL 上周向或经向分量应力分布将呈单调增加或减少，见图 5-A.3（b）。”

146　原文 5-A.3（c）（4）(-a)：“The shear stress distribution along an SCL will approximate a parabolic distribution only when the inner and outer surfaces are parallel and the SCL is normal to the surfaces. If the surfaces are not parallel or an SCL is not normal to the surfaces, the appropriate shear distribution will not be obtained. However, if the magnitude of shear stress is small as compared to the hoop or meridional stresses, this orientation criterion can be waived.”

【语法提示】

原文第一句中有 only。Only 是一个在英语中出现次数很高的词, 它的意思繁多, 用法复杂，容易译错。它可以作形容词、副词和连接词。判定方法：它前面有冠词，作形容词用；它前面没有冠词，且常位于所修饰的动词、短语或从句前, 意为“只是、仅仅”，作副词用；它与 that 连用，作连词用。

As compared to the hoop or meridional stresses 作状语。

（1）CACI 译 2007 版 ASMEⅧ-2:5 译文：“当元件的内、外表面平行，且 SCL 垂直于表面时，沿 SCL 的剪切应力分布**仅**是按抛物线分布。当元件的内、外表面**并非**平行，或 SCL **并非**垂直于表面时，则不能得到合适的剪切应力分布。但是，如果剪切应力值和周向或经向应力相比甚小，则可以撇开该布置的准则。”

2013 版的译文同上。

【译文分析】

译文的错误是：第一，only 位于从句 when the inner and outer surfaces are parallel and the SCL is normal to the surfaces 前，而译文将其放在谓语前；第二，漏掉 approximate 不译；第三，第二个句子中译成“并非”，成为部分否定，是不对的，而是全部否定。

（2）本书的译文：“只是当内外表面平行且 SCL 与内外表面垂直时，沿 SCL 的剪应力分布将**接近**抛物线分布。当内外表面不平行，或 SCL 与内外表面不垂直时，将不能得到合理的剪应力布。然而，与周向或经向应力相比，如果剪应力值较小，可放弃这个定位准则。”

147 原文 5-A.4.1.2 Step 4：“Calculate the three principal stresses at the ends of the SCL based on components of membrane and membrane plus bending stresses.”

【语法提示】

过去分词短语 based on components of membrane and membrane plus bending stresses 作状语。

（1）CACI 译 2007 版 ASMEⅧ-2:5 译文：“以薄膜和薄膜加弯曲应力分量为基础，计算在 SCL 端部处的三个主应力。”

2013 版的译文同上。

【译文分析】

译文没有译透，不能译为“薄膜应力分量”和“薄膜加弯曲应力分量”。线性化后，软件给出“薄膜应力部分”和“薄膜加弯曲应力部分”，而在它们中才有应力分量存在。

（2）本书的译文：“在 SCL 的两个端点上，根据薄膜和薄膜+弯曲部分中的应力分量计算三个主应力。”

148 原文 5-A.4.1.2 Step 5：“Calculate the equivalent stresses using Equation (5.1) at the ends of the SCL based on components of membrane and membrane plus bending stresses.”

（1）CACI 译 2007 版 ASMEⅧ-2:5 译文：“以薄膜和薄膜加弯曲应力分量为基础，用式（5.1）计算在 SCL 端部处的当量应力。”

2013 版的译文同上。

【译文分析】

这里的 components 是指三个主应力。

（2）本书的译文：“在 SCL 的两个端点上，根据薄膜和薄膜+弯曲部分中的三个主应力，采用式（5.1）计算当量应力。”

149 原文 5-A.4.2.1：“Stress results derived from a finite element analysis utilizing two-dimensional or three-dimensional shells are obtained directly from the analysis results. Using the component stresses, the equivalent stress shall be computed per Equation (5.1).”

（1）CACI 译 2007 版 ASMEⅧ-2:5 译文：“由有限元分析采用二维或三维壳体（单元）所导得的应力结果可以直接由分析结果得出。采用此应力分量，应按式（5.1）计算得当量应力。”

2013 版的译文同上。

【译文分析】

第一句中译文层次不清。第二句中译文是错的，不能将 Using the component stresses 译为“采用此应力分量”，即不能将 component stresses 互为交换。按式（5.1）计算当量应力，式（5.1）中是 3 个主应力，所以 component stresses 中的 stresses 是指“各主应力”，而 component 的意思就是“各部分的”。

（2）本书的译文：“应从分析结果直接得出采用二维或三维壳单元有限元分析求出的各项应力结果。采用各部分的主应力，按式（5.1）计算当量应力。”

150　原文 5-A.5.2（a）：“This method is recommended when internal force results can be obtained as part of the finite element output because the results are insensitive to the mesh density.”

【语法分析】

此句是一个复合句，主句是 This method is recommended，由 when 引导的时间状语从句中，主语是 internal force results，谓语是 can be obtained，介词短语 as part of the finite element output 作状语，另由 because 引导的原因状语从句中，主语是 the results，谓语是 are insensitive to。

（1）CACI 译 2007 版 ASMEⅧ-2:5 译文：“当可以作为有限元输出数据的部分得到内力结果时，因为此结果对网格密度并不敏感，推荐采用这一方法。”

2013 版的译文同上。

【译文分析】

“当可以作为有限元输出数据的部分得到内力结果时”，内力结果不是从有限元输出部分得到的，这句译文错了。另外，中文排列次序混乱，表达意思不清楚。首先要将动宾搞清楚，动宾关系就是“能得到内力结果”，再排次要的。

（2）本书的译文：“当能得到内力结果作为有限元输出部分时，因为该结果对网格密度不敏感，所以推荐这种方法。”

151　原文 5-A.5.2（b）：“When using three-dimensional continuum elements, forces and moments must be summed with respect to the mid-thickness of a member from the forces at nodes in the solid model at a through-thickness cross section of interest. For a second order element, three summation lines of nodes are processed along the element faces through the wall thickness.”

【语法提示】

第一个句子中，When +using 省略 it is。由介词 from 引出的介词短语 from the forces at nodes in the solid model at a through-thickness cross section of interest 在句中作 forces and moments 的定语。

Of interest 词义为“所关心的，所考虑的”。

（1）CACI 译 2007 版 ASMEⅧ-2:5 译文：“当采用三维连续单元时，力和力矩必须相对于元件的中面加以汇总，汇总是由在所关注的穿过横截面厚度处的实体模型中节点上的各个力所作出的。对于二次单元，穿过壁厚沿元件表面形成了节点的三条汇总线，其过程见图 5.A.7。”

2013 版的译文同上。

【译文分析】

问题是：第一，第一个句子的译文让人很难读懂其表达的意思，力和力矩与实体模型中的节点力是什么关系？没有搞清 forces and moments 与 from the forces at nodes 之间的关系；第二，将 the mid-thickness of a member 译为“元件的中面”是错的；第三，将 element faces 译为“元件表面”也是错的，应译为“单元面”。体现出译者自已也不懂，在胡诌。

（2）本书的译文：“当采用三维连续单元时，必须将来自所考虑的通过壁厚的横截面上实体模型中的各节点力**的**力和力矩相对于某一单元的中壁求合。对于一个二阶单元，沿着通过壁厚的各单元面处理各节点的三条求和线。图 5-A.7 是对这一过程的描述。”

152　原文 Figure 5-A.6：“Computation of Membrane and Bending Equivalent Stresses by the Structural Stress Method Using Nodal Force Results from a Finite Element Model With Continuum Elements."

【语法分析】

这是一个词组 Computation of Membrane and Bending Equivalent Stresses。介词 by 短语作词组的状语。分词 Using 的宾语是 Nodal Force Results from a Finite Element Model，主语是 Nodal Force，谓语是 Results from，其词义为"发生，产生"，介词 with 作 a Finite Element Model 的定语。

（1）CACI 译 2007 版 ASMEⅧ-2:5 译文："由采用连续单元有限元法所得节点力结果的结构应力法对薄膜和弯曲当量应力的计算。"

2013 版的译文同上。

【译文分析】

第一，Result 是不及物动词，不能按名词译为"结果"；第二，a Finite Element Model 不能译为"有限元法"，应译为"有限元模型"。

（2）本书的译文："采用连续单元有限元模型产生节点力按结构应力法计算薄膜和弯曲当量应力。"

153　原文 5-B.1 GENERAL："This annex contains cycle counting procedures required to perform a fatigue assessment for irregular stress or strain versus time histories. These procedures are used to break the loading history down into individual cycles that can be evaluated using the fatigue assessment rules of Part 5."

【语法分析】

第一个句子的主语是 This annex，谓语是 contains，contains 的宾语是 cycle counting procedures，过去分词 required 作 cycle counting procedures 的定语，不定式短语 to perform a fatigue assessment 作状语，介词短语 for irregular stress or strain versus time histories 作状语。第二个句子中的谓语是 are used to break，其宾语是 the loading history down into individual cycles，由 that 引导的定语从句 that can be evaluated 作 individual cycles 的定语，现在分词短语 using the fatigue assessment rules of Part 5 作定语从句的状语。

（1）CACI 译 2007 版 ASMEⅧ-2:5 译文："本附录含有对应力或应变随时间的函数关系不规则时进行疲劳评定所要求的循环次数计算方法。这些方法采用将载荷的函数关系分解为能够采用第 5 篇疲劳评定规则评定的几个单独的循环。"

2013 版的译文同上。

【译文分析】

第一，time histories 应译为"随时间的变化"，loading history 应译为"载荷随时间的变化"。这种随时间的变化是不能以数学公式表示的。因此，译文中出现"函数关系"不妥。

第二，"能够采用第 5 篇疲劳评定规则评定的"，"能够"加在现在分词前不妥，它是定语从句的谓语 can be evaluated 的一部分，不能拆译。

（2）本书的译文："本附录包括要完成某一疲劳评定所需的循环计数法，适合于不规则的应力或应变随时间的变化。本方法用来将载荷随时间的变化分解为采用本篇疲劳评定规则能够评定的各个单独的循环。"

154　原文 5-B.4.2 Step 4：“If there are less than 3 points, go to Step 3; If not, form ranges X and Y using the three most recent peaks and valleys that have not been discarded.”

【语法分析】

第二个并列句的主句是 form ranges X and Y，主语是 form，谓语是 ranges，宾语是 X and Y。分词 using 引出的分词短语 using the three most recent peaks and valleys 作状语，其后带一定语从句 that have not been discarded 说明 peaks and valleys。

（1）CACI 译 2007 版 ASMEⅧ-2:5 译文：“如少于三个点，则转入第 3 步；否则，由 X 和 Y 范围采用未予排除的、最近的三个波峰和波谷。”

2013 版的译文同上。

【译文分析】

译文中的“由 X 和 Y 范围”译错了。其中 **form** 不是 from。

（2）本书的译文：“如果有少于 3 个点，则转到步骤 3；如果不是，采用没有抛弃的 3 个最靠近的波峰和波谷，形式排成 X 和 Y。”

155　原文 5-B.4.2 Step 7：“Return to Step 4 and repeat STEPs 4 to 6 until no more time points with stress reversals remain. ”

【语法提示】

No more 不是“无更多”的意思，而是“没有了”。

（1）CACI 译 2007 版 ASMEⅧ-2:5 译文：“返回至第 4 步并重复第 4 步至第 6 步直至随应力符号改变无更多的时间点剩下。”

2013 版的译文同上。

【译文分析】

译文中“无更多的时间点剩下”，意思是还有多少时间点可以剩下，没有说明原文的原意。

（2）本书的译文：“返回到步骤 4，重复步骤 4 到步骤 6，直到随应力改变符号留下时间点没有了为止。”

第 3 节　小结

1　本章给出的“主要**译文案例的分析**”是读者在同类书中首次看到的内容，也是读者同时看到同一新版规范的两种译文，旨在为读者提供一种对比阅读，有利于学习、理解和应用规范的新尝试。

评价译文的唯一标准是正确、通顺。

2　主谓语搭配不当造成的译文病句，是最主要的病句。规范原文的谓语多为被动语态，译成汉语时，一般译为主动语态。这时，就要思考如何处理主语，或以原句的主语为汉语的主语，或以原句的主语译为汉语的宾语，或因主谓语不能搭配而要虚拟主语，或译为无主语句。

3　译文必须经得起专业的逻辑判断。也就是说：翻译是技术。

4　如果译者对自已的译文读起来似懂非懂，或根本不懂，翻译腔十足，行文生硬，这样译文肯定有问题。最好的对待方法是冷它几天，再回过来重新磨合。

5　关于“所”字。在汉语中，“所”字是个助词。助词是表示结构关系或者语气情态的辅助性的词。如果助词用在动词前面，表示这个动词修饰后面的，在句中起结构作用。在 CACI 的译文中，“所”字出现的频率很高，甚至在一个句子中接连出现 2 个或 2 个以上的“所”字。过去分词作后置定语时译者常加“所”字。如“由于几何结构所引起的升高所引起的附加局部应变集中”。又如，词典上给出 under consideration 的词义是“考虑中的”，也要译为“所考虑的”。如果不用“所”字，意思不变，读起来反而顺畅，可以不用[9]。

6　译文中，多余一个字也不能保留，如译文 **5.2.3.1（a）**中“它提供了防止容器或元件**由**塑性垮塌的一种选择”，这个“由”字就是多余的字。

参考文献

[1]　ASMEⅧ-2：5-2015.

[2]　CACI 译 ASMEⅧ-2-2007 压力容器建造另一规则．北京：中国石化出版社，2008.

[3]　4732-95 钢制压力容器－分析设计标准.

[4]　中石化洛阳石化工程公司．石油化工设备设计便查手册[M]．北京：中国石化出版社，2008.

[5]　杨桂通．弹塑性力学[M]．北京：人民教育出版社，1980

[6]　王册．科技英语翻译技巧．哈尔滨：黑龙江科学技术出版社，1985.

[7]　吕叔湘．汉语语法分析问题．北京：商务印书馆，1979.

[8]　李德裕．怎样改病句．北京：北京出版社，1980.

[9]　王自强．虚词用法例解．济南：山东人民出版社，1962.

[10]　沈鋆．ASME 压力容器分析设计[M]．上海：华东理工大学出版社，2014.

[11]　董宗杰．俄汉科技翻译教程．北京：电子工业出版社，1985.

[12]　栾春远．压力容器全模型 ANSYS 分析与强度计算新规范[M]．北京：中国水利水电出版社，2012.

第 2 章　ASMEⅧ-2:5 按分析要求设计

第 1 节　概述

ASME 颁发 2007 版按分析要求设计，第一次将规范与软件融合在一起，也就是说，用软件来实现规范的规定。因此，就必须有正确的中译本，即中译本要等效规范。它是学习、理解和应用规范的依据，是第 3 章正确解读规范的基础。

规范 ASME-2:5 给出标准正文 15 项，附录 5 个：2.1/5.1 一般要求，2.2/5.2 防止塑性垮塌，2.3/5.3 防止局部失效，2.4/5.4 防止屈曲垮塌，2.5/5.5 防止由循环载荷引起的失效，2.6/5.6 接管颈部应力分类的补充要求，2.7/5.7 螺栓的附加要求，2.8/5.8 管板的附加要求，2.9/5.9 多层容器的附加要求，2.10/5.10 实验应力分析，2.11/5.11 断裂力学评定，2.12/5.12 定义，2.13/5.13 符号，2.14/5.14 表，2.15 /5.15 图，本章取附录 A－附录 D。

重点关注下列内容：

（1）防止塑性垮塌评定。这是分析设计必须要解决的首要问题。规范给出三种方法：弹性应力分析，极限载荷分析和弹－塑应力分析。无论采用哪种方法，必须满足规范的规定。

（2）棘轮评定。在通过防止塑性垮塌评定之后，元件还应通过棘轮评定。规范给出两种方法：弹性应力分析和弹－塑性应力分析。弹性应力分析要用“（P_L+P_b+Q）组合的当量应力范围”，这里可叠加总体热应力。因此，要用 3S 或 2S_y 限制。弹－塑性应力分析，规范规定：三个完整循环之后，引起零塑性应变，满足棘轮准则。

（3）疲劳评定。对于疲劳分析的容器，必须完成上述的防止塑性垮塌评定和棘轮评定之后，才能按规范 2.5.3/5.5.3 和 2.5.4/5.5.4 进行疲劳评定。

第 2 节　标准正文

本节按本章设置标题、公式号、图号和表号，将首位 2 改为 5，就是 ASMEⅧ-2:5 的相应号。

2.1　一般要求

2.1.1　范围

2.1.1.1　ASMEⅧ-2:5 规定了适用于按分析方法设计的全部设计要求。本篇提供，利用每一应力分析所得结果的详细设计方法，评定元件防止塑性垮塌、局部失效、屈曲和循环载荷引起的失效。为螺栓、管板和多层容器的分析提供补充要求，也为采用实验应力分析和断裂力学评定结果的设计提供相应方法。

2.1.1.2　编制按分析要求设计基于防止下列的失效模式。评定的元件应适合于每一种适用的失效模式。如果为一种失效模式提供多种评定方法，要使元件设计合格，必须满足其中一种评定方法。

（a）防止塑性垮塌：这些要求适用于采用按分析规则设计，确定元件厚度和形状的所有元件。

（b）防止局部失效：这些要求适用于采用按分析规则设计，确定元件厚度和形状的所有元件。如果元件按 ASMEⅧ-2:4 设计（即元件壁厚和焊接节点按规范 4.2 设计），则不需要按规范 2.3 评定防止局部失效。

（c）防止屈曲垮塌：这些要求适用于采用按分析规则设计，确定元件厚度和形状且加载结果导致压应力场的所有元件。

（d）防止由循环载荷引起的失效：这些要求适用于采用按分析规则设计，确定元件厚度和形状且加载是循环的所有元件。另外，这些要求也能适合于经受循环载荷的元件，采用 ASMEⅧ-2:4 按规则要求设计确定元件的厚度和尺寸。

2.1.1.3　如果在设计温度下按规范附录 3-A 计算的许用应力，由与时间无关的材料性能决定，则仅可用于本篇按分析方法设计，除非在规定的设计方法中另有说明。如果该值由与时间有关的材料性能决定，且满足疲劳筛分准则，则 2.2.2、2.3.2、2.6、2.7.1、2.7.2 和 2.8 中弹性应力分析方法可使用。

2.1.2　数值分析

2.1.2.1　本篇按分析规则设计，以采用元件详细的应力分析结果为基础。依据载荷工况，同样需要热分析确定温度分布和产生的热应力。

2.1.2.2　为完成应力分析提供全部相应的方法，确定防止塑性垮塌、局部失效、屈曲和由循环载荷引起的失效。要获得在载荷工况的生成、材料性能的选择、后处理结果，以及与评定准则比较，确定元件的适用性等方面的一致的结果，这些方法均给出必要的说明。

2.1.2.3　不提供关于应力分析的方法、元件的模型和分析结果的确认推荐意见。尽管设计过程的上述方面是重要的，且在分析中应考虑，由于设计过程和手段方法的多变性，所以不能提供设计项目的详细分析。但是，应提供精确的应力分析，包括所有结果的确认，作为设计的一部分。

2.1.2.4　应采用 ASME-2:3 材料型号及其数据确定供应力分析使用的下列材料性能。

（a）物理性能：杨氏模量、热膨胀系数、热导率、热扩散率、密度和泊松比。

（b）强度参数：许用应力，规定的屈服极限最小值，规定拉伸强度的最小值。

（c）单调的应力应变曲线：弹性理想塑性曲线和带有应变强化的弹－塑性真实的应力－应变曲线。

（d）循环应力应变曲线：稳定真实的应力－应变幅曲线。

2.1.3　载荷工况

2.1.3.1　当进行某项按分析要求设计时，应考虑加载到元件上的所有适用载荷。除了以适用载荷工况形式施加压力外，应考虑各种附加载荷。如果载荷工况随时间变化，应绘制载荷循环图，显示每一规定载荷随时间的变化。用户设计技术条件应包括载荷工况定义。设计中应考虑的附加载荷和载荷工况的综述见表 2.1。

2.1.3.2　在分析中应考虑载荷工况的组合。表 2.2 给出典型的载荷说明。表 2.3 至表 2.5 分别指明供弹性分析、极限载荷分析和弹－塑性分析用的载荷工况的各种组合。在计算包括压力 P 项的载荷工况过程中，应考虑压力等于零的意义。除在用户设计技术条件中规定任何其他各种载荷工况组合外，应考虑适用的各种载荷工况。表 2.3 中的风载荷系数 *W*，表 2.4 和表 2.5 中要求给载荷组合乘以系数的设计载荷组合，均基于 ASCE/SEI 7-10 的风载图和发生的概率。如果采用不同的、公认的风载荷标准，用户设计说明书应引用所采用的标准，并提供与 ASCE/SEI 7-10 不同的、相应的载荷系数。如果采用不同的、公认的地震载荷标准，用户设计技术条件应引用所采用的标准，并提供与 ASCE/SEI 7 不同的、相应的载荷系数。

2.1.3.3 如果载荷中一些载荷随时间变化，应绘制载荷循环图，显示每一规定载荷随时间的变化。载荷循环图应包括全部重要的操作温度、操作压力、附加载荷，以及作用到该元件上的所有重要事件对应的循环或时间周期。绘制载荷循环图应考虑如下各项。

（a）在操作寿命期间内，与每一事件关联的循环次数，这些事件应包括开车、正常操作、非正常停车和计划停车。

（b）在生成载荷循环图时，评定中要用的图形应以预期的操作顺序为基础，当以实际操作顺序为基础绘制载荷循环图不可能或不实际时，可使用形成实际操作范围的载荷循环图。否则，应算出所有可能的载荷组合的循环次数值。

（c）适用载荷如压力、温度，附加载荷如重力、支座的位移和接管的反作用力。

（d）随时间变化的期间内，施加各种载荷之间的关系。

2.2 防止塑性垮塌

2.2.1 综述

2.2.1.1 为防止塑性垮塌，规定三种可供选择的分析方法，其简要说明如下。

（a）弹性应力分析方法：采用弹性分析计算应力、分类，并被限制在已经保守确定的许用值内，这样塑性垮塌将不会发生。

（b）极限载荷法：完成计算，确定元件极限载荷的下限值。给极限载荷赋值设计系数就能确定元件的许用载荷，这样，显著的塑性变形（塑性垮塌）一开始就不能发生。

（c）弹－塑性应力分析法：考虑元件加载和变形特性两方面的弹－塑性分析推导出垮塌载荷，给塑性垮塌载荷赋予设计系数就能确定元件的许用载荷。

2.2.1.2 对于具有复杂的几何形状或复杂载荷工况的元件，应力分类，需要高深的知识和鉴别能力。对三维应力场，这是尤其正确的。对于分类过程可产生模棱两可的结果的场合，推荐分别应用 2.2.3 极限载荷法或 2.2.4 弹－塑性分析法。

2.2.1.3 要评估厚壁（$R/t \leqslant 4$）压力容器元件，尤其是结构不连续处周围的结构完整性，采用弹性应力分析结合应力分类方法可产生非保守的结果，不推荐使用。非保守的理由是，按应力分类和分类方法所利用的，无疑呈线性的应力分布，不能精确地表示与厚壁截面有关的非线性应力分布。如果发生屈服，这种线性应力分布偏离实际分布就会增大，例如，遍及大于壁厚 5%的壁厚尺寸上计算的峰值应力超过屈服极限的情况下，线弹性分析可给出非保守的结果。在此情况下，应采用 2.2.3 或 2.2.4 弹－塑性应力分析方法。

2.2.1.4 基于 5.2.2 弹性应力分析的结构评定方法提供防止塑性垮塌的近似法。要导出极限载荷和垮塌载荷，采用弹－塑性应力析，能得到防止元件塑性垮塌较精确的评定。2.2.2 中对总体薄膜当量应力、局部薄膜当量应力、一次薄膜加一次弯曲的当量应力的限制，已经控制在由极限分析原理所确定的、保证防止垮塌的保守水平上。如果满足 2.2.3 或 2.2.4 的各项要求，则不需要满足 2.2.2 的那些限制条件。

2.2.2　弹性应力分析方法

2.2.2.1　综述

为评定防止塑性垮塌，须将承受规定载荷工况的元件的弹性应力分析的结果分类，并与有关的极限值比较。分类方法的根据说明如下。

（a）在元件各个部位上计算称为当量应力的值，并与当量应力的许用值比较，确定元件是否适用于规定的设计条件。元件一点的当量应力是一种应力度量，是采用屈服准则从应力分量计算出来的当量应力，用于和单向载荷下试验所得材料的力学强度性能相比较的当量应力。

（b）最大变形屈服准则应用来确定当量应力。在此情况下，当量应力等于由式（2.1）给出的 von Mises 当量应力：

$$s_e = \sigma_e = \frac{1}{\sqrt{2}}\left[\left(\sigma_1 - \sigma_2\right)^2 + \left(\sigma_2 - \sigma_3\right)^2 + \left(\sigma_3 - \sigma_1\right)^2\right]^{0.5} \tag{2.1}$$

2.2.2.2　应力分类

对于塑性垮塌，是要满足三个基本的当量应力类别和相关限制条件，规定如下。弹性应力分析所使用的术语（总体一次薄膜应力、局部一次薄膜应力、一次弯曲应力、二次应力和峰值应力）定义如下。表 2.3 给出了要计算的设计载荷和许用应力的限制条件。规范 4.1.6.2 包括了用于压力试验条件下的应力限制。

（a）总体一次薄膜当量应力（P_m）。

（1）总体一次薄膜当量应力（见图 2.1）是一种当量应力，从垂直截面厚度的应力平均值推导出来的，由设计内压和其他规定的机械载荷产生的总体一次应力，但不包括所有二次应力和峰值应力。

（2）对于典型压力容器元件，这种应力分类的实例见表 2.6。

（b）局部一次薄膜当量应力（P_L）。

（1）局部一次薄膜当量应力（见图 2.1）是一种当量应力，从垂直截面厚度的应力平均值推导出来的，由设计内压和其他规定的机械载荷产生的局部一次应力，但不包括所有二次应力和峰值应力的的当量应力。如果当量应力超过 1.1S 以上的作用距离在经向延伸不大于 $\sqrt{Rt}$，则认为元件中的应力区域是局部的。

（2）应将超过 1.1S 的局部一次薄膜应力的区域，在经向按间距 $\geqslant 1.25\sqrt{(R_1 + R_2)(t_1 + t_2)}$ 分离。例如，由集中载荷作用到支承式支座产生的那种结果，这里薄膜应力超过 1.1S，应分离局部一次薄膜应力的区域间隔，致使没有薄膜应力超过 1.1S 的重迭区域。

（3）对于典型压力容器元件，这种应力分类的实例见表 2.6。

（c）一次薄膜（总体或局部的）+一次弯曲当量应力（P_L+P_b）。

（1）一次薄膜（总体或局部的）+一次弯曲当量应力（见图 2.1）是一种当量应力，从垂直截面厚度的最高应力值推导出来的，由设计压力和其他规定的机械载荷产生的，**线性化后的**总体或局部一次薄膜应力+一次弯曲应力，但不包括二次应力和峰值应力的当量应力。

（2）对于典型压力容器元件，这种应力分类的实例见表 2.6。

2.2.2.3　应力线性化结果用于应力分类

采用附录 2-A 所述的方法，弹性应力分析的结果能用来计算当量线性化的薄膜应力和弯曲应力，并为了与 2.2.2.4 的限制条件作比较。

2.2.2.4　评定方法

为了确认元件合格，对承受各种载荷的元件，按 2.2.2.2 给出的，计算的各当量应力应不超过规定的许用值。图 2.1 显示，框线图说明当量应力的分类和相应的许用值。下述方法用来计算元件一点的当量应力并分类（见 2.2.2.3），以确定产生的应力状态的合理性。

步骤 1　确定作用到元件上的载荷类型。一般来说，要计算“载荷控制”的载荷，须分析各单独的载荷工况，例如，压力和由于重力作用而产生的外加反作用力，以及要计算由热梯度和施加位移而产生的“应变控制”载荷。在设计中应包括所考虑的各种载荷，但不限于表 2.1 给出的载荷。应包括对每一载荷工况所考虑的各种载荷组合，但不限于表 2.3 给出的载荷组合。

步骤 2　正在考察的容器的一点上，计算每一载荷类型的应力张量(6 个独立的应力分量)。给每一计算的应力张量赋予下面定义的一种或一组类别。对于某一元件，在给每一应力张量赋予一个合理的类别过程中，采用图 2.1 或表 2.6 能得到借鉴。应注意：要评定防止塑性垮塌，不需要确定当量应力 Q 和 F。然而，基于弹性应力分析的疲劳评定和棘轮评定需要当量应力 Q 和 F（分别见 2.5.3 和 2.5.6）。

（a）总体一次薄膜当量应力——P_m。

（b）局部一次薄膜当量应力——P_L。

（c）一次弯曲当量应力——P_b。

（d）二次当量应力——Q。

（e）由应力集中或热应力产生的，在名义（P+Q）应力水平之上的附加的当量应力 F。

步骤 3　赋予各自当量应力类别的各应力张量求和（在同名应力分量基础上叠加）。叠加后的最终应力是一个应力张量，表示赋予各自当量应力类别的所有载荷的作用。应注意的是，本条实施的各个步骤中，采用了数值方法，如有限元分析，完成的详细应力分析，一般直接给出 P_L+P_b 和 P_L+P_b+Q+F 的组合。

（a）如果分析包括只有“载荷控制”的载荷的载荷工况（如压力和重力作用），计算的各当量应力应用于直接代表 P_m、P_L+P_b 或 P_L+P_b+Q。例如，对于带一椭圆形封头的内压容器，P_m 当量应力发生在远离封头与筒体的连接处，而 P_L 和 P_L+P_b+Q 发生在连接处。

（b）如果分析包括只有“应变控制”的载荷的载荷工况（如温度梯度），计算的当量应力表示只有 Q，当量应力组合 P_L+P_b+Q 是从“载荷控制”的载荷和“应变控制”的载荷两者产生的载荷工况得到的。

（c）如果 F 类应力是由某一应力集中或热应力产生的，则 F 值是由应力集中产生的，超过名义的薄膜+弯曲应力附加应力。例如，如果一平板具有名义一次薄膜当量应力 S_e，且具有以系数 K_f 表示疲劳强度降低的特征，则 $P_m=S_e$，P_b=0，Q=0，$F=P_m(K_f-1)$。总当量应力是 P_m+F。

步骤 4　确定赋予当量应力类别的各应力张量求和的三个主应力，并采用式（2.1）计算当量应力。

步骤 5　为评定防止塑性垮塌，须将计算的当量应力与其相应的许用值比较（见 2.2.2.2）。

许用应力对局部一次薄膜及局部一次薄膜+一次弯曲当量应力的限制 S_{PL}，应计算为下列两值中的较大值：

（a）按附录 3-A 表列的材料许用应力的 1.5 倍。

（b）当规定的屈服极限与抗拉强度最小值之比大于 0.70，或 S 值取决于规范附录 3-A 所示的时间有关的特性时，除了应使用（1）值外，还应考虑到附录 3-A 材料的 S_y。

$$P_m \leqslant S \tag{2.2}$$

$$P_L \leqslant S_{PL} \tag{2.3}$$

$$(P_L + P_b) \leqslant S_{PL} \tag{2.4}$$

2.2.3 极限载荷分析法

2.2.3.1 综述

（a）极限载荷分析给出结构的塑性破坏和总体塑性变形开始的失效模型（结构的塑性垮塌）。如下列各条规定，它提供了防止容器或元件产生塑性垮塌的一种选择。它适用于以任意规定次序加载的单一或多种的静载荷。对于弹性分析、应力线性化和满足 2.2.2.2 一次应力限制条件，极限载荷分析提供了另一可供选择的方法。

（b）由极限分析解所显示的位移和应变没有物理意义。如果用户设计技术条件要求限制这些变量，采用 2.2.4 的方法能满足这些要求。

（c）采用极限载荷分析防止塑性垮塌是基于极限分析理论，该理论将结构极限载荷的下限规定为具有下列特征的数值模型解：

（1）材料模型是具有规定屈服强度的弹性－理想塑性模型。

（2）应变－位移关系是小变形理论的应变－位移关系。

（3）在未变形的结构中满足平衡条件。

2.2.3.2 限制条件

下列限制条件同样适用于极限载荷分析和 2.2.2 一次应力限制条件。

（a）不考虑由规定的非零位移和温度场产生的应变控制载荷的作用。

（b）经受过刚度随变形而减小的元件，如平面弯曲状态下的弯管，应采用 2.2.4 评定。

2.2.3.3 数值分析

采用数值分析技术（如有限元法），通过求解弹性－理想塑性材料模型结合小变形理论获得极限载荷。极限载荷是产生总体结构失稳的载荷。通过一个小的载荷增量不能达到平衡解，说明了这一点（该解不收敛）。

2.2.3.4 合格准则

满足下列两条准则，可确定采用极限载荷分析的元件是合格的。

（a）总体准则：完成一个承受那些规定载荷工况的元件的极限载荷分析，确定总体塑性垮塌载荷。塑性垮塌载荷被看作是引起整体结构失稳的载荷。对于精确计算设计元件的塑性垮塌载荷，载荷与抗力系数设计概念（LRFD）被用作另一可供选择的方法。在这个方法中，乘上系数的各项载荷包括考虑误差的设计系数，以及该元件对这些乘上系数的各项载荷的抗力，均采用极限载荷分析确定（见表 2.4）。

（b）使用准则：当承受设计载荷时，元件的每个部位都应满足由业主或用户规定的，限制元件可能出现的不良性能的使用准则。采用 2.2.4 的方法，使用准则应满足 2.2.4.3（2）的各项要求。

2.2.3.5 评定方法

下列评定方法用来确定采用极限载荷分析的元件是合格的。

步骤 1 提出元件的一个数值模型，包括所有相应的几何特性。选择分析用的模型应精确地代表元件的几何特性、边界条件和加载。对于小的结构详图，如小孔、圆角、转角半径和其他应力集中因素，该模型不需要精确，但应另外遵循通用的习惯作法。

步骤 2 确定所有的相关载荷和适用的载荷工况。应包括分析中所考虑的各种载荷，但不限于表 2.1 所列的那些载荷。

步骤 3 在分析中应采用弹性－理想塑性材料模型和小变形理论。应利用 von Mises 屈服准则和相应的流动规则。规定塑性极限的屈服强度应等于 $1.5S$。

步骤 4 采用步骤 2 的规定连同表 2.4，确定分析中所使用的各种载荷工况组合。应评定每一种所需的载荷工况，核查一个或多个无效的载荷作用，考虑未包括在表 2.4 中特殊条件的附加载荷工况作为适用工况。

步骤 5 完成步骤 4 中所规定的每一种载荷工况组合的级限载荷分析。如果达到收敛，对这种载荷工况，在加载条件下元件是稳定的；否则，应修改元件形状（如厚度）或降低施加的载荷，并重新分析。应注意的是，如果加载导致元件内的压应力场，可发生屈曲，在分析中应考虑缺陷的影响，特别是在壳体结构中缺陷的影响（见 2.4 节）。

2.2.4 弹—塑性应力分析法

2.2.4.1 综述

（a）采用弹－塑性应力分析，确定元件的塑性垮塌载荷，评定防止塑性垮塌。将某一设计系数应用于计算的塑性垮塌载荷上，确定元件的许用载荷。

（b）与 2.2.2 和 2.2.3 的准则比较，弹－塑性应力分析提供一种防止元件塑性垮塌的更为精确的评定，因为更接近实际结构的行为。该分析直接考虑了由于元件的非弹性变形（塑性变形）和变形特征的结果发生的应力再分布。

2.2.4.2 数值分析

采用数值分析技术（如有限元方法），结合求解的弹－塑性材料模型，能获得塑性垮塌载荷。该分析应考虑几何非线性的影响。塑性垮塌载荷是引起总体结构失稳的载荷。对于一个小的载荷增量不能达到平衡解，说明了这一点（该解不收敛）。

2.2.4.3 合格准则

满足下列两条准则，确定采用弹－塑性分析的元件是合格的。

（a）总体准则：完成经受规定载荷工况的元件的弹－塑性分析，确定总体塑性垮塌载荷。塑性垮塌载荷被看作是引起整体结构失稳的载荷。对于精确计算设计元件的塑性垮塌载荷，载荷与抗力系数设计概念（LRFD）被用作另一可供选择的方法。在这个方法中，乘上系数的各项载荷包括考虑误差的设计系数，以及该元件对这些乘上系数的各项载荷的抗力，均采用弹－塑性分析确定（见表 2.5）。

（b）使用准则：当承受设计载荷（见表 2.5）时，元件的每个部位都应满足使用准则，使用准则限制潜在的不良性能。使用准则的实例是：对配对法兰旋转的限制，避免可能出现的法兰泄漏事故；对塔体挠度的限制，它能引起操作失控。另外，应评定元件在各种设计载荷组合中的变形对使用性能的影响。在加载条件下，对经受抗力随变形而增大的元件（几何上的强化）尤为重要，如承受内压载荷的椭圆形和碟形封头。可以满足塑性垮塌准则，但在达到设计条件时元件可有过大的变形。这时，可降低基于变形准则的设计载荷。在这项评定中，考虑的某些实例是变形对下述元件的影响：管道连接件；塔盘、平台和其他内外构件的误差；由于相邻结构和设备发生抵触。

如适用，在用户设计技术条件中应规定使用准则。

2.2.4.4 评定方法

下列评定方法用来确定采用弹－塑性应力分析的元件是合格的。

步骤 1 提出元件的一个数值模型，包括所有相应的几何特性。选择分析用的模型应精确地代表元件的几何特性、边界条件和加载。此外，应提供应力和应变集中区域周围的精确模型。要保证得到元件中的应力和应变的精确结果，需要一个或多个数值模型的分析。

步骤 2 确定所有的相关载荷和适用的载荷工况。应包括设计中所考虑的各种载荷，但不限于表 2.1 所列的那些载荷。

步骤 3 在分析中应使用弹－塑性材料模型。如果要提前发生塑性，应利用 von Mises 屈服准则和相应的流动规则。可利用包括强化或软化的材料模型，以及弹性－理想塑性材料模型。附录 3-D 给出了真实的应力应变曲线模型，它包括与温度有关的强化行为。当采用这个材料模型时，包括强化行为，一直到真实的极限应力和超过屈服极限的理想塑性行为（即应力应变曲线的斜率是零）。在分析中应考虑几何非线性的影响。

步骤 4 采用步骤 2 的规定连同表 2.5，确定在分析中所使用的各种载荷工况组合。应评定每一种所需的载荷工况，核查一个或多个无效的载荷作用，考虑未包括在表 5.5 中特殊条件的附加载荷工况作为适用工况。

步骤 5 完成步骤 4 中所规定的每一种载荷工况组合的弹－塑性分析。如果达到收敛，对这种载荷工况，在加载条件下元件是稳定的；否则，应修改元件形状（如厚度）或降低施加的载荷，并重新分析。应注意的是，如果加载导致元件内的压应力场，可发生屈曲，尚需按 2.4 评定。

2.3 防止局部失效

2.3.1 综述

2.3.1.1 除了证明 2.2 条所规定的防止塑性垮塌外，应满足下面元件适用的局部失效准则。这些要求适用于采用按分析规则设计确定元件厚度和形状的所有元件。若按 ASMEⅧ-2:4 设计元件（即元件的壁厚和节点详图按规范（4.2）），则不需要评定防止局部失效（2.3）。

2.3.1.2 在施加设计载荷条件下，为评定防止局部失效，提供了两种分析方法。按 2.2.3 的方法满足防止塑性垮塌时，下列任何一种方法都是容许的。

（a）2.3.2 的分析方法提供了基于弹性分析结果的、防止局部失效的一种近似方法。

（b）采用 2.3.3 的弹－塑性分析方法，能获得防止元件局部失效的较为精确的评定。

2.3.2 弹性分析——三向应力限制条件

根据表 2.3 设计载荷组合（1）得到的，线性化的三个一次主应力的代数和用于校核下列准则：

$$(\sigma_1+\sigma_2+\sigma_3)\leqslant 4S \tag{2.5}$$

2.3.3 弹—塑性分析——局部应变限制条件

2.3.3.1 下列方法用来评定防止由于加载方式导致的局部失效。

步骤 1 完成弹－塑性应力分析，该分析是基于表 2.5 给出的、适用于**局部准则**的载荷工况组合。在分析中应考虑几何非线性的影响。

步骤 2 对元件中每一点，确定主应力 σ_1, σ_2, σ_3，采用式（2.1）确定当量应力 σ_e 和当量塑性应变 ε_{peq}。

步骤 3 采用式（2.6）确定极限的三向应变，式中 ε_{Lu}, m_2, α_{sl} 按表 2.7 确定。

$$\varepsilon_L = \varepsilon_{Lu} \cdot \exp\left\{-\left(\frac{\alpha_{sl}}{1+m_2}\right)\cdot\left[\left(\frac{\sigma_1+\sigma_2+\sigma_3}{3\sigma_e}\right)-\frac{1}{3}\right]\right\} \tag{2.6}$$

步骤 4 按 ASMEⅧ-2:6，基于材料和制造方法确定成形应变 ε_{cf}，如果按 ASMEⅧ-2:6 完成热处理，可假定成形应变等于零。

步骤 5 确定是否满足应变限制条件，如果元件上每一点均满足式（2.7），则对于规定的载荷工况，元件是合格的。

$$\varepsilon_{peq} + \varepsilon_{cf} \leqslant \varepsilon_L \tag{2.7}$$

2.3.3.2 如果要按用户设计技术条件评定特定的加载方式，则需要应变极限损伤计算方法。这一方法还可代替 2.3.3.1 的方法。在此方法中，将负载路径划分为 k 个载荷增量，对每一载荷增量，均应计算主应力 $\sigma_{1,k}$，$\sigma_{2,k}$，$\sigma_{3,k}$，当量应力 $\Delta\sigma_{e,k}$，以及从每一载荷增量引起的当量塑性应变的变化 $\Delta\varepsilon_{peq,k}$。采用式（2.8）计算 k^{th} 载荷增量的应变极限 $\varepsilon_{L,k}$，式中 ε_{Lu}，m_2，和 α_{sl} 按表 2.7 确定。采用式（2.9）计算每一载荷增量的应变极限损伤，并采用式（2.10）计算成形应变极限损伤 $D_{\varepsilon form}$。如果按 ASMEⅧ-2:6 完成热处理，假定成形的应变极限损伤等于零。采用式（2.11）计算累积的应变极限损伤。如果满足该式条件，对特定的加载方式，元件中的该部位是合格的。

$$\varepsilon_{L,k} = \varepsilon_{Lu} \cdot \exp\left\{-\left(\frac{\alpha_{sl}}{1+m_2}\right)\left[\left(\frac{\sigma_{1,k}+\sigma_{2,k}+\sigma_{3,k}}{3\sigma_{e,k}}\right)-\frac{1}{3}\right]\right\} \tag{2.8}$$

$$D_{\varepsilon,k} = \frac{\Delta\varepsilon_{peq,k}}{\varepsilon_{L,k}} \tag{2.9}$$

$$D_{\varepsilon form} = \frac{\varepsilon_{cf}}{\varepsilon_{Lu}\cdot\exp\left[-\frac{1}{3}\left(\frac{\alpha_{sl}}{1+m_2}\right)\right]} \tag{2.10}$$

$$D_{\varepsilon} = D_{\varepsilon form} + \sum_{k=1}^{M} D_{\varepsilon,k} \leqslant 1.0 \tag{2.11}$$

2.4 防止屈曲垮塌

2.4.1 设计系数

2.4.1.1 除了评定 2.2 所规定的防止塑性垮塌外，要避免在施加设计载荷的条件下由于压应力场而发生的元件屈曲，应满足防止屈曲垮塌的设计系数。

2.4.1.2 在结构稳定性评定中所用的设计系数是基于所完成的屈曲分析的类型。采用数值解确定屈曲载荷时，下列设计系数是壳体元件可用的最小值（分叉点的屈曲分析或弹—塑性垮塌分析）。

（a）类型 1：如果采用弹性应力分析，没有几何非线性，在求解中，确定元件中的预应力，完成分叉点的屈曲分析，应使用设计系数最小值 $\Phi_B=2/B_{cr}$（见 2.4.1.3）。在此分析中，基于表 2.3 的载荷组合，确定元件中的预应力。

（b）类型 2：如果采用**弹—塑性**应力分析，计入几何非线性影响，在求解中，确定元件的预应力，完成分叉点的屈曲分析，应使用设计系数最小值 $\Phi_B=1.667/B_{cr}$（见 2.4.1.3）。在此分析中，基于表 2.3 的载荷组合，确定元件中的预应力。

（c）类型 3：如果按 2.2.4 完成垮塌分析，并明确考虑了分析模型几何缺陷，则按表 2.5 中乘上系数的载荷组合计算设计系数。需要注意的是，采用弹性材料特性或塑性材料特性都能完成垮塌分析。承受加载时，如果结构保持弹性，则弹－塑性材料模型将提供所需的弹性性能，并基于该性能计算垮塌载荷。

2.4.1.3 应使用下面给出的**能力降低系数** β_{cr}，除非从发表的资料中能提出另一些系数。

（a）在轴向压缩条件下，对于未加强的或有加强圈的圆筒或锥壳：

$$\frac{D_O}{t} \geqslant 1247 \qquad \beta_{cr} = 0.207 \tag{2.12}$$

$$\frac{D_O}{t} < 1247 \qquad \beta_{cr} = \frac{338}{389 + D_O / t} \tag{2.13}$$

（b）外压下，对于未加强的或有强加圈的圆筒或锥壳：

$$\beta_{cr} = 0.80 \tag{2.14}$$

（c）外压下，对于球壳，球形、碟形和椭圆形封头：

$$\beta_{cr} = 0.124 \tag{2.15}$$

2.4.2 数值分析

如果完成了数值分析，确定了元件的屈曲载荷，在确定元件最小屈曲载荷中，应考虑所有可能的屈曲模型。务必保证模型的简化不会排除某一临界的屈曲模型。例如，确定带有一个加强圈的圆筒最小屈曲载荷时，应考虑轴对称和非轴对称两种屈曲模型，从中确定最小屈曲载荷。

2.5 防止由循环载荷引起的失效

2.5.1 综述

2.5.1.1 如果元件承受循环操作，则应完成疲劳评定。根据在元件中的一点上所施加的应力或应变范围的循环次数，进行疲劳评定。许用循环次数足够用于用户设计技术条件给出规定的循环次数。

2.5.1.2 2.5.2 规定了筛分准则，它能用来确定是否需要将疲劳分析作为设计的一部分。如果元件不满足筛分准则，应采用 2.5.3、2.5.4 和 2.5.5 的方法完成疲劳评定。

2.5.1.3 一般以两种形式表示疲劳曲线：基于光滑杆件试样的疲劳曲线和基于包括焊接节点试样的疲劳曲线，焊接节点的质量应符合本册的制造和检验要求。

（a）光滑杆件的疲劳曲线可用于有焊缝或没有焊缝的元件。焊接接头的疲劳曲线只能用于焊接接头。

（b）光滑杆件的疲劳曲线可适用于在该曲线上给定的最高循环次数。焊接接头的疲劳曲线不显示持久极限且适用于所有循环。

（c）如果在评定中使用焊接接头的疲劳曲线，且若瞬态传热导致通过壁厚的应力差在任何时候都大于稳态的应力差，则设计循环次数应确定为采用 2.3.3 或 2.3.4 所确定的母材的循环次数与按 2.5.5 确定的焊缝的循环次数二者中的较小值。

2.5.1.4 如果对平均应力和平均应变修正评定中所用的疲劳曲线，则在疲劳分析中不需要考虑在循环期间内由不变化的任何载荷或任何温度条件所引起的应力和应变。2.5.3 和 2.5.4 中给出的设计疲劳曲线均是基于光滑杆件试样，且修正了对平均应力和平均应变的最大可能影响。因此，不需要对平均应力的影响再作修正。2.5.5 中给出的设计疲劳曲线是基于焊接接头试样，且包括对厚度和平均应力影响的全部修正。

2.5.1.5 在稳态和循环载荷的某些组合下，存在棘轮的可能。棘轮的精确评定，通常需要元件的弹－塑性分析。然而，在载荷条件的有限循环次数下，可利用基于弹性应力分析结果的近似分析，见 2.5.6。

2.5.1.6 适用于用户设计技术条件中所列的全部操作载荷，应考虑防止棘轮，即使满足疲劳筛分准则（见 2.5.2），仍应完成防止棘轮的评定。如果满足下列三个条件之一，则满足防止棘轮的评定：

（a）载荷导致仅有一次应力，没有任何循环的二次应力。

（b）弹性应力分析准则：满足 2.5.6 的规则，表明防止棘轮失效。

（c）弹－塑性应力分析准则：满足 2.5.7 的规则，表明防止棘轮失效。

2.5.1.7 如果需要疲劳分析，在确定合适的应力过程中，应考虑壳体和封头处焊接接头对口错边和焊缝棱角的影响（见规范 6.1.6.3）。

2.5.2 疲劳分析的筛分准则

2.5.2.1 综述

（a）本条的各项规定能用来确定是否需要将疲劳分析作为容器设计的一部分。确定需要疲劳分析的筛选项目，说明如下。如果满足任意一项筛选项目，则不需要将疲劳分析作为容器设计的一部分。

（1）2.5.2.2 的各项规定，在相似条件下操作可比设备的长期使用经验。

（2）2.5.2.3 的各项规定，基于结构材料（适用性受限制）、结构节点、载荷循环图和光滑杆件疲劳曲线数据的方法 A。

（3）2.5.2.4 的各项规定，基于结构材料（适用性不受限制）、结构节点、载荷循环图和光滑杆件疲劳曲线数据的方法 B。

（b）以一个元件或部件为基础，完成本条的疲劳免除。一个元件（整体的）可以免除，而另一个元件（非整体的）不能免除。如果任意一个元件不能免除，则应对该元件进行疲劳评定。

（c）如果规定的循环次数大于 10^6，则筛分准则不适用且需要疲劳分析。

2.5.2.2 基于可比设备长期使用经验的，筛分的疲劳分析

如果借助用户设计技术条件（见规范 2.2.2.1（f））给出的，承受相似的载荷循环图的可比设备，通过足够的时间照片，获得成功的使用经验，则不需要将疲劳分析作为容器设计的一部分。在与设计和预期使用有关的相似条件下，评定操作的可比设备的使用经验时，应考虑下列设计的零部件可能的有害影响：

（a）采用非整体结构，如采用与整体结构不同的补强圈或角焊缝连接件；

（b）采用管螺纹连接，特别是直径超过 70mm（2.75in）；

（c）采用双头螺栓连接；

（d）采用部分焊透的焊缝；

（e）相邻元件间有较大的厚度变化；

（f）在成形封头转角区的连接件和接管。

2.5.2.3　筛分的疲劳分析，方法 A

下列方法仅能用于具有规定的抗拉强度最小值小于或等于 552MPa（8000psi）的材料。

步骤 1　基于用户设计技术条件的规定，确定载荷随时间的变化，它包括所有循环操作载荷及作用到元件上的所有事件。

步骤 2　基于步骤 1 的载荷随时间的变化，确定全幅压力循环的预期（设计）次数，包括开、停车，并将该值标记为 $N_{\Delta FP}$。

步骤 3　基于步骤 1 的载荷随时间的变化，对于整体结构，确定压力变化范围超过设计压力 20%的，预期操作压力循环次数；对于非整体结构，压力变化范围超过设计压力 15%的，预期操作压力循环次数，并将该值标记为 $N_{\Delta PO}$。压力变化不超过设计压力的上述百分数的压力循环和由于环境条件波动引起的压力循环，在评定中均不需要考虑。

步骤 4　基于步骤 1 的载荷随时间的变化，确定任意相邻两点间的金属温度差 ΔT_E 变化的有效次数，如下面定义的，并将该值标记为 $N_{\Delta TE}$。将某一数量级的金属温度差的变化次数乘以表 2.8 所给的系数，再将各结果的次数相加，确定这种变化的有效次数。为了计算相邻两点温度差，应考虑只通过焊缝或整个截面的热传导，而不允许通过非焊接接触面（如容器壳体与补强圈）的热传导。

（a）对于表面温度差，如果两点处在按下式计算的距离 L 以内，则认为两点是相邻的。

对于壳体或凸形封头，经向或周向距离为

$$L = 2.5\sqrt{Rt} \tag{2.16}$$

对于平封头

$$L = 3.5a \tag{2.17}$$

（b）对于通过壁厚的温度差，相邻两点定义为垂直元件任意表面的某一线上的任意两点。

步骤 5　基于步骤 1 的载荷随时间的变化，确定元件温度循环次数，包括具有不同热膨胀系数的材料间的焊缝引起 $(\alpha_1-\alpha_2)\Delta T$ 超过 0.00034 的温度循环次数，并将该值标记为 $N_{\Delta T\alpha}$。

步骤 6　如果步骤 2 到步骤 5 预期的操作循环次数满足表 2.9 的准则，则不需要将疲劳分析作为容器设计的一部分。如果不满足该准则，则需要将疲劳分析作为容器设计的一部分。非整体连接件的实例有螺纹帽、旋入的丝堵、剪切环封闭件、角焊缝连接件和闭锁卡铁封闭件。

2.5.2.4　筛分的疲劳分析，方法 B

下述方法适用于所有材料。

步骤 1　依据用户设计技术条件的规定，确定载荷随时间的变化。载荷循环图应包括所有重要的循环操作载荷和元件将要承受的各种事件。需要注意的是，在式（2.18）中，按适用的设计疲劳曲线（见规范附录 3-F），以应力幅 S_e 计算的循环次数定义为 $N(S_e)$，同样，在式（2.19）到式（2.23）中，按适用的设计疲劳曲线，以循环次数 N 计算的应力幅定义为 $S_a(N)$ 。

步骤 2　按表 2.10，基于结构类型，确定疲劳筛分准则系数 C_1 和 C_2，见规范 4.2.5.6（J）。

步骤 3　基于步骤 1 的载荷循环图，确定包括开、停车在内的全幅压力循环的设计次数 $N_{\Delta FP}$。如果满足下式，进入步骤 4。否则，需要容器的详细疲劳分析。

$$N_{\Delta FP} \leqslant N(C_1 S) \tag{2.18}$$

步骤 4　基于步骤 1 的载荷循环图，确定正常操作期间内，不包括开、停车，压力波动最

大范围 ΔP_N, 以及相应的重要的循环次数 $N_{\Delta P}$，重要的压力波动循环定义为压力范围超过 $S_{as}/3S$ 倍的设计压力的循环。如果满足下式，进入步骤 5；否则，需要容器的详细疲劳分析。

$$\Delta P_N \leqslant \frac{P}{C_1}\left[\frac{S_a\left(N_{\Delta P}\right)}{S}\right] \tag{2.19}$$

步骤 5 基于步骤 1 的载荷循环图，确定在正常操作期间和开、停车操作期间，容器任意相邻两点间最大的温度差 ΔT_N，以及对应的循环次数 $N_{\Delta TN}$。如果满足下式，进入步骤 6；否则，需要容器的详细疲劳分析。

$$\Delta T_N \leqslant \left[\frac{S_a\left(N_{\Delta TN}\right)}{C_2 E_{ym}\alpha}\right] \tag{2.20}$$

步骤 6 基于步骤 1 的载荷循环图，确定在正常操作期间，不包括开、停车，容器任意相邻两点间温度差波动的最大范围 ΔT_R 以及对应的重要的循环次数 $\Delta N_{\Delta TR}$。将该步骤的重要的温度差波动循环定义为温度范围超过 $S_{as}/2E_{ym}\alpha$ 的循环。如果满足下式，进入步骤 7；否则，需要容器的详细疲劳分析。

$$\Delta T_R \leqslant \left[\frac{S_a\left(N_{\Delta TR}\right)}{C_2 E_{ym}\alpha}\right] \tag{2.21}$$

步骤 7 基于步骤 1 的载荷循环图，确定由不同的结构材料制造的元件，在正常操作期间，任意相邻两点间（见 2.5.2.3 步骤 4）温度差波动范围 ΔT_M，以及对应的重要的循环次数 $N_{\Delta TM}$。将该步骤重要的温度差波动循环定义为温度范围超过 $S_{as}/[2(E_{y1}\alpha_1 - E_{y2}\alpha_2)]$ 的循环。如果满足下式，进入步骤 8；否则，需要容器的详细疲劳分析。

$$\Delta T_M \leqslant \left(\frac{S_a\left(N_{\Delta TM}\right)}{C_2\left(E_{y1}\alpha_1 - E_{y2}\alpha_2\right)}\right) \tag{2.22}$$

步骤 8 基于步骤 1 的载荷循环图，确定按规定的全幅机械载荷范围，不包括压力但包括管道反力，计算的当量应力范围 ΔS_{ML} 以及相应的重要的循环次数 $N_{\Delta S}$。将该步骤的重要的机械载荷范围循环，定义为应力范围超过 S_{as} 的循环。如果重要载荷波动的总规定的次数超过适用的疲劳曲线上定义的最高循环次数，应使用 S_{as} 值对应疲劳曲线上定义的最高循环次数。如果满足下式，不需要疲劳分析；否则，需要容器的详细疲劳分析。

$$\Delta S_{ML} \leqslant S_a\left(N_{\Delta S}\right) \tag{2.23}$$

2.5.3 疲劳评定——弹性应力分析和当量应力

2.5.3.1 综述

（a）有效的总当量应力幅用来评定从每一线弹性应力分析所得结果的疲劳损伤。疲劳评定的控制应力是有效的总当量应力幅，定义为载荷循环图中对每一种循环所计算的有效总当量应力范围（P_L+P_b+Q+F）的一半。

（b）一次+二次+峰值当量应力（见图 2.1）是当量应力，从垂直载面厚度的最高应力值推导出来的，由规定的操作压力、其他机械载荷、总体或局部的热作用和包括总体或局部结构不连续作用引起的一次、二次和峰值应力组合的当量应力。对于典型压力容器元件，适合于这种应力分类的载荷工况组合的实例，如表 2.3 所示。

2.5.3.2 评定方法

下列方法能用来评定防止由循环载荷引起的失效，循环载荷基于有效的总当量应力幅。

步骤 1 基于用户设计技术条件的数据和附录 2-B 的方法确定载荷随时间变化。载荷随时间变化应包括所有重要的操作载荷及施加到元件上的所有事件。如果不知道准确的加载方式，应考察另一方法确定最严峻的疲劳损伤，见步骤 6。

步骤 2 对经受疲劳评定的元件的某一部位，采用附录 2-B 的循环计数法确定单个的应力一应变循环。将载荷循环图中循环应力范围的总次数定义为 M。

步骤 3 确定步骤 2 中计数的 k^{th} 循环的当量应力范围。

（a）如果采用式（2.30）计算有效的交变当量应力，则按附录 2-C 规定，分别确定步骤 2 中计数的 k^{th} 循环的始点和终点（分别表示的时间点 ${}^{m}t$ 和 ${}^{n}t$）的应力张量，确定在时间点 ${}^{m}t$ 和 ${}^{n}t$ 的局部热应力 ${}^{m}\sigma_{ij,k}^{LT}$ 和 ${}^{n}\sigma_{ij,k}^{LT}$。时间点 ${}^{m}t$ 和 ${}^{n}t$ 之间分量的应力范围和用于式（2.30）的有效当量的应力范围均采用式（2.24）到式（2.27）计算。

$$\Delta\sigma_{ij,k}=\left({}^{m}\sigma_{ij,k}-{}^{m}\sigma_{ij,k}^{LT}\right)-\left({}^{n}\sigma_{ij,k}-{}^{n}\sigma_{ij,k}^{LT}\right) \tag{2.24}$$

$$\left(\Delta S_{p,k}-\Delta S_{LT,k}\right)=\frac{1}{\sqrt{2}}\begin{bmatrix}\left(\Delta\sigma_{11,k}-\Delta\sigma_{22,k}\right)^2+\left(\Delta\sigma_{11,k}-\Delta\sigma_{33,k}\right)^2+\\+\left(\Delta\sigma_{22,k}-\Delta\sigma_{33,l}\right)^2+6\cdot\left(\Delta\sigma_{12,k}^2+\Delta\sigma_{13,k}^2+\Delta\sigma_{23,k}^2\right)\end{bmatrix}^{0.5} \tag{2.25}$$

$$\Delta\sigma_{ij,k}^{LT}={}^{m}\sigma_{ij,k}^{LT}-{}^{n}\sigma_{ij,k}^{LT} \tag{2.26}$$

$$\Delta S_{LT,K}=\frac{1}{\sqrt{2}}\left[\left(\Delta\sigma_{11,k}^{LT}-\Delta\sigma_{22,k}^{LT}\right)^2+\left(\Delta\sigma_{11,k}^{LT}-\Delta\sigma_{33,k}^{LT}\right)^2+\left(\Delta\sigma_{22,k}^{LT}-\Delta\sigma_{33,k}^{LT}\right)^2\right]^{0.5} \tag{2.27}$$

（b）如果采用式（2.36）计算有效的交变当量应力，则确定步骤 2 中计数的 k^{th} 循环的始点和终点（分别表示的时间点 ${}^{m}t$ 和 ${}^{n}t$）的应力张量。时间点 ${}^{m}t$ 和 ${}^{n}t$ 之间的分量应力范围和用于式（2.36）有效的当量应力范围分别由式（2.28）和式（2.29）给出。

$$\Delta\sigma_{ij,k}={}^{m}\sigma_{ij,k}-{}^{n}\sigma_{ij,k} \tag{2.28}$$

$$\Delta S_{p,k}=\frac{1}{\sqrt{2}}\begin{bmatrix}\left(\Delta\sigma_{11,k}-\Delta_{22,k}\right)^2+\left(\Delta\sigma_{11,k}-\Delta\sigma_{33,k}\right)^2+\\+\left(\Delta\sigma_{22,k}-\Delta\sigma_{33,l}\right)^2+6\cdot\left(\Delta\sigma_{12,k}^2+\Delta\sigma_{13,k}^2+\Delta\sigma_{23,k}^2\right)\end{bmatrix}^{0.5} \tag{2.29}$$

步骤 4 采用步骤 3 的结果，确定 k^{th} 循环的有效交变当量应力幅

$$S_{alt,k}=\frac{K_f\cdot K_{e,k}\cdot(\Delta S_{p,k}-\Delta S_{LT,k})+K_{v,k}\cdot\Delta S_{LT,k}}{2} \tag{2.30}$$

（a）如果在数值模型中计入局部缺口或焊缝的影响，则式（2.30）和式（2.36）中系数 K_f=1.0。如果在数值模型中没有计入局部缺口或焊缝的影响，则应计入疲劳强度降低系数 K_f。表 2.11 和表 2.12 规定焊缝的疲劳强度降低系数的推荐值。

（b）采用下列各式计算式（2.30）和式（2.36）中的疲劳损失系数 $K_{e,k}$，其中参数（m 和 n）按表 2.13 确定，在 2.5.6.1 中 S_{PS} 和 $S_{n,k}$ 已定义。对于 $K_{e,k}$ 大于 1.0，应满足 2.5.6.2 简化的弹一塑性准则。

$$\Delta S_{n,k}\leqslant S_{PS} \qquad K_{e,k}=1 \tag{2.31}$$

$$S_{PS} < \Delta S_{n,k} < mS_{PS} \qquad K_{e,k} = 1.0 + \frac{(1-n)}{n(m-1)}\left(\frac{\Delta S_{n,k}}{S_{PS}} - 1\right) \tag{2.32}$$

$$\Delta S_{n,k} \geqslant mS_{PS} \qquad K_{e,k} = \frac{1}{n} \tag{2.33}$$

（c）采用式（2.34）计算式（2.30）中的泊松修正系数 $K_{v,k}$。

$$K_{v,k} = \left(\frac{1-v_e}{1-v_p}\right) \tag{2.34}$$

式中

$$v_p = \max\left[0.5 - 0.2\left(\frac{S_{y,k}}{S_{a,k}}\right) \cdot v_e\right] \tag{2.35}$$

（d）如果对全部的应力范围（包括 $\Delta S_{LT,k}$）使用疲损失系数 $K_{e,k}$，则不需要使用式（2.34）的泊松修正系数 $K_{v,k}$。此时，式（2.30）变为：

$$S_{alt,k} = \frac{K_f \cdot K_{e,k} \cdot \Delta S_{p,k}}{2} \tag{2.36}$$

步骤 5 用步骤 4 计算的交变当量应力，确定许用的循环次数 N_k，规范附录 3-F，3-F.1 提供基于结构材的疲劳曲线。

步骤 6 确定 k^{th} 循环的疲劳损伤，下式中 k^{th} 循环的实际循环次数是 n_k。

$$D_{f,k} = \frac{n_k}{N_k} \tag{2.37}$$

步骤 7 对于步骤 2 中循环计数过程认定的所有应力范围 M，重复步骤 3 到步骤 6。

步骤 8 采用下式计算累积疲劳损伤。如果满足下式，对于连续操作，元件的该部位是合格的。

$$D_f = \sum_{k=1}^{M} D_{f,k} \leqslant 1.0 \tag{2.38}$$

步骤 9 对经受疲劳评定的元件的每一点，都要重复步骤 2 到步骤 8。

2.5.3.3 2.5.3.2 的步骤 4 中，可采用下列方法之一计算 $K_{e,k}$。

（a）方法 1：对所考虑的一点，由弹－塑性应力分析得到的当量总应变范围和由弹性应力分析得到的当量总应变范围，给出如下：

$$K_{e,k} = \frac{\Delta\varepsilon_{eff,k}}{\Delta\varepsilon_{el,k}} \tag{2.39}$$

式中

$$\Delta\varepsilon_{eff,k} = \frac{\Delta S_{p,k}}{E_{ya,k}} + \Delta\varepsilon_{peq,k} \tag{2.40}$$

$$\Delta\varepsilon_{el,k} = \frac{\Delta S_{p,k}}{E_{ya,k}} \tag{2.41}$$

$$\Delta\varepsilon_{peq,k} = \frac{\sqrt{2}}{3} \times \begin{bmatrix} (\Delta p_{11,k} - \Delta p_{22,k})^2 + (\Delta p_{22,k} - \Delta p_{33,k})^2 + \\ +(\Delta p_{33,k} - \Delta p_{11,k})^2 + 1.5(\Delta p_{12,k}^2 + \Delta p_{23,k}^2 + \Delta p_{31,k}^2) \end{bmatrix}^{0.5} \tag{2.42}$$

应力范围 $\Delta S_{p,k}$ 由式（2.29）给出，在式（2.40）中它是弹－塑性应力范围，在式（2.41）中它是弹性应力范围。对于 k^{th} 循环，将分量应力范围和塑性应变范围（在循环的始点和终点的分量差）分别标记为 $\Delta\sigma_{ij,k}$ 和 $\Delta p_{ij,k}$。式（2.42）是以工程剪切应变为基础（典型的 FEA 的输出项且 2 倍的张量剪应变值）的有效塑性应变公式得到的特殊形式。

（b）方法 2：采用附录 2-C，可计算交变塑性修正系数和交变当量应力。

2.5.3.4　按附录 2-D，可使用应力指数法确定接管开孔周围的峰值应力，代替详细应力分析。

2.5.4　疲劳评定——弹—塑性应力分析和当量应变

2.5.4.1　综述

（a）有效的应变范围用来评定适用于从弹－塑性应力分析所得结果的疲劳损伤。对于载荷循环图（loading histogram）中的每一种循环，采用一次循环分析法或两倍屈服法，计算有效的应变范围。对于一次循环分析法，应使用随动强化（kinematic hardening）的循环塑性计算法。

（b）两倍屈服法是以代表**一次循环**的，规定的稳定循环应力范围-应变范围曲线和一个规定载荷范围为基础，在单一载荷步中完成的弹－塑性应力分析。应力范围和应变范围是该分析的直接输出项。施行这种方法和单调分析的方法相同，且不需要有卸载和重新加载的一次循环分析。两倍屈服法能和没有循环塑性功能的分析程序一起使用。

（c）为在元件某一点上计算**一次循环**的应力范围和应变范围，应依据计算的每一种结构材料循环的平均温度使用稳定的循环应力－应变曲线和其他的材料特性。循环曲线是由材料试验获得的曲线，或已知比规定材料更具保守的循环行为的曲线。规范附录 3-D 的 3-D.4 还提供了某些材料和温度的循环的应力－应变曲线。可使用已知的，或应用更为精确、导致更为保守结果的其他循环应力－应变曲线。

2.5.4.2　评定方法

采用弹－塑性应力分析的下述方法能用来评定防止由循环载荷引起的失效。

步骤 1　根据用户设计技术条件的规定和附录 2-B 的方法，确定**某一载荷随时间的变化**。载荷随时间的变化应包括所有重要的操作载荷及作用于元件上的全部事件。

步骤 2　对于经受疲劳评定的元件的某一部位，采用附录 2-B 的循环计数法，确定单个的应力－应变循环。将载荷循环图中循环应力范围的总次数定义为 M。

步骤 3　确定步骤 2 中已经计数的 k^{th} 循环的始点和终点的载荷。采用这些数据，确定载荷范围（循环始点和终点上载荷间的差值）。

步骤 4　完成 k^{th} 循环的弹－塑性应力分析。对于一次循环分析法，采用循环应力幅－应变幅曲线（2.5.4.1），循环恒幅载荷。对于两倍屈服法，循环始点的载荷是零，终点的载荷是步骤 3 所确定的载荷范围，使用循环应力范围－应变范围曲线（2.5.4.1）。对于热载荷，通过将循环始点的温度场规定为初始条件，将循环终点的温度场施加到同一载荷步中的方法，可施加两倍屈服法的载荷范围。

步骤 5　计算 k^{th} 循环的有效的应变范围：

$$\Delta\varepsilon_{eff,k} = \frac{\Delta S_{p,k}}{E_{ya,k}} + \Delta\varepsilon_{peq,k} \tag{2.43}$$

式中应力范围 $\Delta S_{p,k}$ 由式（2.29）给出，$\Delta\varepsilon_{peq,k}$ 由式（2.42）给出。

将 k^{th} 循环的分量应力范围和分量的塑性应变范围（循环的始点和终点上各分量间的差）分别标记为 $\Delta\sigma_{ij,k}$ 和 $\Delta p_{ij,k}$。可是，由于在两倍屈服法的单一载荷步中施加一个载荷范围，所以计算的最大当量塑性应变范围 $\Delta\varepsilon_{peq,k}$ 和上述定义的 von Mises 当量应力范围 $\Delta S_{p\ ,k}$ 是直接从同一个应力分析中能得到的典型的输出变量。

步骤 6 确定 k^{th} 循环的有效交变当量应力：

$$S_{alt,k}=\frac{E_{ya,k}\cdot\Delta\varepsilon_{eff,k}}{2} \tag{2.44}$$

步骤 7 确定步骤 6 计算的交变当量应力的许用循环次数 N_k，规范附录 3-F 中 3-F.1 给出基于结构材料的疲劳曲线。

步骤 8 确定 k^{th} 循环的疲劳损伤，式中 k^{th} 循环的实际循环次数是 n_k。

$$D_{f,k}=\frac{n_k}{N_k} \tag{2.45}$$

步骤 9 对于步骤 2 中循环记数过程认定的所有应力范围 M，重复步骤 3 到步骤 8。

步骤 10 采用下式计算累积疲劳损伤。如果满足该式，对于连续操作，元件的该部位是合格的。

$$\sum_{k=1}^{M}D_{f,k}\leqslant 1.0 \tag{2.46}$$

步骤 11 对经疲劳评定的元件上的每一点，都要重复步骤 2 到步骤 10。

2.5.5 焊缝的疲劳评定——弹性分析和结构应力

2.5.5.1 综述

（a）当量结构应力范围参数用来评定从线弹性应力分析所得结果的疲劳损伤。疲劳评定的控制应力是结构应力，结构应力随垂直于假想裂纹平面的薄膜应力和弯曲应力而变。对于未加工成光滑外形的焊接接头的评定，推荐这种方法。对于已经控制成光滑外形的焊接接头，可采用 2.5.3 和 2.5.4 节评定。

（b）压力容器焊缝上的疲劳裂纹一般位于焊趾处。对于焊态和经受焊后热处理的焊接接头，一个疲劳裂纹的预计定向是沿着焊趾朝向穿壁方向。垂直预计裂纹的结构应力是用来关联疲劳寿命数据的一种应力度量。对于有角焊缝的元件，疲劳裂纹发生在角焊缝的焊趾或焊喉处，在评定中应考虑这两个位置。由于焊喉尺寸随焊缝焊透深度而变，要精确地预测焊喉的疲劳寿命是困难的。建议在焊喉尺寸变化的地方进行敏感性分析。

（c）经业主/用户同意时，仅可使用这种疲劳评定方法。

2.5.5.2 评定方法

采用当量结构应力范围的下述方法能用来评定防止由循环载荷引起的失效。

步骤 1 根据用户设计技术条件的规定和附录 2-B 的循环图设计法，确定载荷随时间的变化。载荷随时间的变化应包括所有重要的操作载荷及作用于元件上的全部事件。

步骤 2 对于经受疲劳评定的焊接接头上的某一部位，采用附录 2-B 中循环计数法，确定单个应力一应变循环。将载荷循环图中循环应力范围的总次数定义为 M。

步骤 3 对于步骤 2 中已经计数的 k^{th} 循环在始点和终点处(分别表示的时间点为 ${}^{m}t$ 和 ${}^{n}t$)，

确定垂直假想裂纹平面的，弹性计算的薄膜应力和弯曲应力。采用这些数据，计算在时间点 ${}^{m}t$ 和 ${}^{n}t$ 之间的薄膜应力范围和弯曲应力范围及最大应力、最小应力和平均应力。

$$\Delta\sigma_{m,k}^{e} = {}^{m}\sigma_{m,k}^{e} - {}^{n}\sigma_{m,k}^{e} \tag{2.47}$$

$$\Delta\sigma_{b,k}^{e} = {}^{m}\sigma_{b,k}^{e} - {}^{n}\sigma_{b,k}^{e} \tag{2.48}$$

$$\sigma_{\max,k} = \max\left[\left({}^{m}\sigma_{m,k}^{e} + {}^{m}\sigma_{b,k}^{e}\right),\left({}^{n}\sigma_{m,k}^{e} + {}^{n}\sigma_{b,k}^{e}\right)\right] \tag{2.49}$$

$$\sigma_{\min,k} = \min\left[\left({}^{m}\sigma_{m,k}^{e} + {}^{m}\sigma_{b,k}^{e}\right),\left({}^{n}\sigma_{m,k}^{e} + {}^{n}\sigma_{b,k}^{e}\right)\right] \tag{2.50}$$

$$\sigma_{mean,k} = \frac{\sigma_{\max,k} + \sigma_{\min,k}}{2} \tag{2.51}$$

步骤 4 采用式（2.52）确定 k^{th} 循环的弹性计算的结构应力范围 $\Delta\sigma^{e}{}_{k}$：

$$\Delta\sigma_{k}^{e} = \Delta\sigma_{m,k}^{e} + \Delta\sigma_{b,k}^{e} \tag{2.52}$$

步骤 5 采用式（2.53），按弹性计算的结构应力范围 $\Delta\sigma_{k}^{e}$，确定弹性计算的结构应变范围 $\Delta\varepsilon_{k}^{e}$：

$$\Delta\varepsilon_{k}^{e} = \frac{\Delta\sigma_{k}^{e}}{E_{ya,k}} \tag{2.53}$$

联立求解式（2.54）Neuber's 定律和式（2.55）给出材料的应力应变滞回曲线模型，见规范附录 3-D 和 3-D.4，分别确定相应的局部非线性结构应力范围 $\Delta\sigma_k$ 和应变范围 $\Delta\varepsilon_k$。

$$\Delta\sigma_{k} \cdot \Delta\varepsilon_{k} = \Delta\sigma_{k}^{e} \cdot \Delta\varepsilon_{k}^{e} \tag{2.54}$$

$$\Delta\varepsilon_{k} = \frac{\Delta\sigma_{k}}{E_{ya,k}} + 2\left(\frac{\Delta\sigma_{k}}{2K_{css}}\right)^{\frac{1}{n_{css}}} \tag{2.55}$$

求解式（2.54）和式（2.55）时，随即修改计算的结构应力范围，采用式（2.56）用于低循环疲劳。

$$\Delta\sigma_{k} = \left(\frac{E_{ya,k}}{1-\nu^{2}}\right)\Delta\varepsilon_{k} \tag{2.56}$$

注意： 总要完成低周疲劳的修正，因为不评定随施加的应力范围和循环的应力—应变曲线而变的塑性的影响，就不能确定高周疲劳与低周疲劳之间的严格区别。对高循环疲劳的应用，该方法将提供正确的结果，即弹性计算的结构应力不要修正。

步骤 6 采用下列各式计算 k^{th} 循环的当量结构应力范围参数。在式（2.57）中，对于 SI 单位制，厚度 t、应力范围 $\Delta\sigma_k$、当量结构应力范围参数 $\Delta S_{ess,k}$，分别是 mm、MPa 和 $\mathrm{MPa}/(\mathrm{mm})^{(2-m_{ss})/2m_{ss}}$。对于 US 常用单位，厚度 t、应力范围 $\Delta\sigma_k$、当量结构应力范围参数 $\Delta S_{ess,k}$，分别是 in、ksi 和 $\mathrm{ksi}/(\mathrm{inches})^{(2-m_{ss})/2m_{ss}}$。

$$\Delta S_{ess,k} = \frac{\Delta\sigma_{k}}{t_{ess}^{\left(\frac{2-m_{ss}}{2m_{ss}}\right)} \cdot I^{\frac{1}{m_{ss}}} \cdot f_{M,k}} \tag{2.57}$$

式中

$$m_{ss}=3.6 \tag{2.58}$$

$$t\leqslant 16\,\text{mm}\,(0.625\,\text{in.}) \qquad t_{ess}=16\,\text{mm}\,(0.625\,\text{in.}) \tag{2.59}$$

$$16\,\text{mm}\,(0.625\,\text{in.})<t<150\,\text{mm}\,(6\,\text{in.}) \qquad t_{ess}=t \tag{2.60}$$

$$t\geqslant 150\,\text{mm}\,(6\,\text{in.}) \qquad t_{ess}=150\,\text{mm}\,(6\,\text{in.}) \tag{2.61}$$

$$\frac{1}{I^{m_{ss}}}=\frac{1.23-0.364R_{b,k}-0.17R_{b,k}^2}{1.007-0.306R_{b,k}-0.178R_{b,k}^2} \tag{2.62}$$

$$R_{b,k}=\frac{\left|\Delta\sigma_{b,k}^e\right|}{\left|\Delta\sigma_{m,k}^e\right|+\left|\Delta\sigma_{b,k}^e\right|} \tag{2.63}$$

$$\sigma_{mean,k}\geqslant 0.5S_{y,k}，\text{且}R_k\succ 0，\text{且}\left|\Delta\sigma_{m,k}^e+\Delta\sigma_{b,k}^e\right|\leqslant 2S_{y,k} \qquad f_{M,k}=\left(1-R_k\right)^{\frac{1}{m_{ss}}} \tag{2.64}$$

$$\sigma_{mean,k}\prec 0.5S_{y,k}，\text{或}R_k\leqslant 0，\text{或}\left|\Delta\sigma_{m,k}^e+\Delta\sigma_{b,k}^e\right|\succ 2S_{y,k} \qquad f_{M,k}=1.0 \tag{2.65}$$

$$R_k=\frac{\sigma_{\min,k}}{\sigma_{\max,k}} \tag{2.66}$$

步骤 7 根据步骤 6 对 k^{th} 循环所计算的当量结构应力范围参数，确定许用循环次数 N_k。规范附录 3-F 和 3-F.2 给出焊接接头的疲劳曲线。

步骤 8 确定 k^{th} 循环的疲劳损伤，其中 k^{th} 循环的实际循环次数是 n_k。

$$D_{f,k}=\frac{n_k}{N_k} \tag{2.67}$$

步骤 9 对于步骤 2 中循环记数过程认定的所有应力范围 M，重复步骤 3 到步骤 8。

步骤 10 采用下式计算累积疲劳损伤。如果满足下式，沿焊接接头的部位适用于连续操作。

$$D_f=\sum_{i=1}^{M}D_{f,k}\leqslant 1.0 \tag{2.68}$$

步骤 11 对于经疲劳评定的焊接接头的每一点，都要重复步骤 5 到步骤 10。

2.5.5.3 评定方法的修正

2.5.5.2 的评定方法可修正如下。

（a）多轴疲劳：如果结构剪应力范围是不能忽略的，即 $\Delta\tau_k>\Delta\sigma_k/3$，在计算当量结构应力范围时，应进行修正。需要考虑两种情况：

（1）如果 $\Delta\sigma_k$ 和 $\Delta\tau_k$ 是异相的，应用下式代替式（2.57）当量结构应力范围 $\Delta S_{ess,k}$：

$$\Delta S_{ess,k}=\frac{1}{F(\delta)}\left[\left(\frac{\Delta\sigma_k}{t_{ess}^{\left(\frac{2-m_{ss}}{2m_{ss}}\right)}\cdot I^{\frac{1}{m_{ss}}}\cdot f_{M,k}}\right)^2+3\left(\frac{\Delta\tau_k}{t_{ess}^{\left(\frac{2-m_{ss}}{2m_{ss}}\right)}\cdot I_\tau^{\frac{1}{m_{ss}}}}\right)^2\right]^{0.5} \tag{2.69}$$

式中

$$I_{\tau}^{\frac{1}{m_{ss}}} = \frac{1.23 - 0.364R_{b\tau,k} - 0.17R_{b\tau,k}^2}{1.007 - 0.306R_{b\tau,k} - 0.178R_{b\tau,k}^2} \tag{2.70}$$

$$R_{b\tau,k} = \frac{\left|\Delta\tau_{b,k}^e\right|}{\left|\Delta\tau_{m,k}^e\right| + \left|\Delta\tau_{b,k}^e\right|} \tag{2.71}$$

$$\Delta\tau_k = \Delta\tau_{m,k}^e + \Delta\tau_{b,k}^e \tag{2.72}$$

$$\Delta\tau_{m,k}^e = {}^m\tau_{m,k}^e - {}^n\tau_{m,k}^e \tag{2.73}$$

$$\Delta\tau_{b,k}^e = {}^m\tau_{b,k}^e - {}^n\tau_{b,k}^e \tag{2.74}$$

在式（2.69）中，如果 $\Delta\sigma_k$ 和 $\Delta\tau_k$ 两者的载荷模型能用正弦函数表示，则 $F(\delta)$是 $\Delta\sigma_k$ 和 $\Delta\tau_k$ 之间的异相角的函数，即：

$$F(\delta) = \frac{1}{\sqrt{2}}\left[1 + \left[1 - \frac{12\cdot\Delta\sigma_k^2\cdot\Delta\tau_k^2\cdot\sin^2[\delta]}{\left[\Delta\sigma_k^2 + 3\Delta\tau_k^2\right]^2}\right]^{0.5}\right]^{0.5} \tag{2.75}$$

保守的处理是忽略异相角，并认为式（2.75）中的 $F(\delta)$存在由下式给出的一个最小的可能值：

$$F(\delta) = \frac{1}{\sqrt{2}} \tag{2.76}$$

（2）如果 $\Delta\sigma_k$ 和 $\Delta\tau_k$ 是同相的，当量结构应力范围 $\Delta S_{ess,k}$ 由式（2.69）和 $F(\delta) = 1.0$ 给出。

（b）焊缝质量：如果在焊趾处存在某一缺陷，可能的特征为一种类裂纹的缺陷，即咬边，且该缺陷超过 ASMEⅧ-2:7 的允许值，则应用式（2.77）给出的值取代式（2.62）中的 $I^{1/m_{ss}}$ 值，计算疲劳寿命的降低。该式中，a 是焊趾处类裂纹的深度。仅当 $a/t \leqslant 0.1$时，式（2.77）是有效的。

$$I^{\frac{1}{m_{ss}}} = \frac{1.229 - 0.365R_{b,k} + 0.789\left(\frac{a}{t}\right) - 0.17R_{b,k}^2 + 13.771\left(\frac{a}{t}\right)^2 + 1.243R_{b,k}\left(\frac{a}{t}\right)}{1 - 0.302R_{b,k} + 7.115\left(\frac{a}{t}\right) - 0.178R_{b,k}^2 + 12.903\left(\frac{a}{t}\right)^2 - 4.091R_{b,k}\left(\frac{a}{t}\right)} \tag{2.77}$$

2.5.6 棘轮评定——弹性应力分析

2.5.6.1 棘轮弹性分析方法

（a）要评定防止棘轮失效，须满足下列限制条件。

$$\Delta S_{n,k} \leqslant S_{PS} \tag{2.78}$$

（b）一次加二次当量应力范围 $\Delta S_{n,k}$ 是当量应力范围，从垂直截面厚度的最高应力值推导出来的，由规定的操作压力和其他规定的机械载荷，以及由总体热效应产生的、线性化的总体或局部一次薄膜应力+一次弯曲应力+二次应力（P_L+P_b+Q）组合的当量应力范围。应包括总体结构不连续影响，但不括包局部结构不连续（应力集中）影响。典型压力容器元件的这种应力分类的实例示于表 2.6 中。

（c）这种当量应力的最大范围局限于 S_{PS}。量 S_{PS} 表示对一次+二次当量应力范围的限制，并在（d）中规定了 S_{PS} 值。在确定最大的一次+二次当量应力范围过程中，必须考虑总应力范围可大于任意单个循环的应力范围的多种循环的作用，由于在每一情况中温度极值是不同的，在此情况下，S_{PS} 值可随规定的循环或循环的组合而变化。因此，应注意：确保使用合适的 S_{PS} 值用于每一循环或循环的组合（见 2.5.3）。

（d）对一次+二次应力范围的许用限制 S_{PS}，确定为下列两值中的较大值。

（1）在操作循环期间内，在最高和最低温度下，按附录 3-A 材料 S 的平均值的 3 倍。

（2）当规定屈服极限与抗拉强度最小值之比超过 0.70，或 S 值取决于附录 3-A 所示的与时间有关的特性时，除了应使用（1）值以外，在操作循环期间内，在最高和最低温度下，按附录 3-D 材料 S_y 的平均值的 2 倍。

2.5.6.2　简化的弹—塑性分析

只要下列条款全部成立，可以超过 2.5.6.1 当量应力对一次+二次当量应力范围的限制。

（a）除热应力外，一次+二次薄膜+弯曲当量应力范围小于 S_{PS}。

（b）2.5.3.2 步骤 4 的交变应力范围值乘以系数 $K_{e,k}$（见式（2.31）到式（2.33）或 2.5.3.3）。

（c）元件材料具有规定屈服强度最小值与规定抗拉强度最小值之比小于或等于 0.80。

（d）元件满足 2.5.6.3 的二次当量应力范围的要求。

2.5.6.3　热应力棘轮评定

当和稳态的总体或局部一次薄膜当量应力共同作用时，为防止棘轮失效，对二次当量热应力范围的许用限制确定如下。此方法仅能与假定二次应力范围呈线性或抛物线分布一起使用（即热应力）。

步骤 1　在循环的平均温度下，确定一次薄膜应力与附录 3-D 规定的屈服极限最小值之比。

$$X=\left(\frac{P_m}{S_y}\right) \tag{2.79}$$

步骤 2　采用弹性分析方法，计算二次薄膜当量热应力范围 ΔQ_m。

步骤 3　采用弹性分析方法，计算二次薄膜+弯曲当量热应力范围 ΔQ_{mb}。

步骤 4　确定对二次薄膜+弯曲当量热应力范围的许用限制 S_{Qmb}。

（a）对于沿壁厚呈线性变化的二次当量热应力范围：

$$0<X<0.5 \qquad S_{Qmb}=S_y\left(\frac{1}{X}\right) \tag{2.80}$$

$$0.5\leqslant X\leqslant 1.0 \qquad S_{Qmb}=4.0S_y(1-X) \tag{2.81}$$

（b）对于由热载荷引起的，经壁厚呈抛物线稳定上升或稳定下降变化的一个二次当量应力范围：

$$0.0<X<0.615 \qquad S_{Qmb}=S_y\left(\frac{1}{0.1224+0.9944X^2}\right) \tag{2.82}$$

$$0.615\leqslant X\leqslant 1.0 \qquad S_{Qmb}=5.2S_y(1-X) \tag{2.83}$$

步骤 5　确定对二次薄膜当量热应力范围的许用限制 S_{Qm}：

$0 < X < 1.0 \qquad S_{Qm} = 2.0S_y(1-X)$　（2.84）

步骤 6　为防止棘轮的发生，应满足下列两个准则：

$$\Delta Q_m \leqslant S_{Qm} \tag{2.85}$$

$$\Delta Q_{mb} \leqslant S_{Qmb} \tag{2.86}$$

2.5.6.4　非整体连接件的渐增性变形

拧紧螺帽、旋进螺塞、剪切环闭锁和闭锁卡铁机构均为非整体连接件的例子，它们经受由于锥形或其他形式的渐增变形引起的失效。如果加载的任意组合引起屈服，上述的接头承受棘轮作用，因为在完成每一操作循环末端时配合件可能变松，无论有没有手工操作，以新的相互联接开始下一个循环。每一循环均能发生附加变形，致使锁紧的构件（如螺纹）最终能失去啮合能力。因此，由于渐增性变形结果能发生脱离的非整体连接件部件间产生滑动的一次+二次当量应力，应被限制在操作温度下规定的屈服极限最小值 S_y，或采用 2.5.7.2 的方法评定。

2.5.7　棘轮评定——弹—塑性应力分析

2.5.7.1　综述

要评定防止棘轮失效，采用弹－塑性分析，应通过加载、卸载和再加载完成这一评定。如果满足防止棘轮失效，则认为沿着应变轴的应力应变滞回曲线不随循环继续渐增，并将使滞回曲线稳定。对于交变塑性，不需要单独校核塑性安定。采用弹－塑性分析的下列评定方法能用于防止棘轮的评定。

2.5.7.2　评定方法

步骤 1　提出元件的一个数值模型，包括所有相关的几何特征。选定用于分析的模型应精确代表元件几何、边界条件和加载。

步骤 2　定义所有相关的载荷和适用的载荷工况（见表 2.1）。

步骤 3　分析中应采用弹性－理想塑性材料模型。应使用 von Mises 屈服准则和相应的流动规则。定义塑性极限的屈服强度应是规范附录 3-D 给定温度下规定的屈服极限的最小值。在分析中应考虑几何非线性的影响。

步骤 4　使用步骤 2 的适用载荷，考虑加载事件的重复次数（见附录 5-B），或若施加多个事件，选择两个事件，以至能产生最大的棘轮可能性，完成弹－塑性分析。

步骤 5　应用最少三个完整循环之后，评定下列棘轮准则。可能需要施加附加的循环证明收敛。如果满足下面任意一个条件，则满足棘轮准则；如果不满足以下准则，应修改元件的外形（即厚度）或减少加载，并重新分析。

（a）在元件上没有塑性作用（引起零塑性应变）。

（b）元件主要承载边界的内部存在弹性体。

（c）元件的全部尺寸中没有永久变形。根据相关元件尺寸对最后一个循环和其下一个循环之间的时间绘制一个图，就能证明这一点。

2.6　接管颈部应力分类的补充要求

下面的应力分类应用于接管颈部的应力。壳体中的应力分类应按 2.2.2.2 的规定。

（a）ASME-2:4.5 给出的补强范围以内，不管接管补强是否提供，应按以下分类。

（1）P_m 类适用于由引起总体薄膜应力的压力引起的当量应力，除不连续的应力外，以及由外载荷及外力矩，包括属于限制连接管道自由端位移的那些约束引起的当量应力。

（2）P_L 类适用于由不连续效应+由压力与外载荷及外力矩，包括属于限制连接管道自由端位移的那些约束的组合引起的一次弯曲当量应力产生的局部一次薄膜当量应力。

（3）P_L+P_b+Q 类（见 2.5.2 条）适应于由压力、温度、外载荷和外力矩，包括属于限制连接管道自由端位移的那些约束的组合产生的一次+二次当量应力。

（b）ASME-2:4.5 给出的补强范围外侧，应按以下分类。

（1）P_m 类适用于由引起总体薄膜应力的压力产生的当量应力，以及由外加的接管轴向载荷、切向载荷和扭转载荷引起的沿接管厚度的平均应力产生的当量应力，除属于限制连接管道自由端位移的那些约束之外。

（2）P_L+P_b 类适用于将那些如 P_m 类的应力加到由外加弯矩引起的那些应力产生的当量应力，除属于限制连接管道自由端位移的那些约束之外。

（3）P_L+P_b+Q 类（见 2.5.2）适用于由压力、温度和外载荷及外力矩，包括属于限制连接管道自由端位移的那些约束的所有载荷产生的当量应力。

（c）补强范围以外，可以超出如 2.5.6.2 规定的，S_{PS} 对一次+二次当量应力范围的限制。除了在一次+二次当量应力范围 P_L+P_b+Q 的评定中，由连接管道自由端位移约束产生的应力，同样可排除以外。完全属于连接管道自由端位移约束的薄膜+弯曲当量应力范围应小于 S_{PS}。

2.7 螺栓的附加要求

2.7.1 设计要求

（a）抵抗设计压力所需的螺栓数量和横截面面积应按 4.16 方法确定。应按 ASMEⅧ-2:3 查得螺栓的许用应力。

（b）用密封焊替代垫片实现密封时，垫片系数 m 和垫片最小密封应力 y 可取为零。

（c）当垫片仅用于运行前试验时，如果 m 和 y 系数等于零，满足上述要求，当使用合适的 m 和 y 系数用于试验垫片时，满足 2.7.1 和 2.7.2.要求，则垫片满足设计要求。

2.7.2 操作应力要求

螺栓中的实际操作应力，例如由预紧载荷、压力和膨胀差的组合产生的实际操作应力，可高于附录 3-A 给出的许用应力值。

（a）垂直螺栓横截面的平均的操作应力的最大值且忽略应力集中，应不超过附录 3-A 的 3-A.2.2 许用应力值的 2 倍。

（b）除了如 2.7.3.1（2）的限制外，在螺栓横截面周边，由直接拉伸+弯曲且忽略应力集中产生的操作应力的最大值，应不超过规范附录 3-A 的 3-A.2 许用应力值的 3 倍。当采用除加热器、拉紧器或使残余扭矩减至最低的其他手段以外的方法拧紧螺栓时，在评定中所使用的应力度量应是式（2.1）所定义当量应力。

2.7.3 螺栓的疲劳评定

2.7.3.1　应按下列方法确定螺栓适合于循环操作的性能，除非安装螺栓的容器满足 2.5.2 条的所有条件（不要求疲劳分析）。

（a）由规定抗拉强度最低值小于 689MPa（100000psi）的材料制成的螺栓，采用 2.5.3 的方法评定循环操作，选用适合的设计疲劳曲线（见规范附录 3-F），在评定中所使用的疲劳强度降低系数应不小于 4.0，除非经分析或试验能表明使用较低值是合理的。

（b）如果下面所有条件成立，应采用 2.5.3 的方法和附录 3-F 适用的设计疲劳曲线，评定用于循环操作的高强度合金钢螺栓和双头螺柱：

（1）材料如下：SA-193 等级 B7 或 B16，SA-320 等级 L43，SA-540 等级 B23 和 B24，热处理按 SA-540 第 5 条规定。

（2）如果使用规范附录 3-F 给出的高强度螺栓用两条疲劳设计曲线中较高的一条（用于直接拉伸，2*S* 限制是不变的），螺栓横截面周边上操作应力的最大值（由直接拉伸+弯曲引起的且略去应力集中）应不超过 2.7*S*。

（3）螺纹应是 V 形螺纹，螺纹根部最小半径不小于 0.076 mm (0.003 in.)。

（4）螺栓无螺纹部分末端的圆角半径与螺栓无螺纹部分直径之比应不小于 0.060。

（5）在评定中所使用的疲劳强度降低系数应不小于 4.0。

2.7.3.2　如果疲劳损伤分数值 D_f 小于或等于 1.0（见 2.5.3 条），则螺栓适用于规定的载荷和热应力循环操作使用。

2.8　管板的附加要求

略去。

2.9　多层容器的附加要求

假若每层的面内剪力由焊接接头全部承受，如 ASMEⅧ-2 所表示的，为单层圆筒、球壳或封头推导的公式可以适用于多层圆筒、球壳或封头。此外，对载荷作用区域的结构详图应给予考虑。为了保证对上述的多层圆筒、球壳或封头单层等效，承受径向力和/或由于结构不连续或外加载荷引起的纵向弯矩的所有圆筒、球壳或封头，各层能充分结合在一起，共同抵抗由作用于各段上的径向力和/或纵向弯矩产生的任何纵向剪力。例如，使用环焊缝将各层连接在一起，如图 2.2—图 2.4 所示。焊缝深度的中点处连接焊缝所需宽度由式（2.87）给出。

$$w = 1.88\left(\frac{M_o}{t \cdot S}\right) \tag{2.87}$$

在式（2.87）中，参数 M_o 是多层圆筒、球壳或封头的熔合线处存在的单位周长的纵向弯矩。考虑压力载荷和所有外加载荷，如 M_1、Q_1 和 F_1 的应力分析确定该参数。

2.10　实验应力分析

规范附录 5-F 规定了采用实验应力分析确定元件中各项应力的要求。

2.11　断裂力学评定

按规范 3.11.2.8 确定 MDMT，应按 API/ASME FFS-1 完成断裂力学评定。在所有断裂力学计算中，由焊接产生的残余应力应与一次和二次应力同时考虑。

2.12　定义

1. 弯曲应力（Bending Stress）：法向应力的**变化部分**，垂直截面厚度的变化可能是线性的，也可能不是线性的。

2. 分叉失稳：主要载荷与结构位移路径有一个分叉的不稳定点。

3. 事件：用户设计技术条件可包括产生疲劳损伤的一个或多个事件。每个事件包括经过一次循环，各时间点上规定的载荷部分，并重复规定的若干次。例如，一个事件可以是开车、停车、非正常条件或其他的循环作用。多个事件的次序可以是规定的或任意的。

4. 循环：循环是在某一容器或元件的某一位置上由规定的载荷确定的应力与应变之间的一种关系。不是在一个事件内部，就是在两个事件之间的转换中，在同一个位置上可产生多于一个的应力－应变循环，并且应力－应变循环的累积疲劳损伤确定在那个位置上适合规定的操作。根据稳定的应力－应变循环作出这样规定。

5. 循环载荷：由机械载荷和/或热载荷的循环特性引起的疲劳成为有效的一种操作。2.5.2 规定的筛分准则能用来确定是否应包括疲劳分析作为容器设计的一部分。

6. 疲劳：具有小于材料抗拉强度最大值的循环应力或波动应力下导致断裂的状态。

7. 疲劳持久极限：材料能经受低于 10^{11} 的交变应力循环而不失效的最大应力。

8. 疲劳强度降低系数：表明局部结构不连续（应力集中）对疲劳强度影响的应力增强系数。它是没有不连续或没有焊接接头的元件的疲劳强度与有不连续或有焊接接头的那个相同元件的疲劳强度之比。经验确定某些特殊情况（如承插焊接）的比值。在缺乏实验数据时，由弹性理论导出的理论应力集中系数求出应力增强系数，或根据表 2.11 和表 2.12 提供的控制值。

9. 断裂力学：涉及材料裂纹行为的一门工程学科。断裂力学模型为导致裂纹扩展的应力、裂纹尺寸和断裂韧性的危险组合提供了数学关系式。线弹性断裂力学（LEFM）方法适用于在弹性载荷控制和塑性区很小的期间，发生裂纹扩展的地方的情况。弹一塑性断裂力学（EPFM）方法适用于在裂纹扩展期间经受显著塑性变形的材料。

10. 总体结构不连续：应力或应变的增大部位，总体来说，它影响结构的较大范围，且对总应力或总应变状态，以及对结构均有显著影响。总体结构不连续的实例是封头与壳体连接，法兰与壳体连接，接管和不同直径或不同厚度的壳体连接。

11. 局部一次薄膜应力：由压力或其他机械载荷引起的，伴随着总体结构不连续影响或某一不连续影响而产生的一种薄膜应力，如不加以限制，在载荷传递到结构的其他部分的过程中，使结构产生过大变形的**情况出现**。即使它具有一个二次应力的某些特点，保守的要求是，这种应力划为局部一次薄膜应力。

12. 局部结构不连续：应力或应变的增大部位，总体来说，它影响材料的范围较小，且对总应力或总应变的状态或对结构均没有显著的影响。实例是，小的圆角半径、小的连接件和部分焊透的焊缝。

13. 薄膜应力：均匀分布的法向应力部分，且等于垂直考虑中截面厚度的应力平均值。

14. 法向应力：垂直于考察面的应力分量，通常经过同一元件厚度的法向应力分布是不相同的。

15. 操作循环：一个操作循环定义为新状态的开始和建立，随即返回到次序超过循环开始时的状态。考虑三种类型的循环操作：开车－停车循环，定义为具有常温或常压为最低值，正常操作条件为另一最高值的任意循环；在设计中应考虑任意紧急事故，异常状态，压力试验状态的开始和由此恢复的操作循环；正常操作循环定义是，为使容器运行到它的预期时间所需的开、停车之间的任意循环。

16. 峰值应力：峰值应力的基本特征是，它不引起任何显著的变形，并且仅作为疲劳裂纹和脆性断裂的可能原因，它是有害的。如果它具有不引起显著变形的**特性**，并非**高度局部**的应力归于此类。峰值应力的实例是：碳钢容器的奥氏体钢复层中的热应力，由内部流体温差的急剧变化引起的容器或管道壁中的热应力和局部结构不连续处的应力。

17. 一次应力：由施加载荷产生的，必须满足外力、内力和力矩的平衡条件的正应力或剪应力。一次应力的基本特征是非自限性的。超过屈服极限很大的一次应力将导致失效，或至少导致总体变形。热应力不划为一次应力。一次薄膜应力划分为总体或局部两类。总体一次薄膜应力是结构中分布的薄膜应力，并不因屈服结果而发生载荷再分布。一次应力的实例是，在圆筒和球壳中由内压或分布的工作载荷引起的总体薄膜应力和由压力引起的平盖中心部分的

弯曲应力。由压力或其他机械载荷引起的，伴随着总体结构不连续影响或某一不连续影响而产生的一种薄膜应力，如不加以限制，在载荷传递到结构其他部分的过程中，使结构产生过大变形的**情况就会出现**。即使它具有一个二次应力的某些特点，也要求这种应力划为局部一次薄膜应力。最后，一次弯曲应力定义为由施加载荷产生的，必须满足外力、内力和力矩平衡条件的弯曲应力。

18. 棘轮：经受机械应力变化、热应力变化或两者（热应力部分或全部引起热应力棘轮）共同变化的元件中可产生递增性的非弹性变形或应变。作用于元件整个横截面上的某一长期载荷与交替加载和卸载的某一应变控制循环载荷或温度分布联合在一起产生棘轮。棘轮引起材料的循环应变，导致疲劳失效，并同时引起结构循环的递增变形，最终能导致垮塌。

19. 二次应力：由相邻元件的约束或结构的自身约束产生的法向应力或剪应力。二次应力的基本特征是自限性。局部屈服和较小变形能满足引起这种应力存在的条件，且不能认为一次施加这种应力引起失效。二次应力的实例是总体热应力和总体结构不连续处的弯曲应力。

20. 安定性：当施加循环载荷或循环温度分布时，在元件的某些部位，由产生的循环载荷或循环温度分布引起塑性变形，但卸除循环载荷或循环温度分布时，除了小范围与局部应力（应变）集中有关外，在元件中产生只有弹性的一次和二次应力。这些小范围将呈现一个稳定的滞回曲线，不显示递增变形。进一步加载或卸载，或施加和卸除温度分布，将产生只有弹性的一次和二次应力。

21. 剪应力：与考察面相切的应力分量。

22. 应力集中系数：最大应力与截面平均应力或弯曲应力之比。

23. 应力循环：应力循环是交变应力差从初始值经过代数最大值和代数最小值，随后返回到初始值的一种状态。一个单一的操作循环可导致一个或多个应力循环。

24. 热应力：由温度非均匀分布或不同的热膨胀系数引起的自平衡应力。**每当**阻止材料的体积呈现在温度变化下正常发生的尺寸和形状时，在实体中产生了热应力。为了确定许用应力，考虑两种类型的热应力，视发生变形的体积和面积而定。总体热应力与结构发生变形有关。忽略应力集中，如果总体热应力超过材料屈服强度的两倍，则弹性分析可能是无效的且连续的热循环可引起递增性形变。因此，总体热应力划为二次应力。总体热应力的实例是：圆筒轴向温度分布产生的应力，接管与其相连的壳体之间的温差产生的应力，圆筒中由径向温度分布产生的当量线性应力。局部热应力与几乎完全抑制膨胀差有关，于是不引起显著变形。仅从疲劳观点应考虑这种应力。因此，划为局部应力。局部热应力的实例是：容器壁中小热点中的应力，通过圆筒壁厚温度梯度的非线性部分间的温度差，具有与基层材料不同的膨胀系数的复层材料中的热应力。

2.13 符号

a = 分别为板内热点或受热面积的半径，或焊趾处裂纹深度。

α = 分别为两个相邻点在平均温度下的材料热膨胀系数，在循环的平均温度下计算的材料热膨胀系数，或锥顶角。

α_1 = 在循环的平均温度下计算的材料 1 热膨胀系数。

α_2 = 在循环的平均温度下计算的材料 2 热膨胀系数。

α_{sl} = 用于多轴应变极限的材料系数。

β_{cr} = 能力降低系数。

C_1 = 基于方法 B 筛分疲劳分析的系数。

C_2 = 基于方法 B 筛分疲劳分析的系数。

D_f= 累积疲劳损伤。

$D_{f,k}=k^{th}$ 循环的疲劳损伤。

D_ε = 累积的应变极限损伤。

$D_{\varepsilon form}$ = 成形引起的应变极限损伤。

$D_{\varepsilon,k}$ = 对 k^{th} 载荷条件应变极限损伤。

$\Delta e_{ij,k}$= 对 k^{th} 循环评定点处总应变范围部分减去自由热应变的变化。

$\Delta\varepsilon_k$ = 对 k^{th} 循环评定点处局部非线性结构应变范围。

$\Delta\varepsilon^e{}_k$ = 对 k^{th} 循环评定点处弹性计算的结构应变范围。

$\Delta\varepsilon_{el,k}$ = 对 k^{th} 循环按弹性分析计算的当量应变范围。

$\Delta\varepsilon_{ij,k}$ = 采用总应变减去自由热应变计算的 k^{th} 循环的分量应变范围。

$\Delta\varepsilon_{peq,k}$ = 对 k^{th} 载荷条件或循环，当量塑性应变范围。

$\Delta\varepsilon_{eff,k}=k^{th}$ 循环有效应变范围。

$\Delta p_{ij,k}$ = 对 k^{th} 载荷条件或循环，评定点处塑性应变范围部分的变化。

ΔP_N = 与 $N_{\Delta P}$ 有关的压力最大的设计范围。

$\Delta S_{n,k}$ = 一次+二次当量应力范围。

$\Delta S_{p,k}=k^{th}$ 循环一次+二次+峰值当量应力范围。

$\Delta S_{LT,k}=k^{th}$ 循环局部热当量应力。

$\Delta S_{ess,k}=k^{th}$ 循环当量结构应力范围参数。

ΔS_{ML} =按规定的机械载荷全范围，除压力外，包括管道反力，计算的当量应力范围。

ΔQ = 二次当量应力范围。

ΔT = 操作温度范围。

ΔT_E = 任意两个相邻点之间金属温度变化的有效次数。

ΔT_M = 在正常操作期间，或开停车操作期间，容器任意相邻两点间对于 $N_{\Delta TM}$ 的温度差。

ΔT_N = 在正常操作期间，或开停车操作期间，容器任意相邻两点间对于 $N_{\Delta TN}$ 的温度差。

ΔT_R = 在正常操作期间，或开停车操作期间，容器任意相邻两点间对于 $N_{\Delta TR}$ 的温度差。

$\Delta\sigma_i$ = 在 i_{th} 方向，与主应力有关的应力范围。

$\Delta\sigma_{ij}$ = 应力张量范围。

$\Delta\sigma_k$ = 对 k^{th} 循环在评定点处局部非线性结构应力范围。

$\Delta\sigma^e{}_k$ = 对 k^{th} 循环在评定点处弹性计算的结构应力范围。

$\Delta\sigma^e{}_{b,k}$ =对 k^{th} 循环在评定点处弹性计算的结构弯曲应力范围。

$\Delta\sigma_{ij,k}$ = 对 k^{th} 循环在评定点处应力张量范围。

$\Delta\sigma^e{}_{m,k}$ = 对 k^{th} 循环在评定点处弹性计算的结构薄膜应力范围。

$\Delta\tau_k$ = 对 k^{th} 循环在评定点处结构剪应力范围。

$\Delta\tau^e{}_{b,k}$ = 对 k^{th} 循环在评定点处弹性计算的结构剪应力范围的弯曲部分。

$\Delta\tau^e{}_{m,k}$ = 对 k^{th} 循环在评定点处弹性计算的结构剪应力范围的薄膜部分。

δ = 对 k^{th} 循环 $\Delta\sigma_k$ 与 $\Delta\tau_k$ 之间异相位角。

E_y = 板材未修正的弹性模量。

E_{yf}= 采用的疲劳曲线上弹性模量值。

$E_{ya,k}$ = 对 k^{th} 循环的平均温度下计算的，考察点处材料的弹性模量值。

E_{y1} = 循环的平均温度下计算的材料 1 的弹性模量。

E_{y2} = 循环的平均温度下计算的材料 2 的弹性模量。

E_{ym} = 循环的平均温度下计算的材料的弹性模量。

ε_{cf} = 冷成形应变。

ε_{Lu} = 单轴的应变极限。

$\varepsilon_{L,k}$ = 极限三轴应变。

$f_{M,k}$ = k^{th} 循环的平均应力修正系数。

F = 由操作载荷引起的在名义应力水平之上，由应力集中产生的附加应力。

F_1 = 外加的轴向力。

$F(\delta)$ = 基于 $\Delta\sigma_k$ 与 $\Delta\tau_k$ 之间异相位角的疲劳修正系数。

I = 在结构应力评定中所使用的修正系数。

I_τ = 在结构剪应力评定中所使用的修正系数。

K_{css} = 用于循环应力－应变曲线模型的材料参数。

$K_{e,k}$ = k^{th} 循环的疲劳损失系数。

$K_{v,k}$ = k^{th} 循环的局部热应力和热弯曲应力的塑性泊松比修正系数。

K_f= 计算循环应力幅或循环应力范围所使用的疲劳强度的降低系数。

K_L = 当量应力载荷系数。

K_m = 在减小的孔间带中的峰值应力与正常孔间带中的峰值应力之比值。

M = 由循环计数法求得的某点的应力范围的总次数。

M_o = 由于结构不连续或外加载荷引起的，在多层球壳或封头的**熔合线**上存在的，单位周长的纵向弯矩。

M_1 = 外加弯矩。

m = 在简化的弹－塑分析中所使用的疲劳损失系数用的材料常数。

m_{ij} = 机械应变张量，定义为总应变减去自由热应变。

m_{ss} = 基于结构应力的疲劳分析用的指数。

n = 在简化的弹－塑分析中所使用的疲劳损失系数用的材料常数。

n_k = k^{th} 循环的实际循环次数。

n_{css} = 用于循环的应力－应变曲线模型的材料参数。

N_k = k^{th} 循环的许用的循环次数。

$N(C_1S)$ = 按应力幅 C_1S 从适用的设计疲劳曲线查得的循环次数（见附录 3-F，3-F.1.2）。

$N(S_e)$ = 按应力幅 S_e 从适用的设计疲劳曲线查得的循环次数（见附录 3-F，3-F.1.2）。

$N_{\Delta FP}$ = 包括开停车在内的全幅压力循环的设计次数。

$N_{\Delta P}$ = 与 ΔP_N 有关的有效的循环次数。

$N_{\Delta PO}$ = 对于整体结构，压力变化范围超过设计压力 20%的，对于非整体结构，压力变化范围超过设计压力 15%的，预期的操作压力循环次数。

$N_{\Delta S}$ = 与 ΔS_{ML} 有关的有效的循环次数，有效循环是指温度范围循环超过 S_{as} 的那些循环。

$N_{\Delta T}$ = 与 ΔT_N 有关的循环次数。

$N_{\Delta TE}$ = 与 ΔT_E 有关的循环次数。
$N_{\Delta TM}$ = 与 ΔT_M 有关的有效的循环次数。
$N_{\Delta TR}$ = 与 ΔT_R 有关的有效的循环次数。
$N_{\Delta Ta}$ = 对于具有不同热膨胀系数的材料间含有焊缝的元件的温度循环次数。
v = 泊松比。
P = 规定的设计压力。
P_b = 一次弯曲当量应力。
P_m = 总体一次薄膜当量应力。
P_L = 局部一次薄膜当量应力。
Φ_B = 屈曲设计系数。
Q = 由操作载荷引起的二次当量应力。
Q_1 = 外部施加的剪力。
R = 从壳体中壁到回转轴，垂直壳体表面量得的内半径，或 k^{th} 循环中的最小应力与最大应力之比。
$R_k = k^{th}$ 循环的应力比。
$R_{b,k}$ = 弯曲应力与薄膜+弯曲应力之比。
$R_{b\tau,k}$ = 剪应力的弯曲分量与剪应力的薄膜+弯曲分量之比。
RSF = 计算的剩余的强度系数。
R_1 = 局部一次薄膜应力超过 1.1S 的地方，部位 1 的中面的曲率半径。
R_2 = 局部一次薄膜应力超过 1.1S 的地方，部位 2 的中面的曲率半径。
S = 基于结构材料和设计温度的许用应力。
S_a = 对规定的操作循环次数从疲劳曲线查得的交变应力。
S_{as} = 按 1E6 次循环从适用的设计疲劳曲线查得的应力幅。
S_e = 计算的当量应力。
S_Q = 对二次应力范围的许用限制条件。
S_{PL} = 对局部一次薄膜应力和局部一次薄膜应力+弯曲应力类别的许用限制条件（见 2.2.2.4）。
S_{PS} = 对一次+二次应力范围的许用限制条件（见 2.5.6）。
S_y = 设计温度下规定的屈服强度的最小值。
S^L_y = 用于极限载荷分析的规定的塑性极限。
$S_{a,k}$ = 对规定的 k^{th} 循环的循环次数，从适用的疲劳设计曲线查得的交变应力值。
$S_{alt,k} = k^{th}$ 循环的交变当量应力。
$S_{y,k}$ = 在 k^{th} 循环的平均温度下计算的材料屈服强度。
$S_a(N)$ = 按 N 次循环从适用的设计疲劳曲线（见附录 3-F，3-F.1.2）查得的应力幅。
$S_a(N_{\Delta P})$ = 按 $N_{\Delta P}$ 次循环从适用的设计疲劳曲线（见附录 3-F，3-F.1.2）查得的应力幅。
$S_a(N_{\Delta S})$ = 按 $N_{\Delta S}$ 次循环从适用的设计疲劳曲线（见附录 3-F，3-F.1.2）查得的应力幅。
$S_a(N_{\Delta TN})$ = 按 $N_{\Delta TN}$ 次循环从适用的设计疲劳曲线（见附录 3-F，3-F.1.2）查得的应力幅。
$S_a(N_{\Delta TM})$ = 按 $N_{\Delta TM}$ 次循环从适用的设计疲劳曲线（见附录 3-F，3-F.1.2）查得的应力幅。
$S_a(N_{\Delta TR})$ = 按 $N_{\Delta TR}$ 次循环从适用的设计疲劳曲线（见附录 3-F，3-F.1.2）查得的应力幅。

${}^{m}\sigma^{e}{}_{b,k}=$ 对于 k^{th} 循环，在 m 点上，评定点上弹性计算的弯曲应力。

${}^{n}\sigma^{e}{}_{b,k}=$ 对于 k^{th} 循环，在 n 点上，评定点上弹性计算的弯曲应力。

$\sigma_e=$ von Mises 应力。

$\sigma_{e,k}=$ 对于 k^{th} 循环载荷条件，von Mises 应力。

$\sigma_i=$ 各主应力。

$\sigma_{ij,k}=$ 对于 k^{th} 循环，在 m 点上，评定点上的应力张量。

${}^{m}\sigma_{ij,k}=$ 对于 k^{th} 循环，在 m 点上，评定点上的应力张量。

${}^{n}\sigma_{ij,k}=$ 对于 k^{th} 循环，在 n 点上，评定点上的应力张量。

$\sigma^{LT}{}_{ij,k}=$ 对于 k^{th} 循环，评定的位置和时间点上由局部热应力引起的应力张量。

${}^{m}\sigma^{e}{}_{m,k}=$ 对于 k^{th} 循环，在 m 点上，评定点上弹性计算的薄膜应力。

${}^{n}\sigma^{e}{}_{m,k}=$ 对于 k^{th} 循环，在 n 点上，评定点上弹性计算的薄膜应力。

$\sigma_{max,k}=k^{th}$ 循环中的最大的应力。

$\sigma_{mean,k}=k^{th}$ 循环中的平均应力。

$\sigma_{min,k}=k^{th}$ 循环中的最小应力。

$\sigma_1=$ 方向 1 的主应力。

$\sigma_2=$ 方向 2 的主应力。

$\sigma_3=$ 方向 3 的主应力。

$\sigma_{1,k}=$ 对于 k^{th} 循环的载荷条件，方向 1 的主应力。

$\sigma_{2,k}=$ 对于 k^{th} 循环的载荷条件，方向 2 的主应力。

$\sigma_{3,k}=$ 对于 k^{th} 循环的载荷条件，方向 3 的主应力。

$t=$ 考虑中的部位的最小壁厚，或容器的壁厚。

$t_{ess}=$ 结构应力的有效壁厚。

$t_1=$ 与 R_1 有关的最小壁厚。

$t_2=$ 与 R_2 有关的最小壁厚。

${}^{m}\tau^{e}{}_{b,k}=$ 对于 k^{th} 循环，在 m 点上，评定点上弹性计算的剪应力分布的弯曲分量。

${}^{n}\tau^{e}{}_{b,k}=$ 对于 k^{th} 循环，在 n 点上，评定点上弹性计算的剪应力分布的弯曲分量。

${}^{m}\tau^{e}{}_{m,k}=$ 对于 k^{th} 循环，在 m 点上，评定点上弹性计算的剪应力分布的薄膜分量。

${}^{n}\tau^{e}{}_{m,k}=$ 对于 k^{th} 循环，在 n 点上，评定点上弹性计算的剪应力分布的薄膜分量。

$UTS=$ 室温下规定的极限拉伸强度的最小值。

$w=$ 所需的连接焊缝的宽度。

$X=$ 最大总体一次薄膜应力除以屈服强度。

$YS=$ 室温下规定的屈服强度最小值。

2.14 表

表 2.1　设计中须考虑的载荷和载荷工况

载荷条件	设计载荷
压力试验	（1）元件加绝热层、防火层、安装内件、平台和在安装位置由该元件支承的其他设备的静载荷。 （2）管道载荷，包括压力推力。

续表

载荷条件	设计载荷
	(3) 适用的工作载荷，除去振动和维修的工作载荷。 (4) 试验、冲洗设备和管道用的压力和流体载荷（水），除规定气压试验外。 (5) 风载荷
正常操作	(1) 元件加绝热层、耐火层、防火层、安装内件、催化剂、填料、平台和在安装位置由该元件支承的其他设备的静载荷。 (2) 管道载荷，包括压力推力。 (3) 适用的工作载荷。 (4) 在正常操作期间压力和流体载荷。 (5) 热载荷
正常操作加必要载荷［注（1）］	(1) 元件加绝热层、耐火层、防火层、安装内件、催化剂、填料、平台和在安装位置由该元件支承的其他设备的静载荷。 (2) 管道载荷，包括压力推力。 (3) 适用的工作载荷。 (4) 在正常操作期间压力和流体载荷。 (5) 热载荷。 (6) 风载荷、地震载荷和其他必要载荷，无论哪个应是较大的。 (7) 由于波动产生的载荷
异常或开车操作加必要载荷［注（1）］	(1) 元件加绝热层、耐火层、防火层、安装内件、催化剂、填料、平台和在安装位置由元件支承的其他设备的静载荷。 (2) 管道载荷，包括压力推力。 (3) 适用的工作载荷。 (4) 与异常或开车条件有关的压力和流体载荷。 (5) 热载荷。 (6) 风载荷
注：(1) 通常由风载荷和地震载荷控制必要载荷，但其他载荷（如雪和冰载荷）也能控制，见 ASCE-7。	

表 2.2　载荷说明

设计载荷参数	说明
p	规定的设计内压力或外压力
P_S	来自液体或散堆材料（例如催化剂）的静压力
D	所考虑的位置处容器、物料和附件的静力，包括： •容器重力，包括内构件、支座（如裙座、耳式支座、鞍座、腿式支座）和外构件（平台、扶梯等）。 • 在操作和试验条件下容器物料的重力。 • 耐火衬里，绝热。 • 由连接设备的重力引起的静态反作用力，如电动机、器械、其他容器和管道。 •运输载荷（所得到的静力与移动式容器正常操作期间经受的动载荷等效［见 1.2.1.2（2）］）
L	• 内外构件的工作载荷。 • 流体压头的影响，稳态和瞬态。 • 波浪作用引起的载荷

续表

设计载荷参数	说明
E	地震载荷（见 ASCE 7 适用于地震载荷的规定定义）
W	风载荷（见规范 2.1.3.2）
Wpt	是压力试验的风载荷工况，适用于该工况的设计风速由用户规定
Ss	雪载荷
T	是自限性载荷工况（即热载荷，施加的位移）。这种载荷工况一般不影响垮塌载荷，但没有过多变形，不足以做出载荷再分布，缓解弹性继续引起应力的情况下，应考虑这种载荷工况

表 2.3　用于弹性分析的载荷工况组合与许用应力

设计载荷组合［注（1）］	许用应力
（1）$P+P_S+D$ （2）$P+P_S+D+L$ （3）$P+P_S+D+L+T$ （4）$P+P_S+D+Ss$ （5）$0.6D+$（$0.6W$ 或 $0.7E$）［注（2）］ （6）$0.9P+P_S+D+$（$0.6W$ 或 $0.7E$） （7）$0.9P+P_S+D+0.75$（$L+T$）$+0.75Ss$ （8）$0.9P+P_S+D+0.75$（$0.6W$ 或 $0.7E$）$+0.75L+0.75Ss$	根据图 2.1 所示载荷类别确定
综合提示：此处所列的载荷被认为是上述说明的各种组合中能起作用的；在考虑的元件中，无论哪种组合应产生最不利的作用；应考虑不起作用的一种或多种载荷。 注： （1）表 2.2 规定了设计载荷组合一列中所使用的参数； （2）这种载荷组合给出用于基础设计的倾覆条件，它不适用于对基础很少用的紧固设计，参照 ASCE/SEI 7-10, 2.4.1，除 2 外，对 W 的更多简化是可以适用的。	

表 2.4　用于极限载荷分析的载荷工况组合与载荷系数

准则	需要乘上系数的载荷组合
设计条件	
总体	（1）$1.5(P+P_S+D)$ （2）$1.3\ (P+P_S+D+T)+1.7L+0.54Ss$ （3）$1.3(P+P_S+D)+1.7Ss+(1.1L$ 或 $0.54W)$ （4）$1.3(P+P_S+D)+1.1W+1.1L+0.54Ss$ （5）$1.3(P+P_S+D)+1.1E+1.1L+0.21Ss$
局部	见 2.3.1.2
适用性	如适用，按用户设计技术条件，见表 2.5
水压试验条件	
总体 适用性	$\max\left[1.43,1.25\left(\frac{S_T}{S}\right)\right]\cdot\left(P+P_S+D\right)+2.6W_{pt}$ 如适用，按用户设计技术条件

续表

准则	需要乘上系数的载荷组合
气压试验条件	
总体 适用性	$1.15\left(\frac{S_T}{S}\right)\cdot\left(P+P_S+D\right)+2.6W_{pt}$ 如适用，按用户设计技术条件
综合提示： （a）表 2.2 规定了设计载荷组合一列中所使用的参数。 （b）对总体和适用性准则的说明，见 2.2.3.4。 （c）S 是设计温度下的许用薄膜应力。 （d）S_T 是压力试验温度下的许用薄膜应力。 （e）此处所列的载荷被认为是在上述说明的各种组合中能起作用的；在考虑的元件中，无论哪种组合应产生最不利的作用；应考虑不起作用的一种或多种载荷。	

表 2.5　用于弹—塑性分析的载荷工况组合与载荷系数

准则	需要乘上系数的载荷组合
设计条件	
总体	（1）$2.4(P+P_S+D)$ （2）$2.1(P+P_S+D+T)+2.7L+0.86Ss$ （3）$2.1(P+P_S+D)+2.7Ss+(1.7L$ 或 $0.86W)$ （4）$2.1(P+P_S+D)+1.7W+1.7L+0.86Ss$ （5）$2.1(P+P_S+D)+1.7E+1.7L+0.34Ss$
局部	$1.7(P+P_S+D)$
适用性	如适用，按用户设计技术条件，见 2.2.4.3（2）
水压试验条件	
总体或局部	$\max\left[2.3, 2.0\left(\frac{S_T}{S}\right)\right]\cdot\left(P+P_s+D\right)+W_{pt}$
适用性	如适用，按用户设计技术条件
气压试验条件	
总体或局部	$1.8\left(\frac{S_T}{S}\right)\cdot\left(P+P_s+D\right)+W_{pt}$
适用性	如适用，按用户设计技术条件
综合提示： （a）表 2.2 规定了设计载荷组合一列中所使用的参数。 （b）对总体和适用性准则的说明，见 2.2.4.3。 （c）S 是设计温度下的许用薄膜应力。 （d）S_T 是压力试验温度下的许用薄膜应力。 （e）此处所列的载荷被认为是在上述说明的各种组合中能起作用的；在考虑的元件中，无论哪种组合应产生最不利的作用；应考虑不起作用的一种或多种载荷。	

表 2.6　应力分类的实例

容器元件	位置	应力起因	应力类型	分类
任何壳体，包括圆筒、锥壳、球壳和成形封头	远离不连续处的壳体	内压	总体薄膜应力	Pm
			沿壁厚的应力梯度	Q
		轴向温度梯度	薄膜应力	Q
			弯曲应力	
	靠近接管或其他开孔	有效截面轴向力和/或作用于接管上的弯矩和/或内压	局部薄膜应力	P_L
			弯曲应力	Q
			峰值应力（圆角或转角）	F
	任何位置	壳体和封头之间温度差	薄膜应力	Q
			弯曲应力	
	壳体变形，如不圆度和凹坑	内压	薄膜应力	Pm
			弯曲应力	Q
圆筒或锥壳	整个容器的任何横截面	有效截面轴向力，作用于圆筒或锥壳的弯矩和/或内压	沿壁厚的平均薄膜应力，远离各个不连续处，垂直横截面应力部分	Pm
			沿厚度的弯曲应力；垂直横截面的应力部分	P_b
	与封头或法兰连接处	内压	薄膜应力	P_L
			弯曲应力	Q
碟形封头或锥形封头	中心顶圆区域	内压	薄膜应力	Pm
			弯曲应力	P_b
	转角区或与壳体连接处	内压	薄膜应力	P_L注(1)
			弯曲应力	Q
平封头	中心区域	内压	薄膜应力	P_m
			弯曲应力	P_b
	与壳体连接处	内压	薄膜应力	P_L
			弯曲应力	Q［注(2)］
多孔的封头和壳体	均布的典型孔间带	压力	薄膜应力（沿横截面平均）	Pm
			弯曲应力（沿孔间带宽度平均，但沿板厚有梯度）	P_b
			峰值应力	F
	单个管孔或不规则的管孔典型单个或不规则的孔间带	压力	薄膜应力	Q
			弯曲应力	F
			峰值应力	

续表

容器元件	位置	应力起因	应力类型	分类
接管（见 2.6）	按 4.5 给出补强范围以内	压力，外载荷和力矩，包括那些属于连接管道自由端位移的约束	总体薄膜应力	P_m
			沿接管壁厚平均的弯曲应力（而不是总体结构不连续应力）	
	按 4.5 给出补强范围以外	压力和外部轴向、剪切和扭转载荷，包括那些属于连接管道自由端位移的约束	总体薄膜应力	P_m
		压力、外部载荷和力矩，不包括那些属于连接管道自由端位移的约束	薄膜应力	P_L
			弯曲应力	P_b
		压力和所有外部载荷和力矩	薄膜应力	P_L
			弯曲应力	Q
			峰值应力	F
	接管壁	总体结构不连续	薄膜应力	P_L
			弯曲应力	Q
			峰值应力	F
		膨胀差	薄膜应力	Q
			弯曲应力	
			峰值应力	F
覆层	任意	膨胀差	薄膜应力	F
			弯曲应力	
任意	任意	径向温度分布［注（3）］	当量线性应力［注（4）］	Q
			应力分布的非线性部分	F
任意	任意	任意	应力集中（缺口效应）	F

注：
（1）应对大直径与厚度比的容器中产生的皱折和过多变形的可能性给予考虑。
（2）如果要求边缘弯矩抑制中心区域的弯曲应力在容许的范围之内，则将边缘弯曲应力划为 P_b；否则，将它划为 Q。
（3）考虑热应力棘轮的可能性。
（4）当量线性应力定义为具有相同纯弯矩的线性应力分布，作为实际应力分布。

表 2.7　用于多轴应变准则的单轴应变极限

材料	最高温度	ε_{Lu} 单轴应变极限［注（1），（2），（3）］			
		m_2	规定的延伸率	规定的断面收缩率	α_{sl}
铁素体钢	480℃(900℉)	0.60(1.00−R)	$2\cdot\ln\left[1+\frac{E}{100}\right]$	$\ln\left[\frac{100}{100-RA}\right]$	2.2
不锈钢和镍基合金	480℃(900℉)	0.75(1.00−R)	$3\cdot\ln\left[1+\frac{E}{100}\right]$	$\ln\left[\frac{100}{100-RA}\right]$	0.6

续表

材料	最高温度	ε_{Lu} 单轴应变极限［注（1），（2），（3）］			
		m_2	规定的延伸率	规定的断面收缩率	α_{sl}
双相不锈钢	480℃(900℉)	$0.70(0.95-R)$	$2\cdot\ln\left[1+\frac{E}{100}\right]$	$\ln\left[\frac{100}{100-RA}\right]$	2.2
特级合金［注（4）］	480℃(900℉)	$1.90(0.93-R)$	$\ln\left[1+\frac{E}{100}\right]$	$\ln\left[\frac{100}{100-RA}\right]$	2.2
铝	120℃(250℉)	$0.52(0.98-R)$	$1.3\cdot\ln\left[1+\frac{E}{100}\right]$	$\ln\left[\frac{100}{100-RA}\right]$	2.2
铜	65℃(150℉)	$0.50(1.00-R)$	$2\cdot\ln\left[1+\frac{E}{100}\right]$	$\ln\left[\frac{100}{100-RA}\right]$	2.2
钛和锆	260℃(500℉)	$0.50(0.98-R)$	$1.3\cdot\ln\left[1+\frac{E}{100}\right]$	$\ln\left[\frac{100}{100-RA}\right]$	2.2

注：

（1）如果没有规定延伸率和断面收缩率，则 $\varepsilon_{Lu}=m_2$，如果规定了延伸率和断面收缩率，则 ε_{Lu} 是按 3,4,5 列中计算的最大值，是合适的。

（2）R 是规定的屈服强度最小值除以规定的抗拉强度最小值之比值。

（3）E 是以%表示的延伸率，RA 是以%表示的断面收缩率，按适用的材料标准确定。

（4）沉淀硬化奥氏体合金。

表 2.8 用于疲劳筛分准则的温度系数

金属温度差		用于疲劳筛分准则的温度系数
℃	℉	
≤28	≤50	0
29～56	51～100	1
57～83	101～150	2
84～139	151～250	4
140～194	251～350	8
195～250	351～450	12
＞250	＞450	20

综合提示：（1）如果未知焊缝金属温度差或不能确定，应采用 20。

（2）考虑某一元件经受各个金属温度差达到下列热循环次数，作为说明使用本表的实例：

温度差	根据温度差的温度系数	热循环次数
28℃(50℉)	0	1000
50℃(90℉)	1	250
222℃(400℉)	12	5

由金属温度的变化引起热循环的有效次数为：$N_{\Delta TE}=1000(0)+250(1)+5(12)=310$ 次

表 2.9　疲劳筛分准则用于方法 A

结构形式	元件类型	疲劳筛分准则
整体结构	成形封头转角区内的连接件或接管	$N_{\Delta FP}+N_{\Delta PO}+N_{\Delta TE}+N_{\Delta T\alpha}\leqslant 350$
	所有其他元件	$N_{\Delta FP}+N_{\Delta PO}+N_{\Delta TE}+N_{\Delta T\alpha}\leqslant 1000$
非整体结构	成形封头转角区内的连接件或接管	$N_{\Delta FP}+N_{\Delta PO}+N_{\Delta TE}+N_{\Delta T\alpha}\leqslant 60$
	所有其他元件	$N_{\Delta FP}+N_{\Delta PO}+N_{\Delta TE}+N_{\Delta T\alpha}\leqslant 400$

表 2.10　疲劳筛分准则用于方法 B

结构形式	元件类型	疲劳筛分准则系数	
		C_1	C_2
整体结构	成形封头转角区内的连接件或接管	4	2.7
	所有其他元件	3	2
非整体结构	成形封头转角区内的连接件或接管	5.3	3.6
	所有其他元件	4	2.7

表 2.11　焊缝表面疲劳强度降低系数

焊缝状况	表面状况	质量等级（见表 5.12）						
		1	2	3	4	5	6	7
全焊透	加工	1.0	1.5	1.5	2.0	2.5	3.0	4.0
	焊态	1.2	1.6	1.7	2.0	2.5	3.0	4.0
部分焊透	加工最终表面	NA	1.5	1.5	2.0	2.5	3.0	4.0
	最终焊态表面	NA	1.6	1.7	2.0	2.5	3.0	4.0
	根部	NA	NA	NA	NA	NA	NA	4.0
角焊缝	焊趾加工	NA	NA	1.5	NA	2.5	3.0	4.0
	焊趾焊态	NA	NA	1.7	NA	2.5	3.0	4.0
	根部	NA	NA	NA	NA	NA	NA	4.0

表 2.12　焊缝表面疲劳强度降低系数

疲劳强度降低系数	质量等级	定义
1.0	1	已加工或已打磨的焊缝经全范围检验且焊缝表面经 MT/PT 检验和 VT 检验
1.2	1	焊态焊缝经全范围检验且焊缝表面经 MT/PT 检验和 VT 检验
1.5	2	已加工或已打磨的焊缝经部分检验且焊缝表面经 MT/PT 检验和 VT 检验
1.6	2	焊态焊缝经部分检验且焊缝表面经 MT/PT 检验和 VT 检验
1.5	3	已加工或已打磨的焊缝表面经 MT/PT 检验和 VT 检验，但不经受全面检测

续表

疲劳强度降低系数	质量等级	定义
1.7	3	焊态或已打磨的焊缝表面经 MT/PT 检验和 VT 检验，但不经受全面检测
2.0	4	焊缝已经部分或全范围检验，表面已经 VT 检验，但没有 MT/PT 检验
2.5	5	仅焊缝表面经 VT 检验，不经全面检验，也不经 MT/PT 检验
3.0	6	仅全范围检验
4.0	7	焊缝背侧不限定和/或不经检验

综合提示：
（a）全范围检验系指 RT 或 UT，按 ASMEⅧ:7 规定。
（b）MT/PT 检验系指磁粉或液体渗透检验，按 ASMEⅧ:7 规定。
（c）VT 系指目测检查，按 ASMEⅧ:7 规定。
（d）欲知详情，见 WRC Bulletin 432。

表 2.13　用于疲劳分析的疲劳损失系数

材料	K_e［注（1）］		T_{max}［注（2）］	
	m	n	℃	℉
低合金钢	2.0	0.2	371	700
马氏体不锈钢	2.0	0.2	371	700
碳钢	3.0	0.2	371	700
奥氏体不锈钢	1.7	0.3	427	800
镍一铬一铁	1.7	0.3	427	800
镍一铜	1.7	0.3	427	800

注：
（1）疲劳损失系数。
（2）只有满足下列全部条件时才能使用疲劳损失系数：
- 元件不经受热棘轮作用；
- 循环中的最高温度在本材料表的规定值内。

2.15 图

应力类别	一次应力			二次薄膜+弯曲	峰值
	总体薄膜	局部薄膜	弯曲		
实例说明见表 2.6	垂直实体截面的平均一次应力。 排除不连续和应力集中。 仅由机械载荷引起	垂直任意实体截面的平均应力。 考虑不连续，但不考虑应力集中。 仅由机械载荷引起	与实体截面形心的距离成正比的一次应力部分。 排除不连续和应力集中。 仅由机械载荷引起	满足结构连续所必需的自平衡应力。 发生在结构不连续处。可由机械载荷或热膨胀差引起。 排除局部应力集中	1. 由某一应力集中（缺口）引起的，附加到一次或二次应力之上的增量。 2. 可引起疲劳但不引起容器变形的某些热应力
符号	P_m	P_L	P_b	Q	F

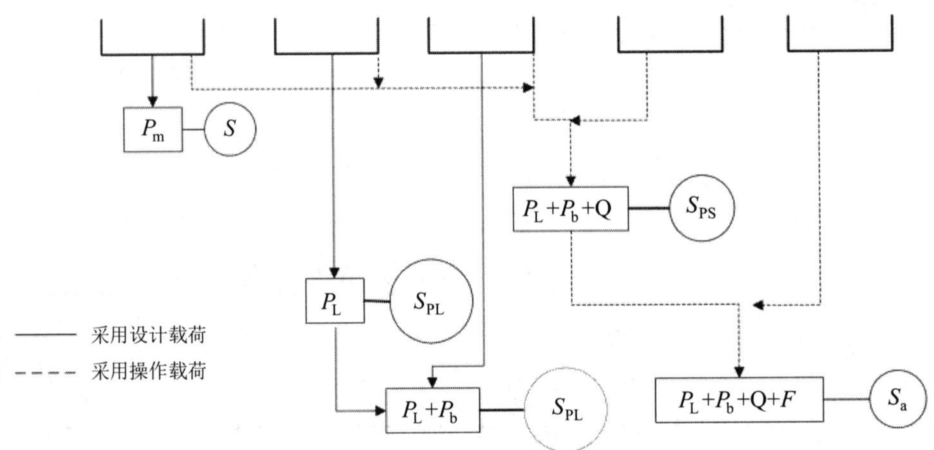

图 2.1 应力分类与当量应力限制条件

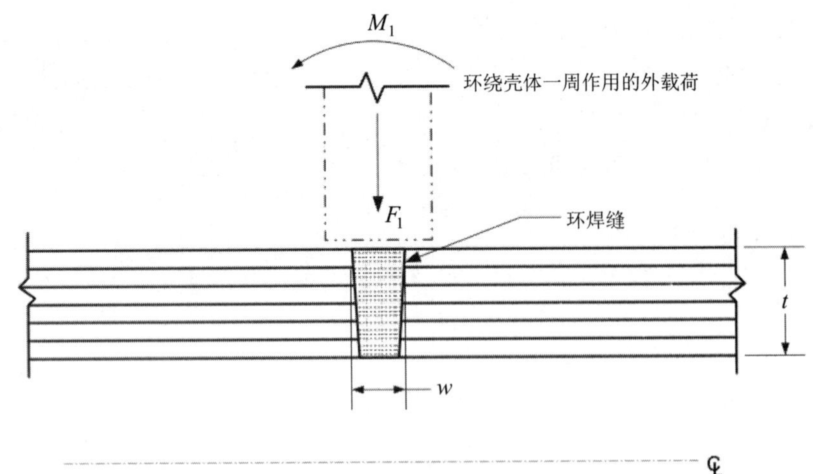

图 2.2 多层包扎用的环焊缝实例达到实体等效

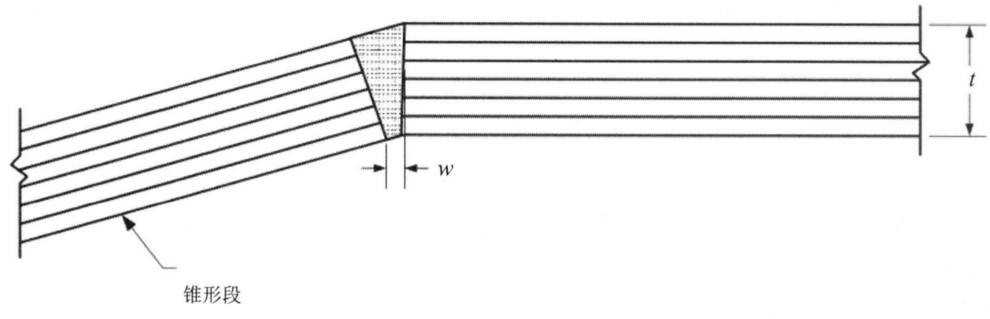

图 2.3　不连续区中多层段间周向对接焊缝连接的实例

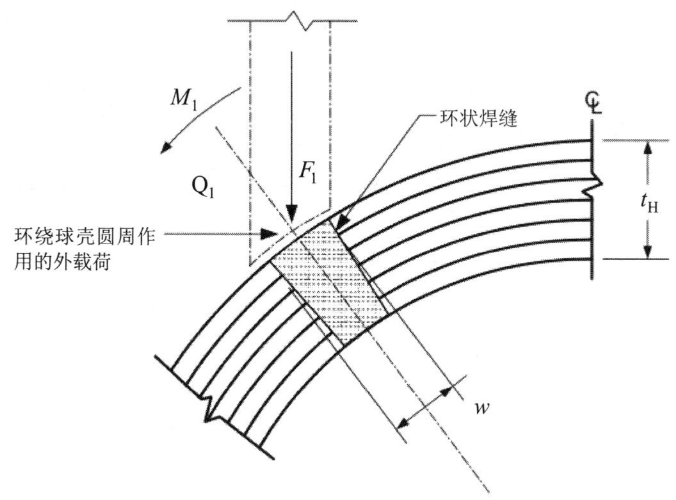

图 2.4　多层包扎用的环焊缝实例达到实体等效

附录 2-A　应力线性化结果用于应力分类

2-A.1　范围

本附录提供由弹性有限元应力分析产生的后处理的推荐值用于与 2.2.2 限制条件作比较。

2-A.2　总则

（a）在有限元方法中，当连续单元用来作分析时，能获得总应力分布。因此，为产生薄膜和弯曲应力，根据每一应力部分，并用来计算当量力，应将总应力分布线性化。如果使用壳单元（壳体理论），应从壳体应力结果直接得到薄膜和弯曲应力。

（b）经过元件厚度的横截面上产生薄膜应力和弯曲应力。将这些横截面称为应力分类面（SCPs）。在二维几何图形中，缩小 SCP 的两个相对面至无穷小的长度可得一条应力分类线（SCL）。分类面是切入元件某一个截面的平面，分类线是切入元件某一个截面的直线。当在轴对称或平面几何图形中观察时，分类线是平面。SCP 和 SCL 的实例在图 2-A.1 和 2-A.2 中给出。

（c）为有限元结果的线性化提供下列三种方法。

（1）应力积分法：这种方法能用来作由连续有限元模型产生的应力线性化（参照 WRC-429）。

（2）基于节点力的结构应力法：这种方法以节点力的处理为根据，并已被证明是对网格不敏感，且能很好地与焊接的疲劳数据相关联（参照 WRC-474）。

（3）基于应力积分的结构应力法：这种方法应用应力积分法，但限制对处理的节点线有影响的一组单元。

（d）推荐基于应力积分的结构应力法，除非其他方法能被证明对于给定的元件和载荷工况产生更为精确的评定。这种方法配合对于精细网格不敏感的，基于节点力的结构应力法。此外，采用商用的有限元分析软件一般提供后处理工具，可实施这种方法。

2-A.3　应力分类线的选择

（a）压力容器通常包括几何、材料和载荷发生突变的结构不连续区域。这些区域一般是元件中最高应力部位。为了评定塑性垮塌和棘轮失效模型，一般将应力分类线（SCLs）设置在总体结构不连续部位。为了评定局部失效和疲劳，一般将 SCLs 设置在局部结构不连续部位。

（b）对于通过材料不连续（基层金属带复层）的 SCL 线，SCL 应包括所有材料和有关载荷。如果其中一种材料（如复层）由于强度计算被忽略，对于评定塑性垮塌，仅有基层金属厚度用来计算由线性化的力和力矩沿整个截面引起的薄膜和弯曲应力。

（c）为了更精确地得出线性化的薄膜和弯曲应力，用于比较弹性应力限定值，应遵循下列准则。这些准则能被用作评定不同的 SCL 线适用性合格的手段。遵循其中任一准则导致失效可不产生有效的薄膜或弯曲应力。对于弹性应力分析和应力线性化可产生模棱两可结果的情况，建议应用本章的极限载荷分析方法和弹－塑性分析方法。

（1）应将 SCL 线定位垂直于最高应力值的外形线。然而，由于这是难以作出的，所以将 SCL 线定位垂直于横截面的中面，可获得同样的精确度。SCL 的定位准则示于图 2-A.3。

（2）除应力集中或热峰值应力影响之外，在 SCL 上周向或经向分量应力分布将呈单调增加或减少，见图 2-A.3（b）。

（3）经过壁厚的应力分布应呈单调地增加或减少。对于压力载荷，经过壁厚的应力应等于加载面上的压缩压力。定义 SCL 的另一面上应力近似为零（见图 2-A.3（c））。当 SCL 不与表面垂直时，将不满足这一要求。

（4）剪应力分布应呈抛物线和/或该应力应低于相对应的周向或经向应力。随加载载荷类型而定，按 SCL 定义的两个表面上，该剪应力应近似为零。图 2-A.3（d）提供了分布图。

（-a）只是当内外表面平行且 SCL 与内外表面垂直时，沿 SCL 的剪应力分布将**接近**抛物线分布。当内外表面不平行，或 SCL 与内外表面不垂直时，将不能得到合理的剪应力布。然而，与周向或经向应力相比，如果剪应力值较小，可放弃这个定位准则。

（-b）当剪应力分布呈近似直线，该剪应力很可能是重要的。

（5）对于受压边界的元件，周向或经向应力一般存在最大值的应力，且在当量应力中是控制项。如果 SCL 相对于内表面、外表面或中面是斜交的，一般周向应力或经向应力沿 SCL 偏离了单调地增加或减小的趋势。对大多数压力容器的应用情况，由压力引起的周向或经向应力几乎呈直线分布。

2-A.4　应力积分法

2-A.4.1　连续单元

2-A.4.1.1　综述

采用应力积分法可处理从二维或三维连续单元的有限元分析得到的应力结果。要确定薄膜应力和弯曲应力部分，沿经过壁厚的 SCL 积分应力分量。采用从总应力分布减去薄膜+弯曲应力分布的这种方法，能直接得到峰值应力部分。采用各个部分的主应力，应按式（2.1）计算当量应力。

2-A.4.1.2 应力线性化方法

下面结合图 2-A.4 说明求得某一应力分布中的薄膜、弯曲和峰值**应力张量**的方法。计算所用的分量应力应以 SCL 定位的局部坐标系为基础，见图 2-A.2。

步骤 1 计算薄膜应力张量。薄膜应力张量是沿应力分类线的每一应力分量的平均值组成的张量，即

$$\sigma_{ij,m}=\frac{1}{t}\int_{0}^{t}\sigma_{ij}\,\mathrm{d}x \tag{2-A.1}$$

步骤 2 计算弯曲应力张量。

（a）仅对局部的周向和经向（法向的）部分的应力计算弯曲应力，而对平行于 SCL 局部的应力或面内剪应力不计算弯曲应力。

（b）仅对 SCL 扭转引起的剪应力分布需要考虑剪应力的线性部分（在法向－周向平面上的面外剪应力，见图 2-A.2）。

（c）弯曲剪应力张量是沿应力分类线由每一应力分量的线性变化部分组成的，即

$$\sigma_{ij,b}=\frac{6}{t^{2}}\int_{0}^{t}\sigma_{ij}\left(\frac{t}{2}-x\right)\mathrm{d}x \tag{2-A.2}$$

步骤 3 计算峰值应力张量。峰值应力张量是分量等于下列各值的那些张量：

$$\sigma_{ij,F}(x)\Big|_{x=0}=\sigma_{ij}(x)\Big|_{x=0}-(\sigma_{ij,m}+\sigma_{ij,b}) \tag{2-A.3}$$

$$\sigma_{ij,F}(x)\Big|_{x=t}=\sigma_{ij}(x)\Big|_{x=t}-(\sigma_{ij,m}-\sigma_{ij,b}) \tag{2-A.4}$$

步骤 4 在 SCL 的两个端点上，根据薄膜和薄膜+弯曲部分中的应力分量计算三个主应力。

步骤 5 在 SCL 的两个端点上，根据薄膜和薄膜+弯曲部分中的三个主应力，采用式（2.1）计算当量应力。

2-A.4.2 壳单元

2-A.4.2.1 综述

应从分析结果直接得出采用二维或三维壳单元有限元分析求出的各项应力结果。采用各部分的主应力，按式（2.1）计算当量应力。

2-A.4.2.2 应力线性化方法

下面说明求得某一应力分布中的薄膜、弯曲和峰值应力张量的方法。

（a）薄膜应力张量是沿应力分类线的每一应力分量的平均值组成的张量，即：

$$\sigma_{ij,m}=\frac{\sigma_{ij,in}+\sigma_{ij,out}}{2} \tag{2-A.5}$$

（b）弯曲应力张量是沿应力分类线的每一应力分量线性变化部分组成，即：

$$\sigma_{ij,b}=\frac{\sigma_{ij,in}-\sigma_{ij,out}}{2} \tag{2-A.6}$$

（c）峰值应力张量是分量等于下列值的那个张量：

$$\sigma_{ij,F}=(\sigma_{ij,m}+\sigma_{ij,b})(K_f-1) \qquad (2\text{-A.7})$$

2-A.5 基于节点力的结构应力法

2-A.5.1 综述

采用基于节点力的结构应力法可处理从连续单元或壳单元的有限元分析得出的应力结果。对网格不敏感的结构应力法为求得薄膜和弯曲应力提供一个完善的方法，并能直接用于焊接接头的疲劳设计。采用这一方法，评定垂直于焊缝中假想裂纹平面的结构应力。对常用压力容器元件焊缝，可能的裂纹定向的选择是明确的（即角焊缝的焊趾）。连续单元提供两种可供选择的方法用于结构应力法，一种方法是基于节点力，另一方法是基于应力积分法。常用的有限元连续模型和分析该类型的应力分类线示于图 2-A.5。

2-A.5.2 连续单元

（a）采用下述结构应力法和节点力可处理从二维或三维连续单元的有限元分析求得的应力结果。采用表 2-A.1 提供的公式，按单元节点内力能计算薄膜和弯曲应力。图 2-A.6 说明这一过程。当能得到内力结果作为有限元输出部分时，因为该结果对网格密度不敏感，所以推荐这种方法。

（b）当采用三维连续单元时，必须将来自所考虑的通过壁厚的横截面上实体模型中的各节点力的力和力矩相对于某一单元的中壁求合。对于一个二阶单元，沿着通过壁厚的各单元面处理各节点的三条求和线。图 2-A.7 说明这了一过程。

（c）对于一个对称结构应力范围，两个焊趾具有发生疲劳裂纹的相同机会。因此，结构应力计算包括建立相对于板厚一半的平衡当量薄膜和弯曲应力部分。图 2-A.8 说明对于对称应力状态的当量结构应力计算方法。

2-A.5.3 壳单元

（a）采用结构应力法和节点力可处理从壳单元的有限元分析求得的应力结果。采用表 2-A.2.提供的公式，按单元节点内力能计算薄膜和弯曲应力。图 2-A.9 说明常用的壳体模型。

（b）当采用三维壳体单元时，在所考虑的一个横截面上可获得相对于单元中壁的力和力矩。图 2-A.10 说明了这个过程。

2-A.6 基于应力积分法的结构应力法

作为上述节点力方法的替代方法，采用基于应力积分的结构应力法可处理从二维或三维的连续单元的有限元分析求得的应力结果。这种方法利用 2-A.3 的应力积分法，但限制对处理节点线有影响的一组单元。对于评定区域，适用于 SCL 的各单元均包括在后处理中，如图 2-A.11 图解说明。

2-A.7 符号

σ_s = 结构应力。

$\Delta\sigma_s$ = 结构应力范围。

f_i = 单元定位 i 上的线力。

NF_j = 节点 j 处垂直于截面的节点力。

NF_{ij} = 在单元定位 i 处，节点 j 处垂直于截面的节点力。

NM_j = 在节点 j 处垂直于截面的面内节点力矩，用于壳单元。

F_i = 单元定位 i 处的节点力合力。

K_f = 计算循环应力幅或循环应力范围所使用的疲劳强度降低系数。

m_i = 单元定位 i 处的线力矩。

n = 通过壁厚方向的节点数。

M_i = 单元定位 i 处的节点合力矩。

σ_m = 薄膜应力。

σ_b = 弯曲应力。

σ_{ij} = 评定点处的应力张量。

$\sigma_{ij,m}$ = 评定点处薄膜应力张量。

$\sigma_{ij,b}$ = 评定点处弯曲应力张量。

$\sigma_{ij,F}$ = 峰值应力张量。

$\sigma_{ij,in}$ = 壳体内表面上应力张量。

$\sigma_{ij,out}$ = 壳体外表面上应力张量。

σ_{mi} = 单元定位 i 处的薄膜应力。

σ_{bi} = 单元定位 i 处的弯曲应力。

r_j = 轴对称单元节点 j 的径向坐标。

s_j = 相对于截面中壁的，定义节点力 NF_j 位置的，平行于应力分类线的局部坐标。

P = 一次当量应力。

Q = 二次当量应力。

X_L = 局部坐标 X 轴，平行于应力分类线。

Y_L = 局部坐标 Y 轴，垂直于应力分类线。

X_g = 总体坐标 X 轴。

Y_g = 总体坐标 Y 轴。

t = 考察区域的最小壁厚或容器壁厚。

w = 按有限元分析，确定结构应力的单元宽度。

x = 通过壁厚的坐标。

2-A.8　表

表 2-A.1　关于连续有限单元的结构应力定义

单元类型	薄膜应力	弯曲应力
二维轴对称二次（8 节点）连续单元	$\sigma_m = \frac{1}{t}\Sigma\frac{NF_j}{2\pi r_j}$	$\sigma_b = \frac{6}{t^2}\Sigma\frac{NF_j \cdot s_j}{2\pi r_j}$
二维二次平面应力或平面应变（8 节点）连续单元	$\sigma_m = \frac{1}{t}\Sigma\frac{NF_j}{w}$	$\sigma_b = \frac{6}{t^2}\Sigma\frac{NF_j \cdot s_j}{w}$
三维二次（20 节点连续单元）	$\sigma_{mi} = \frac{f_i}{t}$　注（1）	$\sigma_{bi} = \frac{6 \cdot m_i}{t^2}$　注（2）
注：（1）f_i 表示沿单元宽度 w 对应于单元定位（i = 1, 2, 3）的线力；定位 2 对应单元的中面（见图 2-A.7）。		

$$f_1=\frac{3\left(6F_1+2F_3-F_2\right)}{2w}$$

$$f_2=\frac{-3\left(2F_1+2F_3-3F_2\right)}{4w}$$

$$f_3=\frac{3\left(2F_1+6F_3-F_2\right)}{2w}$$

上式中，F_1, F_2和 F_3是通过壁厚并沿单元体宽度 w 的节点力的合力（产生 A-A 截面的法向薄膜应力）

$F_i=\Sigma NF_{ij}$，即在 A-A 截面上通过节点从 $j = 1, n$（通过壁厚方向节点数）求和的合力（见图 2-A.7）。

（2）m_i 表示沿单元宽度 w 对应于单元定位（$i = 1, 2, 3$）的线力矩；定位 2 对应单元的中面（见图 2-A.7）。

$$m_1=\frac{3\left(6M_1+2M_3-M_2\right)}{2w}$$

$$m_2=\frac{-3\left(2M_1+2M_3-3M_2\right)}{4w}$$

$$m_3=\frac{3\left(2M_1+6M_3-M_2\right)}{2w}$$

上式中，M_1, M_2和 M_3是节点力矩的合力矩（产生 A-A 截面的法向弯曲应力），基于沿单元体宽度 w 各节点力对中壁 S_j 计算的 $M_i=\Sigma NF_{ij}\,s_j$，即在 A-A 截面上通过节点从 $j = 1,n$（通过壁厚方向节点数）求和的合力矩（见图 2-A.7）。

表 2-A.2　关于壳或板有限单元的结构应力定义

单元类型	薄膜应力	弯曲应力
三维二次（8 节点）壳单元	$\sigma_{mi}=\frac{f_i}{t}$ ［注（1）］	$\sigma_{bi}=\frac{6m_i}{t^2}$ ［注（2）］
三维一次（4 节点）壳单元	$\sigma_{mi}=\frac{f_i}{t}$ ［注（3）］	$\sigma_{bi}=\frac{6m_i}{t^2}$ ［注（4）］
轴对称线性和抛物线壳体有限元	$\sigma_m=\frac{NF_j}{2\pi r_j t}$	$\sigma_b=\frac{6NM_j}{2\pi r_j t^2}$

注：（1）f_i 表示沿单元宽度 w 对应于单元定位（$i = 1, 2, 3$）的力；定位 $i = 2$ 对应单元的中面（见图 2-A.10）。

$$f_1=\frac{3\left(6NF_1+2NF_3-NF_2\right)}{2w}$$

$$f_2=\frac{-3\left(2NF_1+2NF_3-3NF_2\right)}{4w}$$

$$f_3=\frac{3\left(2NF_1+6NF_3-NF_2\right)}{2w}$$

上式中，NF_1,NF_2 和 NF_3 是按壳模型沿焊缝（见图 2-A.10）的内部的节点力（在垂直截面 A-A 的方向上）。

（2）m_i 表示沿单元宽度 w 对应于单元定位（$i = 1, 2, 3$）的力矩；方位 2 对应单元的中面（见图 2-A.10）。

$$m_1=\frac{3\left(6NM_1+2NM_3-NM_2\right)}{2w}$$

$$m_2=\frac{-3\left(2NM_1+2NM_3-3NM_2\right)}{4w}$$

$$m_3 = \frac{3(2NM_1 + 6NM_3 - NM_2)}{2w}$$

上式中，NM_1,NM_2 和 NM_3 是按壳模型沿焊缝的（见图 2-A.10）的内部的节点力矩（产生 A-A 截面的法向弯曲应力）。

（3）f_i 表示沿单元宽度 w 对应于单元角节点定位（$i = 1, 2$）的力。

$$f_1 = \frac{2(2NF_1 - NF_2)}{w}$$

$$f_2 = \frac{2(2NF_2 - NF_1)}{w}$$

（4）m_i 表示沿单元宽度 w 对应于单元角节点定位（$i = 1, 2$）的力矩。

$$m_1 = \frac{2(2NM_1 - NM_2)}{w}$$

$$m_2 = \frac{2(2NM_2 - NM_1)}{w}$$

2-A.9　图

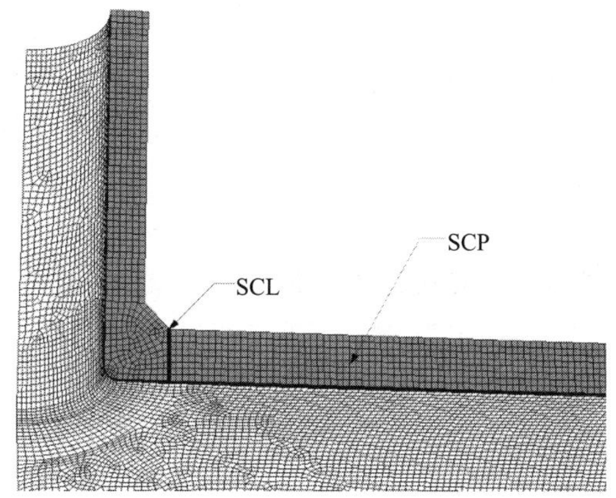

图 2-A.1　应力分类线（SCL）和应力分类面（SCP）

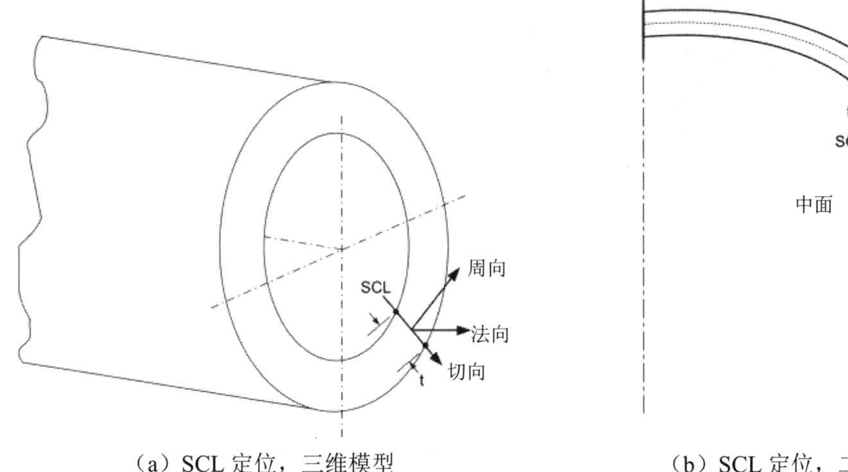

（a）SCL 定位，三维模型　　（b）SCL 定位，二维模型

图 2-A.2　应力分类线（SCLs）

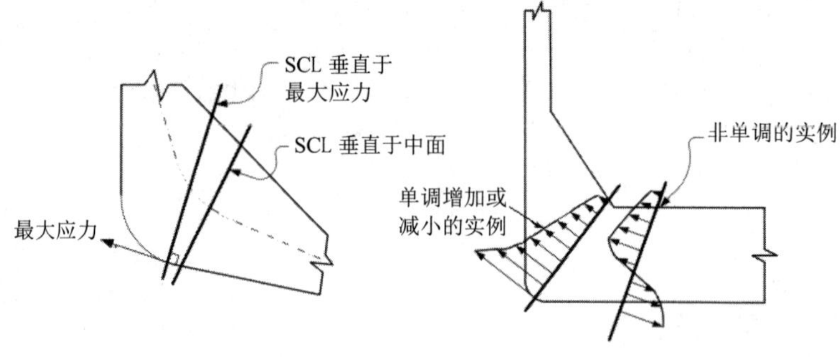

（a）SCL 定位实例　　（b）周向和经向应力分布

图 2-A.3　应力分类线定位与正确导向线

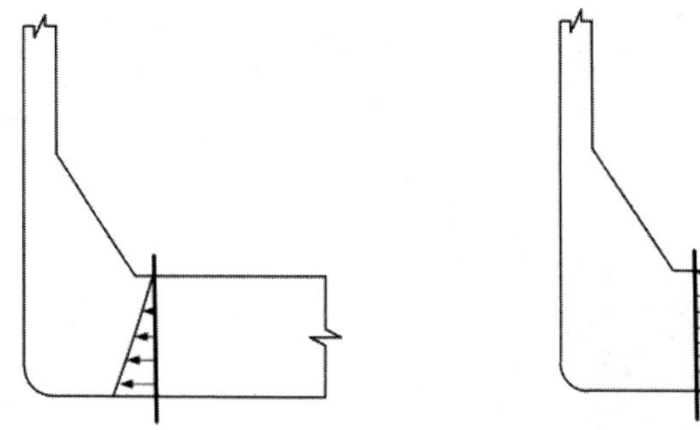

（c）通过壁厚的应力分布　　（d）剪应力分布

图 2-A.3　应力分类线定位与正确导向线（续图）

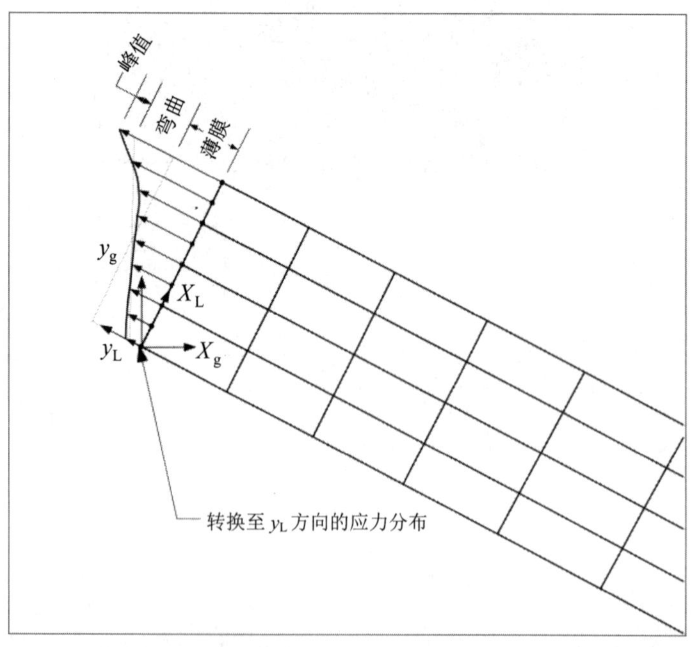

图 2-A.4　采用连续单元有限元模型结果通过应力积分法计算薄膜和弯曲当量应力

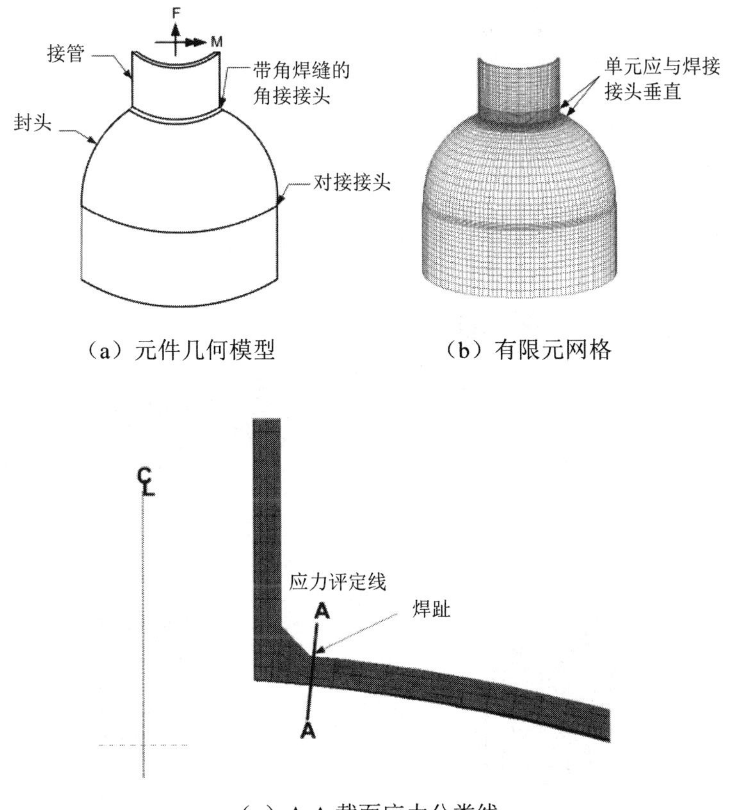

（a）元件几何模型　　（b）有限元网格

（c）A-A 截面应力分类线

图 2-A.5　连续有限元模型应力分类线用于结构应力法

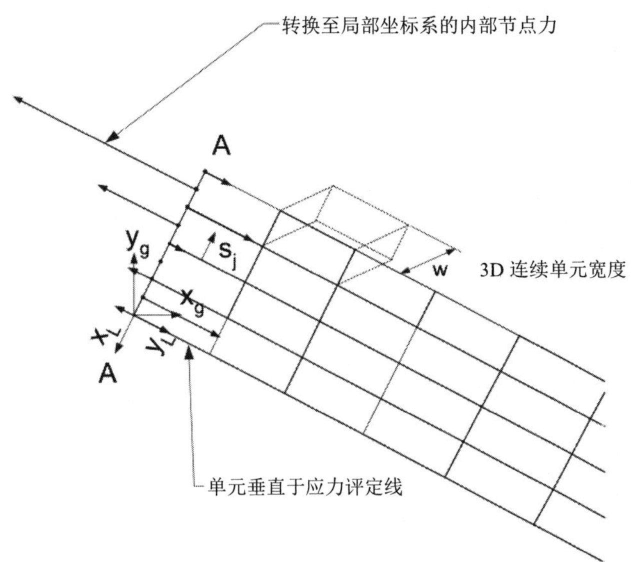

图 2-A.6　采用连续单元有限元模型产生节点力按结构应力法计算薄膜和弯曲当量应力

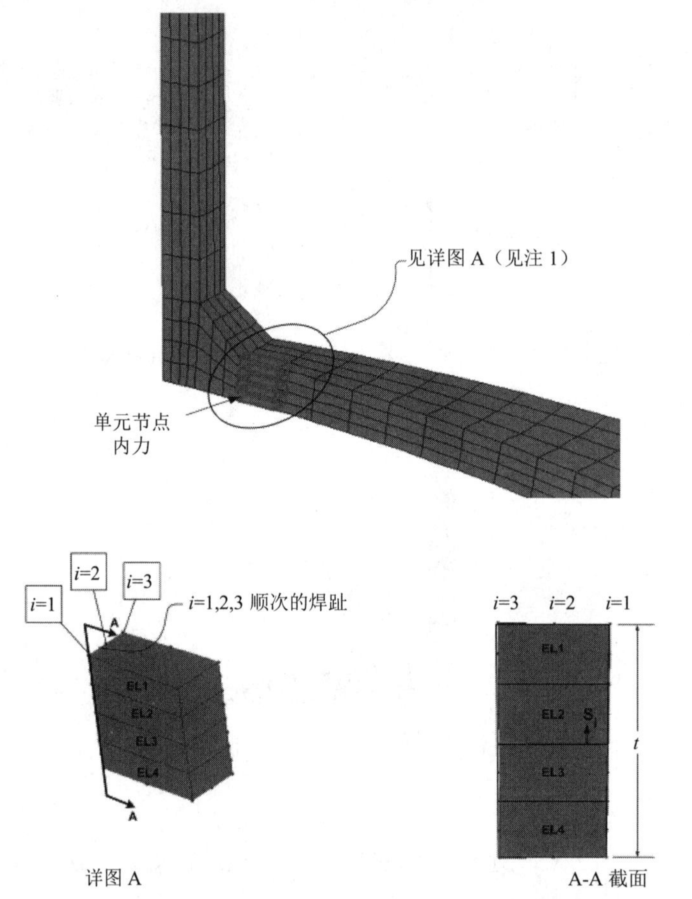

图 2-A.7 采用三维二次连续单元有限元模型所得结果处理结构应力法节点力的结果

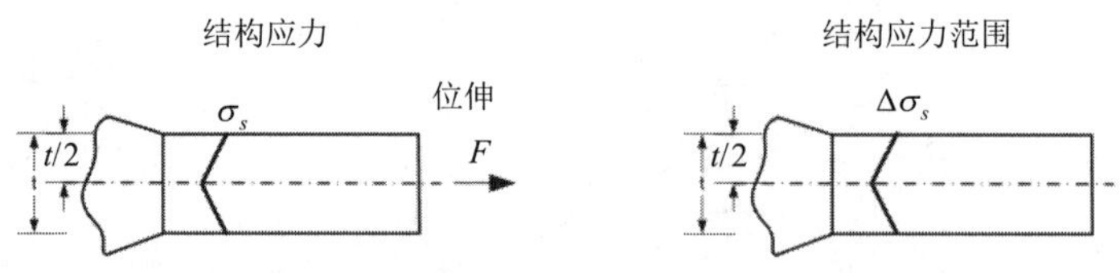

（a）对称结构应力状态（对称接头和对称载荷）

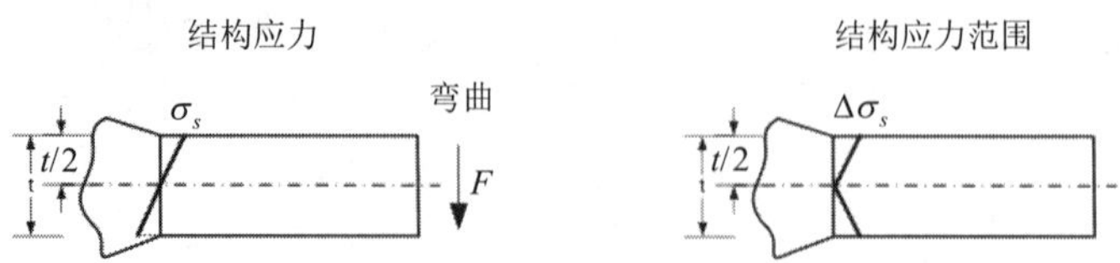

（b）反对称结构应力状态（对称接头和反对称载荷）

图 2-A.8 处理结构应力法的结果用于某一对称结构应力范围

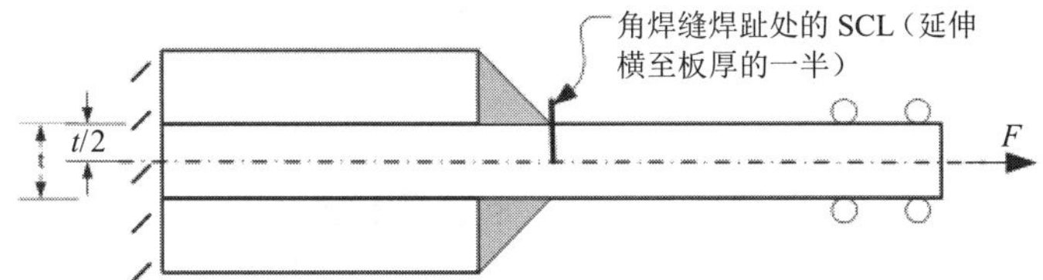

（c）对称接头实例（双板搭接角焊缝）

图 2-A.8　处理结构应力法的结果用于某一对称结构应力范围（续图）

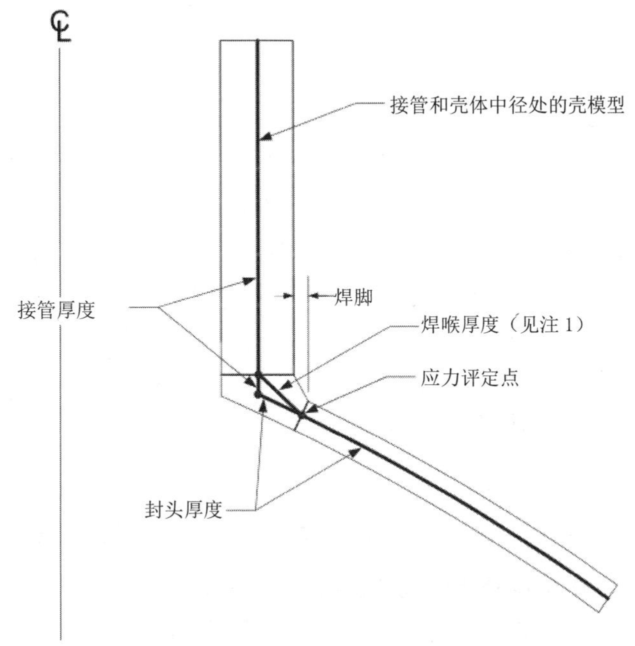

图 2-A.9　采用壳单元有限元模型的结果通过结构应力法计算薄膜和弯曲当量应力

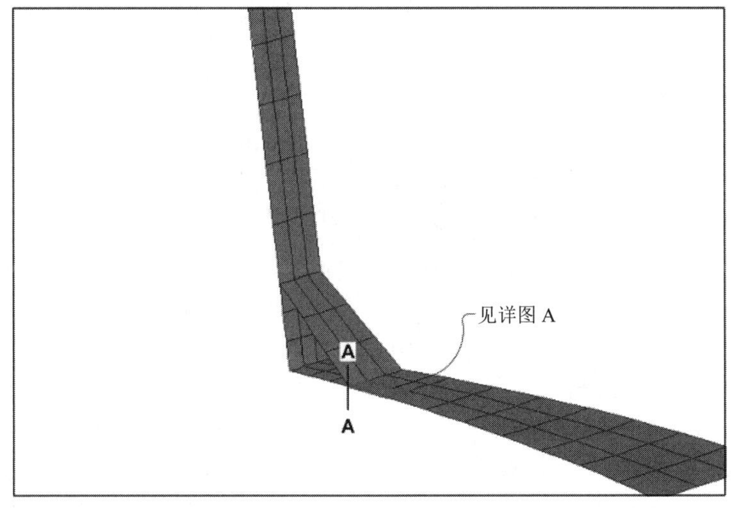

图 2-A.10　采用三维二次壳单元的有限元模型结果处理结构应力法的节点力的结果

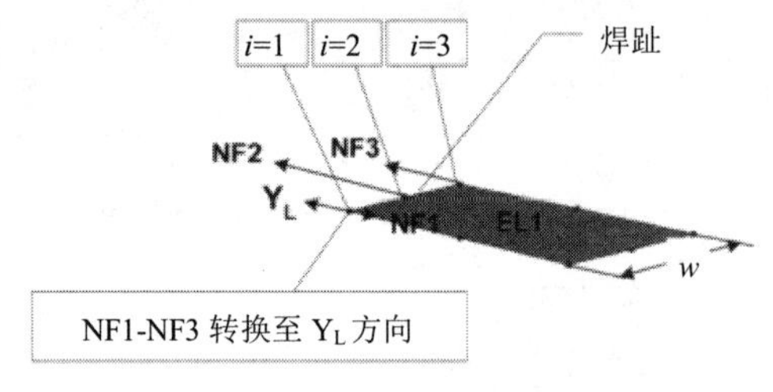

详图 A

图 2-A.10　采用三维二次壳单元的有限元模型结果处理结构应力法的节点力的结果（续图）

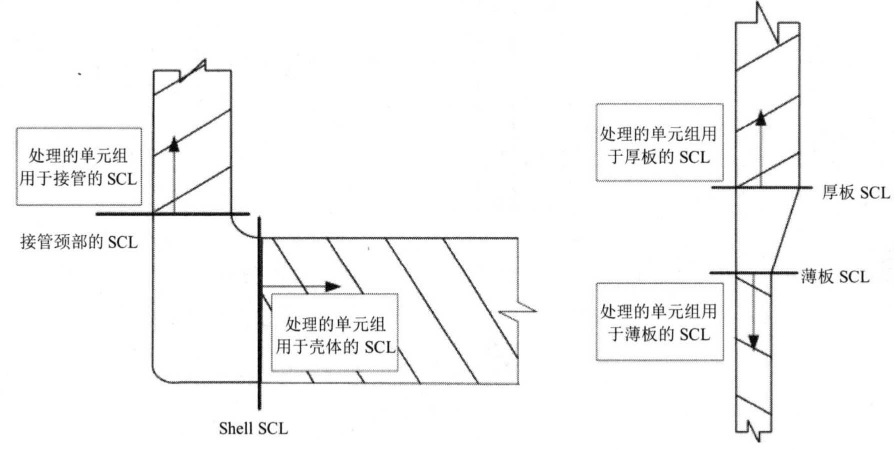

图 2-A.11　借助基于应力积分的结构应力法处理有限元模型的应力结果的单元组

附录 2-B　循环图的设计和疲劳分析的循环计数

2-B.1　总则

本附录包括要完成某一疲劳评定所需的循环计数法，适合于不规则的应力或应变随时间的变化。本方法用来将载荷随时间的变化分解为采用本篇疲劳评定规则能够评定的各个单独的循环。本附录提出两种循环计数法。如果业主、用户同意，可使用另外的循环计数法。

2-B.2　定义

本附录所使用的定义如下。

（a）事件：用户设计技术条件可包括产生疲劳损伤的一个或多个事件。每个事件包括经过一次循环，各时间点上规定的载荷部分，并重复规定的若干次。例如，一个事件可以是开车、停车、非正常条件或其他的循环作用。多个事件的次序可以是规定的或任意的。

（b）循环：循环是在某一容器或元件的某一位置上由规定的载荷确定的应力与应变之间的一种关系。不是在一个事件内部，就是在两个事件之间的转换中，在同一个位置上可产生多于一个的应力－应变循环，并且应力－应变循环的累积疲劳损伤确定在那个位置上适合规定的操作。根据稳定的应力－应变循环作出这样规定。

（c）比例载荷：在恒幅载荷期间，由于施加应力的大小随时间变化，应力的莫尔圆大小也随时间而变。在某些情况下，即使在循环载荷期间，莫尔圆循环的大小在变化，如果主应力的轴向定位保持固定，则这种载荷称为比例载荷。承受同相的扭转和弯曲的转轴就是比例载荷的一个实例，在循环期间，轴向应力和扭转应力的比率保持常数。

（d）非比例载荷：如果主应力轴向方位不固定，而在循环载荷期间改变方位，则这种载荷称为非比例载荷。承受异相的扭转和弯曲的轴就是非比例载荷的一个实例。在循环期间，轴向应力和扭转应力的比率连续变化。

（e）峰：载荷或应力的循环图的一阶导数从正值变向负值的点。

（f）谷：载荷或应力的循环图的一阶导数从负值变向正值的点。

2-B.3 载荷循环图的设计

应根据用户设计技术条件提供规定的载荷确定载荷循环图。载荷循环图应包括所有施加到元件上的重要操作载荷和事件。

设计载荷循环图，应考虑下列各项：

（a）在操作寿命期间，每一事件的循环次数；

（b）如适用，在操作寿命期间各事件的次序；

（c）适用载荷如压力、温度，附加载荷如重力、支座位移和接管反作用力；

（d）随时间的变化期间，施加的各种载荷之间的关系。

2-B.4 雨流循环计数法

2-B.4.1 综述

对于能用单一参数表示载荷、应力或应变的时间变化的情况，推荐雨流循环计数法（ASTM Standard No. E1049）确定表示单个循环的时间点。这种循环计数法不适用于非比例载荷。用雨流方法计数的循环相当于闭合的滞回曲线，每一滞回曲线表示一次循环。

2-B.4.2 推荐的方法

步骤 1 确定载荷循环图中峰和谷的次序。如果施加多种载荷，采用应力循环图，确定峰和谷的次序是必要的。如果不知道事件的次序，应选择最不利的情况的次序。

步骤 2 在最高峰或最低谷对始点和终点重新调整载荷循环图，以便计数唯一的全幅循环。在载荷随时间变化中确定峰和谷的次序。令 X 表示考虑中的范围，令 Y 表示与 X 邻接的前一个范围。

步骤 3 读取下一个峰和谷，如果数据超出，则转到步骤 8。

步骤 4 如果少于 3 个点，则转到步骤 3；如果不是，采用没有抛弃的 3 个最近的波峰和波谷，形式排列成 X 和 Y。

步骤 5 比较 X 和 Y 范围的绝对值：

（a）如果 $X<Y$，则转到步骤 3；

（b）如果 $X\geq Y$，则转到步骤 6。

步骤 6 计数范围作为一次循环，抛弃 Y 的峰和谷。在该循环的始末时间点上记录时间点、载荷和各部分应力。

步骤 7 返回到步骤 4，重复步骤 4 到步骤 6，直到随应力改变符号留下时间点没有了为止。

步骤 8 采用对计数循环所记录的数据，按本篇完成疲劳评定。

2-B.5 采用最大/最小循环计数法的循环计数

2-B.5.1 综述

对于非比例载荷情况，推荐最大/最小循环计数法确定表示单个循环的时间点。采用最大峰和最低谷，第一次构建的最大可能的循环，接着是第二个最大循环等，直至使用所有的峰数，完成循环计数。

2-B.5.2　推荐方法

步骤 1　确定载荷随时间的变化中各个峰和谷的次序。如果已知某些事件相互跟随，将其组合在一起，但以任一次序另外排列随机事件。

步骤 2　计算在容器的选定位置上，每一事件期间，在每一时间点上由施加载荷产生的弹性应力分量 σ_{ij}。所有的应力分量必须归于同一个总体坐标系。应力分析包括局部不连续处的峰值应力。

步骤 3　查看每一事件内部的各点，并删除应力分量都不显示变换方向的那些时间点（峰和谷）。

步骤 4　采用步骤 2 的应力循环图，确定最高峰和最低谷的时间点。标记时间点为 ${}^{m}t$，应力分量为 ${}^{m}\sigma_{ij}$。

步骤 5　如果时间点 ${}^{m}t$ 是应力循环图中的某一峰，确定应力循环图中时间点 ${}^{m}t$ 和下一个谷之间的分量应力范围。如果时间点 ${}^{m}t$ 是某一谷，确定时间点 ${}^{m}t$ 和下一个峰之间的分量应力范围。标记下一个时间点为 ${}^{n}t$ 和应力分量为 ${}^{n}\sigma_{ij}$。计算时间点 ${}^{m}t$ 和 ${}^{n}t$ 之间应力分量范围和 von Mises 当量应力范围。

$$ {}^{mn}\Delta\sigma_{ij} = {}^{m}\sigma_{ij} - {}^{n}\sigma_{ij} \tag{2-B.1} $$

$$ {}^{mn}\Delta S_{range} = \frac{1}{\sqrt{2}}\left[\begin{array}{l}\left({}^{mn}\Delta\sigma_{11} - {}^{mn}\Delta\sigma_{22}\right)^2 + \left({}^{mn}\Delta\sigma_{22} - {}^{mn}\Delta\sigma_{33}\right)^2 + \left({}^{mn}\Delta\sigma_{33} - {}^{mn}\Delta\sigma_{11}\right)^2 \\ +6\left({}^{mn}\Delta\sigma_{12}^2 + {}^{mn}\Delta\sigma_{23}^2 + {}^{mn}\Delta\sigma_{31}^2\right)\end{array}\right]^{0.5} \tag{2-B.2} $$

步骤 6　应力循环图的次序中，对现在的时间点 ${}^{m}t$ 和下一个峰或谷的时间点，重复步骤 5，对应力循环图中每一个留下的时间点，重复这个过程。

步骤 7　确定按步骤 5 所得最大 von Mise 当量应力范围，并记录定义 k^{th} 循环的始点和终点的时间点 ${}^{m}t$ 和 ${}^{n}t$。

步骤 8　确定属于时间点 ${}^{m}t$ 和 ${}^{n}t$ 的事件或多个事件，并记录它们规定的重复次数分别为 ${}^{m}N$ 和 ${}^{n}N$。

步骤 9　确定 k^{th} 循环的重复次数。

（a）如果 ${}^{m}N<{}^{n}N$：删除从步骤 4 中考虑的那些时间点 ${}^{m}t$，并将时间点 ${}^{n}t$ 的重复次数从 ${}^{n}N$ 降低到 ${}^{n}N-{}^{m}N$。

（b）如果 ${}^{m}N>{}^{n}N$：删除从步骤 4 中考虑的那些时间点 ${}^{n}t$，并将时间点 ${}^{m}t$ 的重复次数从 ${}^{m}N$ 降低到 ${}^{m}N-{}^{n}N$。

（c）如果 ${}^{m}N={}^{n}N$：删除从步骤 4 中考虑的那些时间点 ${}^{m}t$ 和 ${}^{n}t$。

步骤 10　返回步骤 4，并重复步骤 4 到步骤 10，直到随应力符号改变留下时间点没有了为止。

步骤 11　采用计数循环所记录的数据，按本篇完成疲劳评定。注意，如果 ${}^{mn}\Delta S_{range}$ 超过该材料的循环的应力范围－应变范围曲线的屈服点时，可应用弹－塑性疲劳评定（见 2.5.4）。

2-B.6　符号

${}^{mn}\Delta S_{range}$= 时间点 ${}^{m}t$ 和 ${}^{n}t$ 之间 von Mises 当量应力范围。

σ_{ij}= 评定点上的应力张量。

${}^{m}\sigma_{ij}$= 时间点 ${}^{m}t$ 时评定点上的应力张量。

${}^{n}\sigma_{ij}$= 时间点 ${}^{n}t$ 时评定点上的应力张量。

${}^{mn}\Delta\sigma_{ij}$= 时间点 ${}^{m}t$ 和 ${}^{n}t$ 之间的应力分量范围。

${}^{mn}\Delta\sigma_{11}$= 时间点 ${}^{m}t$ 和 ${}^{n}t$ 之间与方向 1 上的法向应力分量有关的应力范围。

${}^{mn}\Delta\sigma_{22}$= 时间点 ${}^{m}t$ 和 ${}^{n}t$ 之间与方向 2 上的法向应力分量有关的应力范围。

${}^{mn}\Delta\sigma_{33}$= 时间点 ${}^{m}t$ 和 ${}^{n}t$ 之间与方向 3 上的法向应力分量有关的应力范围。

${}^{mn}\Delta\sigma_{12}$= 时间点 ${}^{m}t$ 和 ${}^{n}t$ 之间与方向 1 上的剪应力分量有关的应力范围。

${}^{mn}\Delta\sigma_{13}$= 时间点 ${}^{m}t$ 和 ${}^{n}t$ 之间与方向 2 上的剪应力分量有关的应力范围。

${}^{mn}\Delta\sigma_{23}$= 时间点 ${}^{m}t$ 和 ${}^{n}t$ 之间与方向 3 上的剪应力分量有关的应力范围。

${}^{m}t$= 考虑具有最高峰或最低谷的时间点。

${}^{n}t$= 和时间点 ${}^{m}t$ 形成某一范围的、考虑中的时间点。

${}^{m}N$= 与时间点 ${}^{m}t$ 有关的事件规定的重复次数。

${}^{n}N$= 与时间点 ${}^{n}t$ 有关的事件规定的重复次数。

X= 采用雨流循环计数法考虑中的范围（载荷或应力）绝对值。

Y= 采用雨流循环计数法与前面 X 邻接范围（载荷或应力）绝对值。

附录 2-C　用于弹性疲劳分析的交变塑性修正系数和有效的交变应力（标准的）

2-C.1　范围

2-C.1.1　本附录包含弹性疲劳分析用于确定塑性修正系数和有效交变当量应力的两种方法。这些方法包括修改泊松比的修正系数用于局部热应力和热弯曲应力，适用于热弯曲应力的缺口塑性修正系数，以及适用于除局部热应力和热弯曲应力以外的所有应力的非局部塑性应变再分布的修正。这些方法可以代替 2.5.3.2 步骤 4 中有效交变应力的计算。

2-C.2　定义

2-C.2.1　热弯曲应力：通过壁厚的温度梯度的线性部分引起的热弯曲应力，这种应力应划分为二次应力。

2-C.2.2　局部热应力：局部热应力与几乎完全抑制膨胀差有关，于是不引起显著变形。仅从疲劳的观点，应考虑这种应力。因此，将其划为峰值应力。局部热应力的实例是，容器壁中小热点中的应力，通过圆筒壁厚温度梯度的非线性部分，具有与基层材料不同膨胀系数的复层材料中的热应力。局部热应力的特点是具有近似相等的两个主应力。

2-C.3　用于弹性疲劳分析的有效交变应力

2-C.3.1　有效总当量应力幅用来评定从线弹性应力分析所得结果的疲劳损伤。疲劳评定的控制应力是有效的总当量应力幅，定义为在载荷循环图中每一次循环所计算的有效总当量应力范围（P_L+P_b+Q+F）的一半。

2-C.3.2　下列方法用来确定弹性疲劳分析的塑性修正系数和有效交变当量应力。

步骤 1　在考察点上，确定在 2.5.3.2 步骤 3 中计数的 k^{th} 循环的始点和终点处（分别为 ${}^{m}t$ 和 ${}^{n}t$ 时间点）的下列应力张量和有关的当量应力。

（a）计算时间点 ${}^{m}t$ 和 ${}^{n}t$ 之间分量应力范围，并计算按下式给出的一次应力+二次应力+峰值应力的当量应力范围。

$$\Delta\sigma_{ij,k} = {}^m\sigma_{ij,k} - {}^n\sigma_{ij,k} \tag{2-C.1}$$

$$\Delta S_{P,k} = \frac{1}{\sqrt{2}}\begin{bmatrix}(\Delta\sigma_{11,k}-\Delta\sigma_{22,k})^2+(\Delta\sigma_{11,k}-\Delta\sigma_{33,k})^2+ \\ +(\Delta\sigma_{22,k}-\Delta\sigma_{33,k})^2+6\cdot(\Delta\sigma_{12,k}^2+\Delta\sigma_{13,k}^2+\Delta\sigma_{23,k}^2)\end{bmatrix}^{0.5} \tag{2-C.2}$$

（b）采用一次+二次应力的线性化应力结果时，应用式（2-C.1）计算分量应力范围，应用式（2-C.2）计算当量应力范围，并将此值标记为 $\Delta S_{n,k}$。

（c）确定 k^{th} 循环的始点和终点处局部热应力和热弯曲应力的应力张量。从数值方法获得的应力分布计算局部热应力，可能是困难的。如果是这种情况，下面的方法能用来计算由非线性温度分布引起的局部热应力和热弯曲应力。该方法是基于对所考虑的时间步，将计算热应力差的范围与沿着 SCL 线性化温度分布联结在一起。按照该方法，将数值方法得到的温度分布视为局部贯穿壁厚方向的某一函数。将每一时间步的温度分布分成三部分。

（1）等于温度分布平均值的恒定温度：

$$T_{avg} = \frac{1}{t}\int_0^t T\mathrm{d}x \tag{2-C.3}$$

（2）温度分布的线性变化部分：

$$T_b = \frac{6}{t^2}\int_0^t T\left(\frac{1}{2}-x\right)\mathrm{d}x \tag{2-C.4}$$

（3）温度分布的非线性部分：

$$T_p = T - (T_{avg} + 2T_b / t) \tag{2-C.5}$$

按横截面膨胀差完全被抑制的假定，对于每一时间步，可计算与表面平行的有关热应力，如下，式中 T_p 由式（2-C.5）给出。

$$i = j = 1,2 \qquad \sigma_{ij,k}^{LT} = \frac{-E\alpha\,[T-(T_{avg}+2T_b/t)]}{1-\nu} \tag{2-C.6}$$

$$i \neq j \text{ 且 } i = j = 3 \qquad \sigma_{ij,k}^{LT} = 0 \tag{2-C.7}$$

采用式（2-C.6）和式（2-C.7）时，用式（2-C.1）确定局部热分量应力范围，并将该值标记为 $\Delta\sigma_{ij,k}^{LT}$。仅由热效应引起的、线性化的贯穿壁厚应力分布，确定热弯曲分量应力范围 $\Delta\sigma_{ij,k}^{TB}$。

（d）用式（2-C.8）和式（2-C.9）计算一次+二次+峰值应力减去局部热应力的当量应力范围。

$$\Delta\sigma_{ij,k} = \left({}^m\sigma_{ij,k} - {}^m\sigma_{ij,k}^{LT}\right) - \left({}^n\sigma_{ij,k} - {}^n\sigma_{ij,k}^{LT}\right) \tag{2-C.8}$$

$$\left(\Delta\sigma_{P,k} - \Delta\sigma_{LT,k}\right) = \frac{1}{\sqrt{2}}\begin{bmatrix}\left(\Delta\sigma_{11,k}-\Delta\sigma_{22,k}\right)^2+\left(\Delta\sigma_{11,k}-\Delta\sigma_{33,k}\right)^2+ \\ \left(\Delta\sigma_{22,k}-\Delta\sigma_{33,k}\right)^2+6\left(\Delta\sigma_{12,k}^2+\Delta\sigma_{13,k}^2+\Delta\sigma_{23,k}^2\right)\end{bmatrix}^{0.5} \tag{2-C.9}$$

（e）用式（2-C.10）和式（2-C.11）计算局部热应力+热弯曲应力的当量应力范围。

$$\Delta\sigma_{ij,k} = \left({}^m\sigma_{ij,k}^{TB} + {}^m\sigma_{ij,k}^{LT}\right) - \left({}^n\sigma_{ij,k}^{TB} + {}^n\sigma_{ij,k}^{LT}\right) \tag{2-C.10}$$

$$\left(\Delta S_{LT,k}-\Delta S_{TB,k}\right)=\frac{1}{\sqrt{2}}\begin{bmatrix}\left(\Delta\sigma_{11,k}-\Delta\sigma_{22,k}\right)^2+\left(\Delta\sigma_{11,k}-\Delta\sigma_{33,k}\right)^2+\\\left(\Delta\sigma_{22,k}-\Delta\sigma_{33,k}\right)^2+6\left(\Delta\sigma_{12,k}^2+\Delta\sigma_{13,k}^2+\Delta\sigma_{23,k}^2\right)\end{bmatrix}^{0.5} \tag{2-C.11}$$

（f）如有需要，见式（2-C.32），计算在 k^{th} 循环的始点和终点处由非热效应（除局部热应力和热弯曲应力外的所有载荷）引起的应力张量 $\sigma^{NT}_{ij,k}$ 。

步骤 2　确定泊松比的修正系数 $K_{v,k}$，采用下式，基于步骤 1 的当量应力范围（在 2.5.6.1 中定义为 S_{PS}）修正 k^{th} 循环局部热应力和热弯曲应力。

$$\Delta S_{P,k}\leqslant S_{PS}\qquad K_{v,k}=1.0 \tag{2-C.12}$$

$$\Delta S_{P,k}>S_{PS}\text{且}(\Delta S_{LT,k}+\Delta S_{TB,k})>(\Delta S_{P,k}-S_{PS})$$

$$K_{v,k}=0.6\left[\frac{\left(\Delta S_{P,k}-S_{PS}\right)}{\left(\Delta S_{LT,k}\right)+\Delta S_{TB,k}}\right]+1.0 \tag{2-C.13}$$

$$\Delta S_{P,k}>S_{PS}\text{且}(\Delta S_{LT,k}+\Delta S_{TB,k})\leqslant(\Delta S_{P,k}-S_{PS})$$

$$K_{v,k}=1.6 \tag{2-C.14}$$

步骤 3　确定非局部塑性应变再分布修正系数 $K_{nl,k}$ ，修正所有应力，除了 k^{th} 循环的局部热应力和热弯曲应力之外。在这些公式中，参数 m 和 n 在表 2.13 中已定义。

$$\Delta S_{n,k}\leqslant S_{PS}\qquad K_{nl,k}=1.0 \tag{2-C.15}$$

$$S_{PS}<\Delta S_{n,k}<mS_{PS}$$

$$K_{nl,k}=1.0+\frac{(1-n)}{n(m-1)}\left(\frac{\Delta S_{n,k}}{S_{PS}}-1\right) \tag{2-C.16}$$

$$\Delta S_{n,k}\geqslant mS_{PS}\qquad S_{nl,k}=\frac{1}{n} \tag{2-C.17}$$

步骤 4　确定缺口塑性修正系数 $K_{np,k}$ ，基于步骤 1 中的当量应力范围，修正热弯曲应力，说明由于 k^{th} 循环几何体受力增强引起的附加局部应变集中。在这些公式中，参数 n 在表 2.13 中已定义。

直接采用数值结果：

$$(\Delta S_{P,k}-\Delta S_{LT,k})\leqslant S_{PS}\qquad K_{np,k}=1.0 \tag{2-C.18}$$

$$(\Delta S_{P,k}-\Delta S_{LT,k})>S_{PS}\qquad K_{np,k}=\min\left[K_1,K_2\right] \tag{2-C.19}$$

$$K_1=\left[\left(\frac{\Delta S_{P,k}-\Delta S_{LT,k}}{\Delta S_{n,k}}\right)^{\left(\frac{1-n}{1+n}\right)}-1.0\right]\cdot\left[\frac{(\Delta S_{P,k}-\Delta S_{LT,k})-S_{PS}}{(\Delta S_{P,k}-\Delta S_{LT,k})}\right]+1.0 \tag{2-C.20}$$

$$K_2=\frac{K_{nl,k}}{K_{v,k}} \tag{2-C.21}$$

用应力集中系数（SCF）修正数值结果：

$$(\Delta S_{n,k}\cdot SCF)\leqslant S_{PS}\qquad K_{np,k}=1.0 \tag{2-C.22}$$

$$\left(\Delta S_{n,k}\cdot SCF\right)>S_{PS}\qquad K_{np,k}=\min\left[K_1,K_2\right] \tag{2-C.23}$$

$$K_1 = \left[\left(SCF \right)^{\left(\frac{1-n}{1+n} \right)} - 1.0 \right] \cdot \left[\frac{\left(\Delta S_{n,k} \cdot SCF \right) - S_{PS}}{\left(\Delta S_{n,k} \cdot SCF \right)} \right] + 1.0 \tag{2-C.24}$$

$$K_2 = \frac{K_{nl,k}}{K_{v,k}} \tag{2-C.25}$$

注意：SCF 和 $K_{np,k}$ 值可取决于分量应力方向。

步骤 5　在 k^{th} 循环的始点和终点处，将塑性修正系数施加到分量应力上。

（a）计算时间点 ^{m}t 和 ^{n}t 的应力分量，包括下式给出的塑性泊松比和缺口塑性修正系数。直接采用数值分析结果：

$$\left(\sigma_{ij}^{LT} \right)_{adj} = \sigma_{ij,k}^{LT} \cdot K_{v,k} \tag{2-C.26}$$

$$\left(\sigma_{ij}^{TB} \right)_{adj} = \sigma_{ij,k}^{TB} \cdot K_{v,k} \cdot K_{np,k} + \sigma_{ij,k}^{TB} \cdot \left(SCF_{NUM} - 1 \right) \cdot K_{np,k} \tag{2-C.27}$$

用应力集中系数（SCF）修正数值结果：

$$\left(\sigma_{ij}^{LT} \right)_{adj} = \sigma_{ij,k}^{LT} \cdot K_{v,k} \cdot SCF_{LT} \tag{2-C.28}$$

$$\left(\sigma_{ij}^{TB} \right)_{adj} = \sigma_{ij,k}^{TB} \cdot K_{v,k} \cdot K_{np,k} \cdot SCF + \sigma_{ij,k}^{TB} \cdot \left(SCF_{NUM} - 1 \right) \cdot K_{np,k} \tag{2-C.29}$$

（b）计算时间点 ^{m}t 和 ^{n}t 的分量应力，包括下式给出的非局部的塑性应变再分布的修正。直接采用数值结果：

$$\left(\sigma_{ij}^{NT} \right)_{adj} = \left[\sigma_{ij,k} - \sigma_{ij,k}^{TB} \left(SCF_{NUM} - 1 \right) \right] \cdot K_{np,k} \tag{2-C.30}$$

$$SCF_{NUM} = \frac{\left(\Delta S_{P,k} - \Delta S_{LT,k} \right)}{\Delta S_{n,k}} \tag{2-C.31}$$

用应力集中系数（SCF）修正数值结果：

$$\left(\sigma_{ij}^{NT} \right)_{adj} = \sigma_{ij,k}^{NT} \cdot K_{nl,k} \cdot SCF \tag{2-C.32}$$

步骤 6　计算时间点 ^{m}t 和 ^{n}t 之间修正的分量应力范围：

$$\left(\Delta\sigma_{ij,k} \right)_{adj} = \left\{ {}^{m}\left[\left(\sigma_{ij}^{LT} \right)_{adj} + \left(\sigma_{ij}^{NT} \right)_{adj} + \left(\sigma_{ij}^{TB} \right)_{adj} \right] - {}^{n}\left[\left(\sigma_{ij}^{LT} \right)_{adj} + \left(\sigma_{ij}^{NT} \right)_{adj} + \left(\sigma_{ij}^{TB} \right)_{adj} \right] \right\} \tag{2-C.33}$$

步骤 7　采用步骤 6 中修正的分量应力范围和式（2-C.2）计算有效的当量应力范围。将修正的有效当量应力范围标记为 $(\Delta S_{P,k})_{adj}$。

步骤 8　计算下式给出的 k^{th} 循环的有效交变当量应力。

$$S_{alt,k} = 0.5 (\Delta S_{P,k})_{adj} \tag{2-C.34}$$

2-C.4　符号

$\alpha = k^{th}$ 循环平均温度时计算的、考察点处的材料热膨胀系数。

$\Delta S_{n,k} = k^{th}$ 循环，一次+二次的当量应力范围。

$\Delta S_{P,k} = k^{th}$ 循环，一次+二次+峰值的当量应力范围。

$\Delta S_{LT,k} = k^{th}$ 循环，由局部热效应引起的一次+二次+峰值的当量应力范围。

$\Delta S_{TB,k} = k^{th}$ 循环，由热弯曲热效应引起的一次+二次+峰值的当量应力范围。

$\Delta S_{NT,k} = k^{th}$ 循环，由非热效应引起的一次+二次+峰值的当量应力范围。

$(\Delta S_{P,k})_{adj} = k^{th}$ 循环，修正的一次+二次+峰值的当量应力范围，包括非局部应变再分布、缺口塑性、塑性泊松比修系数。

$\Delta\sigma_{ij,k} = k^{th}$ 循环，时间点 ^{m}t 和 ^{n}t 之间的应力分量范围。

$\Delta\sigma_{ij,k}^{LT} = k^{th}$ 循环，时间点 ^{m}t 和 ^{n}t 之间由于局部热应力引起的应力分量范围。

$\Delta\sigma_{ij,k}^{TB} = k^{th}$ 循环，时间点 ^{m}t 和 ^{n}t 之间由于热弯曲应力引起的应力分量范围。

对于 k^{th} 循环，在计算时间点及该位置处修正的应力张量，包括非局部应变再分布，缺口塑性和塑性泊松比修正系数。

$E =$ 在 k^{th} 循环的平均温度下，计算的材料杨氏模量

$K_1 =$ 用于计算 $K_{np,k}$ 的参数。

$K_2 =$ 用于计算 $K_{np,k}$ 的参数。

$K_{nl,k} = k^{th}$ 循环，非局部应变再分布修正系数。

$K_{np,k} = k^{th}$ 循环，缺口塑性修正系数。

$K_{v,k} = k^{th}$ 循环，塑性泊松比修正系数。

$m =$ 按表 2.13，用于非局部应变再分布修正系数的材料常数。

$n =$ 按表 2.13，用于非局部应变再分布修正系数的材料常数。

$v =$ 泊松比。

$S_{alt,k} = k^{th}$ 循环，交变当量应力。

$S_{PS} =$ 对一次+二次应力范围的许用限制。

$SCF =$ 应力集中系数。

$SCF_{LT} =$ 适用于局部热应力的应力集中系数。

$SCF_{NUM} =$ 按数值模型确定的应力集中系数。

$\sigma_{ij,k}^{LT} = k^{th}$ 循环，在计算时间点及该位置处由局部热应力引起的应力张量。

$\sigma_{ij,k}^{NT} = k^{th}$ 循环，在计算的时间点及该位置处由非热应力引起的应力张量。

$\sigma_{ij,k}^{TB} = k^{th}$ 循环，在计算的时间点及该位置处，由于温度分布的线性变化部分引起的，属于热弯曲应力的应力张量。

$^{m}\sigma_{ij,k} = k^{th}$ 循环，时间点 ^{m}t 上计算点的应力张量。

$^{n}\sigma_{ij,k} = k^{th}$ 循环，时间点 ^{n}t 上计算点的应力张量。

$^{m}\sigma_{ij,k}^{LT} = k^{th}$ 循环，时间点 ^{m}t 上计算位置处，由局部热应力引起应力张量。

$^{n}\sigma_{ij,k}^{LT} = k^{th}$ 循环，时间点 ^{n}t 上计算位置处，由局部热应力引起应力张量。

$^{m}\sigma_{ij,k}^{TB} = k^{th}$ 循环，时间点 ^{m}t 上计算位置处，由局部热弯曲应力引起应力张量。

$^{n}\sigma_{ij,k}^{TB} = k^{th}$ 循环，时间点 ^{n}t 上计算位置处，由局部热弯曲应力引起应力张量。

$(\sigma_{ij}^{LT})_{adj} = k^{th}$ 循环，在计算的时间点及该位置处，由局部热应力引起的、修正的应力张量。

$(\sigma_{ij}^{NT})_{adj} = k^{th}$ 循环，在计算的时间点及该位置处，由非热应力引起的、修正的应力张量。

$(\sigma_{ij}^{TB})_{adj} = k^{th}$ 循环，在计算的时间点及该位置处，由热弯曲应力引起的、修正的应力张量。

$t =$ 壁厚。

${}^{m}t =$ 在最高波峰或最低波谷情况下考虑的时间点。

${}^{n}t =$ 与时间点 ${}^{m}t$ 形成一个范围的、考虑的时间点。

$T =$ 温度分布。

$T_{avg} =$ 温度分布 T 的平均温度部分。

$T_b =$ 温度分布 T 的当量线性温度部分。

$T_p =$ 温度分布 T 的峰值温度部分。

$x =$ 通过壁厚的位置。

$z =$ 温度分布用的局部坐标。

附录 2-D　应力指数

2-D.1　综述

2-D.1.1　应力指数可用来确定接管开孔周围的峰值应力，代替详细应力分析。

2-D.1.2　该术语应力指数，定义为考虑中的应力分量 σ_t、σ_n 和 σ_r 与未补强的容器材料中计算的环向薄膜应力的数值比。但是，在计算这些应力分量时，应不包括接管处容器壁局部加厚的材料。图 2-D.1 已规定这些应力的方向。当增加容器壁厚超过下面规定范围所需值时，图 2-D.2 中的 r_1 和 r_2 值应参照加厚的截面。

2-D.1.3　下表中的应力指数规定某些大概位置上由内压引起的仅有的最大应力。在容器开孔和连接件处，或在靠近容器开孔和连接件处的应力评定中，常常需要考虑由外载荷或热应力引起的应力作用。在这样情况下，采用叠加可确定给定点上的组合应力。在由内压和接管载荷引起的组合应力的情况中，给定点的最大应力认为作用在同一点上应力的代数和，除非可靠的数据适得其反。

2-D.2　径向接管的应力指数

2-D.2.1　如果下列全部项目都成立，则可使用表 2-D.1 中球壳和成形封头的球面部分的径向接管的应力指数，以及表 2-D.2 中圆筒的径向接管的应力指数。

（a）开孔要一个圆形接管，接管轴线与容器壁垂直。如果接管的轴线与容器壁的法线形成某一角度 θ，只要 $d_{ni}/D_i \leqslant 0.15$，从下式可得内侧 σ_n 指数的估算值。在该式中，K_1 是用于径向连接的 σ_n 指数，K_2 是用于非径向连接的 σ_n 指数。

$$K_2 = K_1(1+2\sin^2\theta)\text{（用于球壳或圆筒上的山坡接管）} \quad \text{（2-D.1）}$$

$$K_2 = K_1[1+(\tan\theta)^{4/3}]\text{（用于圆筒的侧向接管）} \quad \text{（2-D.2）}$$

（b）沿壳体内表面测量的，两个相邻开孔中心线之间的孤长应不小于在封头或沿壳体纵轴两个相邻开孔内半径总合的 3 倍，以及不小于圆筒周向两个开孔内半内径总合的 2 倍。

（c）对于圆筒上的接管，须满足下示的尺寸限制。此外，接管横向平面上接管总补强面积包括补强范围任一外侧，应不超过轴向平面所需补强面积的 200%，除非削薄过渡段已经合并到补强件与壳体中。

$$10 \leqslant \frac{D_i}{t} \leqslant 100 \quad \text{（2-D.3）}$$

$$\frac{d_{ni}}{t} \leqslant 0.50 \tag{2-D.4}$$

$$\frac{d_{ni}}{\sqrt{\frac{D_i t_n r_2}{t}}} \leqslant 1.50 \tag{2-D.5}$$

（d）对于球壳上的接管，须满足下列尺寸限制。此外，至少 40%的补强面积须布置在接管－壳体结合处的外表面上。

$$10 \leqslant \frac{D_i}{t} \leqslant 100 \tag{2-D.6}$$

$$\frac{d_{ni}}{t} \leqslant 0.50 \tag{2-D.7}$$

$$\frac{d_{ni}}{\sqrt{D_i t}} \leqslant 0.8 \tag{2-D.8}$$

（e）对于圆筒和球壳上的接管，应满足下列局部几何详图。

（1）内转角半径 r_1（见图 2-D.2）是壳体厚度 t 的 1/8 到 1/2。

（2）外转角半径 r_2（见图 2-D.2）大到足以提供接管和壳体之间一个光滑过渡。此外，对于接管直径大于 1.5 倍圆筒和 2:1 椭圆形封头的壳体厚度，或对于接管直径大于 3 倍球壳厚度，r_2 应满足下式：

$$r_2 \geqslant \max\left[\sqrt{2rt_n}, \frac{t}{2}\right] \tag{2-D.9}$$

（3）r_3 应满足下式：

$$r_3 \geqslant \max\left[\sqrt{rt_p}, \frac{t_n}{2}\right] \tag{2-D.10}$$

2-D.2.2　符合本章弹性设计分析方法的弹性分析技术可导出球壳和成形封头的球面部分以及圆筒上径向接管的应力指数，或者从其他来源获得应力指数。

2-D.3　侧向接管的应力指数

2-D.3.1　当下列条件全部满足时，可以使用表 2-D.3 圆筒侧向接管的应力指数：

（a）θ=45°，这些应力指数可用于 θ<45°（见图 2-D.3）；

（b）接管具有圆形横截面，且其轴线相交圆筒的纵轴线；

（c）接管补强按 ASMEⅧ-2:4.5 适用规则设计；

（d）满足下列尺寸比。

$$\frac{D_i}{t} \leqslant 40.0 \tag{2-D.11}$$

$$\frac{d_{ni}}{D_i} \leqslant 0.5 \tag{2-D.12}$$

$$\frac{d_{ni}}{\sqrt{D_i t}} \leqslant 3.0 \tag{2-D.13}$$

（e）采用下式确定和压力指数一起使用的名义压力薄膜应力。

$$\sigma_p = \frac{P(D_i + t)}{2t} \quad \text{（用于区域 1 和区域 2）} \tag{2-D.14}$$

$$\sigma_p = \frac{P(d_{ni} + t_p)}{2t_p} \quad \text{（用于区域 3）} \tag{2-D.15}$$

2-D.3.2 符合本章弹性设计分析方法的弹性分析技术可导出圆筒上侧向接管的应力指数，或者从其他来源获得应力指数。

2-D.4 符号

D_i = 容器内径。

d_{ni} = 接管内径。

P = 压力。

r_1 = 局部接管转角半径，见图 2-D.2。

r_2 = 局部接管转角半径，见图 2-D.2。

r_3 = 局部接管转角半径，见图 2-D.2。

σ_r = 垂直于截面边界的应力分量。

σ_t = 在考虑的截面平面内且平行于截面边界的应力分量。

σ_n = 垂直于截面平面的应力分量（通常指壳体开孔周围的周向应力）。

t = 考虑的区域中的最小壁厚或容器壁厚。

t_p = 管板的厚度或接管管段的厚度。

θ = 接管轴线与容器法线之间的夹角。

2-D.5 表

表 2-D.1 球壳和成形封头球面部分上径向接管的应力指数

应力	内转角	外转角
σ_n	2.0	2.0
σ_t	-0.2	2.0
σ_r	$-2t/R$	0.0
σ	2.2	2.0

表 2-D.2 圆筒上径向接管的应力指数

材料	纵向平面		横向平面	
	内转角	外转角	内转角	外转角
σ_n	3.1	1.2	1.0	2.1
σ_t	-0.2	1.0	-0.2	2.6
σ_r	$-t/R$	0.0	$-t/R$	0.0
σ	3.3	1.2	1.2	2.6

表 2-D.3　侧向接管的应力指数

载荷	应力	区域 1		区域 2		区域 3	
		内侧［注（1）］	外侧［注（1）］	内侧	外侧	内侧	外侧
压力	σ_{max}	5.5	0.8	3.3	0.7	1.0	1.0
	S	5.75	0.8	3.5	0.75	1.2	1.1
面内接管弯矩 M_B	σ_{max}	0.1	0.1	0.5	0.5	1.0	1.6
	S	0.1	0.1	0.5	0.5	1.0	1.6
容器弯矩 M_R 或 M_{RT}	σ_{max}	2.4	2.4	0.6	1.8	0.2	0.2
	S	2.7	2.7	0.7	2.0	0.3	0.3
面外接管弯矩 M_{BT}	σ_{max}	0.13	NA	0.06	NA	NA	2.5［注（2）］
	S	0.22	NA	0.07	NA	NA	2.5［注（2）］

注：

（1）内侧/外侧均指内转角（压力侧）和外转角，且在图 2-D.3 所示的对称平面内。

（2）区域 3 中对于横向弯矩 M_{BT} 的最大应力/应力强度发生在 90°，离开面内的弯矩。

2-D.6　图

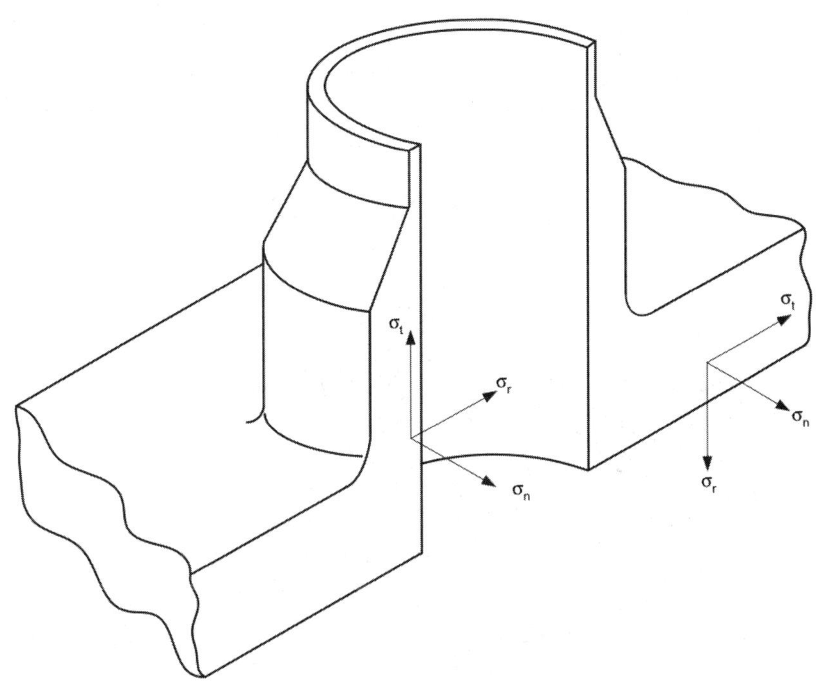

图 2-D.1　应力分量方向

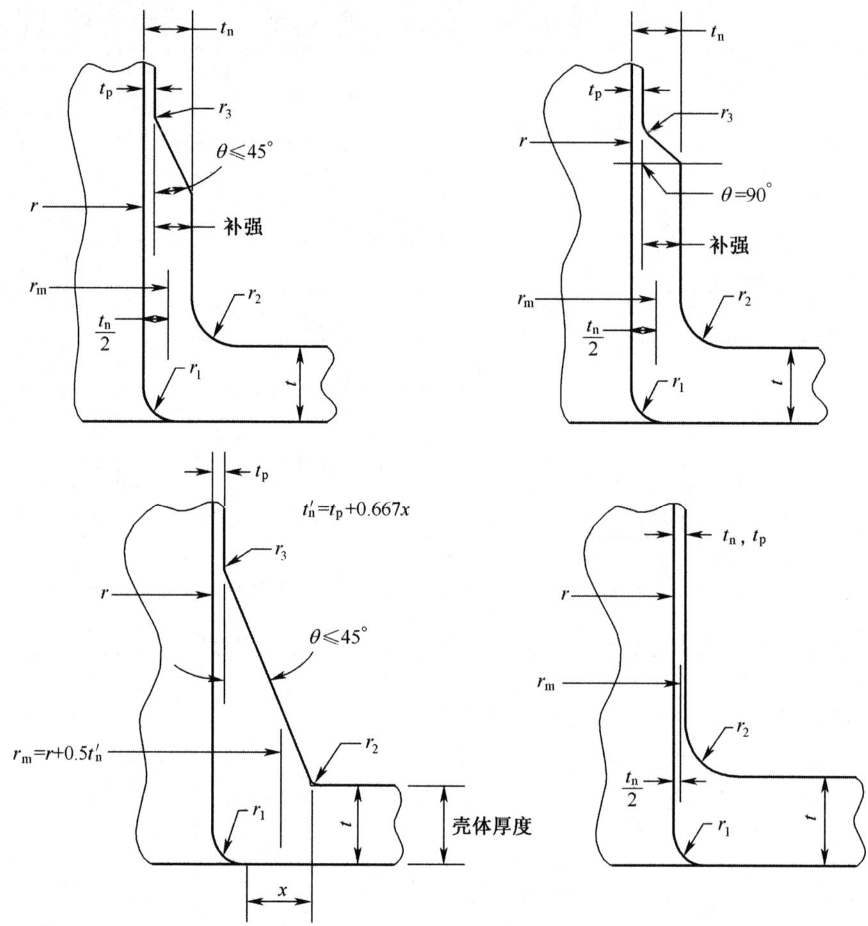

图 2-D.2　接管符号和尺寸

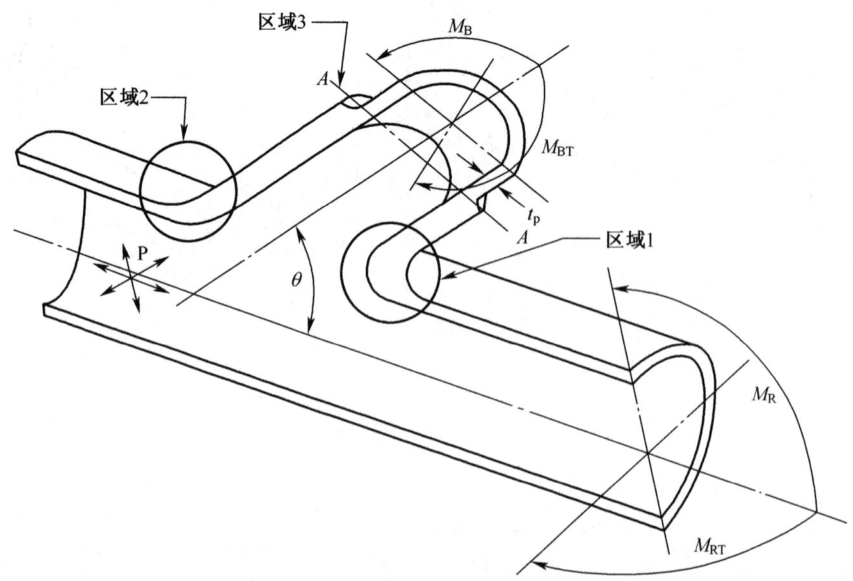

图 2-D.3　圆筒纵向截面侧向接管符号和载荷

规范其他附录略。

参考文献

[1] ASMEⅧ-2:5-2015.

[2] 中国《ASME 规范产品》协作网（CACI）翻译 ASMEⅧ-2:5-2007 的中译本.

[3] 4732-95 钢制压力容器－分析设计标准.

[4] 杨桂通．弹塑性力学[M]．北京：人民教育出版社，1980.

[5] 徐秉业等．塑性理论简明教程[M]．北京：清华大学出版社，1981.

[6] 中石化洛阳石化工程公司．石油化工设备设计便查手册[M]．北京：中国石化出版社，2008.

第 3 章　ASMEⅧ-2:5 按分析要求设计【规范软件初步解读】

第 1 节　概述

规范 5.1.2.3（见第 2 章 2.1.2.3）规定："不提供关于应力分析的方法、元件的模型和分析结果确认的推荐意见。尽管设计过程的上述方面是重要的，且在分析中应考虑，由于设计过程和手段方法的多变性，所以不能提供具体设计项目的详细处理方法。但是，设计人员应提供精确的应力分析，包括所有结果的确认，作为设计的重要部分。"

ASME 对下列问题保密：①与材料选择、设计、计算、制造、检验、试验和安装有关的，或以外的任一条款的由来；②探讨标准规定的理论基础，因为它基于委员会成员的技术数据、经验和专家知识。

对规范的理解和应用，成为压力容器专业人员共同关注的问题。

[10]的前言中说："本书将围绕新版 ASMEⅧ-2 第 5 篇分析设计的相关内容，系统介绍该部分的**规范条款、理论原理、软件应用**和**工程实践，试图在规范和工具（有限元软件）之间架起一座桥梁**。"说："如何应用有限元软件来完成一个符合规范要求的分析成了设计人员必须掌握的技能。相比分析设计规范的制定，似乎应用有限元法来实施符合规范要求的分析更有难度。"还说："这就要求分析设计人员要对设计规范有充分的认识，理解规范条款的理论基础和来源。"

[10]提出的上述要求是不切实际的狂言。本书作者认为：我国压力容器的设计人员包括作者自己，或专家学者，就是编制 JB4732 标准的专家，也做不到"**理解规范条款的理论基础**和**来源**"。

本书作者没有看到[10]中给出的，在**规范和工具（有限元软件）之间架起一座桥梁**。

自 ASMEⅧ-2-2007 版颁发后，相继颁发了 2010 版、2013 版和 2015 版。理解并应用新版 ASMEⅧ-2:5 按分析要求设计是有难度的。因此，压力容器的专业人员，包括本书作者需要参考对规范条款的正确解读，也更需要参考在采用数值分析实现规范规定方面的正确解读。我国有不少同行在探索，在追求。本书的【规范软件初步解读】就是为了供同行分析和斧正。

关于规范体系，[10]的前言部分写道："当前，全球压力容器分析设计规范总体上分为两大类，即美国的 ASMEⅧ-2 和欧盟的 EN13445，其他各国的分析设计规范虽然各有特色，但总地来说没有脱离这两部规范体系"。对于全世界压力容器规范体系的划分问题，一般工程技术人员不敢妄加评论。该书这样评述是贸然下结论。

ASME 规范和欧盟标准是当今世界最权威的规范之一。

俄罗斯压力容器标准 ГОСТ Р52857.1～.12－2007 压力容器强度计算的规范和方法，也是世界权威标准之一。如该规范给出的**许用外压力**[17]、**许用轴向力**[17]**和许用弯矩**[17]：

$$[p]=\frac{[p]_{п}}{\sqrt{1+\left(\frac{[p]_{п}}{[p]_E}\right)^2}} \tag{3.1}$$

$$[F]=\frac{[F]_{п}}{\sqrt{1+\left(\frac{[F]_{п}}{[F]_E}\right)^2}} \tag{3.2}$$

$$[M]=\frac{[M]_{п}}{\sqrt{1+\left(\frac{[M]_{п}}{[M]_E}\right)^2}} \tag{3.3}$$

式（3.1）到式（3.3）全部是不查图表的解析法计算式，是 ASME 规范和欧盟标准中没有的方法，也是世界其他各国压力容器规范中没有的方法。[10]能将 ГОСТ 规范划为上述两大体系中哪一个体系呢？

什么是标准体系？标准体系是一定范围内的标准按其内在联系形成的有机整体。也可以说，标准体系是一种由标准组成的系统。

ASMEⅧ-2:5 给出 14 项标准正文（5.1～5.14）和 6 个附录（附录 5-A～5-F）。本章的解读是按本书第 2 章（2.1～2.14）编写，略去附录 E 和附录 F。

本章按 ASMEⅧ-2:5 给出的弹性应力分析法、极限载荷分析法和弹－塑性应力分析法，评定元件防止塑性垮塌、局部失效、屈曲垮塌和由循环载荷引起失效。

第 2 节 【规范软件初步解读】

3.1 ANSYS 解读用的分析实例

采用弹性应力分析和弹塑性应力分析法可以评定元件防止塑性垮塌、局部失效、屈曲垮塌、由循环载荷引起的疲劳失效和棘轮失效；采用极限载荷法可以评定元件防止塑性垮塌。除屈曲垮塌外，对上述失效模式，均以下述模型作为 **ANSYS** 解读【ASME 分析设计规范】的分析实例。

高压空所罐[16]是一台疲劳分析容器。建模用的几何尺寸见图 3.1，人孔 $\phi450$ 的下部内圆角为 r=12，球壳与过渡段的内圆角为 r=30。设计数据见表 3.1。

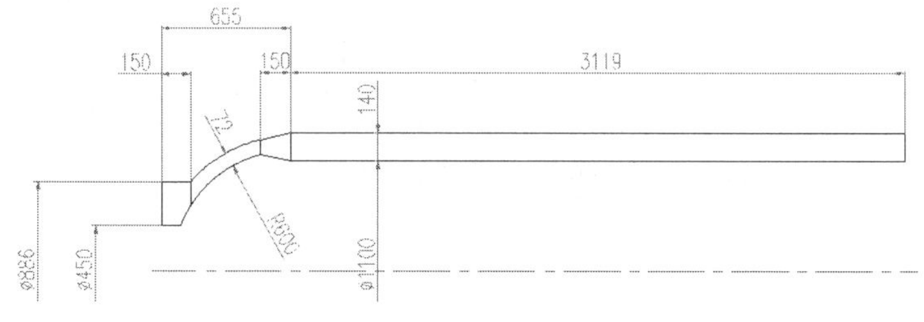

图 3.1 建模用的几何尺寸

表 3.1　设计数据

规范	ASME Ⅷ-2-2015
设计压力，MPa	P_d=37.92
设计温度，℃	−29/50
工作压力，MPa	P_W=34.5
工作温度，℃	−29/50
腐蚀裕量，mm	3.5
材料，SA-737-C，MPa	50℃时的弹性模量 E_y =2.02431E5
泊松比	0.3
屈服应力，MPa	415，或 1.5S =1.5×184=276
强度极限，MPa	552
一次循环的压力变化	max34.5 / min3.45
压力循环次数	min20000
使用寿命，年	10

（1）几何模型见图 3.2，从左至右是人孔法兰、球壳、过渡段和圆筒。

（2）实体单元，8 节点 183，四边形网格，有限元模型见图 3.3，网格检查结果见图 3.4。

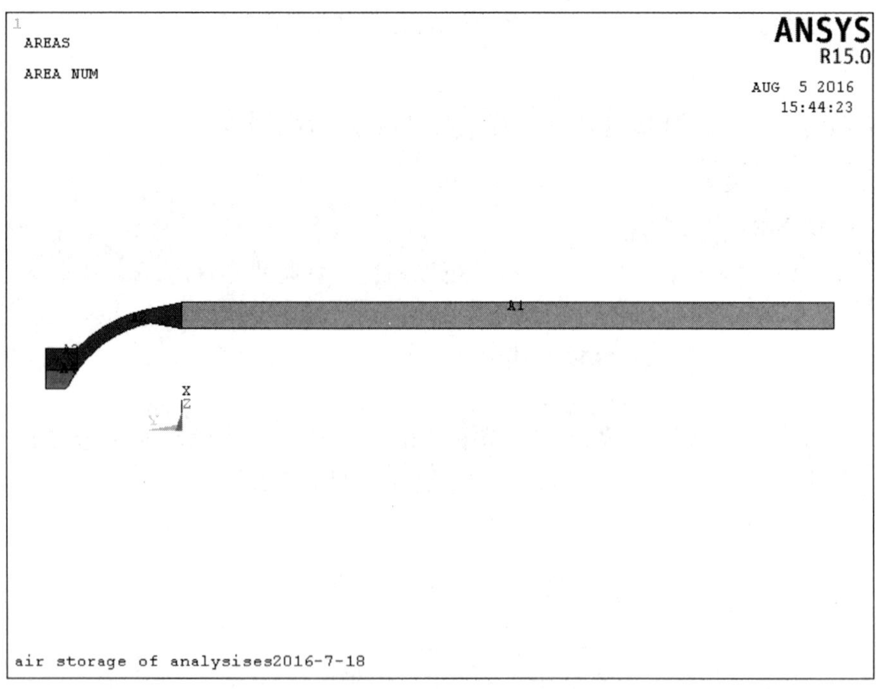

图 3.2　几何模型（A1、A2、A3、A4、A5）

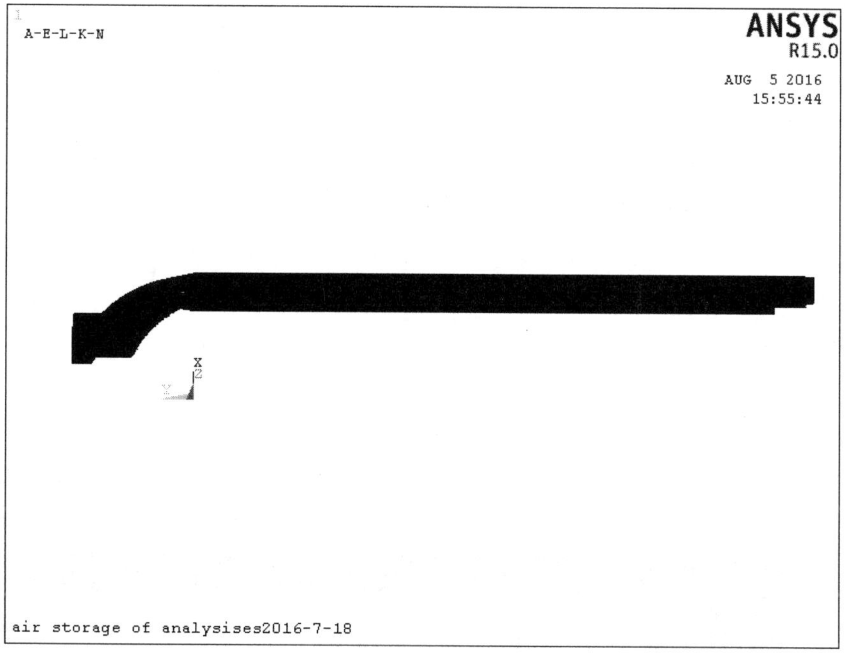

图 3.3　有限元模型（映射网格）

Element count	30153 PLANE182

Test	Number tested	Warning count	Error count	Warn+Err %
Aspect Ratio	30153	0	0	0.00 %
Parallel Deviation	30153	0	0	0.00 %
Maximum Angle	30153	0	0	0.00 %
Jacobian Ratio	30153	0	0	0.00 %
Any	30153	0	0	0.00 %

图 3.4　网格检查结果

3.2　弹性应力分析法防止塑性垮塌

3.2.1　规范规定

规范要求完成并满足 5.2.2.4（见第 2 章 2.2.2.4）步骤 5 下面的三个当量应力评定，就不会发生塑性垮塌。

$$P_m \leqslant S$$

$$P_L \leqslant S_{PL}$$

$$(P_L + P_b) \leqslant S_{PL}$$

3.2.2　【规范软件初步解读】

（1）上式中，P_m、P_L 和（P_L+P_b）都是**一次**应力的当量应力。总体或局部一次薄膜应力+一次弯曲应力就是（P_m+P_b）或（P_L+P_b）。一般情况下，（P_L+P_b）涵盖（P_m+P_b），见规范 5.2.2.2（c）（见第 2 章 2.2.2.2（c）），因此有：

$$(P_m + P_b) \leqslant S_{PL}$$

5.2.2（见第 2 章 2.2.2）中对总体薄膜当量应力、局部薄膜当量应力、一次薄膜加一次弯曲的当量应力的限制，已经控制在由极限分析原理所确定的，保证防止垮塌的保守水平上。

（2）产生 P_m、P_L 和（P_L+P_b）的载荷是“载荷控制”的载荷，**设计载荷**组合按表 5.3（见第 2 章表 2.3）确定，一次加载，不考虑由规定的非零位移和温度场产生的应变控制载荷的作用。如图 3.5 所示。

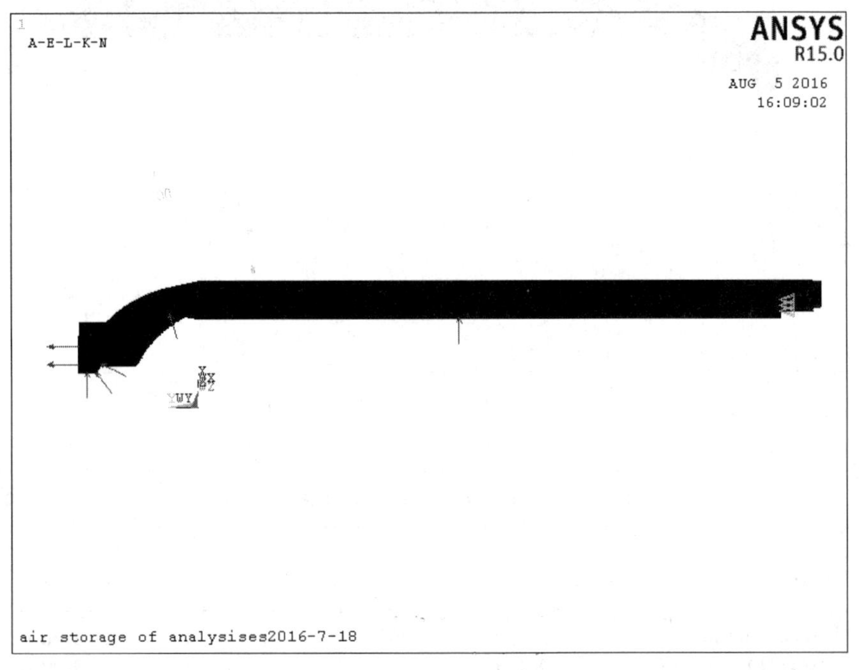

图 3.5　加载

（3）实现式（5.2）一式（5.4）（见第 2 章（2.2）一式（2.4））的评定，关键是设置应力分类线（SCL）或路径。

1）建立弹性材料模型（弹性模量和泊松比），在图 3.3 上加载：y 方向右端约束，沿线施加设计压力，在人孔法兰右端面上施加轴向面力。

2）求解完成。

3）在 Mises 应力云图上（见图 3.6）在球壳与人孔法兰连接部位的外壁出现 SMX=385.37MPa。节点编号 32。

4）定义路径，给出线性化结果。

①A_A 路径：内壁节点 70 与外壁 SMX 节点 32，这是球壳与人孔法兰连接部位的总体结构不连续区域，列表的线性化结果见图 3.7。

②B_B 路径：在球壳的总体薄膜区任选内壁节点 31285，外壁节点 31450，列表的线性化结果见图 3.8。

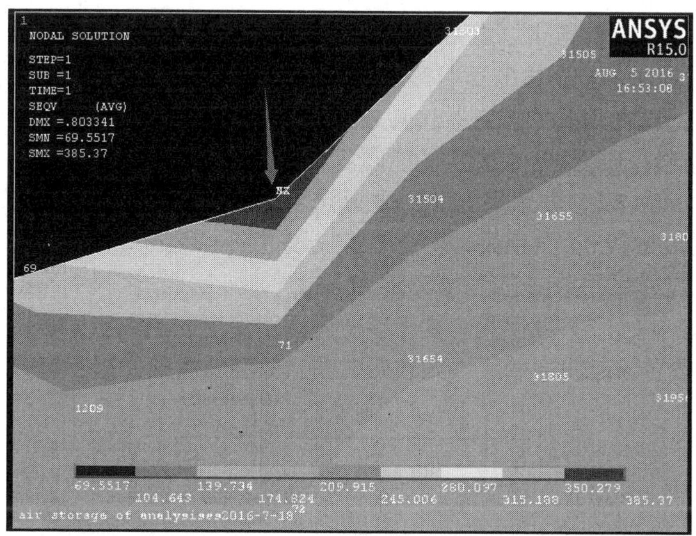

图 3.6 Mises 应力云图

```
          ***** POST1 LINEARIZED STRESS LISTING *****
         INSIDE NODE =      70     OUTSIDE NODE =     32

 LOAD STEP     0  SUBSTEP=      1
 TIME=    1.0000          LOAD CASE=  0

** AXISYMMETRIC OPTION **       RHO =  0.30305E+14
THE FOLLOWING X,Y,Z STRESSES ARE IN SECTION COORDINATES.

                ** MEMBRANE **
      SX            SY            SZ           SXY          SYZ          SXZ
   63.77         44.99         186.0        -65.69        0.000        0.000
      S1            S2            S3          SINT         SEQV
   186.0         120.7        -11.97         198.0        174.7

              ** BENDING **  I=INSIDE C=CENTER O=OUTSIDE
      SX            SY            SZ           SXY          SYZ          SXZ
I  -13.57        -93.53        -4.557        0.000        0.000        0.000
C  -6.945        -4.610    -0.2992E-11       0.000        0.000        0.000
O -0.3200         84.31         4.557        0.000        0.000        0.000
      S1            S2            S3          SINT         SEQV
I  -4.557        -13.57        -93.53        88.98        84.83
C   0.000        -4.610        -6.945        6.945        6.121
O   84.31         4.557       -0.3200        84.63        82.30

              ** MEMBRANE PLUS BENDING **  I=INSIDE C=CENTER O=OUTSIDE
      SX            SY            SZ           SXY          SYZ          SXZ
I   50.20        -48.54         181.4       -65.69        0.000        0.000
C   56.82         40.38         186.0       -65.69        0.000        0.000
O   63.45         129.3         190.6       -65.69        0.000        0.000
      S1            S2            S3          SINT         SEQV
I   181.4         83.00        -81.34        262.8        229.9
C   186.0         114.8        -17.60        203.6        178.9
O   190.6         169.9         22.90        167.7        158.3

              ** TOTAL **  I=INSIDE C=CENTER O=OUTSIDE
      SX            SY            SZ           SXY          SYZ          SXZ
I   50.20        -1.204         198.2       -56.44        0.000        0.000
C   58.22         11.60         175.3       -57.88        0.000        0.000
O   63.45         379.4         206.7       -156.4        0.000        0.000
      S1            S2            S3          SINT         SEQV         TEMP
I   198.2         86.51        -37.52        235.8        204.3        0.000
C   175.3         97.31        -27.50        202.7        177.1
O   443.8         206.7       -0.9071        444.7        385.4        0.000
```

图 3.7 列表给出 A_A 路径的线性化结果

```
***** POST1 LINEARIZED STRESS LISTING *****
INSIDE NODE =  31285      OUTSIDE NODE =  31450

LOAD STEP     0  SUBSTEP=     1
TIME=    1.0000        LOAD CASE=  0

** AXISYMMETRIC OPTION **      RHO =  0.42995E+14
THE FOLLOWING X,Y,Z STRESSES ARE IN SECTION COORDINATES.

                ** MEMBRANE **
       SX            SY            SZ            SXY           SYZ           SXZ
   -17.27         146.2         149.5         8.176         0.000         0.000
       S1            S2            S3            SINT          SEQU
    149.5         146.6        -17.68         167.2         165.8

                ** BENDING **   I=INSIDE C=CENTER O=OUTSIDE
       SX            SY            SZ            SXY           SYZ           SXZ
I  -20.10         12.35         5.099         0.000         0.000         0.000
C  -1.528        0.2257     0.1423E-11        0.000         0.000         0.000
O   17.04        -11.90        -5.099         0.000         0.000         0.000
       S1            S2            S3            SINT          SEQU
I   12.35         5.099        -20.10         32.44         29.50
C  0.2257         0.000        -1.528         1.754         1.653
O   17.04        -5.099        -11.90         28.94         26.21

                ** MEMBRANE PLUS BENDING **   I=INSIDE C=CENTER O=OUTSIDE
       SX            SY            SZ            SXY           SYZ           SXZ
I  -37.37         158.5         154.6         8.176         0.000         0.000
C  -18.80         146.4         149.5         8.176         0.000         0.000
O -0.2319         134.3         144.4         8.176         0.000         0.000
       S1            S2            S3            SINT          SEQU
I   158.9         154.6        -37.71         196.6         194.5
C   149.5         146.8        -19.20         168.7         167.4
O   144.4         134.8       -0.7271         145.2         140.6
```

图 3.8 列表 B_B 路径的线性化结果

（4）识别提取当量应力用于式（5.2）一式（5.4）[见第 2 章式（2.2）一式（2.4）] 的评定。

1）提取图 3.8 薄膜部分总体当量应力 SEQU

$$\text{SEQU}=P_m=165.8\text{MPa}$$

2）提取图 3.8 薄膜+弯曲部分的当量应力 SEQU

$$\text{SEQU}=\left(P_L+P_b\right)=194.5\text{ MPa}$$

3）提取图 3.7 的薄膜部分局部当量应力 SEQU

$$\text{SEQU}=P_L=174.7\text{ MPa}$$

（5）按 **5.2.2.4**（见第 2 章 2.2.2.4）步骤 5 评定。

1）**5.2.2.4**（见第 2 章 2.2.2.4）步骤 5 的规定：

许用应力对局部一次薄膜及局部一次薄膜+一次弯曲当量应力的限制 S_{PL}，应计算为下列两值中的较大值：

（a）按附录 3-A 表列的材料许用应力的 1.5 倍；

（b）当规定的屈服极限与抗拉强度最小值之比大于 0.70，或 S 值取决于附录 3-A 所示的时间相关的特性时，除了应使用（a）值外，还应考虑到附录 3-A 材料的 S_y。

2）本例屈强比 415/552=0.752＞0.70。因此，S_{PL}=max[1.5×184;415]=415 MPa。

$$\text{SEQU}=P_m=165.8\text{MPa}<184\text{ MPa}$$

SEQU= P_L =174.7 MPa＜415 MPa

SEQU= $(P_L + P_b)$ =194.5 MPa＜415 MPa

通过，均满足规范式（5.2）一式（5.4）［见第 2 章（2.2）一式（2.4）］的要求。

综上所述，完成弹性应力分析法防止塑性垮塌的评定。

3）关于 **5.2.2.4**（见第 2 章 2.2.2.4）步骤 5（b）的解读：

屈强比和材料的塑性变形能力及材料的加工硬化能力有关，材料的塑性愈好，屈强比愈小。屈强比对高强度钢有重要意义，提高屈强比，提高材料的许用应力，也提高了材料的使用应力。（b）条规定，屈强比大于 0.70，除了应使用（a）值外，还应考虑到附录 3-A 材料的 S_y。这就是两值中选较大值的规定的地方。因此，

屈强比≤0.70，S_{PL}=1.5S，

屈强比＞0.70，S_{PL}=max[1.5S, S_y]

[2]翻译 ASMEⅧ-2:5 的 5.2.2.4 Step5 时，当屈强比大于 0.70，“应使用（a）中的值”是理解错误、译文错误，不能采用（详见第 1 章序号 29）。

3.2.3 对某些问题的认识

3.2.3.1 对规范规定的认识

（1）规范 5.2.2.4（见第 2 章 2.2.2.4）规定线性化结果给出五类当量应力：P_m, P_L, P_b, Q, F，而 ANSYS 后处理功能给出五部分当量应力及当量应力组合：membrane, bending,membrane+bending,peak 和 total。两者是一致的，ANSYS 实现规范的规定。

规范 5.2.2.4（见第 2 章 2.2.2.4）步骤 3 规定：“应注意的是，本条所规定的各个步骤中，采用了数值方法，如有限元分析完成的详细应力分析，一般直接给出 P_L+ P_b 和 P_L+ P_b+Q+F 的组合。”

步骤 3（a）规定：如果分析的载荷工况仅包括“载荷控制”的载荷（如压力和重力作用），计算的当量应力直接用来表示 P_m,P_L+ P_b 或 P_L+ P_b+Q。例如，带一椭圆形封头的内压容器，P_m 当量应力发生在远离封头与筒体的连接处，而 P_L 或 P_L+ P_b+Q 发生在连接处。

规范规定了当量应力组合 P_L+ P_b,P_L+ P_b+Q 和 P_L+ P_b+Q+F,并规定相应的评价准则。（P_L+ P_b）的评定准则按式（5.4）/（2.4），（P_L+ P_b+Q）的评定准则按 5.5.6 /（2.5.6）规定，而（P_L+ P_b+Q+F）的评定准则按 5.5.3 /（2.5.3）规定。ANSYS 以图示或列表给出实现规范规定的当量应力和当量应力组合的数值结果。由设计人员提取 SEQU 进行评定。

（2）规范 5.2.2.4 /（2.2.2.4）步骤 2 规定：正在容器的确定点上，计算每一种载荷类型的应力张量（6 个独立的应力分量）。为每一计算的应力张量赋予下面定义的一种或一组类别。

步骤 3 规定：将归并为各自当量应力类别的各应力张量求和（在同名的应力分量基础上叠加）。叠加后的应力是一个应力张量，表示归并为各自当量应力类别的所有载荷的作用。

ANSYS 列表给出线性化结果表明，数值结果符合 5.2.2.4 /（2.2.2.4）步骤 2 和步骤 3 的规定，如 membrane+bending 部分中的 6 个应力分量正是 membrane 和 bending 中各 6 个应力分量对应相加的结果，total 中的 6 个应力分量正是 membrane+bending 和 peak 中各 6 个应力分量对应相加的结果。相加后的结果为一个新的应力张量的 6 个应力分量，求其主应力，按式（5.1）/（2.1）求 von Mises 当量应力。

（3）规范 **5.2.2.4** 评定方法步骤 3（b），如果分析的载荷工况仅包括“应变控制”的载荷（如温度梯度），计算的当量应力表示只有 Q，而当量应力组合 P_L+ P_b+Q 是从“载荷控制”的载荷和“应变控制”的载荷两者产生的载荷工况得到的。

这是指：从“载荷控制”和“应变控制”的两者**应力叠加**得到当量应力组合 P_L+ P_b+Q。在总体结构不连续部位，同一路径上的 P_L+ P_b+Q 的 6 个应力分量与热应力的 6 个应力分量对应相加→求三个主应力→按规范式（5.1）/（2.1）求出 Mises 当量应力，这就是应力叠加法求出的当量应力的组合 P_L+ P_b+Q[15]。

（4）式（5.1）/（2.1）是 von Mises 当量应力，进行分析时不用计算它，可直接用数值分析结果提取 SEQU。它是由一点的应力张量（或求和后的应力张量）→求出三个主应力→按式（5.1）/（2.1）求当量应力。所有的应力评定时，均以单独的当量应力或以当量应力组合与许用限制条件作比较。

3.2.3.2 关于识别提取 ANSYS 线性化给出的应力分类用于当量应力评定

[15]第 6 章和[16]第 13 章中均有详细说明，其中有关 membrane+bending 的识别，美国 **SES** 公司（美国应力工程顾问公司）曾于 1989 年来齐鲁石化公司进行技术交流和 ASME 标准介绍，日本 JSW 公司分析专家对 beding 分类问题给出了提示。这两部分是识别和提取线性化给出的应力分类的核心部分。

SES 公司的专家说：**“The membrane plus bending stresses are either primary stresses（P_m+P_b）,or primary stresses plus secondary stresses（P_L+P_b+Q）”**。

JSW 专家说：“弯曲应力或参与 P_L+P_b 评定，或参与 P_L+P_b+Q 评定，因对其本身不再进行单独的应力评定，所以不要提取其当量应力。”

（1）关于 **MEMBRANE**。

该项是 P_m 或 P_L，均依所选路径的位置而定。若在总体薄膜区或板类元件中心区中设置路径，则 SEQU=P_m；若在总体结构不连续处设置路径，则 SEQU=P_L。

（2）关于 **BENDING**。

按照 **JSW** 的理解和应用。

本书作者认为：当 bending 参加 P_L+P_b 评定时，SEQU=P_L+P_b 是一次当量应力；当 bending 参加 P_L+P_b+Q 评定时，SEQU=P_L+P_b+Q，ANSYS 给出的 bending 部分中的 SEQU 就已包括了这两项：一次弯曲 P_b 和二次弯曲当量应力 Q。(P_L+P_b+Q)−(P_L+P_b)=0 就证明了这一点。

（3）关于 **MEMBRANE+BENDING**。

按照 **SES 公司**理解和应用。

该项的识别和提取是非常重要的，因为既可识别为 P_L+P_b（一次当量应力），也可识别为 P_L+P_b+Q，在总体薄膜区，就是 P_m+P_b；在总体结构不连续区，就是 P_L+P_b+Q，应依所选路径的位置快速做出诊断。

（4）关于 **PEAK**。

峰值应力的基本特征是，它不引起结构的显著变形。峰值应力可能是疲劳裂纹源，所以仅在压力容器的疲劳分析中才有意义，其他机械应力分析、热应力分析及其耦合分析均不用考虑。

（5）关于 **TOTAL**。

疲劳分析时，要提取载荷组合工况的 TOTAL 中的 SEQU，即按总当量应力范围最大值进行疲劳计算。

（6）对于防止塑性垮塌评定，不需要确定当量应力 Q 和 F。对于棘轮评定，要确定当量应力组合 P_L+P_b+ Q。

（7）对加氢反应器的弹性应力分析时，只能在压力应力分析时使用式（5.2）一式（5.4）

（式（2.2）一式（2.4））评定防止塑性垮塌，此时，压力应力不能与热应力叠加。

3.2.3.3 国内观点的回顾

3.2.3.3.1 ASMEⅧ 2-2007 颁布前后，在国内杂志上提出的观点

（1）[7]认为“用有限元法只能求出总应力，难以进行应力分类。”

（2）[8]认为“如何将得到的沿壁厚均匀分布薄膜应力和线性分布的弯曲应力进一步分解成一次应力和二次应力尚是当前国内外热烈讨论的问题。”

（3）[9]认为“有限元分析只能给出结构中各处总应力的计算结果，如何将总应力分解成上述五类应力（即 P_m,P_L,P_b,Q,F）是国内外压力容器界的研究热点。”又说“上述前三种应力 P_m,P_L,P_b 都是一次应力，一旦找到一次总应力 P，根据应力分布情况不难进一步区分他们。”

（4）[11]认为：“如何将等效线性化处理得到的薄膜加弯曲应力进一步分解成一次应力和二次应力则是国内外压力容器界热烈讨论的问题，目前尚无公认的结论。”

（5）[12]指出 ASME 新版和欧盟标准“明确肯定了有限元计算结果的等效线性化处理方法。”又说“曾经以为等效线性化处理的目的是寻找峰值应力，但后来发现应力评定时并不需要峰值应力，疲劳分析时用的是总应力。所以等效线性化处理的真正目的是用扣除峰值应力的方法来寻找压力容器部件中的最大结构应力，即处理后得到的薄膜加弯曲应力……欧盟标准认为薄膜加弯曲应力是一次加二次应力。”

（6）在[10]的 7.1.3 应力线性化的方法中说：“值得注意的是，等效线性化处理只区分薄膜应力、弯曲应力与非线性应力，并没有给出应力分类。”在该书的 1.4 中，“②如何对有限元法求解获得的总应力进行分解并正确分类遇到了困难……在过去很长的一段时间，这是国内外研究和讨论的热点，但一直没有定论，业内也逐渐认识到，解决这些争论只能另辟蹊径。随着直接法的提出，此类讨论正在逐年减少。”

（7）[13]指出：“但在应用有限元方法分析计算中只能给出结构中各处总应力的计算结果，如何将总应力分解成上述五类应力是国内外压力容器研究的热点，并已经取得了重要进展。对于一次总体薄膜应力 P_m、一次局部薄膜应力 P_L、一次弯曲应力 P_b、峰值应力 F 的判别已基本达成了统一的规范性的建议。然而对于如何将等效线性化处理得到的薄膜加弯曲应力进一步分为一次应力或二次应力，则是国内外压力容器领域关注的热点。如果简单地将其定性为一次应力，则会保守地将二次应力成分定性为一次应力成分，这种保守的处理方法有时会导致结构应力评定不合格，从而非常保守地改变设计结构与设计尺寸，造成经济上的浪费；相反，如果将其定义为二次应力，则冒进地将一次应力成分定义为二次应力，这样的设计结构有可能会造成灾难性的后果。那么如何处理薄膜加弯曲应力中的一次成分和二次成分，从而平衡设计的经济性和安全性，应成为分析设计中的重要问题。”

3.2.3.3.2 国外讨论的热点的质疑

上述的观点中均有“这是国内外热烈讨论的问题”“这是国内外压力容器领域关注的热点”“这是国内外研究和讨论的热点”等。对此提出质疑：第一，仅在[11]的参考文献上列出同一个作者 Kroenke,W C 的 3 篇文章：

[1] kroenke,W C,Classification of Finite Element Stresses Aecording to ASME Section Ⅲ Stress Categories, Pressure Vessels and Piping[J]. Analysis and Computers, New York,NY,1974.

[2] kroenke,W C, Addicott G W,and Hinton,B M, Interpretation of Finite Element Stresses According to ASME Section Ⅲ [J]. ASME Psper 75-PVP-Vol.63,1975.

[3] kroenke,W C, et al. Component Evaluation Using the Finite Element Method[J]. Pressure Vessels and Piping Technology-1985-A Decade of Progress , ASME, 1985.

如果再没有其他文章，由于上述 3 篇文章发表时间久远且不涉及 ASME SectionⅧ-2，所以不能体现国外讨论的热点。此外，在新版 ASMEⅧ-2 中规范非但没有减少弹性应力分析的规定，而且弹性应力分析和极限载荷分析、弹－塑性分析一样，全面引入数值方法，在防止塑性垮塌、局部失效、屈曲和由循环载荷引起的失效方面，规范的内容不断充实，规范技术水平继续领先。

3.2.3.3.3　国内的情况

[7]于 2005 年发表文章起，确是国内极少数学者讨论的热点，但并没有出现与之争论的另一方。上述国内的观点属于自生自灭型，也就是说，随着对 ASME SectionⅧ-2 的逐渐理解和认识，加上辅以欧盟标准，陈旧的观点渐渐远去，但它仍然留在压力容器的历史中。它对国内影响却是不能低估的。它一度成为影响我国 ANSYS 分析技术进步的长期存在的瓶颈问题。ANSYS 线性化处理结果能不能给出应力分类，如何识别提取 ANSYS 线性化给出的应力分类用于当量应力评定，这两个问题交织在一起，正是压力容器专业人员普遍关心的、迫切需要解决的问题。现在情况如[13]所说，除剩下一个问题外，已基本达成了统一的规范性的建议。因此，过去各种背离规范的观点都要回归到规范的规定上来。

[10] 中的 1.4 和 7.1.3 中的观点同[7]。但 2009 年发表的[12]指出 ASME 新版和欧盟标准“明确肯定了有限元计算结果的等效线性化处理方法”。而[10]是根据 ASMEⅧ-2-2013 写出的《ASME 压力容器分析设计》，书中展示 1.4 和 7.1.3 错误观点的同时，在该书的 7.1 中又说“目前，运用数值有限元技术进行弹性应力分析是分析设计中的主流方法”。在 7.1.4.4 线性化应力的分类中出现的提法是引用别人的。可以看出：该书 1.4 和 7.1.3 中的观点与 7.1 和 7.1.4.4 的观点是自相矛盾的，反差太大。有了前面的观点，不可能有后面的提法。[10] 的 1.4 和 7.1.3 中观点是对规范 **5.2.2.2/**（2.2.2.2）应力分类和 **5.2.2.4/**（2.2.2.2）评定方法存在错误理解。该书作者应意识到：将自己的、与规范对立的观点写入书中，成为不能删除的永久遗憾。当读者明白之后弃之，并不是高明之举。

3.2.4　关于模棱两可的涵义

（1）规范 **5.2.1.2/**（2.2.1.2）指出三维应力场，对于**分类过程**可产生模棱两可的结果。规范 **5-A.3 也指出**对于弹性应力分析和应力线性化可产生模棱两可结果的情况，建议应用本章的极限载荷分析方法和弹－塑性分析方法。规范只在上述两处提到“模棱两可”。

（2）选取路径的过程就是分类过程。显然，确定一条 SCL，就有一个与之对应的分类结果。“**模棱两可**”是指对照已知的三维模型中的 SMX 节点，选择路径另一端点时，因看不见，寻找此点时出现路径的长短得到不唯一的结果，出现不准确的情况。也就是说，出现多条路径的线性化结果，在分类过程中不能确定哪一条路径的线性化结果是正确的。这就是“模棱两可”的涵义。在二维模型上，在两个节点间确定路径只有一条。在三维模型上，过一点，准确地去找对面壁厚上的另一点且路径长度**等于或逼近壁厚**很困难。本书作者在做全模型分析时，在做路径的过程中已经体会到上述情况[16]，最后将总体坐标移到从全模型上拆下的最高应力节点子模型外壁的 SMX 的节点上，翻转图形看到它如同“指路明灯”一样，解决了这个问题，没有出现模棱两可的情况。

[2]在规范 5.5.1.2/(2.5.1.2)的译文中(见第 1 章序号 15)，将 where the categorization process may produce ambiguous results 中规范规定的**分类过程**（categorization process）错误地译成“应

力分类方法”，产生误导。[10]在 1.4 中说：“**应力分类方法**会产生模棱两可的结果。”应力分类方法是弹性应力分析的基础，它不会产生模棱两可的结果。这是不懂“模棱两可”的涵义在评论“模棱两可”。

3.2.5 从 P_L+ P_b+Q 中分出 Q 的方法

[13]提出的问题同[11]和[8]，对于“如何将等效线性化处理得到的薄膜加弯曲应力进一步分为一次应力或二次应力”的问题，本书作者认为这个问题没有实际意义。第一，这个问题聚焦在 ANSYS 线性化给出的 **MEMBRANE+BENDING** 上，按美国 SES 公司的理解和应用，薄膜加弯曲可以给出两种结果：一种是 P_L+ P_b，另一种是 P_L+ P_b+Q，美国 SES 公司 1989 年的观点与 2007 版的 ASMEⅦ-2 是一致的。P_L+ P_b 是一次当量应力组合，P_L+ P_b+Q 才是一次+二次当量应力组合。显然，从 P_L+ P_b 中不能再划出一次当量应力，也不能分出二次应力，因为它没有二次应力，本身就是一次当量应力。从后者 P_L+ P_b+Q 看，第一，如果载荷是“载荷控制”的载荷，Q 是满足变形协调的自限性弯曲应力。第二，若能分出二次应力，因为规范对 Q 没有规定单独的评定准则，从中分出二次应力 Q 没有何意义。

从 P_L+ P_b+Q 分出二次应力 Q 的方法如下：

（1）见图 3.7，**MEMBRANE+BENDING** 的 SEQU=P_L+ P_b+Q，这是规范 **5.2.2.4/**（2.2.2.4）确定的。

（2）在图 3.7 中，**MEMBRANE+BENDING** 中内壁节点 70 的应力张量的 6 个应力分量减去薄膜和弯曲部分的相应 6 个应力分量等于零，见表 3.2。

表 3.2 应力分量相减

图 3.7	SX	SY	SZ	SXY	SYZ	SXZ
MEMBRANE+BENDING	50.20	-48.54	181.4	-65.69	0.000	0.000
MEMBRANE	63.77	44.99	186.0	-65.69	0.000	0.000
BENDING	-13.57	-93.53	-4.557	0.000	0.000	0.000
每一列从第一行减去另两行之和	0.000	0.000	0.000	0.000	0.000	0.000

从表 3.2 相减的结果可以看出：

第一，(P_L+ P_b+Q)−(P_L+ P_b)=0，说明总体不连续区中的 P_b 不是一次应力，而是含有一次应力 P_b 和二次应力 Q，Q 隐藏在 P_b 中。因此，在总体结构不连续区域，弯曲应力不是单一的一次弯曲应力。**这是新的发现**。

第二，在总体薄膜区域内，**MEMBRANE+BENDING** 的 SEQU=P_L+ P_b，P_L（即 P_m）、P_b 和 P_L+ P_b 全部是一次应力。这是 27 年前美国 SES 公司的观点，与现今 ASMEⅧ-2 吻合。

（3）从总体结构不连续区域线性化结果中弯曲部分的应力分量减去总体薄膜区的弯曲应力分量，即从 P_L+ P_b+Q 中分出二次应力 Q，因为总体结构不连续区域中的一次弯曲应力与总体薄膜区中的一次弯曲应力相同，结果见表 3.3。

Q 不能单独存在，或组合为 P_L+ P_b+Q，若有热应力，还要叠加上去，并按 5.5.6 /（2.5.6）评定，或存在 P_L+ P_b+Q+F 组合中，归为总当量应力，按 5.5.3 /（2.5.3）评定。

不能认为 3S 或 2S_y 是仅对 Q 的限制条件。规范明确规定 3S 或 2S_y 是对 P_L+ P_b+Q 组合限制条件。

表 3.3　从 P_L+P_b+Q 中分出二次应力 Q

图 3.7 总体结构不连续区	SX	SY	SZ	SXY	SYZ	SXZ
BENDING	-13.57	-93.53	-4.557	0.000	0.000	0.000
图 3.8 总体薄膜区	SX	SY	SZ	SXY	SYZ	SXZ
BENDING	-20.10	12.35	5.099	0.000	0.000	0.000
相减结果得 Q	**6.53**	**-105.88**	**-9.656**	0.000	0.000	0.000

[13]提出的保守和冒进问题，目的是分出二次应力作为避免保守和冒进问题评定的依据。JSW 供给中石化系统用的加氢反应器过百台，从未发生保守或冒进问题。设计的壁厚绝不浪费 1mm。因此，[13]提出的保守和冒进问题的实质是，ANSYS 给出应力线性化的结果，提取 **MEMBRANE+BENDING** 的 SEQU，它到底代表什么？回答是：路径设在总体结构不连续区，它代表 P_L+P_b+Q，这里有 Q；路径设在总体薄膜区，它代表 P_m+P_b，这里没有 Q。

综上所述，对国外讨论的热点，是虚构的，对国内讨论的热点，是少数人的观点，是没有正确理解规范的错误观点，或者说是没有搞明白的问题。

国内出现"一次结构法"，是为了在薄膜加弯曲应力最大部位处寻找二次应力，并解除相应约束，直至满足一次应力评定准则为止。压力容器分析设计人员没人用它。正如[13]所说："然而一次结构法在实际应用过程中相对较复杂，增加设计过程的复杂性与不确定性。"

3.3　极限载荷分析法防止塑性垮塌

3.3.1　规范规定

规范 5.2.3.3/（2.2.3.3）数值分析规定：采用数值分析技术（如有限元法），通过求解弹性-理想塑性材料模型结合小变形理论获得极限载荷。极限载荷是产生总体结构失稳的载荷。通过一个小的载荷增量不能达到平衡解，说明了这一点（该解不收敛）。

规范 5.2.3.5/（2.2.3.5）评定方法步骤 5 规定：完成步骤 4 中所规定的每一种载荷工况组合的级限载荷分析。如果达到收剑，对这种载荷工况，在加载条件下元件是稳定的。

3.3.2　【规范软件初步解读】

（1）按规范 5.2.3.5/（2.2.3.5）规定，材料模型必须是弹性－理想塑性模型和小变形理论，规定塑性极限的屈服强度应等于 1.5*S*。这里的 1.5*S* 并不一定是屈服极限，因为确定许用应力是取强度极限除以强度安全系数和屈服极限除以屈服安全系数两者中的较小值。本例 1.5*S*=276MPa 就不是材料 SA-737-C 的屈服极限。

（2）材料模型设置见图 3.9。

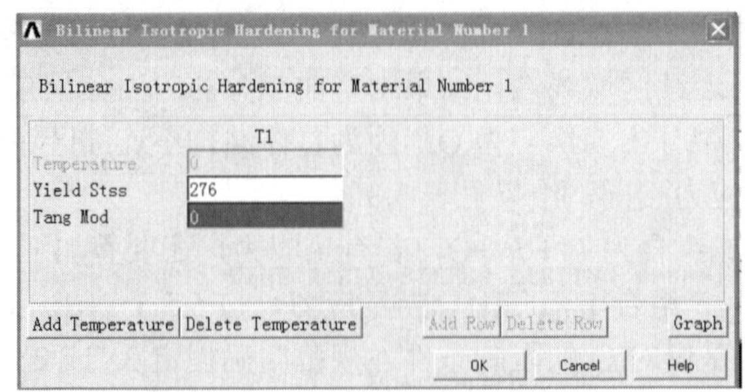

图 3.9　材料的弹性－理想塑性模型

（3）不考虑由规定的非零位移和温度场产生的应变控制载荷的作用。

（4）规范 5.2.3/（2.2.3）没有规定确定极限载荷的方法。过去确定极限载荷的方法（如 ASME 于 1975 年确定的两倍弹性斜率法）现在不用了。按规范规定，采用渐进的加载，达到收敛为止，这个载荷就是极限载荷。有一个小小的增量，求解发散证明这一点。规范给出考虑抗力系数概念，考虑抗力系数的载荷加载效果是靠近了极限载荷的目标。

ANSYS APDL 不能直接给出极限载荷。唯一方法是渐进加载求解确定。

（5）求解控制设置见图 3.10。载荷子步数的设置由设计者确定，没有统一规定，如载荷子步数的最大值也可设置 1000。

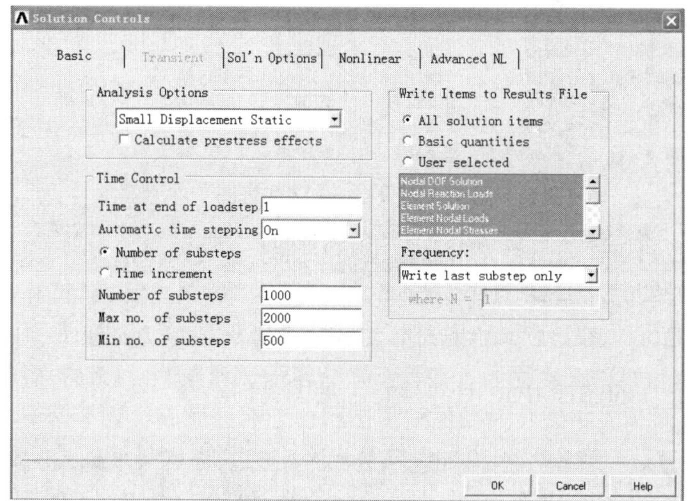

图 3.10　求解控制设置

（6）Ramped 加载求解。

1）加载为 1.5 倍设计压力=56.88MPa（考虑抗力系数的载荷），求解完成。

2）加载设计压力=60.49MPa，求解完成。见图 3.11。

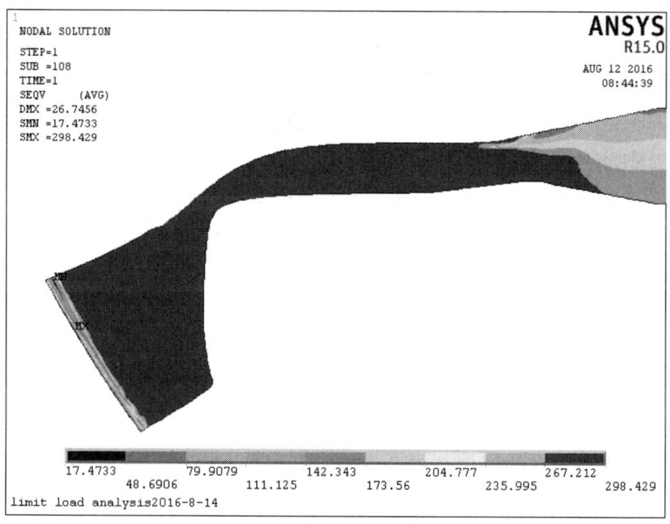

图 3.11　颜色标尺第一档鲜红色的 Mises 应力云图

3）加载设计压力=60.50 MPa，求解完成。见图 3.12。

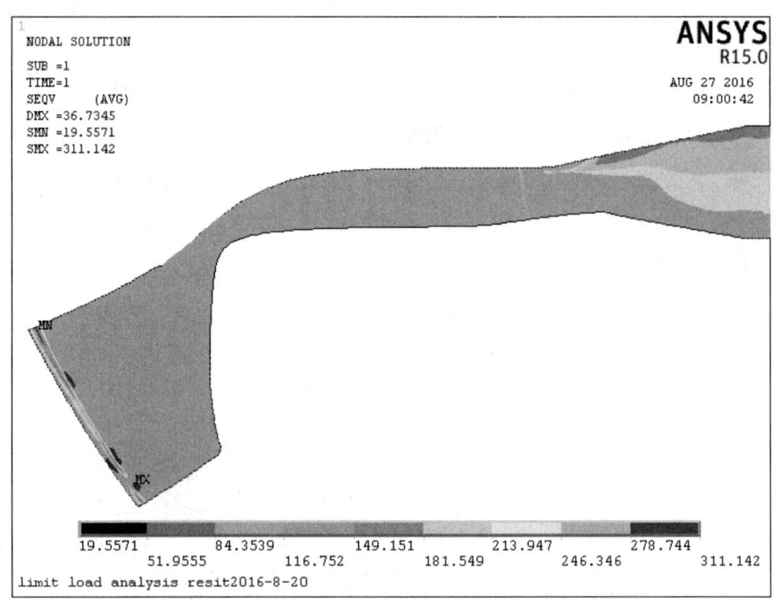

图 3.12　颜色标尺第二档橙黄色的 Mises 应力云图

4）加载设计压力=60.51 MPa，计算停止。见图 3.13。

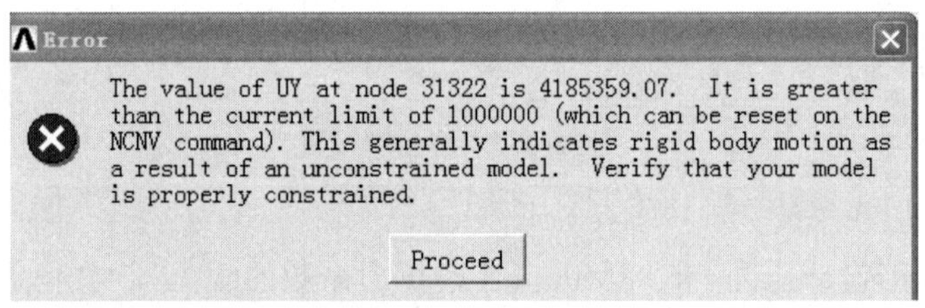

图 3.13　计算停止

（7）查看 Mises 应力云图：在设计压力=60.49MPa 时，在球壳和人孔法兰的绝大部分区域是颜色标尺的第一档（红色标志）。当加载设计压力=60.50 MPa 时，见图 3.12，球壳和人孔法兰的绝大部分区域是颜色标尺的第二档（橙黄色）。在法兰端面仅残留 4 条红色标识的小线段。

（8）从应力云图的颜色变化可以看出：

1）图 3.11 显示的红色区域表示还未达到极限载荷状态。

2）图 3.12 显示的橙黄色区域表示整个截面都屈服了，真正达到了极限载荷状态，发生了应力再分布，橙黄色区域是鉴别是否达到极限载荷状态的标志。

（9）评定。

极限载荷是 60.50 MPa，它是总体塑性垮塌载荷。许用载荷=60.5÷1.5=**40.3**＞37.92 MPa，结构是稳定的、安全的。

3.3.3　对某些问题的认识

（1）[6]或某些文章提出采用“大变形”是不妥的，因规范规定是小变形理论。

（2）加载达到极限载荷时，试图用载荷－位移曲线展示极限载荷的结果是可有可无的。

（3）确定极限载荷的方法，如两倍弹性斜率法、双切线法、零曲率点法等，全部不能应用。只有采用规范 5.2.3 /（2.2.3）的规定作法才是符合规范的。

[10]未给出**规范软件**解读。该书的 7.2.9 评定步骤是规范 5.2.4.4 评定方法的全部内容。该书 7.2.12 注意事项中载荷步设置："一般刚进入塑性少于 3 次，中期少于 5 次，后期少于 10 次迭代后计算能够收敛，则步长是合理的。"完全同[6]。实际上，这样评价载荷步既没有依据也没有意义。这种载荷步的设置方法使求解计算中断。[6]在其 5.4 极限载荷分析中也没有使用前面的设置方法。本书设置一个载荷步，又规定了 1000 个子步的设置，保证载荷增量为 0.001，计算连续，直至求解完成或因超限而停止，均给出相应的提示。

在[10]的 62 页上指出："ASMEⅧ-2 给出了另一选择：载荷与抗力系数设计法。该法是将元件的载荷或载荷工况组合引入抗力系数（即按某一倍数放大或缩小载荷）后再进行极限分析，合格条件为：在每一种载荷工组合下的极限分析达到收敛。如果载荷进一步增加，那么得到的最大收敛解即为结构能承受的许用极限载荷……"这里关键是"如果载荷进一步增加，那么得到的最大收敛解即为结构能承受的许用极限载荷。"得到最大的收敛解不是结构能承受的许用极限载荷，而是极限载荷。许用极限载荷是另一个概念。因此，这种认定是欠妥的。

对极限载荷法的应用，ASMEⅧ-2 仅赋予它具有防止塑性垮塌的评定功能，其他评定不能用。[10]在 7.2.13 优势与展望中说："……此外，其在技术的先进性是毋庸置疑的，采用极限分析法进行一些重要压力容器的设计，其安全性和可靠性所带来的效益将远高于分析方法的复杂性所要付出的代价。"这样评价极限载荷法是高估的、不切实际的，也是没有实例的。

3.4 弹—塑性应力分析法防止塑性垮塌

3.4.1 规范规定

按 5.2.4/2.2.4 的规定，采用弹－塑性应力分析，确定元件的塑性垮塌载荷，评定防止塑性垮塌。将某一设计系数应用于计算的塑性垮塌载荷上，确定元件的许用载荷。

采用数值分析技术（如有限元方法），结合求解的弹－塑性材料模型，能获得塑性垮塌载荷。该分析应考虑几何非线性的影响。塑性垮塌载荷是引起总体结构失稳的载荷。对于一个小的载荷增量不能达到平衡解，说明了这一点（该解不收敛）。

提出元件的一个数值模型，包括所有相应的几何特性。选择分析用的模型应精确地代表元件的几何特性、边界条件和加载。此外，应提供应力和应变集中区域周围的精确模型。

总体准则：完成经受规定载荷工况的元件的弹－塑性分析，确定总体塑性垮塌载荷。塑性垮塌载荷被看作是引起整体结构失稳的载荷。对于精确计算设计元件的塑性垮塌载荷，载荷与抗力系数设计概念（LRFD）被用作另一种可供选择的方法。在这个方法中，乘上系数的各项载荷包括考虑误差的设计系数，以及该元件对这些乘上系数的各项载荷的抗力，均采用弹－塑性分析确定（见表 5.5/2.5）。

完成步骤 4 中所规定的每一种载荷工况组合的弹－塑性分析。如果达到收敛，对这种载荷工况，在加载条件下元件是稳定的。否则，应修改元件形状（如厚度）或降低施加的载荷，并重新分析。

附录 3-D 给出了真实的应力应变曲线模型，它包括与温度有关的强化行为。当采用这个材料模型时，包括强化行为，一直到真实的极限应力和超过屈服极限的理想塑性行为（即应力－应变曲线的斜率是零）。在分析中应考虑几何非线性的影响。

3.4.2 【规范软件初步解读】

（1）采用多线性等向强化材料模型，每条曲线可包括 100 个应力应变数据点。采用附录 3-D 式（3-D.1）一式（3-D.12）计算应力应变值。SA-737-C 真实的应力应变曲线见图 3.14。

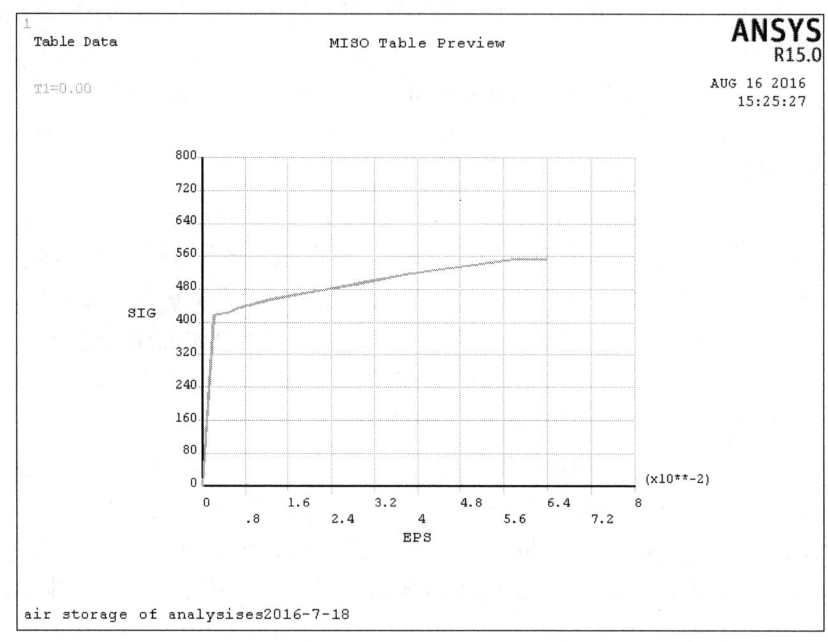

图 3.14　SA-737-C 真实的应力应变曲线

（2）求解控制设置见图 3.15。

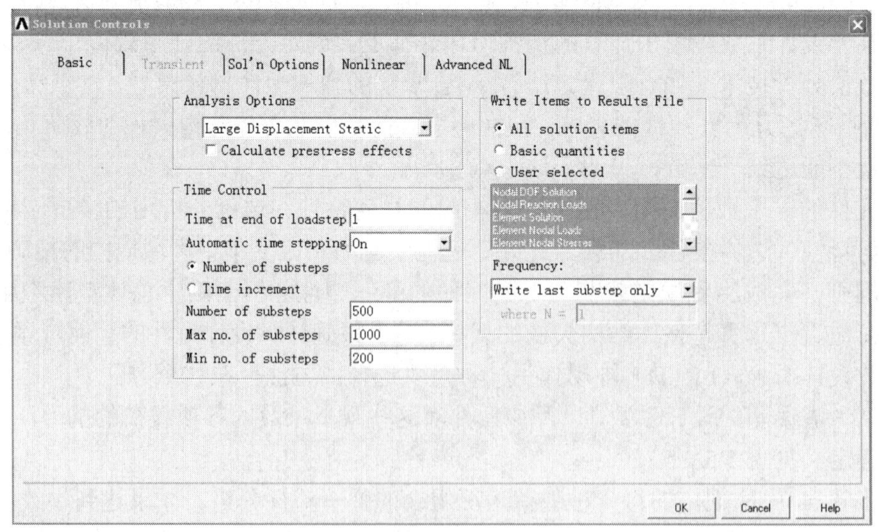

图 3.15　求解控制设置

（3）Ramped 加载求解。

1）加载为 2.4 倍设计压力=91.008MPa（考虑抗力系数的载荷），求解完成。

2）加载设计压力=118MPa，求解完成。见图 3.16。

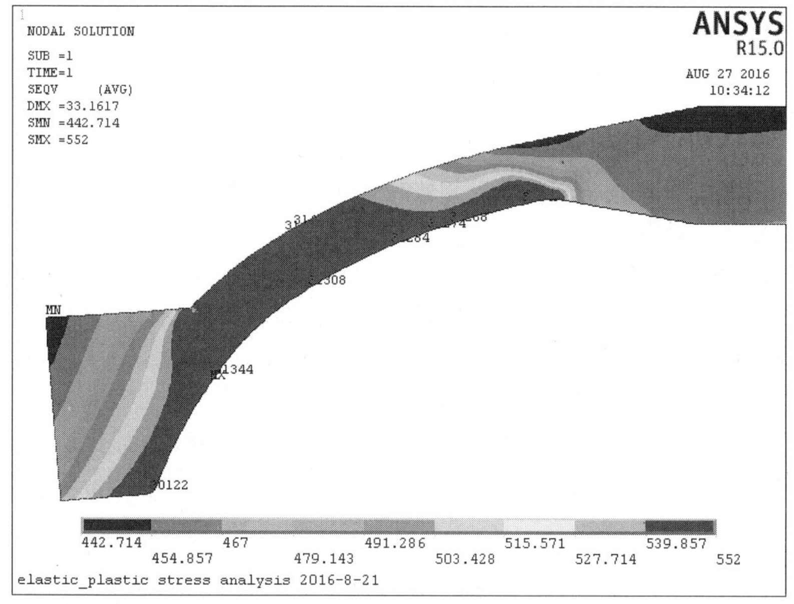

图 3.16 加载 118MPa 求解完成时的 Mises 应力云图（输入部分节点）

在应力云图上选择 list results→nodal solution，在模型的内壁线上有 **68** 个节点应力达到材料的抗拉强度 552MPa。表明此时的载荷就是总体塑性垮塌载荷。

3）加载设计压力=119MPa，ANSYS 停止计算。

（4）评定。

许用塑性垮塌载荷=118÷2.4 = 49.17 MPa ＞37.92 MPa。

说明：求解达到收敛，元件在这种载荷工况下是稳定的。

3.4.3 对某些观点的认识

[10]未给出弹－塑性应力分析法防止塑性垮塌的规范软件解读。本书的 7.3.7 评定步骤和 7.3.8 合格准则都是规范 5.2.4.3/2.2.4.3 和 5.2.4.4/2.2.4.4 的全部内容。在本书 7.3.7 的后部，从“注意：第 3 步中的材料由规范附录 3-D 给出。该材料模型没有包含某些碳钢应力－应变曲线中可以看到的屈服平台，原因是材料系数影响了定义屈服平台的偏移度。此外，此应力－应变曲线是为了更精确地考虑材料在制造条件下的响应，如冷作效应会弱化屈服平台。”这一段，是本书作者的想法，而不是规范的内容。材料的应力－应变曲线是每一种材料固有的特性，而不是[10]所说的“应力－应变曲线是为了更精确地考虑材料在制造条件下的响应”。

3.5 弹性应力分析法防止局部失效

规范 **2.3.1.2 规定，**按上述 3.3 的方法满足防止塑性垮塌时，下列 3.5 和 3.6 方法都是容许的。

3.5.1 规范规定

按规范 5.3.2/2.3.2 弹性分析－三向应力限制条件，根据表 5.3/2.3 设计载荷组合得到线性化的三个一次主应力的代数和用于校核下列准则：

$$(\sigma_1+\sigma_2+\sigma_3)\leqslant 4S$$

3.5.2 【规范软件初步解读】

（1）2015 版规范修订了 2013 版的部分内容：

1）去掉 The sum of the local primary membrane plus bending principal stresses 中的 local primary membrane plus bending principal stresses。规范 5.2.2.2/2.2.2.2 有“一次薄膜（总体或局部的）+一次弯曲当量应力”的定义，没有“局部一次薄膜加弯曲”的定义，所以去掉。改动后，表示线性化后 3 个一次主应力的代数和。

2）去掉 the following elastic analysis criterion shall be satisfied for each point in the component 中的 each point in the component，表示不必对每一点进行评定。

（2）采用弹性材料模型。

（3）在 5-A.3/2-A.3 应力分类线的选择中规定“（a）压力容器通常包括几何、材料和载荷发生突变的结构不连续区域。这些区域一般是元件中最高应力部位。为了评定塑性垮塌和棘轮失效模型，一般将应力分类线（SCLs）设置在总体结构不连续部位。为了评定局部失效和疲劳，一般将 SCLs 设置在局部结构不连续部位。”

（4）选择局部结构不连续部位，如将分类线设置在图 3.2 中 A2 面上过渡段与球壳连接处内壁 r=30 的内壁节点 31242，对应外壁节点 31396，列表给出弹性应力分析线性化结果，3 个主应力见图 3.17。

***** POST1 LINEARIZED STRESS LISTING *****
INSIDE NODE = 31242　　OUTSIDE NODE = 31396

** MEMBRANE PLUS BENDING ** I=INSIDE C=CENTER O=OUTSIDE

	SX	SY	SZ	SXY	SYZ	SXZ
I	-61.50	417.7	285.3	-26.13	0.000	0.000
C	-29.04	246.7	219.9	-26.13	0.000	0.000
O	3.425	75.64	154.5	-26.13	0.000	0.000
	S1	**S2**	**S3**	**SINT**	**SEQV**	
I	419.2	285.3	-62.92	482.1	431.0	
C	249.1	219.9	-31.49	280.6	267.2	
O	154.5	84.10	-5.039	159.5	138.5	

图 3.17　在局部结构不连续部位弹性应力分析的线性化结果

（5）评定。

$$(\sigma_1+\sigma_2+\sigma_3)=(419.2+285.3-62.92)=641.58\leqslant 4S=4\times184=736\ \text{MPa}\quad 合格$$

3.5.3　对某些观点的认识

（1）[14]依据延塑性材料最大变形能理论和三向应力状态虎克定律，并取 μ=0.29，推导出规范式（5.5）/式（2.5）。这是防止构件屈服的限制条件。

（2）[10]没有指出在什么部位设置路径，进行防止局部失效的评定。在本书 8.2.3 探讨与对比中说：“弹性应力是在弹性分析中得出的可能超过屈服强度的虚拟应力，用虚拟应力来评定有硬化效应的延性材料的局部断裂值得商榷。”规范式（5.5）/（2.5）中 3 个主应力不是虚拟应力，控制在 4 倍许用应力以下，防止构件屈服，没有进入材料强化阶段，不会发生局部断裂。该书作者理解有误，该书的式（8-3）和式（8-4）成为向式（5.5）的两步简单变换，而不是真正的推导。式（5.5）/（2.5）是防止局部屈服的限制条件。

3.6　弹—塑性应力分析法防止局部失效

3.6.1　规范规定

5.3.3.1/ 2.3.3.1 下列方法用来评定防止由于加载方式导致的局部失效。

步骤 1　完成弹－塑性应力分析，该分析是基于表 5.5/2.5 给出的局部准则的载荷工况组合。在分析中应考虑几何非线性的影响。

步骤 2 对元件中每一点，确定主应力 $\sigma_1, \sigma_2, \sigma_3$，采用式（5.1）/（2.1）确定当量应力 σ_e 和总当量塑性应变 ε_{peq}。

步骤 3 采用式（5.6）/（2.6）确定极限的三向应变，式中 ε_{Lu}、m_2 和 α_{sl} 从表 5.7/2.7 查得。

步骤 4 根据本册第 6 部分的材料和制造方法确定成形应变 ε_{cf}，如果按第 6 章完成热处理，可假定成形应变等于零。

步骤 5 如果满足应变限制条件，则评定通过，即元件上每一点均满足式（5.7）/（2.7）的条件，则对于规定的载荷工况，元件是合格的。

$$\varepsilon_L = \varepsilon_{Lu} \cdot \exp\left\{-\left(\frac{\alpha_{sl}}{1+m_2}\right)\cdot\left[\left(\frac{\sigma_1+\sigma_2+\sigma_3}{3\sigma_e}\right)-\frac{1}{3}\right]\right\}$$

$$\varepsilon_{peq} + \varepsilon_{cf} \leqslant \varepsilon_L$$

3.6.2 【规范软件初步解读】

（1）采用弹－塑性材料模型。

（2）按规范表 5.5 局部准则的规定，加载 1.7 倍设计压力=64.464 MPa，完成弹－塑性应力分析，见图 3.18。

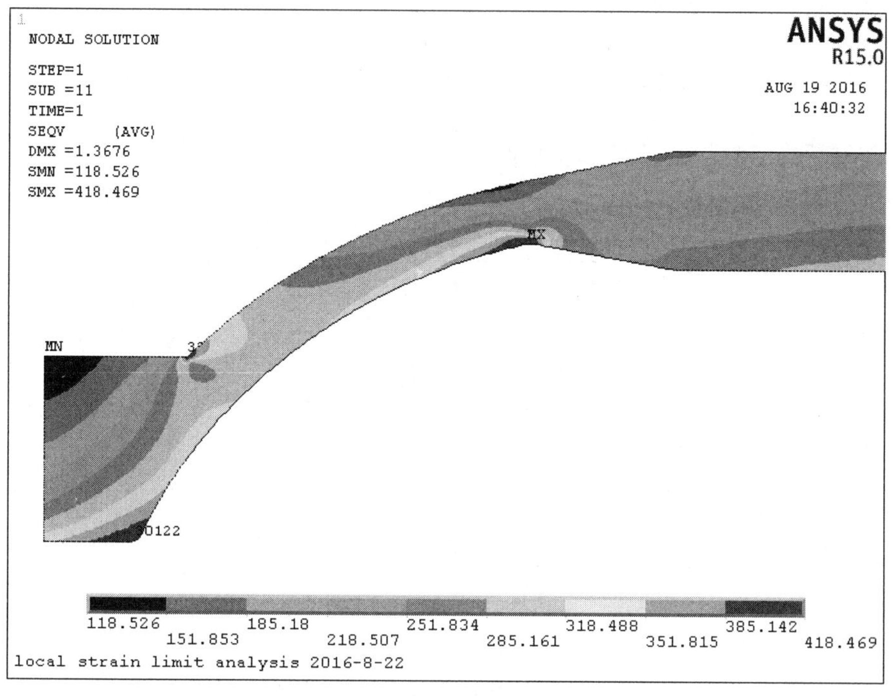

图 3.18 加载 1.7 倍设计压力下的 Mises 应力云图

（3）确定图 3.18 中红色标志区中的 3 个点：最高应力节点 31242（弹性应力分析法防止局部失效分析中以此点作过路径），人孔法兰与球壳外壁的连接处节点 32，人孔法兰人孔内圆角上的节点 30122。

（4）3 个节点的相应 3 个主应力和 Mises 当量应力 σ_e，见图 3.19。

NODE	S1	S2	S3	SINT	SEQV
32	562.70	356.52	87.943	474.75	412.33
30122	358.38	-52.379	-61.335	419.71	415.31
31242	438.34	245.82	-41.743	480.08	418.47

图 3.19　3 个节点的主应力和当量应力值

（5）3 个节点的相应的当量塑性应变值 ε_{peq}，见图 3.20。

NODE	SEPL	SRAT	HPRE	EPEQ	CREQ	PLWK
32	419.95	1.0000	335.72	0.15230E-02	0.0000	0.63646
30122	415.31	1.0000	81.554	0.94533E-04	0.0000	0.39246E-01
31242	419.75	1.0000	214.14	0.14623E-02	0.0000	0.61033

图 3.20　3 个节点的相应当量塑性应变值

（6）根据 ASME II 的规定，材料 SA-737-C 是高强度、高韧性的碳锰硅钢压力容器用材，材料在出厂前经受正火处理，拉伸性能要求：屈服强度最低值≥415 MPa，抗拉强度最小值≥552 MPa，伸长率≥18%。

按规范表 5.7/2.7 选取：m_2=0.60×(1.00−R)=0.60×(1.00−0.75)=0.15，α_{sl} =2.2。而单轴应变极限 ε_{Lu} 要取下列两值中的较大值 0.33：

$$m_2=0.15$$

$$2\cdot\ln\left(1+\frac{E}{100}\right)=2\ln\left(1+\frac{18}{100}\right)=0.33$$

（7）按规范式（5.6）/（2.6）计算极限的三轴应变：

节点 32

$$\varepsilon_L=\varepsilon_{Lu}\cdot\exp\left\{-\left(\frac{\alpha_{sl}}{1+m_2}\right)\cdot\left[\left(\frac{\sigma_1+\sigma_2+\sigma_3}{3\sigma_e}\right)-\frac{1}{3}\right]\right\}=0.131524$$

节点 30122

$$\varepsilon_L=\varepsilon_{Lu}\cdot\exp\left\{-\left(\frac{\alpha_{sl}}{1+m_2}\right)\cdot\left[\left(\frac{\sigma_1+\sigma_2+\sigma_3}{3\sigma_e}\right)-\frac{1}{3}\right]\right\}=0.428847$$

节点 31242

$$\varepsilon_L=\varepsilon_{Lu}\cdot\exp\left\{-\left(\frac{\alpha_{sl}}{1+m_2}\right)\cdot\left[\left(\frac{\sigma_1+\sigma_2+\sigma_3}{3\sigma_e}\right)-\frac{1}{3}\right]\right\}=0.23459$$

（8）按规范式（5.7）/（2.7）评定：

节点 32

$$\varepsilon_{peq}+\varepsilon_{cf}=0.001523\leqslant\varepsilon_L=0.131524\qquad 合格$$

节点 30122

$$\varepsilon_{peq}+\varepsilon_{cf}=0.000094533\leqslant\varepsilon_L=0.428847\qquad 合格$$

节点 31242

$$\varepsilon_{peq}+\varepsilon_{cf}=0.0014623\leqslant\varepsilon_L=0.23459\qquad 合格$$

结论：加载方式不会导致局部断裂。

3.6.3 应变极限损伤计算

规范 5.3.3.2/2.3.3.2 规定：如果按用户设计技术条件要评定特定的加载方式，则可需要应变极限损伤计算方法。也可采用这一方法代替 5.3.3.1/2.3.3.1 的方法。在此方法中，将负载路程划分为 k 个载荷增量，并对每一载荷增量计算相应的主应力 $\sigma_{1,k}$,$\sigma_{2,k}$,$\sigma_{3,k}$，当量应力 $\Delta\sigma_{e,k}$ 以及从上述载荷增量引起的当量塑性应变的变化范围 $\Delta\varepsilon_{peq,k}$。采用式（5.8）/（2.8）计算 k^{th} 载荷增量的极限应变 $\varepsilon_{L,k}$，式中 ε_{Lu},m_2 和 α_{sl} 由表 5.7/2.7 查得。采用式（5.9）/（2.9）计算每一载荷增量的应变范围损伤，并采用式（5.10）/（2.10）计算成形应变范围损伤 $D_{\varepsilon\ form}$。如果按第 6 部分完成热处理，则可假定成形的应变范围损伤等于零。采用式（5.11）/（2.11）计算累积的应变范围损伤。如果满足该式条件，对规定的加载方式，元件中的该部位是合格的。

$$\varepsilon_{L,k} = \varepsilon_{Lu} \cdot \exp\left\{-\left(\frac{\alpha_{sl}}{1+m_2}\right)\left[\left(\frac{\sigma_{1,k}+\sigma_{2,k}+\sigma_{3,k}}{3\sigma_{e,k}}\right)-\frac{1}{3}\right]\right\}$$

$$D_{\varepsilon,k} = \frac{\Delta\varepsilon_{peq,k}}{\varepsilon_{L,k}}$$

$$D_{\varepsilon} = D_{\varepsilon form} + \sum_{k=1}^{M} D_{\varepsilon,k} \leqslant 1.0$$

3.6.4 【规范软件初步解读】

（1）采用弹一塑性材料模型。

（2）求解控制见图 3.21。

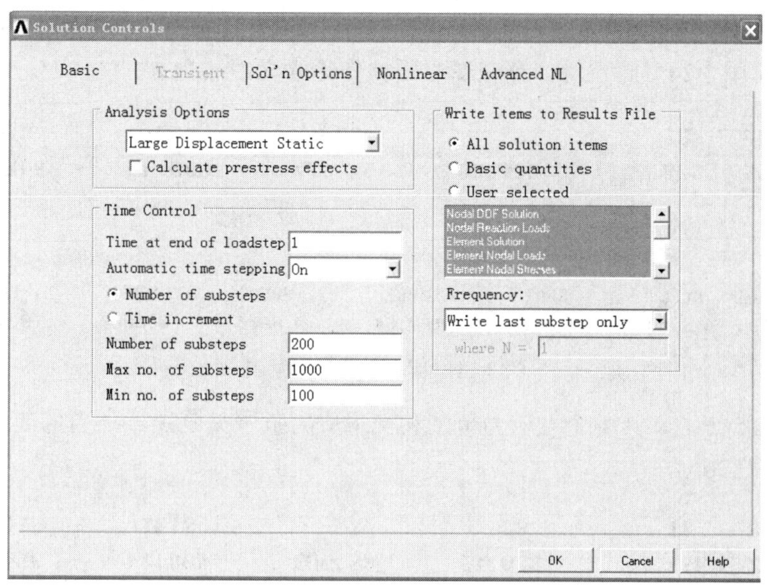

图 3.21 应变极限损伤求解控制设置

（3）将加载路径划分为 4 个载荷增量：0～20，20～40，40～58，58～64.464MPa，因加载到 58 MPa 时，有塑性当量应变。而此前的各个载荷增量区间没有塑性当量应变，计算“应变极限损伤”无意义。因此，有实际意义的载荷增量是 58 MPa 到 1.7 倍设计压力（64.464MPa）这一载荷增量区间。

（4）对载荷 58～64.464MPa 这一区间计算相应的主应力范围 $\sigma_{1,k}$,$\sigma_{2,k}$,$\sigma_{3,k}$，当量应力 $\Delta\sigma_{e,k}$ 以及从上述载荷增量引起的当量塑性应变的变化范围 $\Delta\varepsilon_{peq,k}$。必须采用载荷工况求解。将加载 64.464MPa 的工况定义为载荷工况 1，而将加载 58MPa 的工况定义为载荷工况 2。

（5）load case1-load case2=load case3 的 Mises 当量应力云图，见图 3.22。

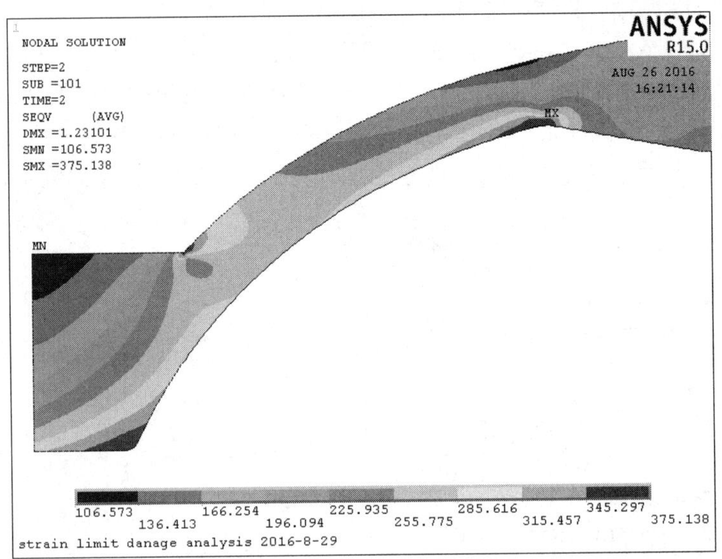

图 3.22 load case3 的 Mises 当量应力云图（与图 3.18 比较就知该图是工况组合）

（6）查取 MX 节点为 35655，其各个主应力范围和当量应力范围见图 3.23，当量塑性应变范围见图 3.24。此点对计算应变极限损伤无意义，故舍去。

NODE	S1	S2	S3	SINT	SEQV
35655	327.72	227.88	-52.677	380.40	341.60

图 3.23 主应力和当量应力范围

NODE	SEPL	SRAT	HPRE	EPEQ	CREQ	PLWK
35655	415.00	0.0000	167.64	0.0000	0.0000	0.0000

图 3.24 当量塑性应变范围

（7）查取节点 32，其各个主应力范围和当量应力范围见图 3.25，当量塑性应变范围 $\Delta\varepsilon_{peq,k}$ 见图 3.26。

NODE	S1	S2	S3	SINT	SEQV
32	493.94	320.15	85.903	408.04	354.66

图 3.25 节点 32 的主应力和当量应力范围

NODE	SEPL	SRAT	HPRE	EPEQ	CREQ	PLWK
32	419.85	0.0000	300.00	0.14913E-02	0.0000	0.62309

图 3.26 节点 32 的当量塑性应变范围

（8）按规范式（5.8）/（2.8）计算 k^{th} 载荷增量的极限应变 $\varepsilon_{L,k}$：

$$\varepsilon_{L,k}=\varepsilon_{Lu}\cdot\exp\left[-\left(\frac{\alpha_{sl}}{1+m_2}\right)\left(\left\{\frac{\sigma_{1,k}+\sigma_{2,k}+\sigma_{3,k}}{3\sigma_{e,k}}\right\}-\frac{1}{3}\right)\right]=0.124$$

（9）按规范式（5.9）/（2.9）计算该载荷增量的应变范围损伤：

$$D_{\varepsilon,k}=\frac{\Delta\varepsilon_{peq,k}}{\varepsilon_{L,k}}=\frac{0.0014913}{0.124}=0.012$$

（10）按规范式（5.11）/（2.11）计算累积的应变范围损伤：

$$D_{\varepsilon}=D_{\varepsilon form}+\sum_{k=1}^{M}D_{\varepsilon,k}=0+0+0+0+0.012\leqslant 1.0\quad 合格$$

3.7 防止屈曲垮塌

3.7.1 规范规定

规范 5.4.2/2.4.2 规定：如果完成数值分析，确定元件的屈曲载荷，在确定元件最小屈曲载荷中，应考虑所有可能的屈曲模型。务必保证模型的简化不会排除某一临界的屈曲模型。例如，确定带有一个加强圈的圆筒最小屈曲载荷时，应考虑轴对称和非轴对称两种屈曲模型，从中确定最小屈曲载荷。

规范 5.4.1.2/2.4.1.2 规定：在结构稳定性评定中所用的设计系数是基于所完成的屈曲分析的类型。采用数值解确定屈曲载荷时，下列设计系数是壳体元件可用的最小值。

（a）类型 1：如果采用弹性应力分析，没有几何非线性，在求解中，确定元件中的预应力，完成分叉点的屈曲分析，应使用设计系数最小值 $\Phi_B=2/B_{cr}$（见 5.4.1.3/2.4.1.3）。在此分析中，基于表 5.3/2.3 的载荷组合，确定元件中的预应力。

（b）类型 2：如果采用**弹一塑性**应力分析，计入几何非线性影响，在求解中，确定元件的预应力，完成分叉点的屈曲分析，应使用设计系数最小值 $\Phi_B=1.667/B_{cr}$（见 5.4.1.3/2.4.1.3）。在此分析中，基于表 5.3 的载荷组合，确定元件中的预应力。

（c）类型 3：如果按 5.2.4/2.2.4 完成垮塌分析，并明确考虑了分析模型几何缺陷，则按表 5.5 中乘上系数的载荷组合计算设计系数。须要注意的是，采用弹性材料特性或塑性材料特性都能完成垮塌分析。承受加载时，如果结构保持弹性，则弹一塑性材料模型将提供所需的弹性性能，并基于该性能计算垮塌载荷。

3.7.2 【规范软件初步解读】

3.7.2.1 三种类型的圆筒

将数值分析确定圆筒的临界屈曲载荷除以规范 5.4.1.2/2.4.1.2 给定的三种类型的设计系数，得到圆筒的许用屈曲载荷。这就是数值分析防止屈曲垮塌的基本方法。

利用 ANSYS 进行屈曲分析，必须和圆筒的属性相关联，才能与公式法或图算法作比较。

外压圆筒的属性有弹性失稳的长圆筒、弹性失稳的短圆和非弹性失稳的短圆筒[19]。GB150-2011 图 4.2 A 曲线图的竖直线就是按式（3.3）绘制的，将式（3.4）布雷恩一布赖斯公式，代入圆筒环向薄膜应力公式得到式（3.5），进而得到式（3.6）。

$$P_{cr}=2.2E\left(\frac{\delta_e}{D_o}\right)^3 \tag{3.4}$$

$$\sigma_{cr} = \frac{P_{cr} D_{o}}{2\delta_e} = 1.1E\left(\frac{D_{o}}{\delta_e}\right)^{-2} \quad (3.5)$$

在比例极限内，得到满足胡克定律的应变值

$$A = \frac{\sigma_{cr}}{E} = 1.1\left(\frac{D_{o}}{\delta_e}\right)^{-2} \quad (3.6)$$

A 曲线图的倾斜线代表短圆筒，短圆筒的临界压力采用美国海军水槽试验公式，将它代入圆筒环向薄膜公式得到式（3.5），短圆筒倾斜线就是按式（3.7）绘制的。

$$A = \frac{\sigma_{cr}}{E} = \frac{1.3(D_{o}/\delta_e)^{-1.5}}{L/D_{o} - 0.45(D_{o}/\delta_e)^{-0.5}} \quad (3.7)$$

A 曲线图中由长圆筒到短圆筒的转折点，代表短圆筒的临界长度，按式（3.8）计算。

$$L_{cr}/D_{o} = 1.17(D_{o}/\delta_e)^{0.5} \quad (3.8)$$

从 GB150-2011 图 4.3－图 4.11 的 B 曲线图上看，曲线的直线部分就是弹性失稳的长、短圆筒，直线部分以后的曲线就是非弹性失稳的短圆筒。根据 A 值判断圆筒的属性，**不要对弹性失稳的短圆筒按非弹性失稳的短圆筒进行 ANSYS 屈曲分析**，因为它们的临界屈曲载荷是不相同的。

（1）类型 1 就是特征值屈曲分析，就是没有几何非线性的弹性屈曲分析，对应的要分析的圆筒是弹性失稳的，控制椭圆度在制造允差之内的长、短圆筒，采用弹性材料模型，屈曲垮塌模型是分叉点屈曲模型，设计系数最小值 $\Phi_B=2/B_{cr}=2.5$。

（2）类型 2 就是材料非线性且计入几何非线性的屈曲分析。材料非线性，是采用真实的弹－塑性材料模型。几何非线性，是在几何模型上做出超标的缺陷。对应的圆筒是非弹性失稳的短圆筒。屈曲垮塌模型是分叉点屈曲模型，设计系数最小值 $\Phi_B=1.667/B_c=2.08$。开始分析时，也要从特征值分析起，求出特征值屈曲载荷后，进入非线性屈曲分析，施加表 5.5/2.5 总体准则规定的载荷组合。

（3）类型 3 就是按 5.2.4/2.2.4 条完成载荷为外压的防止塑性垮塌的弹－塑性分析并明确考虑分析模型几何缺陷（在几何模型上做出超标缺陷）。采用刚性圆筒，弹－塑性材料模型。在加载条件下元件是稳定的，此时就是临界屈曲载荷，按表 5.5/2.5 确定的设计系数 2.4。对于类型 3，不能使用 ANSYS 的屈曲分析。

对于工程设计，应采用规范 ASMEⅧ-2:4，ГОСТ Р 52857.2 的公式法和 GB150 的图算法，计算外压圆筒和封头以及开孔补强。设计的新容器符合制造标准规定，如圆度超标，使用单位不验收。因此，不考虑几何缺陷。规范的公式法或图算法在其规定的允差范围内，要比有限元分析应用更广泛、更实用、更可靠。目前还没有采用以外压数值计算结果代替公式法或图算法的工程应用。

（4）几何非线性，是指结构受力发生几何形态的变化（如大应变、大位移），引起结构非线性响应，其载荷与位移不再是直线关系。

（5）材料非线性，是指结构材料的应力与应变关系为非线性。

3.7.2.2　ANSYS 屈曲分析简介

特征值分析如下：

（1）采用简支边界条件，对于外压圆筒，两端径向、环向节点位移为零，其中一端的轴向节点位移为零。出现圆筒周向失稳。不可采用固支约束，因其临界屈曲载荷偏高。

（2）在分析类型中选择 Static，在 basic 下选 small displacement static，在求解控制中激活预应力效应，勾选 calculate prestress effects。

（3）在元件的外表面上施加单位载荷，如 1MPa。

（4）求解完成后，退出求解器，然后重新进入求解器，设置：

1）选择 Eigenvalue buckling options；

2）取一阶模态，取一阶模态扩展。

4）求解完成后，读取后处理结果。得到特征值屈曲载荷系数，即为屈曲临界载荷，确定许用屈曲载荷。

非线性屈曲分析如下：

（1）材料的弹－塑性模型。

（2）完成特征值屈曲分析，得到特征值屈曲临界载荷。

（3）设定初始缺陷：执行 main menu→solution→load step opts→other→updt node coord，弹出对话框，在 factor multiply displacements by 的框内输入初始偏差值，并将 key 设定为 ON。

（4）非线性屈曲分析的设置：

1）在求解控制中选择 large displacement static，设定 number of substeps 值，frequency 设定为 write N number of substeps when N=1；

2）在 advanced NL 选项中勾选 activate arc-length method，并在最大、最小乘数框中设定值；

3）加载方式为 ramped 方式；

4）在壳体外表面施加外压；

5）求解后读取后处理结果，确定临界载荷和许用屈曲载荷。

3.7.3 ГОСТ Р 52857.2 公式法计算

某减压塔，塔体内径 ϕ2000mm，设计外压 p=0.07MPa，塔体圆筒总高 8000 mm，两端为标准椭圆形封头，设计温度 370℃，材料 20g，腐蚀裕量 3mm，σ_y=245MPa，$[\sigma]$=89.6MPa，E=1.69×10^5MPa。计算塔体壁厚和许用外压力（引用《钢制压力容器设计指南》81 页例 3）。

该标准 5.3.2，6.3.2，6.4.2 完全采用公式法计算外压圆筒，椭圆形、半球形和碟形封头，已经舍弃了 ГОСТ14249-89 保留的“外压圆筒弹性范围稳定计算图”。其壁厚都是用外压计算的，而不是假定的。稳定安全系数 n_y=2.4。

ГОСТ Р 52857.2 规定，如果容器元件几何形状偏差和制造的不精确度不超过标准文件规定的偏差，则本强度计算的规范和方法适用。ГОСТ Р52630－2012《钢制焊接容器及设备一般技术条件》规定，真空和外压容器，相对椭圆度 a 值按下式计算，应不大于 0.5%。

$$a=\frac{2\times(D_{\max}-D_{\min})}{D_{\max}+D_{\min}}\times 100$$

（1）计算壁厚。

外压圆筒的计算壁厚，按该标准的式（5）计算：

$$s_p = \max\left\{1.06\frac{10^{-2}D}{B}\left(\frac{p}{10^{-5}E}\frac{L}{D}\right)^{0.4};\frac{1.2pD}{2[\sigma]-p}\right\}$$

$$= \max\left\{1.06\frac{10^{-2}\cdot 2000}{1}\left(\frac{0.07}{10^{-5}\cdot 1.69\cdot 10^{5}}\frac{8433}{2000}\right)^{0.4};\frac{1.2\cdot 0.07\cdot 2000}{2\cdot 89.6-0.07}\right\}$$

$$=10.548\text{mm}$$

式中系数 B 按该标准的式（6）计算：

$$B = \max\left\{1;0.47\left(\frac{p}{10^{-5}E}\right)^{0.067}\left(\frac{l}{D}\right)^{0.4}\right\}$$

$$= \max\left\{1;0.47\left(\frac{0.07}{10^{-5}\cdot 1.69\cdot 10^{5}}\right)^{0.067}\left(\frac{8433}{2000}\right)^{0.4}\right\} = \max\{1;0.675\} = 1$$

（2）外压圆筒名义壁厚为：

$$s \geqslant s_p + c = 10.548 + 3 + 0.8 = 14.348 \approx 16\text{mm}$$

（3）许用外压力，按该标准的式（7）计算：

$$[p] = \frac{[p]_п}{\sqrt{1+\left(\frac{[p]_п}{[p]_E}\right)^2}} = \frac{1.086}{\sqrt{1+\left(\frac{1.086}{0.101}\right)^2}} = \frac{1.086}{10.79} = 0.101 > 0.07\text{MPa}$$

式中由强度条件确定的许用外压力，按该标准的式（8）计算：

$$[p]_п = \frac{2[\sigma](s-c)}{D+(s-c)} = \frac{2\cdot 89.6(16-3.8)}{2000+(16-3.8)} = 1.086\text{ MPa}$$

由弹性范围内稳定条件确定的许用外压力，按该标准的式（9）计算：

$$[p]_E = \frac{2.08\cdot 10^{-5}E}{n_y B_1}\cdot\frac{D}{L}\cdot\left[\frac{100(s-c)}{D}\right]^{2.5}$$

$$= \frac{2.08\cdot 10^{-5}\cdot 1.69\cdot 10^{5}}{2.4\cdot 1.0}\cdot\frac{2000}{8433}\left[\frac{100(16-3.8)}{2000}\right]^{2.5} = 0.101\text{MPa}$$

式中 $B_1 = \min\left\{1.0;9.45\cdot\frac{D}{l}\sqrt{\frac{D}{100(s-c)}}\right\} = \min\left\{1.0;9.45\cdot\frac{2000}{8433}\sqrt{\frac{2000}{100(16-3.8)}}\right\} = 1$

3.7.4 ASMEⅧ-2:4 公式法计算

ASMEⅧ-2:4 适用于 $D_o/t \leqslant 2000$；若 $D_o/t > 2000$，按 **ASMEⅧ-2:5** 设计。

本例 D_o/t=2032/12.2=166.5≤2000，满足要求。

规范 4.3.2.1 规定，完工容器的壳体在任何截面处，最大和最小内径之差应不超过在所测量横截面处公称直径的 1%。

按规范 4.4.5 计算

步骤 1　初始壁厚为 16−3−0.8=12.2mm，无支承的圆筒长度 L=8433mm。

步骤 2　按规范式（4.4.19）计算预期的弹性屈曲应力 F_{he}

$$F_{he}=\frac{1.6C_hE_yt}{D_o}=\frac{1.6\cdot 0.0115\cdot 1.69\cdot 10^5\cdot 12.2}{2032}=18.67\ \text{MPa}$$

$$M_x=\frac{L}{\sqrt{R_ot}}=\frac{8433}{\sqrt{1016\cdot 12.2}}=75.75$$

按式（4.4.22）计算 C_h

$$对于13<M_x<2\left(\frac{D_o}{t}\right)^{0.94}，\ C_h=1.12M_x^{-1.058}=0.0115$$

步骤 3 按规范式（4.4.27）计算预期的屈曲应力 F_{ic}

$$对于\left(\frac{F_{he}}{S_y}=0.076\right)<0.552，\ F_{ic}=F_{he}=18.67\ \text{MPa}$$

步骤 4 按规范 4.4.2 计算设计系数 FS

因 $F_{ic}\leqslant 0.55S_y=134.75$，$FS$=2.0

步骤 5 按规范式（4.4.28）计算许用外压力 P_a

$$P_a=2F_{ha}\left(\frac{t}{D_o}\right)=2\cdot 9.335\cdot\left(\frac{12.2}{2032}\right)=0.112\ \text{MPa}$$

式中 $$F_{ha}=\frac{F_{ic}}{FS}=\frac{18.67}{2.0}=9.335\ \text{MPa}$$

规范 4.4.5 规定，预期屈曲应力最大值等于屈服极限，预期屈曲应力不能超过屈服极限。表 3.4 给出上述公式法的计算结果。

表 3.4 ГОСТ Р 52857.2 和 ASMEⅧ-2:4 公式法计算结果对比

规范		初定壁厚	无支承圆筒计算长度	许用外压	稳定安全系数或设计系数
ГОСТ Р 52857.2		计算值 16mm	L=8433mm	[p]=0.101MPa	n_y=2.4
ASMEⅧ-2:4		取 16mm	L=8433mm	P_a=0.112 MPa	FS=2.0
功能	ГОСТ Р 52857.2	采用式（3.1）能计算 GB150 外压应力系数 B 曲线图代表的全部圆筒：弹性失稳的长、短圆筒，非弹性失稳的短圆筒和另外的刚性圆筒			
	ASMEⅧ-2:4	最大的预期屈曲应力等于屈服极限，屈服极限以上的工况不能计算。即能计算弹性失稳的长、短圆筒			

3.8 疲劳评定—弹性应力分析和当量应力

3.8.1 规范规定

规范 5.5.3.1/2.5.3.1 规定：有效的总当量应力幅用来评定从每一线弹性应力分析所得结果的疲劳损伤。疲劳评定的控制应力是有效的总当量应力幅，定义为载荷循环图中对每一种循环所计算的有效的总当量应力范围（P_L+P_b+Q+F）的一半。

规范 5.5.3.2/2.5.3.2 评定方法：

步骤 4（d）规定：如果对全部的应力范围（包括 $\Delta S_{LT,k}$）使用疲损失系数 $K_{e,k}$，则不需要使用式（5.34）/（2.34）的泊松修正系数 $K_{v,k}$。此时，式（5.30）/（2.30）变为：

$$S_{alt,k}=\frac{K_f \cdot K_{e,k} \cdot \Delta S_{p,k}}{2}$$

步骤 5　用步骤 4 计算的交变当量应力，确定许用的循环次数 N_k，附录 3-F 和 3-F.1 提供基于结构材的疲劳曲线。

步骤 6　确定 k^{th} 循环的疲劳损伤，下式中 k^{th} 循环的实际循环次数是 n_k 。

$$D_{f,k}=\frac{n_k}{N_k}$$

步骤 7　采用下式计算累积疲劳损伤。如果满足下式，对于连续操作，元件的该部位是合格的。

$$D_f=\sum_{k=1}^{M} D_{f,k} \leqslant 1.0$$

3.8.2　【规范软件初步解读】

（1）采用弹性材料模型。

（2）采用操作压力：最高 34.5 MPa，最低 3.45 MPa。按载荷工况（减）给出的 Mises 当量应力云图（与图 3.6 比较可知，这是载荷工况）见图 3.27。MX 节点 32。

（3）总当量应力范围 $\Delta S_{P,k}$=315.53 MPa，见图 3.27 和图 3.28。

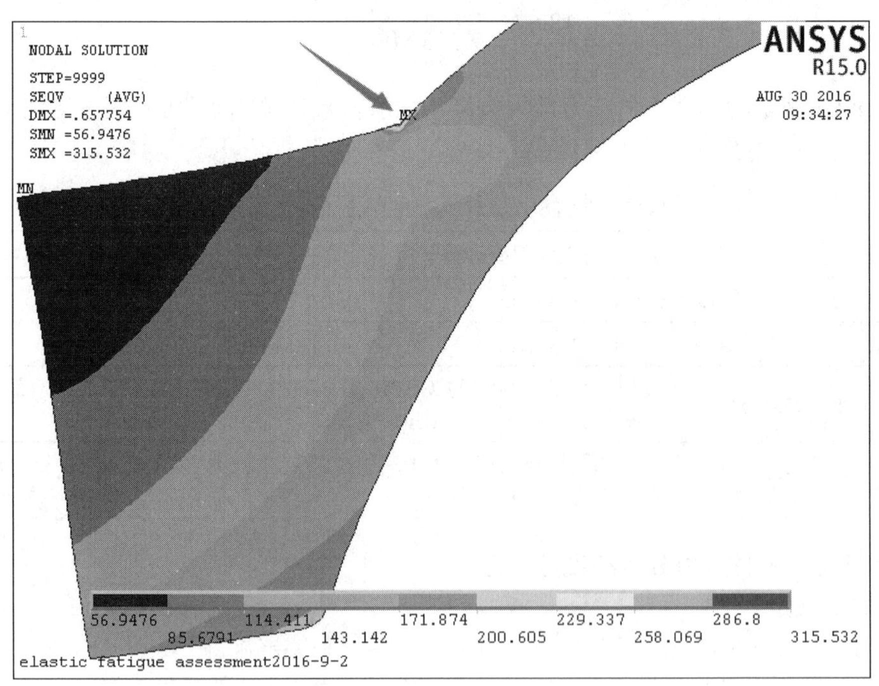

图 3.27　载荷工况（减）后的 Mises 应力云图

```
***** POST1 LINEARIZED STRESS LISTING *****
INSIDE NODE =      70      OUTSIDE NODE =      32
```

图 3.28　列表的 Mises 当量应力范围

```
** MEMBRANE PLUS BENDING **  I=INSIDE C=CENTER O=OUTSIDE
      SX         SY         SZ         SXY        SYZ        SXZ
 I   41.10     -39.75      148.6     -53.78      0.000      0.000
 C   46.52      33.06      152.3     -53.78      0.000      0.000
 O   51.95      105.9      156.0     -53.78      0.000      0.000
      S1         S2         S3         SINT       SEQV
 I   148.6      67.96     -66.60      215.2      188.3
 C   152.3      94.00     -14.41      166.7      146.5
 O   156.0      139.1      18.75      137.3      129.6

** TOTAL **  I=INSIDE C=CENTER O=OUTSIDE
      SX         SY         SZ         SXY        SYZ        SXZ
 I   41.10    -0.9867      162.3     -46.22      0.000      0.000
 C   47.67      9.494      143.5     -47.40      0.000      0.000
 O   51.95      310.6      169.2     -128.1      0.000      0.000
      S1         S2         S3         SINT       SEQV       TEMP
 I   162.3      70.84     -30.72      193.0      167.3      0.000
 C   143.5      79.67     -22.51      166.0      145.0
 O   363.3      169.2    -0.7428      364.1      315.5      0.000
```

图 3.28 列表的 Mises 当量应力范围（续图）

（4）为了确定疲劳损失系数 $K_{e,k}$，需要确定一次+二次当量应力范围 $\Delta S_{n,k}$。为此，在给出的图 3.27 上作线性化处理，定义路径：内壁节点 70，外壁节点 32，列表的线性化结果见图 3.28。因 $\Delta S_{n,k}$=129.6 MPa≤max[3S;2S_y]=830 MPa，所以，按规范式（5.31）确定 k^{th} 循环的疲劳损失系数 $K_{e,k}$=1.0。按规范表 5.11 和表 5.12 查取全焊透焊态，经受 XT、UT、MT、PT 和 VT 的检验，质量 1 级，计算循环应力幅或循环应力范围所使用的疲劳强度的降低系数 K_f=1.2。

（5）按规范式（5.36）计算有效的交变当量应力 $S_{alt,k}$

$$S_{alt,k}=\frac{K_f\cdot K_{e,k}\cdot\Delta S_{p,k}}{2}=\frac{1.2\cdot1.0\cdot315.5}{2}=189.3\,\text{MPa}\ (27.5\text{ksi})$$

$$S_{alt,k}=27.5\times195000/202431=26.5\ \text{ksi}$$

（6）计算许用循环次数 N_k。

1）按 ANSYS 后处理的 Fatigue 功能操作：Size Settings：1 个位置、1 个事件和 2 个载荷；在 S-N Table 中输入标准数据；输入 MX 节点号；从数据库中读取结果文件；设定事件的循环次数；疲劳计算，给出许用循环次数和使用系数，详见[15]。如果不知道 S-N 数据，不能使用。

2）按 **ASMEⅧ-2** 的 3-F.9 给出的疲劳曲线数据，用内插法确定许用循环次数：

N_k=36875

计算疲劳损伤系数：

$$D_{f,k}=\frac{n_k}{N_k}=\frac{20000}{36875}=0.54$$

3.8.3 按 ГОСТ Р 52857.6 直接计算许用循环次数

应力幅为

$\sigma_a=S_{al\,t,k}$=189.3 MPa

该标准考虑焊态时，应计入的系数同规范 K_f=1.2。

因材料 SA-737-C 属于低合金钢，选定的材料性能如下：

$A = 0.45\times10^5$;

$B = 0.4R_{m/t}$=0.4×552=220.8

循环次数的安全系数 n_N 和应力的安全系数 n_σ 分别为（对于钢制容器）n_N=10，n_σ=2.0。

按该标准的式（13）计算许用循环次数

$$[N] = \frac{1}{n_N}\left[\frac{A}{\left(\bar{\sigma}_a - B/n_\sigma\right)}C_t\right]^2$$

$$= \frac{1}{10}\left[\frac{0.45\cdot10^5}{(189.3-220.8/2)}\cdot\frac{2300-50}{2300}\right]^2 = 31130$$

式中 $$\bar{\sigma}_a = \max\left\{\sigma_a;\frac{B}{n_\sigma}\right\} = \max\left\{\sigma_a;\frac{B}{n_\sigma}\right\} = 189.3$$

上式中的系数 C_t 是温度修正系数，除此没有其他修正系数。

损伤系数为

$$D_{f,k} = \frac{n_k}{N_k} = \frac{20000}{31130} = 0.64$$

3.8.4 按 EN13445:3 计算许用循环次数

因最高总应力节点位于总体结构的不连续区域，该区域是焊接区，所以应采用焊接区疲劳设计曲线，如图 3.29 所示。

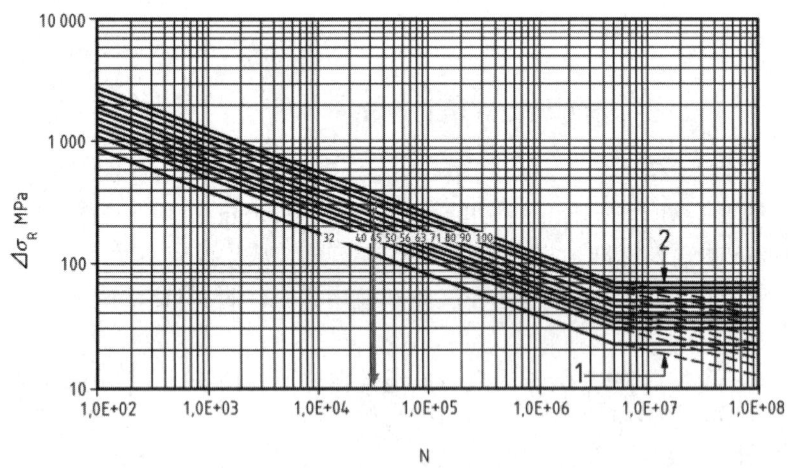

图 3.29 焊接件的疲劳设计曲线

（1）欧盟标准的当量应力采用 **Tresca** 准则，纵坐标 $\Delta\sigma_R$ 是取应力差的等效结构应力范围，即图 3.28 中 ΔSINT=$\Delta\sigma_{eq}$=215.2 MPa。

（2）按该标准的表 18-4 a）试验组 1 或 2 确定焊接接头的疲劳等级为 80。

（3）确定修正系数。

不超过 100℃，温度修正系数 f_{T^*} =1。

厚度修正系数 f_{ew} 按该标准式（18.10-11）计算，此处焊接厚度为 119.35mm。

$$f_{ew}=\left(\frac{25}{e_n}\right)^{0.25}=\left(\frac{25}{119.35}\right)^{0.25}=0.68$$

总修正系数 $f_w = f_{ew}\cdot f_{T^*}$ =0.68。

（4）$\Delta\sigma_R$=215.2÷0.68=316.5 MPa

（5）查图 3.29，得许用循环次数 N=31000 次。

（6）疲劳损伤系数

$$D_{f,k}=\frac{n_k}{N_k}=\frac{20000}{31000}=0.645$$

表 3.5 给出公式法和查图法计算结果的比较。

表 3.5 公式法和查图法计算结果的比较

计算项目	ASMEⅧ-2:5	ГОСТ Р 52857.6	EN13445:3
设计循环次	20000		
许用循环次数	33125	31130	31000
疲劳损伤系数	0. 54	0.64	0.645

3.9 疲劳评定——弹—塑性应力分析和当量应变

3.9.1 规范规定

规范 5.5.4.1/2.5.4.1 综述：

（a）有效的应变范围用来评定适用于从弹－塑性应力分析所得结果的疲劳损伤。对于载荷循环图（loading histogram）中的每一种循环，可采用一次循环分析法或两倍屈服法，计算有效的应变范围。对于一次循环分析法，应使用随动强化（kinematic hardening）的循环塑性计算法。

（b）两倍屈服法是以代表**一次循环**的、规定的稳定循环应力范围－应变范围曲线和一个规定载荷范围为基础，在单一载荷步中完成的弹－塑性应力分析。应力范围和应变范围是该分析的直接输出项。施行这种方法和单调分析的方法相同，且不需要**有**卸载和重新加载的一次循环分析。两倍屈服法能和没有循环塑性功能的分析程序一起使用。

规范 5.5.4.2/2.5.4.2 评定方法：

步骤 4 完成 k^{th} 循环的弹－塑性应力分析。对于一次循环分析法，采用循环应力幅－应变幅曲线（5.5.4.1/2.5.4.1），循环恒幅载荷。对于两倍屈服法，循环始点的载荷是零，终点的载荷是步骤 3 所确定的载荷范围，使用循环应力范围－应变范围曲线（5.5.4.1/2.5.4.1）。对于热载荷，通过将循环始点的温度场规定为初始条件，将循环终点的温度场施加到同一载荷步中的方法，可施加两倍屈服法的载荷范围。

步骤 5 计算 k^{th} 循环的有效的应变范围：

$$\Delta\varepsilon_{eff,k}=\frac{\Delta S_{p,k}}{E_{ya,k}}+\Delta\varepsilon_{peq,k}$$

式中应力范围 $\Delta S_{p,k}$ 由式（5.29）/（2.29）给出，$\Delta\varepsilon_{peq,k}$ 由式（5.42）/（2.42）给出。

步骤 6 确定 k^{th} 循环的有效交变当量应力

$$S_{alt,k}=\frac{E_{ya,k}\cdot\Delta\varepsilon_{eff,k}}{2}$$

步骤 7　确定步骤 6 计算的交变当量应力的许用循环次数 N_k，附录 3-F 中 3-F.1 给出基于结构材料的疲劳曲线。

步骤 8　确定 k^{th} 循环的疲劳损伤，式中 k^{th} 循环的实际循环次数是 n_k。

$$D_{f,k}=\frac{n_k}{N_k}$$

步骤 9　采用下式计算累积疲劳损伤。如果满足该式，对于连续操作，元件的该部位是合格的。

$$\sum_{k=1}^{M} D_{f,k} \leqslant 1.0$$

步骤 10　对经疲劳评定的元件上的每一点，都要重复步骤 2 到步骤 9。

3.9.2　【一次循环分析法规范软件初步解读】

（1）规范在综述（a）中提出：“using either cycle-by-cycle analysis or the Twice Yield Method”，现在分词 using 短语作状语，它后面用连接词 either…or 连接两个宾语。[2] CACI 和[10]均将前者译为“逐一循环分析法”。这种译法不妥，见第 1 章。

（2）采用弹－塑性应力分析进行疲劳评定时，由于 ASMEⅧ-2 给出用于弹－塑性疲劳分析的材料数据较少，没有低合金钢的循环应力－应变曲线模型的材料参数 K_{css} 和 n_{css} 的相应数据。对于低合金钢材料的疲劳分析，只能借用碳钢材料的数据，且板厚分档太粗，见规范表 3-D.2M，所以为计算结果带来较大的不精确度，没有显示出通过有效的应变范围计算应力幅的优势。

（3）规范规定，**“一次循环分析法”**应使用随动强化材料模型。在建立随动强化模型时，应力－应变选项只能对于总应变，不能对于塑性应变。

（4）采用**“一次循环分析法”**计算有效的应变范围。

1）按规范式（3-D.14）做出随动强化的循环应力幅－应变幅曲线的材料模型，循环的应力幅均低于或等于材料屈服极限，见图 3.30。

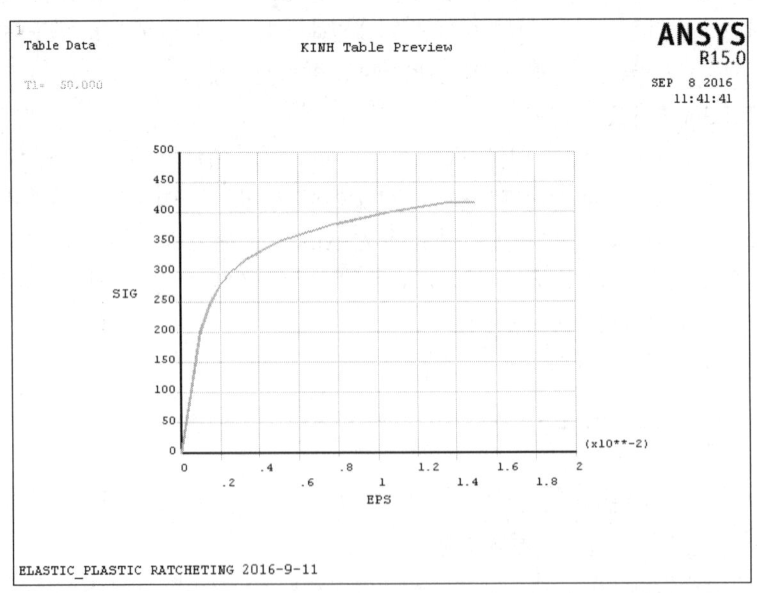

图 3.30　一次循环分析法用随动强化循环应力幅－应变幅曲线材料模型

2）采用大变形、Ramped 加载和载荷工况求解。

3）载荷工况差后给出的 Mises 应力云图，见图 3.31。MX 节点 32。

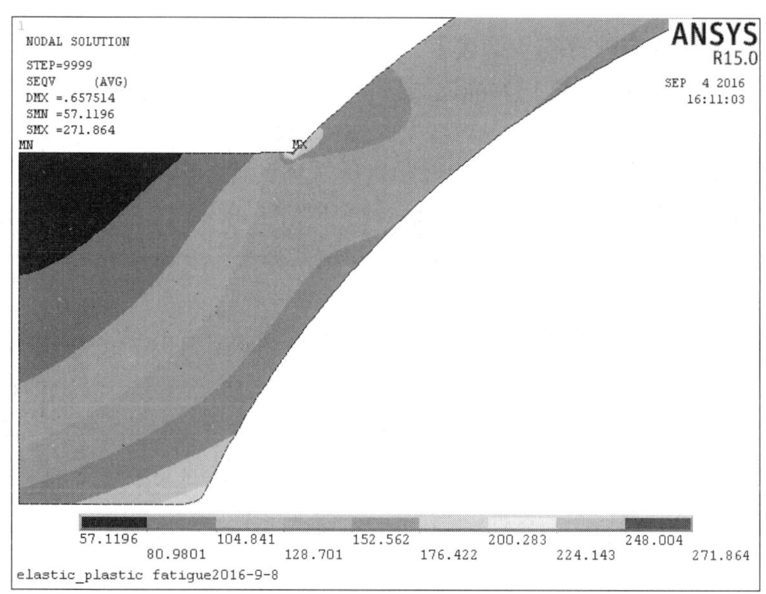

图 3.31 载荷工况差后给出的 Mises 应力范围云图

4）提取总当量应力范围 $\Delta S_{p,k}$ 和有效应变范围 $\Delta\varepsilon_{eff,k}$（即总机械应变范围），分别见图 3.32 和图 3.33。图 3.34 中所有节点的当量塑性应变全为零。总机械应变包括有弹性应变和塑性应变之和。

NODE	S1	S2	S3	SINT	SEQV
32	329.76	185.19	16.157	313.60	271.86

图 3.32 总当量应力范围

NODE	EPTO1	EPTO2	EPTO3	EPTOINT	EPTOEQV
32	0.13306E-02	0.40220E-03	-0.68334E-03	0.20140E-02	0.17459E-02

图 3.33 Mises 总机械应变范围

NODE	SEPL	SRAT	HPRE	EPEQ	CREQ	PLWK
32	0.0000	0.0000	0.0000	0.0000	0.0000	0.0000

图 3.34 当量塑性应变范围

5）按规范式（5.44）计算有效交变当量应力。

$$S_{slt,k}=\frac{E_{ya,k}\cdot\Delta\varepsilon_{eff,k}}{2}=\frac{202431\times0.0017459}{2}=176.7\,\text{MPa（25.6ksi）}$$

$$S_{slt,k}=25.6\times195000/202431=24.7\text{ ksi}$$

6）按 ASMEⅧ-2 的 3-F.9 给出的疲劳曲线数据，用内插法确定许用循环次数：

N_k=43625 次

7）损伤系数

$$D_{f,k}=\frac{n_k}{N_k}=\frac{20000}{43625}=0.46$$

3.9.3 【两倍屈服法规范软件初步解读】

两倍屈服法是用规范式（3-D.15）描述的材料滞回曲线（应变范围与应力范围）作为材料模型进行弹－塑性应力分析的疲劳评定。这里有两个问题：

第一，在恒幅载荷循环加载下，开始阶段出现循环硬化和循环软化，随着循环次数的增加，硬化和软化等瞬态现象逐渐消除，约在破坏循环数的 20%～50%间形成稳定的滞回曲线。进入稳态与具体材料和应变范围有关。因此，不知道要循环多少次才能进入稳态。

第二，可用分段折线代替滞回曲线。

因此，采用多线性等向强化的一段模型，如图 3.35 所示，试作弹－塑性疲劳评定。

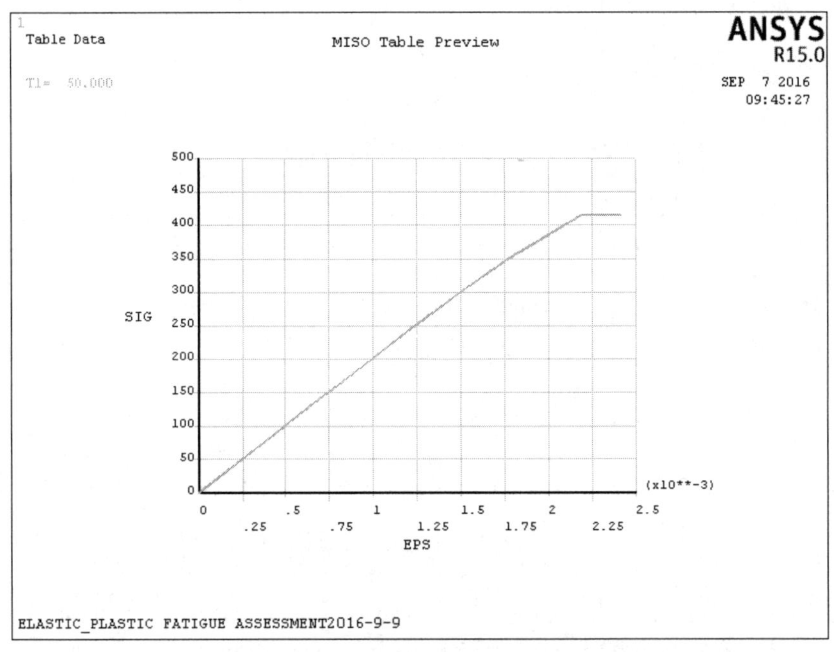

图 3.35　多线性等向强化的循环应力范围－应变范围曲线的材料模型

（1）按规范式（3-D.15）做出多线性等向强化的循环应力范围－应变范围曲线的材料模型，代替滞回曲线，如图 3.35 所示。

（2）采用大变形、Ramped 加载和载荷工况差求解。

（3）载荷工况差后给出的 Mises 应力云图见图 3.36。MX 节点 32，同图 3.31。

（4）提取总当量应力范围 $\Delta S_{p,k}$ 和有效应变范围 $\Delta\varepsilon_{eff,k}$（即总机械应变范围），分别见图 3.37 和图 3.38。图 3.39 中所有节点的当量塑性应变全为零。总机械应变包括有弹性应变和塑性应变之和。

（5）按规范式（5.44）计算有效交变当量应力，结果同“**一次循环分析法**”。

（6）按规范 3-F.9 算出的许用循环次数是 43625，结果同“**一次循环分析法**”。

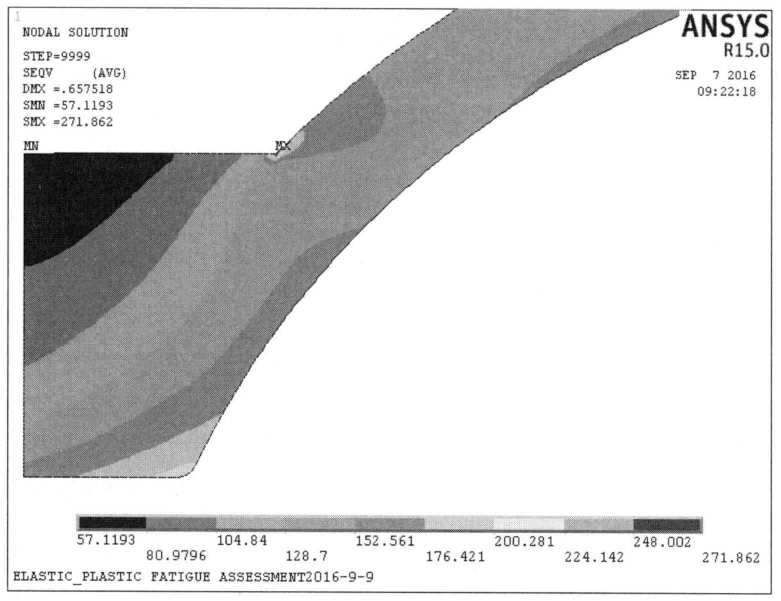

图 3.36 载荷工况差后给出的 Mises 应力范围云图

NODE	S1	S2	S3	SINT	SEQV
32	329.76	185.19	16.158	313.60	271.86

图 3.37 总当量应力范围

NODE	EPTO1	EPTO2	EPTO3	EPTOINT	EPTOEQV
32	0.13306E-02	0.40219E-03	-0.68333E-03	0.20139E-02	0.17459E-02

图 3.38 Mises 总机械应变范围

NODE	SEPL	SRAT	HPRE	EPEQ	CREQ	PLWK
32	0.0000	0.0000	0.0000	0.0000	0.0000	0.0000

图 3.39 当量塑性应变范围

3.9.4 对某些问题的认识

[10]有如下问题：

（1）没有提及采用大变形还是小变形求解。

（2）该书 106 页上说：“随动强化又分为线性随动强化与非线性随动强化”，实际上是非弹性非线性强化。

（3）该书 105 页上说：“如图 10.6 所示（见本书图 3.30 的拐点区域）……材料出现软化，循环的应力－应变曲线表现出非线性特性。”此处的曲线形态并不是材料发生了软化，而是循环的应力－应变曲线特征。

（4）该书 106 页上图 10.7 中稳定的滞回曲线不能用：第一，起始线不通过坐标原点；第二，纵标标应力最大值达 600MPa，不知道是什么材料，超 SA737 材料的强度极限；第三，没有以坐标原点为核心，这与[10]在前面描述的两倍屈法有矛盾。

（5）106 页上又说：“逐一分析法的主要缺点是要求有限元软件具备循环塑性分析功

能……采用逐一分析法，需要在有限元分析结果中搜索转折点处的有效应变，并相减得到其范围，这一点比两倍屈服法烦琐。”这些说法都是与实际操作不相容的。求解完成后，没有必要搜寻转折点的有效应变，而是 MX 节点的 Mises 总应变。

3.10 棘轮评定——弹性应力分析

3.10.1 规范规定

5.5.6.1/2.5.6.1规定：

（a）要评定防止棘轮失效，须满足下列限制条件。

$$\Delta S_{n,k} \leqslant S_{PS}$$

（b）一次加二次当量应力范围 $\Delta S_{n,k}$ 是当量应力范围，从垂直截面厚度的最高应力值推导出来的，由规定的操作压力和其他规定的机械载荷以及总体热效应产生的，线性化的总体或局部一次薄膜应力+一次弯曲应力+二次应力（P_L+P_b+Q）组合的当量应力范围。应包括总体结构不连续影响，但不括包局部结构不连续（应力集中）影响。典型压力容器元件的这种应力分类的实例示于表 5.6/2.6 中。

（c）这种当量应力的最大范围局限于 S_{PS}。S_{PS} 表示对一次+二次当量应力范围的限制，并在（d）中规定了 S_{PS} 值。在确定最大的一次+二次当量应力范围过程中，必须考虑总应力范围可大于任意单个循环的应力范围的多种循环的作用，由于在每一情况中温度极值是不同的，在此情况下，S_{PS} 值可随考虑的规定的循环或循环的组合而变化。因此，应注意：确保使用合适的 S_{PS} 值用于每一循环或循环的组合（见 5.5.3/2.5.3）。

（d）对一次+二次应力范围的许用限制 S_{PS}，确定为下列两值中的较大值。

（1）在操作循环期间内，在最高和最低温度下，按附录 3-A 材料 S 的平均值的 3 倍。

（2）当规定屈服极限与抗拉强度最小值之比超过 0.70，或 S 值取决于附录 3-A 所示的与时间有关的特性时，除了应使用（1）值以外，在操作循环期间内，在最高和最低温度下，按附录 3-D 材料 S_y 的平均值的 2 倍。

3.10.2 【规范软件初步解读】

（1）见图 3.28，采用弹性应力分析法疲劳评定时，已经用过一次+二次当量应力范围 $\Delta S_{n,k}$。为了确定疲劳损失系数 $K_{e,k}$，需要确定一次+二次当量应力范围 $\Delta S_{n,k}$。为此，在给出图 3.27 上作线性化处理，定义路径：内壁节点 70，外壁节点 32，列表的线性化结果见图 3.28。提取 $\Delta S_{n,k}$=129.6 MPa。因 $\Delta S_{n,k}$=129.6 MPa≤max[3S;2S_y]=830 MPa，所以，按规范式（5.31）确定 k^{th} 循环的疲劳损失系数 $K_{e,k}$=1.0。

本书认为：

1）当规定屈服极限与抗拉强度最小值之比小于或等于 0.70 时，$\Delta S_{n,k}$≤3S；

2）当规定屈服极限与抗拉强度最小值之比超过 0.70，或 S 值取决于附录 3-A 所示的与时间有关的特性时，$\Delta S_{n,k}$≤max[3S;2S_y]。

$\Delta S_{n,k}= P_L+P_b+Q$，其中 Q 包括总体热应力，所以 $\Delta S_{n,k}$ 值会很大。

（2）CACI 译 2007 版 ASMEⅧ-2:5 译文：“一次+二次应力范围的许用极限 S_{PS} 可取由以下所算得两值中的较大者。

1）在正常操作期间，在最高和最低温度时由附录 3.A 所得材料 S 平均值的三倍。

2）在正常操作期间，在最高和最低温度时由附录 3.A 所得材料的 S_y 的二倍。但当最小规定屈服强度对极限拉伸强度之比超过 0.7 时，或如在附录 3.A 中所列 S 值是由与时间相关的性能决定时，应采用 5.5.6.1.d.1）节所得之值。”

“应采用 5.5.6.1.d.1）节所得之值”属于更改规范的规定，是错的。

（3）[10]的 125 页上，对一次+二次应力范围的许用限制 S_{PS}，该书给出值如下：

当　　YS/UTS≤0.70　　S_{PS}=max[$3S_{\text{cyxle}}$,$2S_{\text{y,cycle}}$]

当　　YS/UTS＞0.70　　S_{PS}= $3S_{\text{cyxle}}$

注意：括号内符号的下标 S_{cyxle} 和 $S_{\text{y,cycle}}$ 是该书作者自定义，不是规范定义的符号。

（3）同（2）一样，也是错的。

3.11　棘轮评定——弹—塑性应力分析

3.11.1　规范规定

规范5.5.7.2/2.5.7.2　评定方法

步骤 3　分析中应采用**弹性－理想塑性材料模型**。应使用 von Mises 屈服准则和相应的流动规则。定义塑性极限的屈服强度应是附录 3-D 给定温度下规定的屈服极限的最小值。

步骤 5　应用最少三个完整循环之后，评定下列的棘轮准则。可能需要施加附加的循环证明收敛。如果满足下面任意一个条件，则满足棘轮准则。如果不满足下列准则，应修改元件的外形（即厚度）或减少加载，并重新分析。

（a）在元件上没有塑性作用（引起零塑性应变）。

（b）元件主要承载边界的内部存在弹性体。

（c）元件的全部尺寸中没有永久变形。根据相关元件尺寸对最后的一个循环和其下一个循环之间的时间，绘制一个图，就能证明这一点。

3.11.2　【规范软件初步解读】

（1）采用弹性－理想塑性材料模型，见图 3.40。

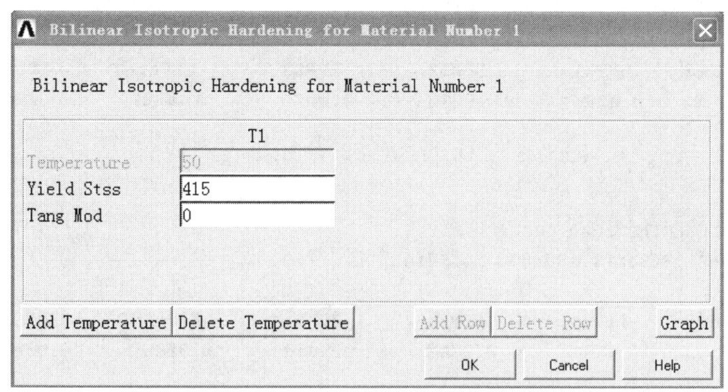

图 3.40　弹－塑性棘轮评定用的材料模型

（2）采用 6 个载荷步，每一载荷步均配有一定数量的子步，Ramped 加载和大变形求解。求解完成后，采用 3 个载荷工况差实现 3 个完整的循环。

（3）显示的 LOAD CASE7，LOAD CASE8，LOAD CSE9 的当量应力云图和塑性应变值的情况，分别见图 3.41－图 3.44。

（4）从图 3.42－图 3.44 看，塑性应变值全部为零，弹－塑性应力分析防止棘轮失效评定通过。

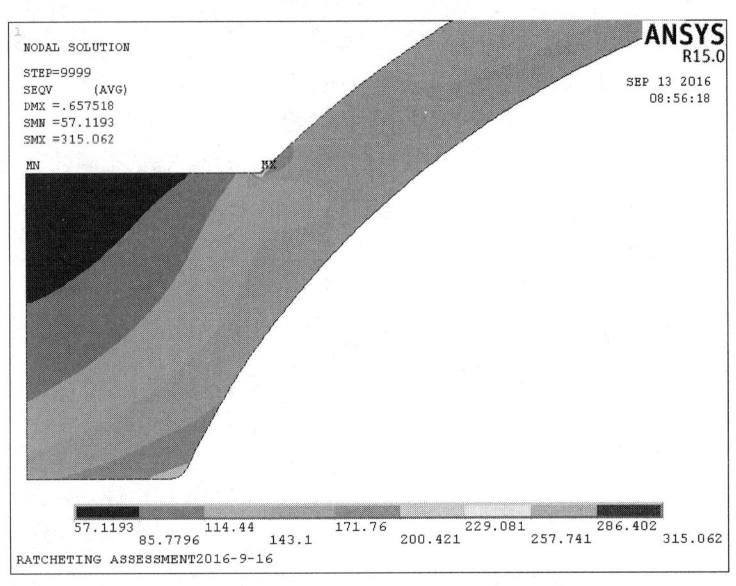

图 3.41 LOAD CASE7 的 Mises 当量应力云图

```
CALCULATED LOAD CASE=      7
NODAL RESULTS ARE FOR MATERIAL   1

 NODE     EPPL1       EPPL2       EPPL3       EPPLINT      EPPLEQV
   32    0.0000      0.0000      0.0000      0.0000       0.0000
```

图 3.42 LOAD CASE7 的 Mises 塑性应变

```
CALCULATED LOAD CASE=      8
NODAL RESULTS ARE FOR MATERIAL   1

 NODE     EPPL1       EPPL2       EPPL3       EPPLINT      EPPLEQV
   32    0.0000      0.0000      0.0000      0.0000       0.0000
```

图 3.43 LOAD CASE8 的 Mises 塑性应变

```
CALCULATED LOAD CASE=      9
NODAL RESULTS ARE FOR MATERIAL   1

 NODE     EPPL1       EPPL2       EPPL3       EPPLINT      EPPLEQV
   32    0.0000      0.0000      0.0000      0.0000       0.0000
```

图 3.44 LOAD CASE9 的 Mises 塑性应变

第 3 节　小结

1　给出弹性应力分析和弹－塑应力分析防止塑性垮塌、防止局部失效、防止屈曲垮塌和防止由循环载荷引起失效的【规范软件初步解读】，给出极限载荷法防止塑性垮塌的【规范软件初步解读】。除防止屈曲垮塌的分析中没有给定的 ANSYS 模型外，在其他所有分析中，均使用了同一模型，按规范要求，给出不同分析和不同结果，便于学习、理解和应用规范的规定。

2 外压容器的设计，为防止屈曲垮塌，一般均采用规范的公式法或图算法求取许用外压力，不作 ANSYS 屈曲分析。在用外压容器或真空容器时，若出现超标的形状偏差或缺陷，现在的企业领导出于安全责任考虑，一般都决定更新。对超标的新容器，企业不验收。

在防止屈曲垮塌的分析中，引入 ГОСТ Р 52857.2 和 ASMEⅧ-2:4 公式法计算许用外压力，见表 3.4。

采用 ANSYS 屈曲分析时，要根据 GB150 的 B 曲线图中 A 值判断圆筒的属性。**不要把弹性失稳的短圆筒按非弹性失稳的短圆筒进行 ANSYS 屈曲分析**，因为它们的临界屈曲载荷是不相同的。这一点往往被忽略。

3 规范规定防止上述垮塌或失效模式的分析中使用的材料模型有：弹性应力分析法防止塑性垮塌用弹性材料模型；极限载荷分析法防止塑性垮塌用弹性－理想塑性材料模型（屈服极限用 1.5 倍的许用应力）；弹－塑性应力分析法防止塑性垮塌用附录 3-D 给出真实的应力－应变曲线模型；弹性应力分析法防止局部失效用弹性材料模型；弹－塑性应力分析法防止局部失效用真实的应力应变曲线模型；一次循环分析法防止由循环载荷引起失效用随动强化的循环的应力幅－应变幅曲线模型；两倍屈服法防止由循环载荷引起失效用循环的应力范围－应变范围的滞回曲线材料模型；棘轮评定——弹性应力分析用弹性材料模型；棘轮评定——弹－塑性应力分析用弹性－理想塑性材料模型（屈服极限用规范附录 3-D 给出的真正的屈服极限）。

4 在弹性应力分析的疲劳评定中，引入 **ГОСТ Р 52857.6** 的公式法直接计算许用循环次数和 **EN13445:3** 图 18-12 焊接区的疲劳设计曲线，查取许用的循环次数。展示了 ASMEⅧ-2:5、**EN13445:3** 和 **ГОСТ Р 52857.6** 规范给出的许用循环次数，见表 3.5。

5 关于求极限载荷，**ГОСТ Р 52857.2** 给出圆筒、封头（椭圆形、半球形和碟形）、平盖和锥壳的强度计算公式均从极限载荷法推导而来，只要将该标准给出的各种元件许用内压力乘以 1.5 倍，就是该元件极限载荷的理论值。**ГОСТ Р 52857** 的安全系数是 1.5（屈服极限）或 2.4（强度极限），所以不会发生塑性垮塌。

6 弹－塑性应力分析和当量应变的疲劳评定，规范给出“一次循环分析法”和“两倍屈服法”，所得许用循环次数完全相同。使用时可择其一。

7 弹性应力分析疲劳评定所得许用循环次数要小于弹－塑性应力分析疲劳评定所得许用循环次数，如前者给出 N_k=36875，后者给出 N_k=43625 次。

8 弹性应力分析具有材料模型简单，一次加载，线性化处理成熟，应力分类评定安全、可靠的优点，成为当今分析设计的主要手段。

9 通过上述分析，本书作者的**原创观点如下**：

（1）在总体结构不连接处，**从线性化所得的 P_L+P_b+Q 中能分出 Q。且得知 P_L+P_b+Q 中的 P_b 和 P_L+P_b 中的 P_b 不一样，前者不是一次应力，它含一次弯曲应力和隐藏在里面的满足变形协调的二次弯曲应力 Q**，后者是真正的一次应力，即 P_m、P_L 和 P_L+P_b 全是一次应力。分出的 Q 没有单独存在的必要，因为规范没有给它单独的评定准则。

（2）极限载荷分析，如达到收敛，在加载条件下元件是稳定的，给出结构的塑性破坏和总体塑性变形开始的失效模型。当加载 60.49MPa 时，求解收敛，在球壳和人孔法兰的区域中，显示出鲜红色，如图 3.15 所示。当加载到 60.5 MPa 时，求解收敛，上述区域由鲜红色变为橙黄色，应力重新再分布。因此，**不仅要看加载的收敛，而且要看境域的颜色是不是从颜色标尺的右侧第一档降为第二档，橙黄色境域显示的载荷才是真正达到的极限载荷**。

（3）弹－塑性应力分析，确定元件的塑性垮塌载荷，把塑性垮塌载荷当作引起整体结构失稳的载荷。如果达到收剑，对这种载荷工况，在加载条件下元件是稳定的。见图 3.16，加载设计压力=118MPa，求解完成。选择 list results→nodal solution，**在模型的内壁线上有 68 个节点应力达到材料的抗拉强度 552MPa**。因此，不仅要看收敛，而且要看出现节点的**应力**达到材料的抗拉强度时，表明此时境域的载荷（即总体塑性垮塌载荷）。

10 对于疲劳分析的容器，必须完成防止塑性垮塌评定和棘轮评定之后，才能按规范 5.5.3/2.5.3 和 5.5.4/2.5.4 进行疲劳评定。

11 对要设计的循环次数，可再提高 20%～30%的循环次数，疲劳分析的容器的设计寿命一般为 10～30 年。积累“**可比设备长期使用经验**”的案例。

参考文献

[1] ASMEⅧ-2-2015.

[2] CACI 译 ASMEⅧ-2-2007 压力容器建造另一规则．北京：中国石化出版社，2008.

[3] 4732-95 钢制压力容器－分析设计标准.

[4] 杨桂通．弹塑性力学[M]．北京：人民教育出版社，1980.

[5] 徐秉业等．塑性理论简明教程[M]．北京：清华大学出版社，1981.

[6] 余伟炜等．ANSYS 在机械与化工装备中的应用[M]．北京：中国水利水电出版社，2007.

[7] 陆明万．关于应力分类问题的一些认识[J]．化工设备与管道，2005.

[8] 陆明万．关于应力分类问题的几点认识[J]．压力容器，2005，（8）：21-26.

[9] 陆明万等．分析设计中若干重要问题的讨论（一）[J]．压力容器，2006，（1）：15-19.

[10] 沈鋆．ASME 压力容器分析设计[M]．上海：华东理工大学出版社，2014.

[11] 陆明万等．分析设计中若干重要问题的讨论（二）[J]．压力容器，2006，（2）：28-32

[12] 陆明万等．压力容器应力分析设计方法的进展和评述[J]．压力容器，2009，（10）：34-40

[13] 白海永等．ANSYS 极限分析法在压力容器设计中的应用[J]．压力容器，2015，（6）：47-50.

[14] 吴惠根．分析设计规范中三向应力限制条件的依据．化工设备设计，1989，（3）.

[15] 栾春远．压力容器 ANSYS 分析与强度计算[M]．北京：中国水利水电出版社，2008

[16] 栾春远．压力容器全模型 ANSYS 分析与强度计算新规范[M]．北京：中国水利水电出版社，2012.

[17] 栾春远．对 GB150-1998（钢制压力容器）某些问题的分析[J]．压力容器，2001，（1）：1-7.

[18] 航空工业部科学技术委员全编．疲劳分析设计手册[M]．北京：科学出版社，1987.

第 4 章　ASMEⅧ-2:4.5 在壳体和封头上开孔的设计规则

第 1 节　概述

ASMEⅧ-2:4.5 给出 4.5.1～4.5.20 的规范内容，附图 4.5.1－图 4.5.14，将展现当今唯一实施“最大局部一次薄膜应力法”完成各种接管开孔补强的设计。新方法的功能强大，标准的技术水平先进，几乎能解决压力容器设计领域的所有开孔补强问题。

重点关注下列两条主线的计算步骤：

1　规范 4.5.5 圆筒上的径向接管，规范给出 10 个完整的计算步骤。依据 4.5.5，就能完成和它有关联的相应开孔补强设计。

2　规范 4.5.10 球壳或成形封头上的径向接管，规范也给出 10 个完整的计算步骤。随之能解决成形封头的山坡接管和垂直接管的设计。

第 3 节给出“从 GB150 转入本规范的计算切入点”，可以转入按 ASMEⅧ-2:4.5 设计的、GB150 不能解决的所需的开孔补强。

第 4 节有 3 个实例计算，将有助于对规范条款的理解和应用。

第 6 节给出规范原文主要难句的语法分析和译文分析。

第 2 节　标准正文

本节按本章设置标题、公式号、图号和表号，在首位 4 后插入 5，就是 ASMEⅧ-2:4.5 的相应号。

4.1　应用范围

ASMEⅧ-2:4.5 可应用于承受内压、外压和由 ASMEⅧ-2:4.1 所定义的附加载荷产生的外力和力矩的壳体和封头上各种接管的设计。不满足本规则的开孔布置，包括开孔尺寸、构形和载荷条件，可按 **ASMEⅧ-2:**5 设计。

4.2　各种接管的尺寸和形状

4.2.1　接管应是圆形、椭圆形，或圆形及椭圆形接管与 ASMEⅧ-2:4.3 和 ASMEⅧ-2:4.4 中提供各种设计公式适用的形状的容器相贯产生的，具有任意其他的开孔形状。除了在壳体内径与厚度比没有限制的情况下可使用 4.10 和 4.11 规则外，只有当壳体内径与壳体厚度比小于或等于 **400** 时，才可使用本设计规则。此外，完成的接管开孔长轴直径与短轴直径之比应小

于或等于 **1.5**。

4.2.2 除了双头螺柱联接的出口颈端法兰和锻制接管法兰的直颈段之外（见规则 4.1.11.3），在补强范围内应不考虑螺栓法兰材料具有补强值。除全部颈部材料之外，不应计入管板和平盖材料作为用于邻接的壳体或封头上开孔补强。

4.2.3 不满足 4.2.1 准则的接管开孔和其他几何形状，应按 **ASMEⅧ-2:5** 设计。

4.3 接管连接的方法

4.3.1 采用下列方法可将各种接管连接到容器的壳体或封头上

（a）焊接：采用焊接的接管连接应符合规则 4.2.2 的要求，如果需要此条中未包括的其他焊接节点详图，则应采用 **ASMEⅧ-2:5** 设计接管连接详图。

（b）双头螺柱连接：可借助于螺柱垫片形式的连接构成接管的连接。容器应有一个在壳体上，或在一个组装的凸缘上，或在一个合适的连接板或配件上加工成的平面。在扣除腐蚀裕量之后，要攻丝的钻孔不得穿进离容器内表面的 1/4 壁厚以内；否则，在容器内表面上采用熔接金属的方法至少保持上述所要求的最小厚度。为双头螺柱提供螺孔的地方，螺纹应是规则的全螺纹，且螺柱旋入长度 L_{st}，由下式确定：

$$L_{st} = \min\left[L_{st1};1.5d_{st}\right] \tag{4.1}$$

式中

$$L_{st1} = \max\left[d_{st};0.75d_{st}\left(\frac{S_{st}}{S_{tp}}\right)\right] \tag{4.2}$$

（c）螺纹连接：符合 ANSI/ASME 通用英制（ASME B1.20.1）管螺纹标准的管螺纹和其他螺纹连接，均可旋入容器壁的螺孔中，只要连接尺寸小于或等于 DN50（NPS2），且对容器壁的曲率做出允差之后，管子旋入螺纹最少圈数列入表 4.1 中。如果提供防止泄漏的其他密封手段，除了至少是等强度的圆柱管螺纹（straight thread）可使用外，螺纹应是标准的锥形管螺纹。能提供表 4.1 中所要求的金属厚度和螺纹圈数，或保证所需的补强，可使用组合式凸缘，或适当的连接板或配件。

（d）胀接：如果直径不大于 DN50（NPS 2）的管子尺寸，采用插入一个未补强的孔中并胀接到壳体上的方法可以将管子或锻件连接到容器壁上。采用插入一个补强的孔中并胀接到壳体上这种方法可以将外径不超过 150mm（6 in.）的管子或锻件连接到容器的壁上。可采用下列方法施行胀接：

（1）强度胀并卷边。

（2）胀接、卷边和在卷边边缘周围密封焊。

（3）胀接且超过孔径不小于 3mm 的扩口胀。

（4）胀接、扩口胀和焊接。

（5）如果管端通过壳体超出至少 6mm（0.25in.）且不大于 10mm（0.375in.），焊喉至少 5mm（0.1875in.）且不大于 8mm（0.3125in.），没有扩口或卷边胀接+焊接。

4.3.2 对接管连接的附加要求

（a）当管子外径不超过 38mm（1.5in.）时，可将壳体开孔边缘修磨成斜面或开凹槽，其深度至少等于管子厚度，并将管子旋入焊接。决不能将管端伸进壳体内径大于 10mm。

（b）在壳体开孔的开槽处管子胀接是可行的。

（c）胀接不可被用作连接用于加工或储存可燃或有毒的气体或液体容器的一种方法，除非连接处是密封焊。

（d）连接到容器外表面上的补强板和鞍座，应至少配置一个排气孔（其最大直径 11mm），可将其攻成直螺纹或锥螺纹。当容器在运作时，这些排气孔可以敞开或被塞住。如果孔被塞住，使用的丝堵材料不能承受补强板和容器壁之间的压力。在热处理期间，不应将排气孔堵住。

4.4 接管颈部最小厚度要求

4.4.1 排除进出口和检查孔外，应采取 ASMEⅧ-2:4.3 内压和 ASMEⅧ-2:4.4 外压确定所有接管的最小颈部厚度是否合适。在这些计算中，应考虑腐蚀裕量和由附加载荷产生的外力及外力矩的作用。计算结果的接管颈部厚度应不小于壳体厚度和表 4.2 给出厚度中的较小值。应将腐蚀裕量另加到最小接管颈部厚度上。

4.4.2 应采用 ASMEⅧ-2:4.3 内压和 ASMEⅧ-2:4.4 外压确定进出口和检查孔的最小接管颈部厚度。这些计算应考虑腐蚀裕量。

4.5 圆筒上的径向接管

4.5.1 设计内压圆筒上径向接管的步骤如下。设计步骤中所使用的各种参数标注在图 4.1 —图 4.3 上且考虑了腐蚀条件。

步骤 1 确定壳体的有效半径如下：

（a）对于圆筒

$$R_{eff}=0.5D_i \tag{4.3}$$

（b）对于锥壳，R_{eff} 是接管中心线与锥壳交点上的锥壳内半径，过该交点且垂直于锥壳纵轴中心线来度量该半径。

步骤 2 计算沿器壁的补强范围。

（a）对于整体补强的接管：

插入式接管

$$L_R=\min\left[\sqrt{R_{eff}t},2R_n\right] \tag{4.4}$$

安放式接管

$$L_R=\min\left[\sqrt{R_{eff}t},2R_n\right]+t_n \tag{4.5}$$

（b）对于带补强圈的接管：

$$L_{R1}=\sqrt{R_{eff}t}+W \tag{4.6}$$

$$L_{R2}=\sqrt{(R_{eff}+t)(t+t_e)} \tag{4.7}$$

$$L_{R3}=2R_n \tag{4.8}$$

插入式接管

$$L_R=\min\left[L_{R1},L_{R2},L_{R3}\right] \tag{4.9}$$

安放式接管

$$L_R=\min\left[L_{R1},L_{R2},L_{R3}\right]+t_n \tag{4.10}$$

步骤 3 计算容器表面外侧，沿管壁伸出的补强范围

$$L_{H1} = \min[1.5t, t_e] + \sqrt{R_n t_n} \tag{4.11}$$

$$L_{H2} = L_{pr1} \tag{4.12}$$

$$L_{H3} = 8(t + t_e) \tag{4.13}$$

插入式接管

$$L_H = \min[L_{H1}, L_{H2}, L_{H3}] + t \tag{4.14}$$

安放式接管

$$L_H = \min[L_{H1}, L_{H2}, L_{H3}] \tag{4.15}$$

步骤 4　如果适用，计算容器表面内侧，沿管壁伸出的补强范围。

$$L_{I1} = \sqrt{R_n t_n} \tag{4.16}$$

$$L_{I2} = L_{pr2} \tag{4.17}$$

$$L_{I3} = 8(t + t_e) \tag{4.18}$$

$$L_I = \min[L_{I1}, L_{I2}, L_{I3}] \tag{4.19}$$

步骤 5　确定接管开孔近区总的有效面积（见图 4.1 和图 4.2）。不包括按 L_H, L_R 和 L_I 所定义的范围以外的任何面积。对于变厚度的接管，见图 4.13 和图 4.14，使用金属面积 A_2 的定义。

$$A_T = A_1 + f_{rn}(A_2 + A_3) + A_{41} + A_{42} + A_{43} + f_{rp}A_5 \tag{4.20}$$

$$f_{rn} = \min\left[\frac{S_n}{S}, 1\right] \tag{4.21}$$

$$f_{rp} = \min\left[\frac{S_p}{S}, 1\right] \tag{4.22}$$

$$A_1 = (tL_R) \cdot \max\left[\left(\frac{\lambda}{5}\right)^{0.85}, 1.0\right] \tag{4.23}$$

$$\lambda = \min\left[\left(\frac{2R_n + t_n}{\sqrt{(D_i + t_{eff}) \cdot t_{eff}}}\right), 12.0\right] \tag{4.24}$$

插入式接管

$$t_{eff} = t + \left(\frac{A_5 f_{rp}}{L_R}\right) \tag{4.25}$$

安放式接管

$$t_{eff} = t + \left(\frac{A_5 f_{rp}}{L_R - t_n}\right) \tag{4.26}$$

如果 $t_n = t_{n2}$ 或 $L_H \leqslant L_{X3}$

$$A_2 = t_n L_H \tag{4.27}$$

如果 $t_n > t_{n2}$ 且 $L_{x3} < L_H \leqslant L_{x4}$

$$A_2 = A_{2a} + A_{2b} \tag{4.28}$$

如果 $t_n > t_{n2}$ 且 $L_H > L_{x4}$

$$A_2 = A_{2a} + A_{2c} \tag{4.29}$$

$$A_{2a} = t_n L_{x3} \tag{4.30}$$

$$A_{2b} = \left(\frac{t_n + t_{nx}}{2}\right) \cdot \min\left[0.78 \cdot \sqrt{R_n\left(\frac{t_n + t_{nx}}{2}\right)}, \left(L_H - L_{x3}\right)\right] \tag{4.31}$$

$$A_{2c} = t_{n2} \cdot \min\left[0.78\sqrt{R_n t_{n2}}, \left(\frac{t_n - t_{n2}}{2t_{n2}}\right)\left(L_{pr4} - L_{pr3}\right) + \left(L_H - L_{x4}\right)\right] \tag{4..32}$$

对于插入式接管

$$L_{x3} = L_{pr3} + t \tag{4. 33}$$

对于安放式接管

$$L_{x3} = L_{pr3} \tag{4.34}$$

对于插入式接管

$$L_{x4} = L_{pr4} + t \tag{4.35}$$

对于安放式接管

$$L_{x4} = L_{pr4} \tag{4.36}$$

$$t_{nx} = \left[1 + \frac{(t_n - t_{n2})}{t_{n2}} \cdot \frac{(L_{x4} - L_H)}{(L_{pr4} - L_{pr3})}\right] t_{n2} \tag{4.37}$$

$$A_3 = t_n L_I \tag{4.38}$$

$$A_{41} = 0.5 L_{41}^2 \tag{4.39}$$

$$A_{42} = 0.5 L_{42}^2 \tag{4.40}$$

$$A_{43} = 0.5 L_{43}^2 \tag{4.41}$$

$$A_{5a} = W t_e \tag{4.42}$$

插入式接管

$$A_{5b} = L_R t_e \tag{4.43}$$

安放式接管

$$A_{5b} = \left[L_R - t_n\right] t_e \tag{4.44}$$

$$A_5 = \min\left[A_{5a}, A_{5b}\right] \tag{4.45}$$

步骤 6 确定作用力。

插入式接管

$$f_N = P R_{xn} L_H \tag{4.46}$$

安放式接管

$$f_N = P R_{xn}\left[L_H + t\right] \tag{4.47}$$

插入式接管

$$f_s = P R_{xs}\left[L_R + t_n\right] \tag{4.48}$$

安放式接管

$$f_s = P R_{xs} L_R \tag{4.49}$$

$$f_Y = P R_{xs} R_{nc} \tag{4.50}$$

$$R_{xn} = \frac{t_n}{\ln\left[1+\frac{t_n}{R_n}\right]} \tag{4.51}$$

$$R_{xs} = \frac{t_{eff}}{\ln\left[1+\frac{t_{eff}}{R_{eff}}\right]} \tag{4.52}$$

步骤 7　确定接管相贯区上平均局部一次薄膜应力和总体一次薄膜应力。

$$\sigma_{avg} = \frac{(f_N + f_s + f_Y)}{A_T} \tag{4.53}$$

$$\sigma_{circ} = \frac{PR_{xs}}{t_{eff}} \tag{4.54}$$

步骤 8　确定接管相贯区最大局部一次薄膜应力

$$P_L = \max\left[(2\sigma_{avg} - \sigma_{circ}), \sigma_{circ}\right] \tag{4.55}$$

步骤 9　计算的最大局部一次薄膜应力应满足式（4.56）的条件。如果接管承受内压，则许用应力 S_{allow} 由式（4.57）给出；如果接管承受外压，则许用应力 S_{allow} 由式（4.58）给出。式中对正在评定的壳体几何形状（如圆筒、球壳或成形封头），按 ASMEⅧ-2:4.4 计算 F_{ha}。

$$P_L \leqslant S_{allow} \tag{4.56}$$

式中

对于内压

$$S_{allow} = 1.5SE \tag{4.57}$$

对于外压

$$S_{allow} = F_{ha} \tag{4.58}$$

步骤 10　确定接管相贯区最大允许工作压力。

$$P_{\max 1} = \frac{S_{allow}}{\frac{2A_p}{A_T} - \frac{R_{xs}}{t_{eff}}} \tag{4.59}$$

$$P_{\max 2} = S\left(\frac{t}{R_{xs}}\right) \tag{4.60}$$

$$P_{\max} = \min\left[P_{\max 1}, P_{\max 2}\right] \tag{4.61}$$

式中

$$A_p = \frac{f_N + f_S + f_Y}{P} \tag{4.62}$$

4.5.2　如果接管承受 ASMEⅧ-2:4.1 定义的、由附加载荷产生的外力和外力矩的作用，则接管与壳体相贯区上的局部应力应按 4.15 计算。

4.6　圆筒横截面上的山坡接管（hillside nozzle）

采用下列替代，可使用 4.5 的设计步骤用于圆筒上的山坡接管（见图 4.4）。

$$R_{nc}=\max\left[\left(\frac{R_{ncl}}{2}\right),R_n\right] \tag{4.63}$$

式中

$$R_{ncl}=R_{eff}(\theta_1-\theta_2) \tag{4.64}$$

$$\theta_1=\arccos\left[\frac{D_X}{R_{eff}}\right] \tag{4.65}$$

$$\theta_2=\arccos\left[\frac{D_X+R_n}{R_{eff}}\right] \tag{4.66}$$

4.7 圆筒纵截面上与纵轴中心线成某一角度的接管

采用下列替代（见图 4.5），4.5 节的设计步骤可用于圆筒纵截面上与纵轴中心线成某一角度的接管。

$$R_{nc}=\frac{R_n}{\sin[\theta]} \tag{4.67}$$

对于插入式接管

$$f_s=PR_{xs}\left(L_R+\frac{t}{\tan[\theta]}+\frac{t_n}{\sin[\theta]}\right) \tag{4.68}$$

对于安放式接管

$$f_s=PR_{xs}\left(L_R+\frac{t}{\tan[\theta]}\right) \tag{4.69}$$

$$A_1=t\left(L_R+\frac{t}{2\tan[\theta]}\right)\cdot\max\left[\left(\frac{\lambda}{5}\right)^{0.85},1.0\right] \tag{4.70}$$

4.8 锥壳上的径向接管

采用下列替代，4.5 节的设计步骤可用于锥壳上的径向接管（见图 4.6）。

$$f_s=\frac{P}{\cos[\alpha]}\left(R_{eff}+R_{nc}\sin[\alpha]+\frac{L_t\sin[\alpha]}{2}\right)L_t \tag{4.71}$$

$$f_Y=\frac{P}{\cos[\alpha]}\left(R_{eff}+\frac{R_{nc}\sin[\alpha]}{2}\right)R_{nc} \tag{4.72}$$

对于插入式接管

$$L_t=L_R+t_n \tag{4.73}$$

对于安放式接管

$$L_t=L_R \tag{4.74}$$

$$R_{xs}=\frac{t_{eff}}{\ln\left[1+\frac{t_{eff}\cos[\alpha]}{R_{eff}+L_c\sin[\alpha]}\right]} \tag{4.75}$$

$$L_c=L_t+R_{nc} \tag{4.76}$$

$$R_{nc}=R_n \tag{4.77}$$

4.9 锥壳上的接管

4.9.1 如果锥壳纵截面上定位接管垂直纵轴中心线（见图 4.7），则采用下列替代，可使用 4.8 节的设计步骤。

$$R_{nc}=\frac{R_n}{\cos[\alpha]} \tag{4.78}$$

$$A_1=t\left(L_R+\frac{t\cdot\tan[\alpha]}{2}\right)\cdot\max\left[\left(\frac{\lambda}{5}\right)^{0.85},1.0\right] \tag{4.79}$$

对于插入式接管

$$L_t=L_R+\frac{t_n}{\cos[\alpha]}+t\cdot\tan[\alpha] \tag{4.80}$$

对于安放式接管

$$L_t=L_R+t\cdot\tan[\alpha] \tag{4.81}$$

4.9.2 如果锥壳纵截面上定位接管平行纵轴中心线（见图 4.8），则采用下列替代，可使用 4.8 节的设计步骤。

$$R_{nc}=\frac{R_n}{\sin[\alpha]} \tag{4.82}$$

$$A_1=t\left(L_R+\frac{t}{2\tan[\alpha]}\right)\cdot\max\left[\left(\frac{\lambda}{5}\right)^{0.85},1.0\right] \tag{4.83}$$

对于插入式接管

$$L_t=L_R-\frac{t_n}{\tan[\alpha]}+\frac{t_n}{\sin[\alpha]} \tag{4.84}$$

对于安放式接管

$$L_t=L_R-\frac{t}{\tan[\alpha]} \tag{4.85}$$

4.10 球壳或成形封头上的径向接管

4.10.1 承受压力载荷的球壳或成形封头上径向接管的设计步骤如下。在下面的设计步骤中所使用的各种参数标注在图 4.1、图 4.2 和图 4.9 上，且考虑了腐蚀条件。

步骤 1 确定球壳或成形封头的有效半径。

（a）对于球壳

$$R_{eff}=0.5D_i \tag{4.86}$$

（b）对于椭圆形封头

$$R_{eff}=\frac{0.9D_i}{6}\left[2+\left(\frac{D_i}{2h}\right)^2\right] \tag{4.87}$$

（c）对于碟形封头

$$R_{eff}=L \tag{4.88}$$

步骤 2 计算沿器壁的补强范围。

（a）对于球壳和椭圆形封头上整体补强的接管

插入式接管

$$L_R = \min\left[\sqrt{R_{eff}t}, 2R_n\right] \tag{4.89}$$

安放式接管

$$L_R = \min\left[\sqrt{R_{eff}t}, 2R_n\right] + t_n \tag{4.90}$$

（b）对于碟形封头上整体补强的接管

$$L_{R1} = \max\left\{\frac{D_i}{2} - \left[D_R + (R_n + t_n)\cos[\theta]\right], 0.0\right\} \tag{4.91}$$

当 $D_R \leqslant L\sin[\theta_o]$ 时

$$\theta = \arcsin\left[\frac{D_R}{L}\right] \tag{4.92}$$

当 $D_R > L\sin[\theta_o]$ 时

$$\theta = \arcsin\left[\frac{D_R - \dfrac{D_i}{2} + r_k}{r_k}\right] \tag{4.93}$$

$$\theta_o = \arcsin\left[\frac{\dfrac{D_i}{2} - r_k}{L - r_k}\right] \tag{4.94}$$

$$L_{R2} = \min\left[\sqrt{R_{eff}t}, 2R_n\right] \tag{4.95}$$

$$L_R = \min\left[L_{R1}, L_{R2}\right] \tag{4.96}$$

（c）对于补强圈补强的接管。

$$L_{R1} = \sqrt{R_{eff}t} + W \tag{4.97}$$

$$L_{R2} = \sqrt{(R_{eff} + t)(t + t_e)} \tag{4.98}$$

$$L_{R3} = 2R_n \tag{4.99}$$

对于插入式接管

$$L_R = \min\left[L_{R1}, L_{R2}, L_{R3}\right] \tag{4.100}$$

对于安放式接管

$$L_R = \min\left[L_{R1}, L_{R2}, L_{R3}\right] + t_n \tag{4.101}$$

步骤 3 计算容器表面外侧，沿管壁伸出的补强范围。

对于插入式接管

$$L_H = \min\left[t + t_e + F_p\sqrt{R_n t_n}, L_{pr1} + t\right] \tag{4.102}$$

对于安放式接管

$$L_H = \min\left[t_e + F_p\sqrt{R_n t_n}, L_{pr1}\right] \tag{4.103}$$

（a）对于球壳和半球形封头

$$F_p = C_n \tag{4.104}$$

（b）对于椭圆形和碟形封头

对于 $X_o > 0.35D_i$

$$F_p = \min\left[C_n, C_p\right] \tag{4.105}$$

对于 $X_o \leqslant 0.35D_i$

$$F_p = C_n \tag{4.106}$$

$$X_o = \min\left[D_R + (R_n + t_n)\cos[\theta], \frac{D_i}{2}\right] \tag{4.107}$$

（1）对椭圆形封头

$$C_p = \exp\left[\frac{0.35D_i - X_o}{16t}\right] \tag{4.108}$$

$$\theta = \arctan\left[\left(\frac{h}{R}\right)\cdot\left(\frac{D_R}{\sqrt{R^2 - D_R^2}}\right)\right] \tag{4.109}$$

（2）对于碟形封头

$$C_p = \exp\left[\frac{0.35D_i - X_o}{8t}\right] \tag{4.110}$$

采用式（4.92）到式（4.94）计算 θ。

参数 C_n 由式（4.111）给出。

$$C_n = \min\left[\left(\frac{t + t_e}{t_n}\right)^{0.35}, 1.0\right] \tag{4.111}$$

步骤 4 如果适用，计算容器表面内侧，沿管壁伸出的的补强范围。

$$L_I = \min\left[F_p\sqrt{R_n t_n}, L_{pr2}\right] \tag{4.112}$$

步骤 5 确定接管开孔近区总有效面积（见图 4.1 和图 4.2），图中 f_{rn} 和 f_{rp} 由式（4.21）和式（4.22）分别给出，不包括对 L_H、L_R 和 L_I 所定义的范围以外的任何面积。对于变厚度接管，见图 4.13 和图 4.14，适用于的金属面积 A_2 定义。

$$A_T = A_1 + f_{rn}(A_2 + A_3) + A_{41} + A_{42} + A_{43} + f_{rp}A_5 \tag{4.113}$$

$$A_1 = tL_R \tag{4.114}$$

若 $t_n = t_{n2}$ 或 $L_H \leqslant L_{x3}$

$$A_2 = t_n L_H \tag{4.115}$$

若 $t_n > t_{n2}$ 且 $L_{x3} < L_H \leqslant L_{x4}$

$$A_2 = A_{2a} + A_{2b} \tag{4.116}$$

若 $t_n > t_{n2}$ 且 $L_H > L_{x4}$

$$A_2 = A_{2a} + A_{2c} \tag{4.117}$$

$$A_{2a} = t_n L_{x3} \tag{4.118}$$

$$A_{2b} = \left(\frac{t_n + t_{nx}}{2}\right) \cdot \min\left[0.78\sqrt{R_n\left(\frac{t_n + t_{nx}}{2}\right)}, (L_H - L_{x3})\right] \tag{4.119}$$

$$A_{2c} = t_{n2} \cdot \min\left[0.78\sqrt{R_n t_{n2}}, \left(\frac{t_n - t_{n2}}{2t_{n2}}\right)(L_{pr4} - L_{pr3}) + (L_H - L_{x4})\right] \tag{4.120}$$

对于插入式接管

$$L_{x3} = L_{pr3} + t \tag{4.121}$$

对于安放式接管

$$L_{x3} = L_{pr3} \tag{4.122}$$

对于插入式接管

$$L_{x4} = L_{pr4} + t \tag{4.123}$$

对于安放式接管

$$L_{x4} = L_{pr4} \tag{4.124}$$

$$t_{nx} = \left[1 + \frac{(t_n - t_{n2})}{t_{n2}} \cdot \frac{(L_{x4} - L_H)}{(L_{pr4} - L_{pr3})}\right] \cdot t_{n2} \tag{4.125}$$

$$A_3 = t_n L_I \tag{4.126}$$

$$A_{41} = 0.5 L_{41}^2 \tag{4.127}$$

$$A_{42} = 0.5 L_{42}^2 \tag{4.128}$$

$$A_{43} = 0.5 L_{43}^2 \tag{4.129}$$

$$A_{5a} = W t_e \tag{4.130}$$

对于插入式接管

$$A_{5b} = L_R t_e \tag{4.131}$$

对于安放式接管

$$A_{5b} = (L_R - t_n) \cdot t_e \tag{4.132}$$

$$A_5 = \min[A_{5a}, A_{5b}] \tag{4.133}$$

步骤 6　确定作用力

对于插入式接管

$$f_N = P R_{xn} L_H \tag{4.134}$$

对于安放式接管

$$f_N = P R_{xn} (L_H + t) \tag{4.135}$$

对于插入式接管

$$f_S = \frac{P R_{xs} (L_R + t_n)}{2} \tag{4.136}$$

对于安放式接管

$$f_S = \frac{P R_{xs} L_R}{2} \tag{4.137}$$

$$f_Y = \frac{PR_{xs}R_{nc}}{2} \tag{4.138}$$

$$R_{xn} = \frac{t_n}{\ln\left[1+\frac{t_n}{R_n}\right]} \tag{4.139}$$

$$R_{xs} = \frac{t_{eff}}{\ln\left[1+\frac{t_{eff}}{R_{eff}}\right]} \tag{4.140}$$

对于插入式接管

$$t_{eff} = t + \left(\frac{A_5 f_{rp}}{L_R}\right) \tag{4.141}$$

对于安放式接管

$$t_{eff} = t + \left(\frac{A_5 f_{rp}}{L_R - t_n}\right) \tag{4.142}$$

步骤 7 确定容器中平均局部一次薄膜应力和总体一次薄膜应力。

$$\sigma_{avg} = \frac{(f_N + f_S + f_Y)}{A_T} \tag{4.143}$$

$$\sigma_{circ} = \frac{PR_{xs}}{2t_{eff}} \tag{4.144}$$

步骤 8 确定接管相贯区上最大局部一次薄膜应力。

$$P_L = \max\left[(2\sigma_{avg} - \sigma_{circ}), \sigma_{circ}\right] \tag{4.145}$$

步骤 9 确定最大局部一次薄膜应力应满足式（4.146）的条件。如果接管承受内压，则许用应力 S_{allow} 由式（4.57）给出。如果接管承受外压，则许用应力 S_{allow} 由式（4.58）给出。

$$P_L \leqslant S_{allow} \tag{4.146}$$

步骤 10 确定接管相贯区最大允许工作压力。

$$P_{\max 1} = \frac{S_{allow}}{\frac{2A_p}{A_T} - \frac{R_{xs}}{2t_{eff}}} \tag{4.147}$$

$$P_{\max 2} = 2S\left(\frac{t}{R_{xs}}\right) \tag{4.148}$$

$$P_{\max} = \min\left[P_{\max 1}, P_{\max 2}\right] \tag{4.149}$$

式中

$$A_p = \frac{f_N + f_S + f_Y}{P} \tag{4.150}$$

4.10.2 如果接管承受规则 4.1 定义的由附加载荷产生的外力和外力矩作用，则接管和壳体相贯区的局部应力应按 4.15 计算。

4.11 成形封头上的垂直接管和山坡接管

如果山坡的或垂直的接管位于椭圆形或碟形封头纵轴平面内（见图 4.10），采用下列替代，可使用 4.10 的设计步骤。

对于山坡接管

$$R_{nc}=\frac{R_n}{\cos[\theta]} \tag{4.151}$$

对于垂直接管

$$R_{nc}=\frac{R_n}{\sin[\theta]} \tag{4.152}$$

对于椭圆形封头

$$\theta=\arctan\left[\left(\frac{h}{R}\right)\cdot\left(\frac{D_R}{\sqrt{R^2-D_R^2}}\right)\right] \tag{4.153}$$

对于碟形封头，采用式（4.92）到式（4.94）计算 θ。

4.12 平盖上的圆形接管

4.12.1 承受压力载荷的平盖上接管的设计步骤如下。下面的设计步骤中所使用的各种参数标注在图 4.1 和图 4.2 上。作为另一种方法，采用规则 4.6.4 的步骤可设计整个平盖上的中央接管。

步骤 1 计算接管相贯区单位长度的最大弯矩。

$$M_{\text{o}}=\frac{St_{rf}^4}{6(t+C_et_e)^2} \tag{4.154}$$

$$C_e=\min\left[\left\{\frac{(W+0.5L_{42})t_e}{R_nt}\right\},0.6\right] \tag{4.155}$$

步骤 2 计算接管参数。

$$\lambda_n=\frac{1.285}{\sqrt{R_{nm}t_n}} \tag{4.156}$$

$$C_1=\sinh^2[C_L]+\sin^2[C_L] \tag{4.157}$$

$$C_2=\sinh^2[C_L]-\sin^2[C_L] \tag{4.158}$$

$$C_L=\min\left[\left\{\lambda_n(L_{pr1}+t+L_{pr2})\right\},3.0\right] \tag{4.159}$$

$$C_3=\frac{L_{pr1}+t}{L_{pr1}+t+\min[(\lambda_n)^{-1},L_{pr2}]} \tag{4.160}$$

$$R_{nm}=R_n+0.5t_n \tag{4.161}$$

$$R_{xn}=\frac{t_n}{\ln\left[1+\frac{t_n}{R_n}\right]} \tag{4.162}$$

对于插入式接管

$$x_t=0.5\lambda_n(t+t_e+L_{41}+L_{43}) \tag{4.163}$$

对于安放式接管

$$x_t=0.5\lambda_n(t_e+L_{41}) \tag{4.164}$$

$$C_t=\exp[-x_t] \tag{4.165}$$

步骤 3 确定相贯区接管上的最大局部一次薄膜应力。

$$P_L = \frac{2M_o \lambda_n^2 R_{nm} C_t C_1 C_3}{t_n C_2} + \frac{PR_{xn}}{t_n} \tag{4.166}$$

步骤 4 接管相贯区最大局部一次薄膜应力应满足式（4.167）的条件，许用应力 S_{allow} 由式（4.57）给出。

$$P_L \leqslant S_{allow} \tag{4.167}$$

4.12.2 如果接管承受规则 4.1 定义的由附加载荷产生的外力和外力矩，则接管和壳体相贯区的局部应力应按 4.15 计算。

4.13 对接管间距的要求

4.13.1 如果在圆筒或锥壳上的接管按 4.5 节确定的补强范围，或者在球壳或成形封头上的接管按 4.10 节确定的补强范围，没有重叠，不要求另外分析。如果补强范围重叠，则采用下列步骤或按 ASMEⅧ-2:5 分析规范设计。

4.13.2 对于每一单个接管，L_R 值确定如下，随之按 4.5 节或 4.10 节确定最大局部一次薄膜应力和接管最大允许工作压力。

（a）对于补强范围部分重叠的两个开孔（见图 4.11）

对于接管 A

$$L_R = L_S \left(\frac{R_{nA}}{R_{nA} + R_{nB}} \right) \tag{4.168}$$

对于接管 B

$$L_R = L_S \left(\frac{R_{nB}}{R_{nA} + R_{nB}} \right) \tag{4.169}$$

（b）对于补强范围部分重叠的三个开孔（见图 4.12）

对于接管 A

$$L_R = \min \left[L_{S1} \left(\frac{R_{nA}}{R_{nA} + R_{nB}} \right), L_{S2} \left(\frac{R_{nA}}{R_{nA} + R_{nC}} \right) \right] \tag{4.170}$$

对于接管 B

$$L_R = \min \left[L_{S1} \left(\frac{R_{nB}}{R_{nA} + R_{nB}} \right), L_{S3} \left(\frac{R_{nB}}{R_{nB} + R_{nC}} \right) \right] \tag{4.171}$$

对于接管 C

$$L_R = \min \left[L_{S2} \left(\frac{R_{nC}}{R_{nA} + R_{nC}} \right), L_{S3} \left(\frac{R_{nC}}{R_{nB} + R_{nC}} \right) \right] \tag{4.172}$$

（c）对于补强范围部分重叠的三个以上的开孔，对每一对相邻接管，重复上述步骤。

4.14 接管连接焊缝的强度

4.14.1 对于连接到圆筒、锥壳、球壳和成形封头上的接管，接管连接焊缝的强度应足以承受由压力产生的不连续力，按 4.14.2 确定。连接到平盖上的接管应具有连接焊缝的计算强度，按 4.14.3 确定。应考虑由附加载荷产生的外力和外力矩的作用。

4.14.2 评定承受压力载荷的圆筒、锥壳、球壳和成形封头上接管连接焊缝的步骤如下。

步骤 1 确定不连续力的系数。

（a）对于安放式接管

$$k_y = 1.0 \tag{4.173}$$

（b）对于插入式接管

$$k_y = \frac{R_{nc} + t_n}{R_{nc}} \tag{4.174}$$

步骤 2 计算承受不连续力的焊缝长度。

（a）接管与壳体焊接的焊缝长度

对于径向接管

$$L_\tau = \frac{\pi}{2}(R_n + t_n) \tag{4.175}$$

对于非径向接管

$$L_\tau = \frac{\pi}{2}\sqrt{\frac{(R_{nc} + t_n)^2 + (R_n + t_n)^2}{2}} \tag{4.176}$$

（b）补强圈与壳体焊接的焊缝长度

对于径向接管

$$L_{\tau p} = \frac{\pi}{2}(R_n + t_n + W) \tag{4.177}$$

对于非径向接管

$$L_{\tau p} = \frac{\pi}{2}\sqrt{\frac{(R_{nc} + t_n + W)^2 + (R_n + t_n + W)^2}{2}} \tag{4.178}$$

步骤 3 如适用，计算焊喉尺寸。

$$L_{41T} = 0.7071 L_{41} \tag{4.179}$$

$$L_{42T} = 0.7071 L_{42} \tag{4.180}$$

$$L_{43T} = 0.7071 L_{43} \tag{4.181}$$

步骤 4 确定焊缝尺寸是否合格。

（a）如果接管是整体补强，且由式（4.182）给出焊缝中计算的剪应力满足式（4.183），则设计完成。如果焊缝中的剪应力不满足式（4.183），增加焊缝尺寸并返回步骤 3。对于封头上的接管，采用 F_P=1.0 计算 A_2 和 A_3，然后采用式（4.184）计算 f_{welds}。

$$\tau = \frac{f_{welds}}{L_\tau (0.49 L_{41T} + 0.6 t_{w1} + 0.49 L_{43T})} \tag{4.182}$$

$$\tau \leqslant S \tag{4.183}$$

式中

$$f_{welds} = \min\left[f_Y k_y, 1.5 S_n (A_2 + A_3), \frac{\pi}{4} P R_n^2 k_y^2 \right] \tag{4.184}$$

（b）如果接管采用补强圈补强，由式（4.185）到式（4.187）给出焊缝中计算的剪应力满足式（4.188），则设计完成。如果焊缝中的剪应力不满足式（4.188），增加焊缝尺寸并返回步骤 3。

$$\tau_1 = \frac{f_{ws}}{L_\tau (0.6 t_{w1} + 0.49 L_{43T})} \tag{4.185}$$

$$\tau_2 = \frac{f_{wp}}{L_\tau(0.6t_{w2} + 0.49L_{41T})} \tag{4.186}$$

$$\tau_3 = \frac{f_{wp}}{L_{\tau p}(0.49L_{42T})} \tag{4.187}$$

$$\max[\tau_1, \tau_2, \tau_3] \leqslant S \tag{4.188}$$

式中

$$f_{ws} = \frac{f_{welds} t \cdot S}{t \cdot S + t_e S_p} \tag{4.189}$$

$$f_{wp} = \frac{f_{welds} t_e S_p}{t \cdot S + t_e S_p} \tag{4.190}$$

4.14.3 评定承受压力载荷的平盖上接管连接焊缝的步骤如下。

步骤 1 如需要，计算焊喉尺寸。

$$L_{41T} = 0.7071L_{41} \tag{4.191}$$

$$L_{42T} = 0.7071L_{42} \tag{4.192}$$

$$L_{43T} = 0.7071L_{43} \tag{4.193}$$

步骤 2 确定焊缝尺寸是否合格。

（a）如果接管是整体补强且插入平盖中，由式（4.194）到式（4.196）给出的焊缝中计算的剪应力满足式（4.197），则设计完成。如果焊缝中的剪应力不满足式（4.197），增加焊缝尺寸并返回步骤 1。

$$\tau_1 = \frac{V_s}{0.6t_{x1} + 0.49L_{43T}} \tag{4.194}$$

$$\tau_2 = \frac{V_s}{0.6t_{x2} + 0.49L_{41T}} \tag{4.195}$$

$$\tau_3 = \frac{P(R_n + t_n)}{2(0.49L_{41T} + 0.6t_{w1} + 0.49L_{43T})} \tag{4.196}$$

$$\max[\tau_1, \tau_2, \tau_3] \leqslant S \tag{4.197}$$

式中

$$V_s = \frac{0.3S\, t_{rf}^4}{t^3} \tag{4.198}$$

$$t_{x1} = \min[t_{w1}, 0.5t] \tag{4.199}$$

$$t_{x2} = \min[\max[(t_{w1} - 0.5t), 0], 0.5t] \tag{4.200}$$

（b）如果接管是用补强圈补强且插入平盖中，由式（4.201）到式（4.204）给出焊缝中计算的剪应力满足式（4.205），则设计完成。如果焊缝中的剪应力不满足式（4.205），增加焊缝尺寸并返回步骤 1。

$$\tau_1 = \frac{V_s}{0.6t_{w1} + 0.49L_{43T}} \tag{4.201}$$

$$\tau_2 = \frac{V_s}{0.6t_{w2} + 0.49L_{41T}} \tag{4.202}$$

$$\tau_3 = \frac{V_s(R_n + t_n)}{0.49L_{42T}(R_n + t_n + W)} \tag{4.203}$$

$$\tau_4 = \frac{P(R_n + t_n)}{2(0.49L_{41T} + 0.6t_{w1} + 0.6t_{w2} + 0.49L_{43T})} \tag{4.204}$$

$$\max[\tau_1, \tau_2, \tau_3, \tau_4] \leqslant S \tag{4.205}$$

参数 V_s 由式（4.198）给出。

（c）如果接管是整体补强且安放在平盖上，且由式（4.206）到式（4.207）给出焊缝中计算的剪应力满足式（4.208），则设计完成。如果焊缝中的剪应力不满足式（4.208），增加焊缝尺寸并返回步骤 1。

$$\tau_1 = \frac{2M_o}{t(0.6t_{w1} + 0.49L_{41T})} \tag{4.206}$$

$$\tau_2 = \frac{PR_n}{2(0.6t_{w1} + 0.49L_{41T})} \tag{4.207}$$

$$\max[\tau_1, \tau_2] \leqslant S \tag{4.208}$$

4.15 壳体和成形封头的接管上由外载荷产生的局部应力

壳体和成形封头上接管处的局部应力，应采用下列方法进行评定。对每一种方法，评定准则应与 ASMEⅧ-2:5 一致。

（a）圆筒上的接管：应力计算应与 WRC 107 或 WRC 297 一致。

（b）成形封头上的接管：应力计算应与 WRC 107 一致。

（c）对于所有的开孔位置形式，以及作为对（1）和（2）另一替代形式，均可采用数值分析（如有限元法）完成应力计算。

4.16 检查开孔

4.16.1 用于盛装压缩空气和那些经受内部腐蚀，或有些元件经受冲蚀或机械损伤（见规则 4.1.4）的所有压力容器，除本条其他方面允许外，均应设置一个适宜的人孔、手孔或其他的检查孔用于检验和清理。本条所使用的压缩空气不是指包括提供一个-46°C 或以下的大气露点的、已经除去水分的空气。

4.16.2 在固定式管壳换热器的壳程上，可以省略检查孔。当不提供检查孔时，制造厂的数据报告在附注下应载有下列注释之一：

（a）“4.16.2”，在固定式管壳式换热器上省略检查孔时。

（b）“4.16.3”“4.16.4”“4.16.5”，当按照这些条款之一做好检查准备时。

（c）声明“供无腐蚀性操作”。

4.16.3 内径大于 300mm（12in.），在空气压力下操作的容器，作为一项常规的操作要求，能有防腐的其他涂层，只要容器含有适宜的开孔，通过该孔能方便地进行检查，且这些开孔在尺寸和数量上相当于 4.16.6 的检查孔的要求，不需要有单独的检查孔。

4.16.4 对于内径 300mm（12in.）或小于 300mm 的容器，如果至少有两个不小于 DN 20（NPS 3/4）的可折的管接头，仅可省略检查孔。

4.16.5 内径小于 400 mm（16in.）且大于 300 mm（12in.）的容器，应至少有两个手孔或两个不小于 DN40（NPS1-1/2）的螺纹管塞检查孔，除去下面允许的之外：当安装内径小于 400 mm（16in.）或大于 300 mm（12in.）的容器时，结果是不将容器从结合处拆卸就不能进行检查，如果至少有两个不小于 DN40（NPS1-1/2）的可拆的管接头，仅可省略检查孔。

4.16.6 需要出入孔或检查孔的容器应配置如下：

（a）内径小于 450 mm（18in.）且大于 300 mm（12in.）的所有容器，至少应有两个手孔或两个不于 DN40（NPS1-1/2）的管塞式螺纹检查孔。

（b）内径 450 mm（18in.）到小于 900 mm（36in.）的所有容器应有一个人孔，或至少两个手孔，或两个不小于 DN50（NPS2）的管塞式螺纹检查孔。

（c）内径大于 900 mm（36in.）的所有容器应有一个人孔，除非形状或使用场合导致其一不便应用的那些容器，至少应有两个 100 mm×150 mm（4 in.×6 in.）的手孔，或两个等面积的相同开孔。

（d）允许将手孔或管塞孔用作检查孔代替人孔时，应在每一个封头上或靠近每一个封头的壳体上使用一个手孔或一个管塞孔。

（e）可以使用考虑其他目的可拆封头或可拆盖板的开孔来代替所需的检查孔，只要它们至少等于所需检查孔的尺寸。

（f）可以使用可拆封头或可拆盖板上的单个开孔来代替所有较小的检查孔，如果它具有这样的尺寸和位置，至少提供一个相同的检查内部的视域。

（g）能够从管道、仪表和类似的附件中拆卸法兰联接或螺纹连接，可用来代替所需的检查孔，如果：

（1）这些连接件至少等于所需检查孔的尺寸；

（2）排列和定位这些连接件至少提供检查孔所需相同的检查内部的视域。

4.16.7 当需要检查孔或出入孔时，它们至少应符合下列要求：

（a）一个椭圆形或长圆形人孔应不小于 300 mm×400 mm（12 in.×16 in.)。圆形人孔内径应不小于 400 mm（16 in.)。

（b）一个手孔应不小于 50 mm×75 mm（2 in.×3 in.)，但应当是与容器的尺寸和开孔位置相适应。

4.16.8 壳体或无支撑的封头上所有出入孔和检查孔应按本开孔规则设计。

4.16.9 当螺纹连接孔用来作检查和清理时，封闭用的丝堵和管帽应是压力用材，且该材料不能在温度超过 ASMEⅧ-2:3 对该材料所允许的最高温度下使用。螺纹应是标准的锥形管螺纹，如果提供防止泄漏的其他密封手段，可使用至少等强度的直螺纹。

4.16.10 内压迫使人孔盖分离平垫片的这种型式的人孔，应有一个最小垫片承压宽度为 17mm（0.6875 in.)。

4.17 承受压缩应力的开孔补强

4.17.1 开孔不超过圆筒直径的 25%或在加强圈间距的 80%内设置开孔的，承受压缩应力的圆筒和锥形容器的开孔补强，可按下列规则设计。超过这些范围的圆筒和锥形容器上的开孔应按 ASMEⅧ-2:5 设计。

4.17.2 如适用，仅按外压设计的圆筒和锥形容器上的接管开孔补强，应按 4.5 节到 4.9 节的要求。所需厚度应按 4.4 节确定。

4.17.3 对于按轴向压缩（包括轴向力和弯矩）设计的圆筒和锥形容器，在没有外压的情况下，开孔补强按下列规定：

对于 $d \leqslant 0.4\sqrt{Rt}$

$$A_r = 0 \tag{4.209}$$

对于 $d > 0.4\sqrt{Rt}$ 且 $\gamma_n \leqslant \left[\dfrac{(R/t)}{291} + 0.22\right]^2$

$$A_r = 0.5dt_r \tag{4.210}$$

对于 $d > 0.4\sqrt{Rt}$ 且 $\gamma_n > \left[\dfrac{(R/t)}{291} + 0.22\right]^2$

$$A_r = 0.5t_r \tag{4.211}$$

式中

$$\gamma_n = \left(\frac{d}{2\sqrt{Rt}}\right) \tag{4.212}$$

4.17.4 应将补强安排在离开孔边缘的距离为 $0.75\sqrt{Rt}$ 范围内，离接管颈部的有效补强应限制在不超过接管连接处壳体板的厚度，并被安置在垂直容器壳体外表面测得的范围为 $0.5\sqrt{(d/2)t_n}$，但不大于 $2.5t_n$。

4.17.5 对于按轴向压缩与外压联合设计的圆筒和锥形容器，其补强应取仅按 4.17.2 外压或仅按 4.17.3 轴向压缩所需的较大值。应将所需补强安排在 4.17.4 所述的范围内。

4.18 符号

A_1 =由容器壁贡献的面积。

A_2 =由容器壁外侧接管贡献的面积。

A_{2a}=对于变壁厚的接管，在 L_{pr3} 的范围内由管壁贡献的 A_2 面积的一部分（见图 4.13 和图 4.14）。

A_{2b}=对于变壁厚的接管，当 $L_H \leqslant L_{X4}$ 时在 L_{pr3} 外侧由管壁贡献的 A_2 面积的一部分（见图 4.13 和图 4.14）。

A_{2c}=对于变壁厚的接管，当 $L_H > L_{X4}$ 时在 L_{pr3} 外侧由管壁贡献的 A_2 面积的一部分（见图 4.13 和图 4.14）。

A_3 =容器壁内侧由接管贡献的面积。

A_{41}=由外侧接管角焊缝贡献的面积。

A_{42}=由补强圈与容器的角焊缝贡献的面积。

A_{43}=由内侧接管角焊缝贡献的面积。

A_5 =由补强圈贡献的面积。

A_5 =当 $W \leqslant L_R$ 时由补强圈贡献的面积。

A_5 =当 $W > L_R$ 时由补强圈贡献的面积。

A_P =确定接管开孔不连续力所使用的承压面积。

A_r =所需补强面积。

A_T =在计算的补强范围内的总面积。

α =锥壳半顶角。

C_1 =平盖的几何相关系数。

C_2 =平盖的几何相关系数。

C_3 =平盖的几何相关系数。

C_4 =平盖的几何相关系数。

C_7 =平盖的几何相关系数。

C_8 =平盖的几何相关系数。

C_{10} =平盖的几何相关系数。

C_e =平盖补强圈厚度可靠性系数。

C_L =平盖无量纲比例系数。

C_{md} =平盖厚度修正系数。

C_n =修改有效接管长度 L_H 的有限元分析导出系数。

C_P =修改有效接管长度 L_H 的有限元分析导出系数。

C_t =平盖的几何相关系数。

D_i =壳体或封头的内径。

D_R =从封头中心线到接管中心线的水平距离。

D_X =从圆筒横截面竖直中心线到接管中心线的水平距离。

d =开孔内径。

d_{st} =双头螺栓名义直径。

E=焊接接头系数。如果接管没有与壳体一条焊缝相交，E=1.0。

F_P =接管连接系数。

F_{ha} =设计温度下按规则 4.4 计算的壳体和接管材料许用压缩应力的最小值。

f_N =容器外侧接管中由内压产生的力。

f_{rn} =接管材料系数。

f_{rp} =补强圈材料系数。

f_S =壳体中由内压产生的力。

f_{welds} =由接管存在引起的总体不连续力。

f_{wp} =由焊缝 t_{w2} 和 L_{43} 所承受的不连续力。

f_Y =由内压产生的不连续力。

F_p =接管连接系数。

h=按内表面测得的椭圆形封头的高度。

k_y =将不连续力调整到接管外径的不连续力系数。

L=碟形封头球冠内半径。

L_{41}=外侧接管角焊缝的焊脚长度。

L_{42}=补强圈与容器角焊缝的焊脚长度。

L_{43}=内侧接管角焊缝的焊脚长度。

L_{41T} =外侧接管角焊缝的焊喉尺寸。

L_{42T} =补强圈与容器角焊缝的焊喉尺寸。

L_{43T} =内侧接管角焊缝的焊喉尺寸。

L_c=离接管中心线的容器壁有效长度（见图 4.6 到图 4.8）。

L_H =容器外侧管壁的有效长度。

L_I =容器内侧管壁的有效长度。

L_{pr1}=从容器外壁起接管伸出长度。

L_{pr2}=从容器内壁起接管伸出的长度。

L_{pr3}=对于变厚度的接管，在定厚度 t_n 范围内，从容器外壁起接管伸出的长度（见图 4.13 和图 4.14）。

L_{pr4}=对于变厚度的接管到接管厚度 t_{n2}，从容器外壁起接管伸出的长度（见图 4.13 和图 4.14）。

L_R =容器壁的有效长度。

L_S =两个相邻接管壁外表面之间的最小距离。

L_{s1} =接管 A 和接管 B 外表面之间的最小距离。

L_{s2} =接管 A 和接管 C 外表面之间的最小距离。

L_{s3} =接管 B 和接管 C 外表面之间的最小距离。

L_{st} =螺纹啮合长度。

L_t =从接管－容器相贯区的内角起测得器壁的有效长度（见图 4.5 到图 4.8）。

L_τ =接管与壳体焊接的焊缝长度。

$L_{\tau p}$ =补强圈与壳体焊接的焊缝长度。

L_{x3} =对于变厚度的接管，在定厚度 t_n 范围内，从接管根部测得的接管伸出长度（见图 4.13 和图 4.14）。

L_{x4} =对于变厚度的接管至接管厚度 t_{n2}，从接管根部测得的接管伸出长度（见图 4.13 和图 4.14）。

λ =适用于金属面积 A_1 的非线性参数。

λ_n =平盖的接管换算系数。

M_o =接管相贯区单位长度的最大弯矩。

P =设计的内压或外压力。

P_{max} =在接管－壳体相贯区上最大的允许压力。

P_{max1} =接管上的最大允许压力。

P_{max2} =壳体上的最大允许压力。

P_L =在接管相贯区上最大局部一次薄膜应力。

R =容器内半径。

R_{eff}=有效的承压半径。

R_n =接管内半径。

R_{nA} =接管 A 内半径。

R_{nB} =接管 B 内半径。

R_{nC} =接管 C 内半径。

R_{nc} =容器上接管开孔沿长弦的半径，对于径向接管 $R_{nc}=R$。

R_{ncl} =容器上接管开孔沿山坡接管长弦的半径（见图 4.4）。

R_{nm} =接管平均半径。

R_{xn}=用于作用力计算的接管半径。

R_{xs}=用于作用力计算的壳体半径。

r_k=碟形封头连接处转角半径。

S=设计温度下按附录 3-A 给出容器的许用应力。

S_{allow}=接管相贯区上局部许用薄膜应力。

S_n=设计温度下按附录 3-A 给出的接管许用应力。

S_p=设计温度下按附录 3-A 给出的补强圈许用应力。

S_{st}=设计温度下按附录 3-A 给出的双头螺栓材料许用应力。

S_{tp}=设计温度下按附录 3-A 给出的螺塞材料许用应力。

σ_{avg}=平均一次薄膜应力。

σ_{circ}=总体一次薄膜应力。

θ=接管中心线与容器纵轴中心线之间的夹角。

θ_1=圆筒横截面水平中心线与山坡接管中心线之间的夹角（见图 4.4）。

θ_2=在接管与容器相贯区圆筒横截面水平中心线与山坡接管内半径之间的夹角（见图 4.4）。

t=容器壁的名义厚度。

t_e=补强圈的厚度。

t_{eff}=靠近接管开孔处压力应力计算所用的有效厚度。

t_n=接管壁的名义厚度。

t_{n2}=变壁厚接管较薄部分的名义壁厚。

t_{nx}=在接管变壁厚部分上壁厚，它是位置函数。

t_r=没有外压条件下按轴向压缩载荷所需壳体厚度。

t_{rf}=按 4.6 的要求平盖所需的最小厚度，不计腐蚀裕量。

t_{w1}=接管与壳体开坡口的焊接深度。

t_{w2}=接管与补强圈开坡口的焊接深度。

τ=在焊缝中由压力产生的平均“有效”剪应力（包括接头效应）。

τ_1=通过载荷路径 1 的剪应力。

τ_2=通过载荷路径 2 的剪应力。

τ_3=通过载荷路径 3 的剪应力。

τ_4=通过载荷路径 4 的剪应力。

V_s=单位长度的剪切载荷。

W=补强圈的宽度。

X_o=从接管外径到封头中心的距离。

x_t=平盖尺寸换算系数。

4.19 表

表 4.1 管螺纹连接的最小圈数

管子尺寸	螺纹啮合	所要求的最小板厚
DN 15,20（NPS 0.5,0.75in.）	6	11mm（0.43in.）
DN 25,32,40（NPS 1.0,1.25,1.5in.）	7	16mm（0.61in.）
DN 50（NPS 2.0in.）	8	18mm（0.70in.）

表 4.2　接管最小厚度要求

名义尺寸	最小厚度	
	mm	In.
DN 6（NPS 1/8）	1.51	0.060
DN 8（NPS 1/4）	1.96	0.077
DN 10（NPS 3/8）	2.02	0.080
DN 15（NPS 1/2）	2.42	0.095
DN 20（NPS 3/4）	2.51	0.099
DN 25（NPS 1）	2.96	0.116
DN 32（NPS 1 1/4）	3.12	0.123
DN 40（NPS 1 1/2）	3.22	0.127
DN 50（NPS 2）	3.42	0.135
DN 65（NPS 2 1/2）	4.52	0.178
DN 80（NPS 3）	4.80	0.189
DN 90（NPS 3 1/2）	5.02	0.198
DN 100（NPS 4）	5.27	0.207
DN 125（NPS 5）	5.73	0.226
DN 150（NPS 6）	6.22	0.245
DN 200（NPS 8）	7.16	0.282
DN 250（NPS 10）	8.11	0.319
≥DN 300（NPS 12）	8.34	0.328
综合提示：对于不同于等效标准 DN（NPS）尺寸外径的，具有规定外径的接管，从本表选定的 DN（NPS）应是一个等效外径大于实际接管外径的尺寸。		

4.20　图例

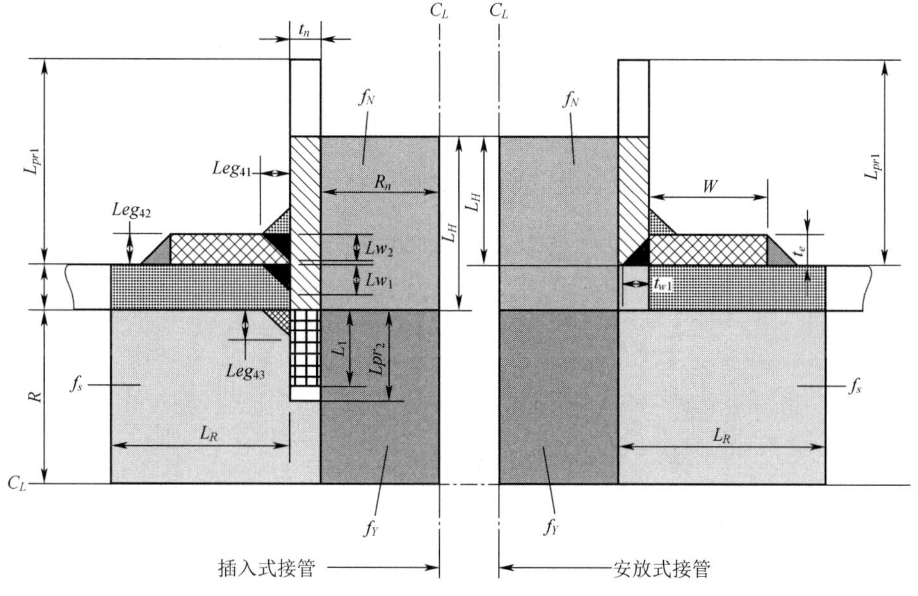

图 4.1　补强的开孔符号

= A_1 = 由壳体贡献的面积

= A_2 = 由接管外伸长度贡献的面积

= A_3 = 由接管内伸长度贡献的面积

= A_{41} = 由外焊缝贡献的面积

= A_{42} = 由补强圈与容器的焊缝贡献的面积

= A_{43} = 由内焊缝贡献的面积

= A_5 = 由补强圈贡献的面积

= 贡献的总面积

图 4.1　补强的开孔符号（续图）

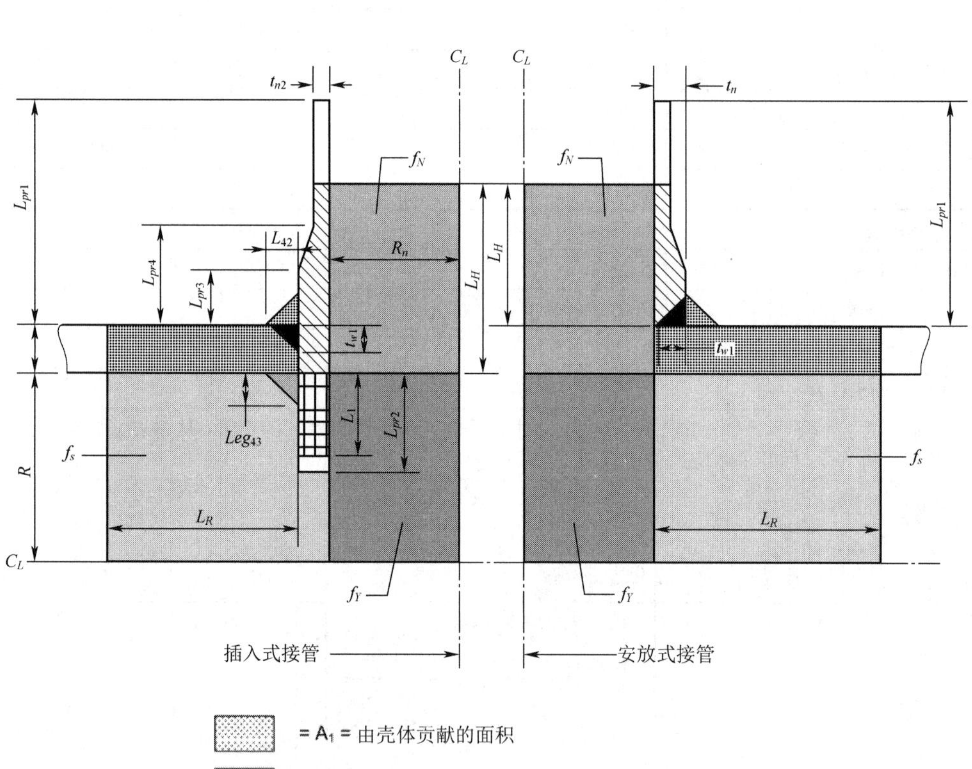

= A_1 = 由壳体贡献的面积

= A_2 = 由接管外伸长度贡献的面积

= A_3 = 由接管内伸长度贡献的面积

= A_{41} =由外焊缝贡献的面积

= A_{42} =由补强圈与容器的焊缝贡献的面积

= A_{43} =由内焊缝贡献的面积

= A_5 = 由补强圈贡献的面积

A_T = 贡献的总面积

图 4.2　变壁厚的开孔符号

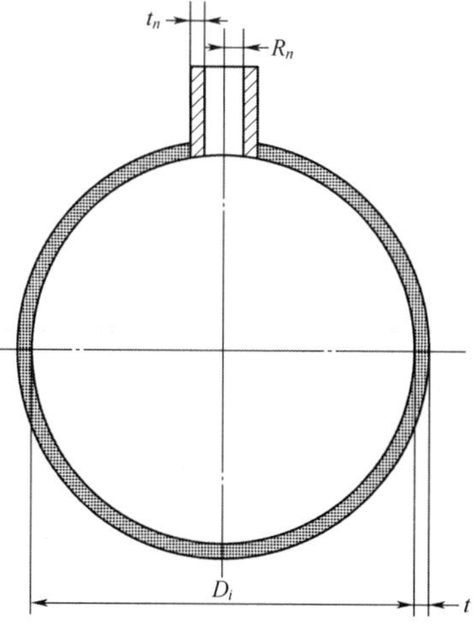

图 4.3 圆筒上的径向接管

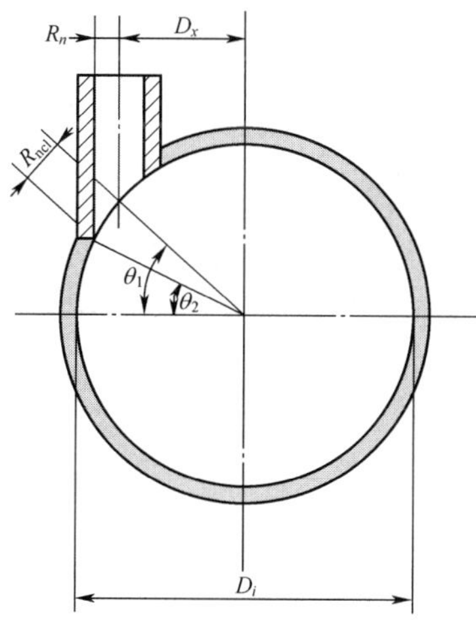

图 4.4 圆筒横截面上的山坡接管（非径向）

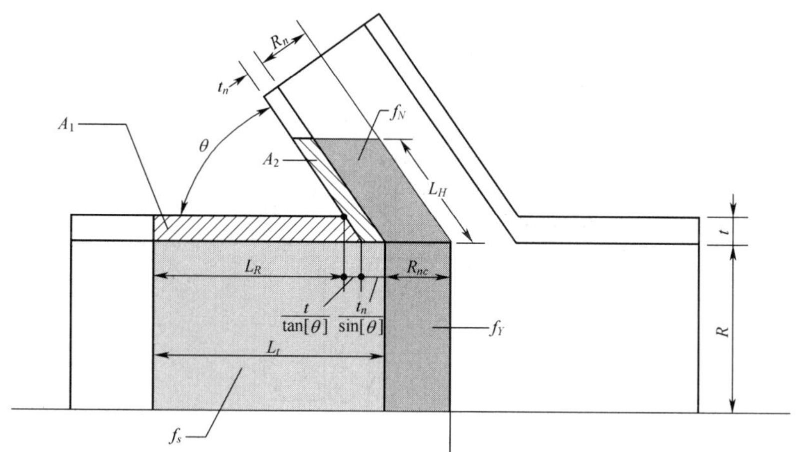

图 4.5 圆筒纵向载面上的斜接管

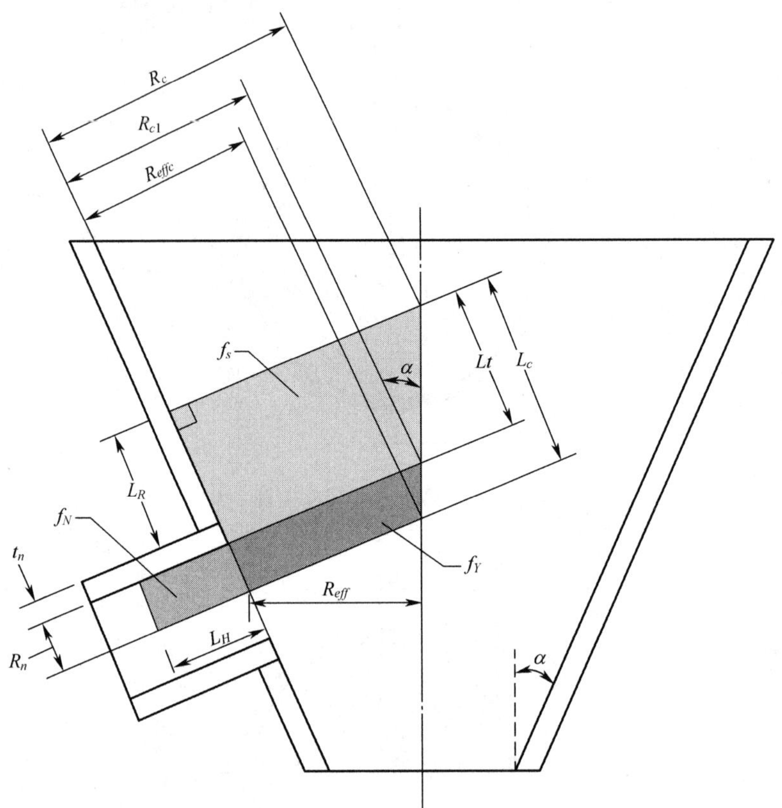

图 4.6　锥壳纵向载面上的径向接管

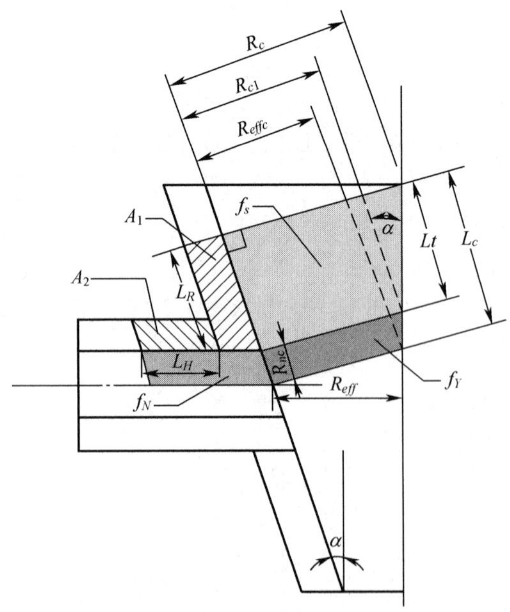

图 4.7　锥壳纵向载面上的水平接管（接管中心线垂直锥壳纵轴）

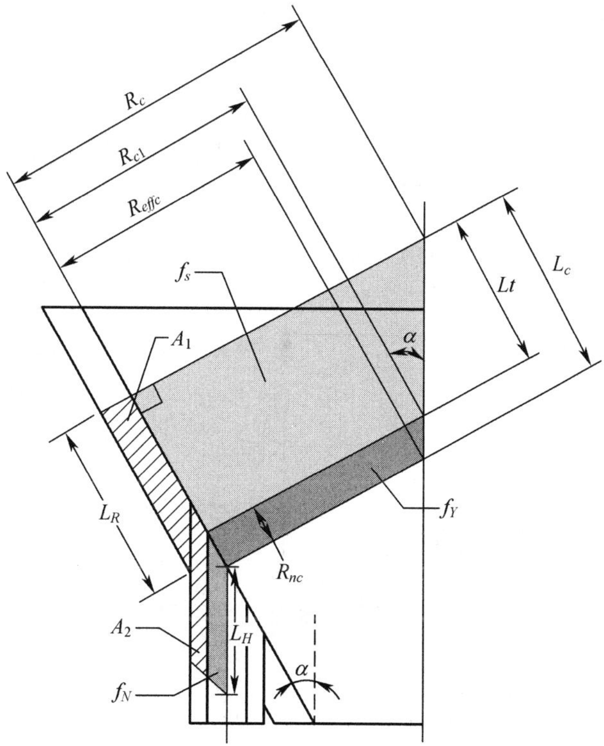

图 4.8　锥壳纵向载面上的竖直接管（接管中心线平行锥壳纵轴）

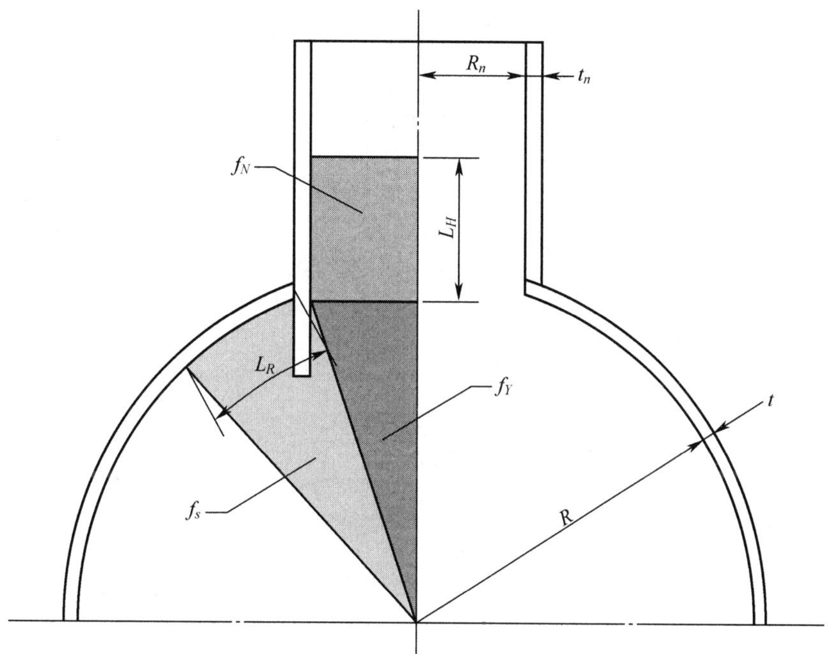

图 4.9　成形封头上的径向接管

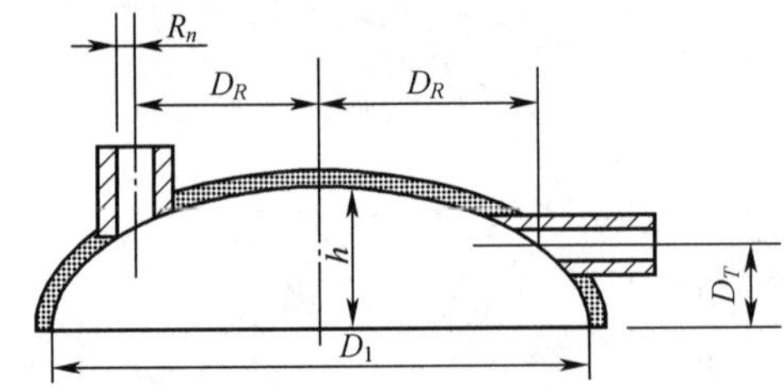

图 4.10　成形封头上的竖直和水平接管（山坡接管）

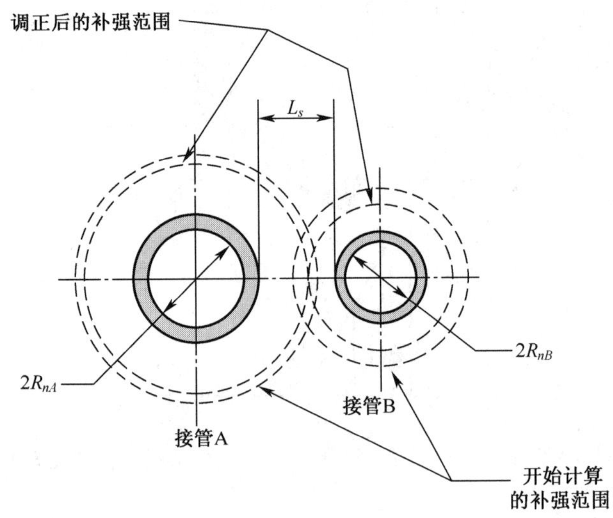

图 4.11　两个相邻接管开孔的范例

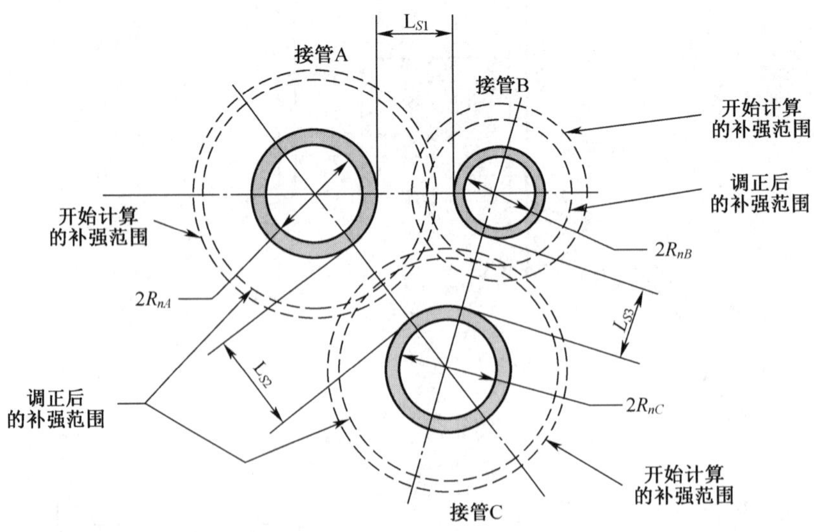

图 4.12　三个相邻接管开孔的范例

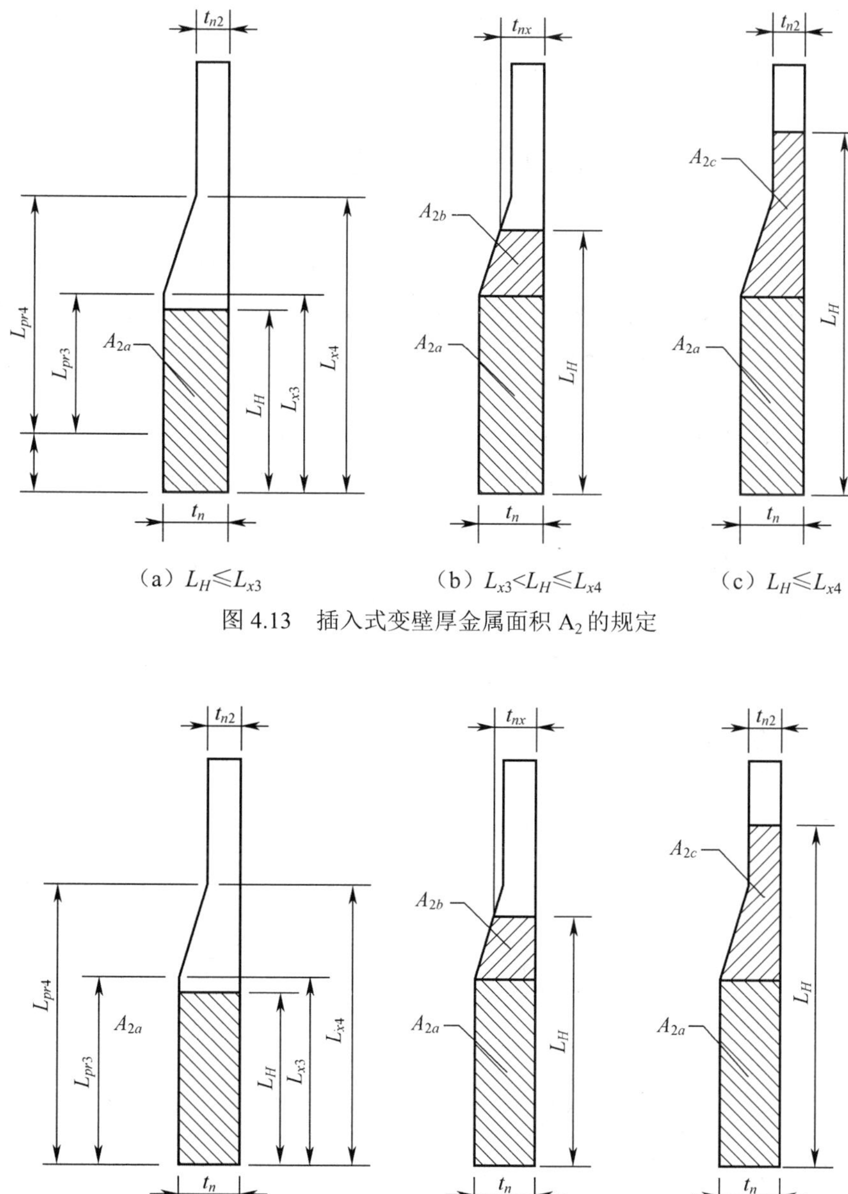

（a）$L_H \leqslant L_{x3}$　（b）$L_{x3} < L_H \leqslant L_{x4}$　（c）$L_H \leqslant L_{x4}$

图 4.13　插入式变壁厚金属面积 A_2 的规定

（a）$L_H \leqslant L_{x3}$　（b）$L_{x3} < L_H \leqslant L_{x4}$　（c）$L_H > L_{x4}$

图 4.14　安放式变壁厚金属面积 A_2 的规定

第 3 节　从 GB150 转入本规范的计算切入点

按 GB150 选用钢号和其许用应力，并确定壳体和接管的**名义厚度**，就可以采用本规范计算开孔补强。本规范中出现的壳体和接管的有效厚度，是以 GB150 确定的名义厚度按本规范给出的相应公式计算本规范所需的有效厚度，而不是 GB150 规定的有效厚度概念，即有效厚度=名义厚度−(腐蚀裕量+材料厚度负偏差)。

第 4 节　实例计算

【例 1】某石化公司在用容器编号为 V2203 分馏塔顶油气分离器，尺寸见图 4-4.1，接管上端壁厚为 18mm，长 250mm，设计压力 0.33MPa，设计温度 60℃，筒体和接管材质均为 Q245R，[σ] =144MPa，总附加量均为 c=2mm。

【解】

（1）按 GB150 确定筒体的名义厚度 16mm，接管名义厚度 14mm。

（2）按规范 **4.2.1** 规定，壳体内径与壳体厚度比小于或等于 **400** 时，才可使用本设计规则。本例是 2400/16=150＜400，满足要求。

（3）本例是在圆筒上有单个径向接管开孔，应采用规则 **4.5** 圆筒上的径向接管计算。

步骤 1　确定圆筒的有效半径。

按式（4.3）计算

$$R_{eff} = 0.5D_i = 0.5 \cdot 2400 = 1200\ \text{mm}$$

步骤 2　计算沿器壁的补强范围。

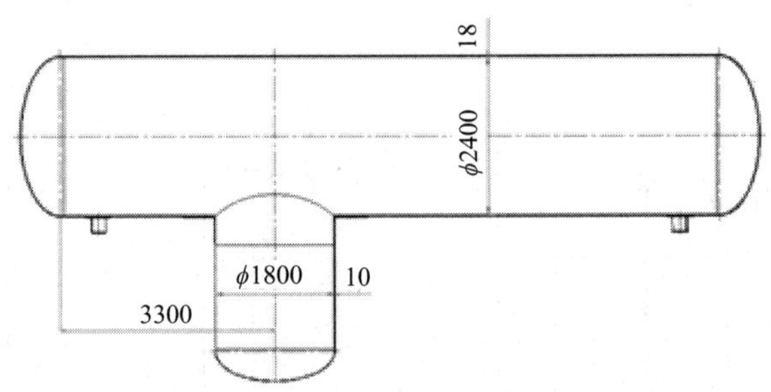

图 4-4.1　V2203 分馏塔顶油气分离器

对于整体补强，插入式接管，按式（4.4）计算：

$$L_R = \min\left[\sqrt{R_{eff}t}, 2R_n\right] = \min[\sqrt{1200 \times 16}, 2 \times 900] = 138.6\ \text{mm}$$

式中 t 是圆筒的**名义厚度**。

步骤 3　计算容器表面外侧，沿管壁伸出的补强范围

按式（4.11）至式（4.13）计算，对于插入式接管，按式（4.14）计算。

$$L_{H1} = \min\left[1.5t, t_e\right] + \sqrt{R_n t_n} = \min[1.5 \times 16, 0] + \sqrt{900 \times 14} = 112.3\ \text{mm}$$

$$L_{H2} = L_{pr1} = 250\text{mm}$$

$$L_{H3} = 8(t + t_e) = 8 \times (16 + 0) = 128\ \text{mm}$$

$$L_H = \min\left[L_{H1}, L_{H2}, L_{H3}\right] + t = \min[112.3, 250, 128] + 16 = 128.3\ \text{mm}$$

式中接管名义壁厚 14mm 的一段外伸长度为 250 mm。

步骤 5 确定接管开孔近区总的有效面积，按式（4.20）计算

$$A_T = A_1 + f_{rn}(A_2 + A_3) + A_{41} + A_{42} + A_{43} + f_{rp}A_5$$

本例不考焊缝贡献给补强的面积，不设置补强圈。因此，上式简化为下式：

$$A_T = A_1 + f_{rn}A_2 = 3723.7 + 1 \times 1796.2 = 5519.9\ \text{mm}^2$$

式中

接管材料系数按式（4.22）计算

$$f_{rn} = \min\left[\frac{s_n}{s}, 1\right] = 1$$

容器贡献的面积按式（4.23）计算

$$A_1 = (tL_R)\cdot\max\left[\left(\frac{\lambda}{5}\right)^{0.85}, 1.0\right] = 3723.7\ \text{mm}^2$$

$$\lambda = \min\left[\left(\frac{2R_n + t_n}{\sqrt{(D_i + t_{eff})\cdot t_{eff}}}\right), 12.0\right] = \min\left[\left(\frac{2\times 900 + 14}{\sqrt{(2400+16)\cdot 16}}\right), 12.0\right] = 9.2$$

$$t_{eff} = t + \left(\frac{A_5 f_{rp}}{L_R}\right) = 16 + \left(\frac{0\times 1}{138.6}\right) = 16\ \text{mm}$$

因接管 $t_n = t_{n2}$ 或 $L_H \leqslant L_{X3}$， $A_2 = t_n L_H$ =14×128.3=1796.2 mm^2

步骤 6 确定作用力。

按式（4.46）、式（4.48）、式（4.50）一式（4.52）计算：

$$f_N = PR_{xn}L_H = 0.33\times 907\times 128.3 = 38401.5\text{N}$$

$$f_S = PR_{xs}(L_R + t_n) = 0.33\times 1208(138.6+14) = 60832.5\ \text{N}$$

$$f_Y = PR_{xs}R_{nc} = 0.33\times 1208\times 900 = 358776\ \text{N}$$

$$R_{xn} = \frac{t_n}{\ln\left[1 + \frac{t_n}{R_n}\right]} = \frac{14}{\ln\left[1 + \frac{14}{900}\right]} = 907\ \text{mm}$$

$$R_{xs} = \frac{t_{eff}}{\ln\left[1 + \frac{t_{eff}}{R_{eff}}\right]} = \frac{16}{\ln\left[1 + \frac{16}{1200}\right]} = 1208\ \text{mm}$$

步骤 7 确定接管相贯区上平均局部薄膜应力和总体一次薄膜应力

按式（4.53）和式（4.54）计算

$$\sigma_{avg} = \frac{(f_N + f_S + f_Y)}{A_T} = \frac{38401.5 + 60832.5 + 358776}{5519.9} = 83\ \text{MPa}$$

$$\sigma_{circ} = \frac{PR_{xs}}{t_{eff}} = \frac{0.33\times 1208}{16} = 24.9\ \text{MPa}$$

步骤 8 确定接管相贯区最大局部一次薄膜应力

按式（4.55）计算

$$P_L = \max\left[(2\sigma_{avg} - \sigma_{circ}), \sigma_{circ}\right] = \max[(2\times 83 - 24.9), 24.9] = 141.1\,\text{MPa}$$

步骤 9 计算的最大局部一次薄膜应力应满足式（4.56）的条件。.

$$P_L = 141.1 < S_{allow} = 1.5\times 144 = 216\,\text{MPa} \quad \textbf{通过}$$

结论：计算的最大局部一次薄膜应力满足式（4.56）。**通过。**

步骤 10 确定接管相贯区最大允用工作压力。

按式（4.59）至式（4.62）计算

$$P_{\max 1} = \frac{S_{allow}}{\dfrac{2A_p}{A_T} - \dfrac{R_{xs}}{t_{eff}}} = \frac{216}{\dfrac{2\times 1387909.1}{5519.9} - \dfrac{1208}{16}} = 0.505\,\text{MPa}$$

$$P_{\max 2} = S\left(\frac{t}{R_{xs}}\right) = 144\times\frac{16}{1208} = 1.91\,\text{MPa}$$

$$P_{\max} = \min\left[P_{\max 1}, P_{\max 2}\right] = \min[0.505, 1.91] = 0.505\,\text{MPa} > 0.33\,\text{MPa} \quad \textbf{通过}$$

式中

$$A_p = \frac{f_N + f_S + f_Y}{P} = \frac{38401.5 + 60832.5 + 358776}{0.33} = 1387909.1$$

结论：最大允许压力大于设计压力。**通过。**

【例 2】 HDPE 产品出料罐，计算压力 2.365MPa，设计温度 150℃，圆筒内径 900mm，材质 Q345R，其许用应力[σ]=183 MPa，接管 16Mn，其许用应力[σ]=157 MPa，计算锥壳上的斜接管 ϕ219×12 的开孔补强，锥壳半顶角为 30°，附加量 2mm，结构见图 4-4.2。

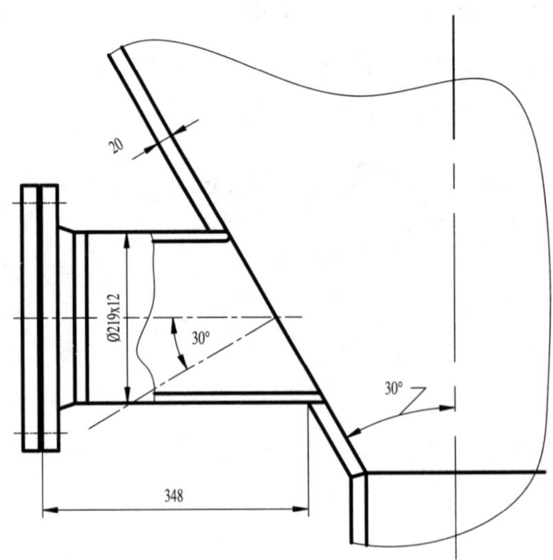

图 4-4.2 锥壳上的斜接管（接管中心线与锥壳纵轴中心线垂直）

【解】 按 GB150 确定，锥壳名义厚度 16mm，接管名义厚度 10mm。开孔中心处的锥壳内径 $D_c = 464\,\text{mm}$（**注**：由 AutoCAD 标注得到）。接管内径 199mm。

（1）按规范 **4.9.1** 式（4.78）至式（4.80），计算下列各值（见图 4.7）。

锥壳上接管开孔沿其长轴的内半径

$$R_{nc}=\frac{R_n}{\cos[\alpha]}=\frac{199/2}{\cos 30^\circ}=115\,\text{mm}$$

由器壁贡献给补强的面积

$$A_1=t\left(L_R+\frac{t\cdot\tan[\alpha]}{2}\right)\cdot\max\left[\left(\frac{\lambda}{5}\right)^{0.85},1.0\right]=16\left(60.9+\frac{16\cdot\tan 30^\circ}{2}\right)\cdot\max\left[\left(\frac{2.38}{5}\right)^{0.85},1.0\right]$$

$$=1048.3\text{mm}^2$$

$$L_t=L_R+\frac{t_n}{\cos[\alpha]}+t\cdot\tan[\alpha]=60.9+\frac{10}{\cos 30^\circ}+16\times\tan 30^\circ=81.7\,\text{mm}$$

（2）按规范 4.8 式（4.71）、式（4.72）、（4.75）和式（4.76）计算下列各值。

$$f_s=\frac{P}{\cos[\alpha]}\left(R_{eff}+R_{nc}\sin[\alpha]+\frac{L_t\sin[\alpha]}{2}\right)L_t=\frac{2.365}{\cos 30^\circ}\left(232+115\cdot\sin 30^\circ+\frac{81.7\cdot\sin 30^\circ}{2}\right)\cdot 81.7$$

$$=69147.9\text{N}$$

$$f_Y=\frac{P}{\cos[\alpha]}\left(R_{eff}+\frac{R_{nc}\sin[\alpha]}{2}\right)R_{nc}=\frac{2.365}{\cos 30^\circ}\left(232+\frac{115\times\sin 30^\circ}{2}\right)\cdot 115=81888.5\,\text{N}$$

$$R_{xs}=\frac{t_{eff}}{\ln\left[1+\dfrac{t_{eff}\cos[\alpha]}{R_{eff}+L_c\sin[\alpha]}\right]}=\frac{16}{\ln\left[1+\dfrac{16\times\cos 30^\circ}{232+196.7\times\sin 30^\circ}\right]}=389.4\,\text{mm}$$

$$L_c=L_t+R_{nc}=81.7+115=196.7\text{mm}$$

（3）按规范 4.5 的步骤计算下列各值。

步骤 1 确定壳体的有效半径。

（b）对于锥壳，$R_{\rm eff}$ 是接管中心线与锥壳交点上的锥壳内半径，过该交点且垂直于锥壳纵轴中心线来度量该半径（见图 4.7 的标注）。

$$R_{eff}=464/2=232\,\text{mm}$$

步骤 2 计算沿器壁的补强范围。

（a）对于整体补强的接管

对于插入式接管，按式（4.4）计算

$$L_R=\min\left[\sqrt{R_{eff}t},2R_n\right]=\min\left[\sqrt{232\times 16},2\times 99.5\right]=60.9\,\text{mm}$$

步骤 3 计算容器表面外侧，沿管壁伸出的补强范围。

按式（4.11）一式（4.14）计算

$$L_{H1}=\min[1.5t,t_e]+\sqrt{R_nt_n}=\min[1.5\times 16,0]+\sqrt{99.5\times 10}=31.5\,\text{mm}$$

$L_{H2}=L_{pr1}$=285mm（实际接管长度）

$$L_{H3}=8(t+t_e)=8\times(16+0)=128\text{mm}$$

$$L_H=\min[L_{H1},L_{H2},L_{H3}]+t=\min[31.5,285,128]+16=47.5\,\text{mm}$$

步骤 5 确定接管开孔近区总的有效面积，按式（4.20）、式（4.21）、式（4.24）、式（4.25）和式（4.27）计算。

$$A_T=A_1+f_{rn}(A_2+A_3)+A_{41}+A_{42}+A_{43}+f_{rp}A_5$$

本例不考虑焊缝贡献给补强的面积，不设置补强圈。因此，上式简化为下式：

$$A_T = A_1 + f_{rn}A_2 = 1048.3 + 0.856 \times 475 = 1454.9\ \text{mm}^2$$

式中

$$f_{rn} = \min\left[\frac{s_n}{s}, 1\right] = \min\left[\frac{157}{183}, 1\right] = 0.856$$

$$\lambda = \min\left[\left\{\frac{2R_n + t_n}{\sqrt{(D_i + t_{eff}) \cdot t_{eff}}}\right\}, 12.0\right] = \min\left[\left\{\frac{2 \times 99.5 + 10}{\sqrt{(464+16)16}}\right\}, 12.0\right] = 2.38$$

对于插入式接管

$$t_{eff} = t + \left(\frac{A_5 f_{rp}}{L_R}\right) = 16 + \left(\frac{0 \times 1}{60.9}\right) = 16\ \text{mm}$$

$$A_2 = t_n L_H = 10 \times 47.5 = 475\text{mm}^2$$

步骤 6 确定作用力。

按式（4.46）和式（4.51）计算

$$f_N = PR_{xn}L_H = 2.365 \times 104.4 \times 47.5 = 11728\ \text{N}$$

$$R_{xn} = \frac{t_n}{\ln\left[1 + \frac{t_n}{R_n}\right]} = \frac{10}{\ln\left[1 + \frac{10}{99.5}\right]} = 104.4\ \text{mm}$$

步骤 7 确定接管相贯区上平均局部薄膜应力和总体一次薄膜应力。

按式（4.53）和式（4.54）计算

$$\sigma_{avg} = \frac{f_N + f_s + f_Y}{A_T} = \frac{11728 + 69147.9 + 81888.5}{1454.9} = 111.8\ \text{MPa}$$

$$\sigma_{circ} = \frac{PR_{xs}}{t_{eff}} = \frac{2.365 \times 389.4}{16} = 57.56\ \text{MPa}$$

步骤 8 确定接管相贯区最大局部一次薄膜应力。

按式（4.55）计算

$$P_L = \max\left[(2\sigma_{avg} - \sigma_{circ}), \sigma_{circ}\right] = \max\left[(2 \times 111.8 - 57.56), 57.56\right] = 166\ \text{MPa}$$

步骤 9 计算的最大局部一次薄膜应力应满足式（4.56）的条件。

$$P_L = 166 \leqslant S_{allow} = 1.5 \times 183 = 274.5\ \text{MPa}$$

结论：计算的最大局部一次薄膜应力满足式（4.56）。**通过。**

步骤 10 确定接管相贯区最大许用工作压力。

按式（4.59）至式（4.62）计算

$$P_{\max 1} = \frac{S_{allow}}{\frac{2A_p}{A_T} - \frac{R_{xs}}{t_{eff}}} = \frac{183}{\frac{2 \times 68822.2}{1454.9} - \frac{389.4}{16}} = 2.6\ \text{MPa}$$

$$P_{\max 2} = S\left(\frac{t}{R_{xs}}\right) = 183\left(\frac{16}{389.4}\right) = 7.52\ \text{MPa}$$

$$P_{\max} = \min\left[P_{\max 1}, P_{\max 2}\right] = \min\left[2.6, 7.52\right] = 2.6\ \text{MPa} > 2.365\ \text{MPa}$$ **通过**

$$A_p = \frac{f_N + f_S + f_Y}{P} = \frac{11728 + 69147.9 + 81888.5}{2.365} = 68822.2\ \text{mm}^2$$

结论：最大允许压力大于设计压力。**通过。**

【例 3】 HDPE 产品出料罐，设计条件同例 2，DN900×20 的椭圆形封头上中心接管 ϕ219×12，非中心部位的 ϕ168×12、两个 ϕ83×11 和 ϕ35×6 共 5 个接管开孔，只计算 ϕ219×12 和 ϕ168×12 两个接管开孔补强，附加量 2mm，结构见图 4-4.3。5 个接管的布置如图 4-4.4 所示。

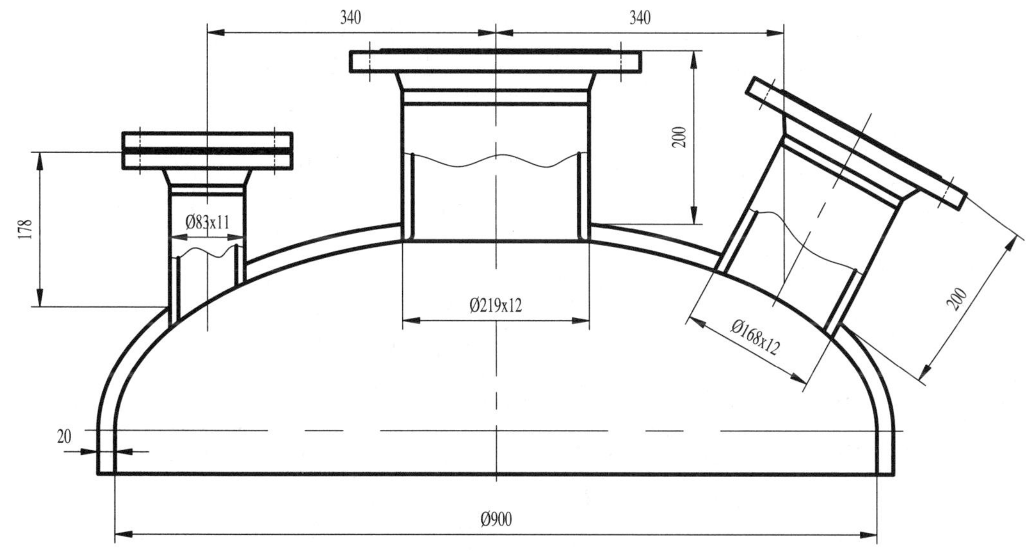

图 4-4.3　椭圆形封头

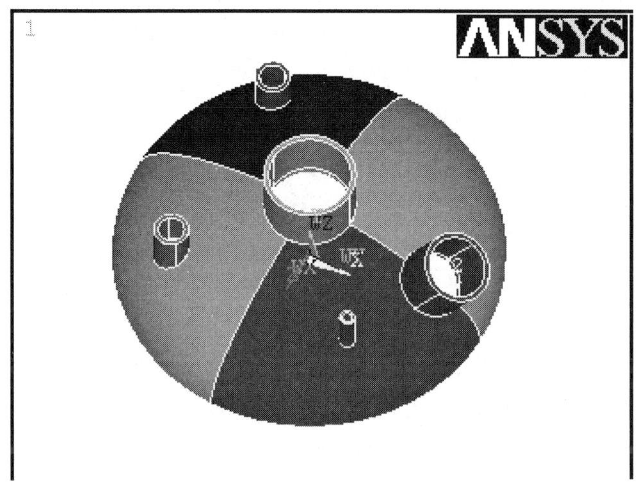

图 4-4.4　5 个接管的布置

【解】 按 GB150 确定，椭圆形封头名义厚度按 16 mm 考虑，ϕ168×12 的接管按 ϕ168×6 考虑，余量留给疲劳分析用。

（1）按规范 **4.11** 成形封头上的垂直接管和山坡接管。

1）按式（4.153）计算椭圆形封头上的 ϕ168×6 接管的 θ 角：

$$\theta=\arctan\left[\left(\frac{h}{R}\right)\cdot\left(\frac{D_R}{\sqrt{R^2-D_R^2}}\right)\right]=\arctan\left[\left(\frac{225}{450}\right)\cdot\left(\frac{340}{\sqrt{450^2-340^2}}\right)\right]=29.97°$$

式中：椭圆形封头内曲面高度（按 GB/T25198），h=225mm。

2）按式（4.151）计算容器上接管开孔沿长弦的内半径

$$R_{nc}=\frac{R_n}{\cos\theta}=\frac{156/2}{\cos 29.97°}=90\,\text{mm}$$

（2）按规范 4.10 球壳或成形封头上的径向接管的步骤计算。

步骤 1 确定球壳或成形封头的有效半径。

对于椭圆形封头，按式（4.87）计算

$$R_{eff}=\frac{0.9D_i}{6}\left[2+\left(\frac{D_i}{2h}\right)^2\right]=\frac{0.9\times900}{6}\left[2+\left(\frac{900}{2\times225}\right)^2\right]=810\,\text{mm}$$

步骤 2 计算沿封头壁的补强范围。

对于椭圆形封头上整体补强插入式接管，按式（4.89）计算

$$L_R=\min\left[\sqrt{R_{eff}t},2R_n\right]=\min[\sqrt{810\times16},2\times78]=113.8\,\text{mm}$$

步骤 3 计算封头表面外侧，沿管壁伸出的补强范围，按式（4.102）计算

$$L_H=\min\left[t+t_e+F_p\sqrt{R_nt_n},L_{pr1}+t\right]=\min\left[16+0+0.682\sqrt{78\times6},150+16\right]=30.8\,\text{mm}$$

按式（4.107）和式（4.108）计算下列各值

$$X_o=\min\left[D_R+(R_n+t_n)\cos\theta,\frac{D_i}{2}\right]=\min\left[340+(78+6)\cos 29.97°,\frac{900}{2}\right]=412.8\,\text{mm}$$

$$C_p=\exp\left[\frac{0.35D_i-X_o}{16t}\right]=\exp\left[\frac{0.35\times900-412.8}{16\times16}\right]=0.682$$

对于 $X_o>0.35D_i$=315

$$F_p=\min\left[C_n,C_p\right]=\min[1.0,0.682]=0.682$$

式中 C_n 按式（4.111）计算

$$C_n=\min\left[\left(\frac{t+t_e}{t_n}\right)^{0.35},1.0\right]=\min\left[\left(\frac{16+0}{6}\right)^{0.35},1.0\right]=1.0$$

步骤 5 确定接管开孔近区总有效面积，按式（4.113）计算

$$A_T=A_1+f_{rn}(A_2+A_3)+A_{41}+A_{42}+A_{43}+f_{rp}A_5$$

本例不考虑焊缝贡献给补强的面积，不设置补强圈。因此，上式简化为：

$$A_T=A_1+f_{rn}A_2=1820.8+0.858\times184.8=1979.4\,\text{mm}^2$$

式中 A_1 按式（4.114）计算

$$A_1=tL_R=16\times113.8=1820.8\,\text{mm}^2$$

A_2 按式（4.115）计算

$$A_2=t_nL_H=6\times30.8=184.8\,\text{mm}^2$$

f_{rn} 按式（4.21）计算

$$f_{rn}=\min\left[\frac{s_n}{s},1\right]=\min\left[\frac{157}{183},1\right]=0.858$$

步骤 6　确定作用力。

对于插入式接管，按式（4.134）、式（4.136）、式（4.138）至式（4.141）计算。

$$f_N=PR_{xn}L_H=2.365\times80.96\times30.8=5897.3\text{N}$$

$$f_S=\frac{PR_{xs}(L_R+t_n)}{2}=\frac{2.365\times817.97\times(113.8+6)}{2}=115876.5\,\text{N}$$

$$f_Y=\frac{PR_{xs}R_{nc}}{2}=\frac{2.365\times817.97\times90}{2}=87052.5\,\text{N}$$

$$R_{xn}=\frac{t_n}{\ln\left[1+\dfrac{t_n}{R_n}\right]}=\frac{6}{\ln\left[1+\dfrac{6}{78}\right]}=80.96\,\text{mm}$$

$$R_{xs}=\frac{t_{eff}}{\ln\left[1+\dfrac{t_{eff}}{R_{eff}}\right]}=\frac{16}{\ln\left[1+\dfrac{16}{810}\right]}=817.97\text{ mm}$$

$$t_{eff}=t+\left(\frac{A_5f_{rp}}{L_R}\right)=16\,\text{mm}$$

步骤 7　确定容器中平均局部一次薄膜应力和总体一次薄膜应力，按式（4.143）和式（4.144）计算。

$$\sigma_{avg}=\frac{(f_N+f_S+f_Y)}{A_T}=\frac{(5897.3+115876.5+87052.5)}{1979.4}=105.5\,\text{MPa}$$

$$\sigma_{circ}=\frac{PR_{xs}}{2t_{eff}}=\frac{2.365\times817.97}{2\times16}=60.45\,\text{MPa}$$

步骤 8　确定接管相贯区上最大局部一次薄膜应力，按式（4.145）计算

$$P_L=\max\left[(2\sigma_{avg}-\sigma_{circ}),\sigma_{circ}\right]=\max\left[(2\times105.5-60.45),60.45\right]=150.6\,\text{MPa}$$

步骤 9　确定最大局部一次薄膜应力应满足式（4.146）的条件

$$P_L=150.6\leqslant S_{allow}=1.5\times183=274.5\,\text{MPa}$$

结论：计算的最大局部一次薄膜应力满足式（4.56）。**通过。**

步骤 10　确定接管的最大许用工作压力，按式（4.147）一式（4.150）计算

$$P_{\max 1}=\frac{S_{allow}}{\dfrac{2A_p}{A_T}-\dfrac{R_{xs}}{2t_{eff}}}=\frac{183}{\dfrac{2\times88298.6}{1979.4}-\dfrac{817.97}{2\times16}}=2.87\,\text{MPa}$$

$$P_{\max 2}=2S\left(\frac{t}{R_{xs}}\right)=2\times183\cdot\left(\frac{16}{817.97}\right)=7.16\,\text{MPa}$$

$$P_{\max}=\min\left[P_{\max 1},P_{\max 2}\right]=\min\left[2.87,7.16\right]=2.87\,\text{MPa}>2.365\,\text{MPa}$$

$$A_p = \frac{f_N + f_S + f_Y}{P} = \frac{5897.3 + 115876.5 + 87052.5}{2.365} = 88298.6\ \text{mm}^2$$

结论：最大允许压力大于设计压力。**通过。**

（3）按规范 4.13 对接管间距的要求。

1）确定补强范围是否重叠。

中心接管 ϕ219 与 ϕ168 接管的中心角为 29.97°，两接管开孔中心的孤长为

$$l_{168}^{219} = \frac{810 \times \pi \times 29.97}{180} = 423.5\ \text{mm}$$

2）净孤长=423.5−(219/2+168/2+2L_R)=280−(2×113.8)=2.4mm。

没有重叠，各个接管均为单个接管开孔。

两个接管补强范围的计算间距只有 2.4mm。仍按 **4.13.2** 的规定，应在确定最大局部一次薄膜应力和接管的最大允用工作压力时，使用式（4.168）确定 L_R，其中设定值 L_S=230mm。核算如下。

1）按式（4.168）计算 L_R

$$L_R = L_S\left(\frac{R_{nA}}{R_{nA} + R_{nB}}\right) = 230\left(\frac{(168-12)/2}{(168-12)/2 + (219-12)/2}\right) = 98.8\ \text{mm}$$

2）A_1

$$A_1 = tL_R = 16 \times 98.8 = 1580.8\ \text{mm}^2$$

3）A_T

$$A_T = A_1 + f_{rn}A_2 = 1580.8 + 0.858 \times 184.8 = 1739.4$$

4）f_S

$$f_S = \frac{PR_{xs}(L_R + t_n)}{2} = \frac{2.365 \times 817.97 \times (98.8 + 6)}{2} = 101367.8\ \text{N}$$

5）σ_{avg}

$$\sigma_{avg} = \frac{f_N + f_S + f_Y}{A_T} = \frac{5897.3 + 101367.8 + 87052.5}{1739.4} = 111.7\ \text{MPa}$$

6）P_L

$$P_L = \max\left[(2\sigma_{avg} - \sigma_{circ}), \sigma_{circ}\right] = \max\left[(2 \times 111.7 - 60.45), 60.45\right] = 162.9\ \text{MPa}$$

$$P_L = 162.9 \leqslant S_{allow} = 1.5 \times 183 = 274.5\ \text{MPa}$$

结论：计算的最大局部一次薄膜应力满足式（4.56）。**通过。**

7）P_{mac}

$$P_{\max 1} = \frac{S_{allow}}{\dfrac{2A_p}{A_T} - \dfrac{R_{xs}}{2t_{eff}}} = \frac{183}{\dfrac{2 \times 82163.9}{1739.4} - \dfrac{817.97}{2 \times 16}} = 2.65\ \text{MPa}$$

$$A_p = \frac{f_N + f_S + f_Y}{P} = \frac{5897.3 + 101367.8 + 87052.5}{2.365} = 82163.9\ \text{mm}^2$$

$$P_{\max} = \min\left[P_{\max 1}, P_{\max 2}\right] = \min\left[2.65, 7.16\right] = 2.65\ \text{MPa} > 2.365\ \text{MPa}$$

结论：最大容许压力大于设计压力。**通过。**

第 5 节　小结

1　ASMEⅧ-2:4.5 规则的编排

规范正文编排了两条主线：其一是 4.5 圆筒上的径向接管，给出 10 个计算步骤确定接管开孔补强，即步骤①确定壳体的有效半径→步骤②计算沿器壁的补强范围→步骤③计算容器表面外侧，沿管壁伸出的补强范围→步骤④如果能适用，计算容器表面内侧，沿管壁伸出的补强范围→步骤⑤确定接管开孔近区总的有效面积→步骤⑥确定作用力→步骤⑦确定接管相贯区上平均局部一次薄膜应力和总体一次薄膜应力→步骤⑧确定接管相贯区最大局部一次薄膜应力→步骤⑨计算的最大局部一次薄膜应力应满足式（4.56）的条件→步骤⑩确定接管相贯区最大允许工作压力，再将 4.6 圆筒上的山坡接管，4.7 圆筒纵截面上与纵轴中心线成某一角度的接管，4.8 锥壳上的径向接管，4.9 锥壳上的接管等某些参数作相应替代，可使用 4.5 的完整步骤确定其他各种接管开孔补强；其二是 4.10 球壳或成形封头上的径向接管，给出与上述相同的 10 个步骤，再将 4.11 成形封头上的垂直接管和山坡接管等某些参数作相应替代，可使用 4.10 的完整步骤确定成形封头上其他各种接管开孔补强。

2　能设计的接管开孔补强

（1）圆筒纵截面上的径向接管，见图 4.1 和图 4.2，对开孔率没有限制。

（2）圆筒横截面上的山坡竖直接管，见图 4.4（接管中心线平行圆筒竖直中心线）。

若式（4.66）$\theta_2 = \arccos\left[\dfrac{D_X + R_n}{R_{eff}}\right]$=0，山坡竖直接管变为切向接管。若 D_X=0，山坡竖直接管变为圆筒横截面上中央径向接管，见图 4.3。

（3）圆筒纵截面上的斜接管，见图 4.5。虽没有规定限制条件，但 θ 角的可变范围是 0°＜θ＜90°。若 θ=0°，见式（4.67）至式（4.70），分每变为 0，相应参数变为无穷大。因此，不能取 θ=0°。

（4）锥壳上的径向接管（见图 4.6），对开孔率没有限制。

（5）4.9 锥壳上的接管包括锥壳纵截面上的水平接管（锥壳纵截面上定位接管垂直纵轴中心线）和锥壳纵截面上的竖直接管（锥壳纵截面上定位接管平行纵轴中心线）。

（5）球壳或成形封头上的径向接管，见图 4.9，能计算非中心位置的径向接管，对开孔率没有限制。

（6）成形封头上的垂直接管和山坡接管，见图 4.10。

（7）采用整体补强和补强圈补强两种形式，接管有插入式和安放式两种。

3　不能设计的接管开孔补强

不能设计圆筒横截面上接管中心线与圆筒横截面竖直中心线成某一角度的斜接管，如下图 ГОСТ Р 52857.3 图 A.11 和 EN13445 图 9.5-2（本书图 5.5-2）所示。

4　接管开孔补强条件

（1）接管与壳体相贯区是总体结构不连续，这里的薄膜应力是局部一次薄膜应力 P_L。本规则就是要通过计算平均局部一次薄膜应力，进而确定最大局部一次薄膜应力，并以 1.5 倍的许用应力进行评定。

$$P_L = \max\left[(2\sigma_{avg} - \sigma_{circ}), \sigma_{circ}\right] \leqslant S_{allow} = 1.5SE$$

1）接管开孔近区总的有效面积

$$A_T = A_1 + f_{rn}(A_2 + A_3) + A_{41} + A_{42} + A_{43} + f_{rp}A_5$$

式中除角焊缝和补强圈外，壳体和接管的壁厚全是名义厚度。

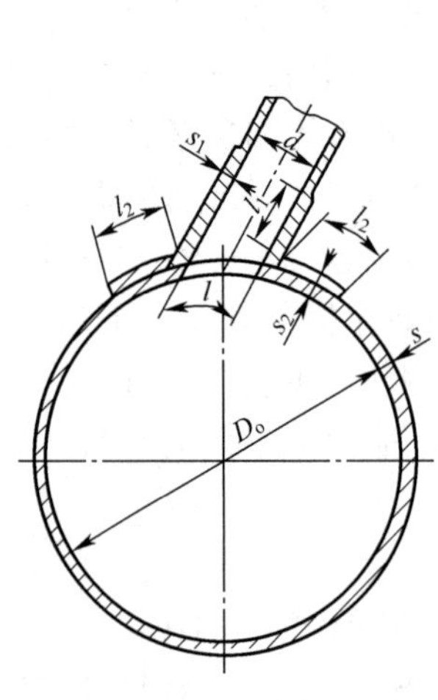

ГОСТ Р 52857.3 图 A.11

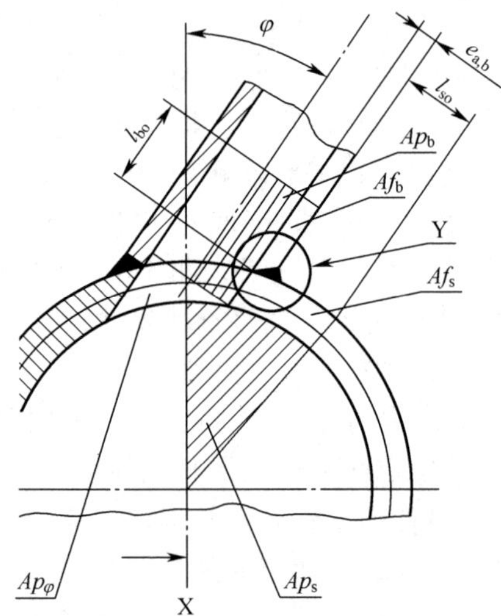

EN13445 图 9.5-2（本书图 5.5-2）

2）三个作用力 f_N、f_S 和 f_Y 分别为压力与承受压力的作用面乘积的作用力，简称压力面积作用力。全部标注在图 4.1－图 4.2，图 4.5－图 4.9 上。f_Y 为内压产生的不连续力。

3）平均局部一次薄膜应力为

$$\sigma_{avg} = \frac{f_N + f_S + f_Y}{A_T}$$

（2）接管开孔补强是**"一孔一校"**，$P_{max} = \min\left[P_{max1}, P_{max2}\right] \geqslant$ 设计压力。

5 若接管开孔补强条件中，不考虑接管与壳体角焊缝，或补强圈与壳体或接管的角焊缝贡献给补强的面积，则不用按 4.14 计算接管连接焊缝的强度。

6 补强范围部分重叠的两个开孔，即相互有影响的开孔补强，规则 4.13 给出每一单个接管的 L_R 值，然后回归到以 4.5 或 4.10 为主线的接管开孔补强的计算。

7 规则 4.15 规定壳体和成形封头的接管上由外载荷产生的局部应力，计算应与 WRC 107 或 WRC 297 一致。

8 本规则可设计承受压缩应力的圆筒和锥形容器的开孔补强，开孔不超过圆筒直径的 25%或在加强圈间距的 80%内设置的开孔。

9 对于按轴向压缩与外压联合设计的圆筒和锥形容器，其补强应取仅按 4.17.2 外压或仅按 4.17.3 轴向压缩所需的较大值。应将所需补强安排在 4.17.4 所述的范围内。

第 6 节　对 CACI 译 2007/2013 版 ASMEⅧ-2:4.5 主要译文案例的分析

1　原文 4.5.2.1：“Nozzles shall be circular, elliptical, or of any other shape which results from the intersection of a circular or elliptical cylinder with vessels of the shapes for which design equations are provided in 4.3 and 4.4.”

【语法分析】

第一个定语从句是 which results from the intersection of a circular or elliptical cylinder with vessels of the shapes，说明 of any other shape。主语是 which，谓语是 results from。

第二个定语从句是 for which design equations are provided in 4.3 and 4.4.，主语是 design equations，谓语是 are provided，此句由 for+ which 引出的定语从句作 the shapes 的定语。

（1）CACI 译 2007 版 ASME-2:4.5 译文：“接管应是圆形、椭圆形或任何由圆形或椭圆形**柱壳**及在 4.3 节和 4.4 节中规定有设计公式形状的容器相交而成的其他形状。”

【译文分析】

第一，“圆形或椭圆形柱壳”译错，这里的 cylinder 是指接管。

第二，“规定有设计公式形状的容器”，译文费解。

（2）本书的译文：“接管应是圆形、椭圆形，或圆形及椭圆形接管与 4.3 和 4.4 中提供各种设计公式相适合的那些形状的容器相贯产生的，具有任意其他的开孔形状。”

2　原文 4.5.3.1：“Nozzles may be attached to the shell or head of a vessel by the following methods.”

（1）CACI 译 2007 版 ASME-2:4.5 译文：“接管可以用以下方法连接于容器的壳体或封头。”

【译文分析】

该译文是病句（在 4.5 的译文中此类病句较多）。

（2）本书的译文：“采用下列方法可将各种接管连接到容器的壳体或封头上。”

3　原文 4.5.5.1Step 3：“Calculate the limit of reinforcement along the nozzle wall projecting outside the vessel surface.”

（1）CACI 译 2007 版 ASME-2:4.5 译文：“计算与容器外表面相交处沿接管管壁的补强范围。”

【译文分析】

原文 projecting 在词典上没有“相交”的词意，译错。此处 projecting 是动名词。原文中有两个介词短语，一是 along the nozzle wall projecting，二是 outside the vessel surface，均作状语。

原文 outside 在此处是介词。

对原文 4.5.5.1 步骤 4，也将“projecting”译成“相交”，均发生同一词义选择错误。

（2）本书的译文：“计算容器表面外侧，沿管壁伸出的补强范围。”

4 原文 4.5.5.1Step 9：“where F_{ha} is evaluated in 4.4 for the shell geometry being evaluated (e.g. cylinder, spherical shell, or formed head).

【语法分析】

For the shell geometry being evaluated (e.g. cylinder, spherical shell, or formed head，介词 for 的短语作状语，其中 being evaluated 是一般式的现在分词被动语态，作 shell geometry 的后置定语。

（1）CACI 译 2007 版 ASME-2:4.5 译文：“其中 F_{ha} 系由 4.4 节根据所评定的壳体形状计算而得（例如，圆筒、球壳或成形封头）。”

【译文分析】

此句不是系表结构，介词 for 选择“根据”词意，似译者所加，现在分词的语意没有翻译到位。

（2）本书的译文：“式中对正在评定的壳体几何形状（如圆筒、球壳或成形封头），按 4.4 计算 F_{ha}。”

5 原文 4.5.7：“nozzle in a cylindrical shell oriented at an angle from the longitudinal axis (see Figure 4.5.5).”

【语法分析】

这是一个词组。中心词是 nozzle，带有 in、at 和 from 共 3 个介词短语。Oriented 是形容词，不是过去分词，作后置定语。

（1）CACI 译 2007 版 ASME-2:4.5 译文：“沿圆柱壳轴向有夹角的斜向接管”。

【译文分析】

译文要考虑到圆筒纵截面上的接管开孔补强图（见图 4.5.5）。如果要用意译，采用“圆筒纵向截面上的斜接管”比 CACI 上述译得更易懂。

（2）本书的译文：“圆筒纵截面上与纵轴中心线成某一角度的接管”。

6 原文 4.5.9.1：“If a nozzle in a conical shell is oriented perpendicular to the longitudinal axis (see Figure 4.5.7), then the design procedure in 4.5.8 shall be used with the following substitutions.”

【语法分析】

这是一个主从复合句，在由 If 引导的条件从句中，主语是 nozzle，谓语是 is oriented，一般式被动语态，形容词短语 perpendicular to the longitudinal axis。

Is oriented 按谓语译往往不顺，这时可采用**词性转换**的译法，将谓语动词译成名词“**定位**（词义相同）”，恰好形容词短语为主语补足语。

（1）CACI 译 2007 版 ASME-2:4.5 译文：“如锥壳上的接管是按垂直于锥壳轴线的方向布置（见图 4.5.7），则采用 4.5.5 节的设计程序并作如下替代。”

【译文分析】

译文中不能丢掉锥壳“纵截面”，因为原文已给出（见图 4.5.7）。

（2）本书的译文：“如果锥壳纵截面上**定位**接管垂直纵轴中心线（见图 4.5.7），则采用下列替代，可使用 4.5.8 的设计步骤。”

7 原文 4.5.13.2：“The maximum local primary membrane stress and the nozzle maximum allowable working pressure shall be determined following paragraphs 4.5.5 or 4.5.10, for each individual nozzle with the value of L_R determined as follows.”

【语法分析】

这是一个简单句，介词 for 引出的介词短语 for each individual nozzle 作状语，介词 with 引出的介词短语 with the value of L_R determined as follows 是“with+名词+过去分词”构成的短语，类似于分词独立结构，作状语。Following 在此处是介词，选择“随着”词义。

（1）CACI 译 2007 版 ASME-2:4.5 译文：“应对各个接管按 4.5.5 或 4.5.10 节并按如下确定的 L_R 值确定最大局部一次薄膜应应力和接管的最大许用工作压力。”

【译文分析】

译文层次较乱。只有先计算 L_R 值，才能按 4.5.5 或 4.5.10 确定其他值。

（2）本书的译文：“对于每一单个接管，L_R 值确定如下，随着 4.5.5 或 4.5.10 确定最大局部一次薄膜应力和接管最大允许工作压力。”

8 原文 4.5.16.6（b）：“All vessels 450 mm (18 in.) to 900 mm (36 in.), inclusive, inside diameter shall have a manhole or at least two handholes or two plugged, threaded inspection openings of not less than DN 50 (NPS 2);”

（1）CACI 译 2007 版 ASME-2:4.5 译文：“所有内径从 450mm（18 in.）到 900 mm（36 in.）的容器，应设有一个人孔或至少两个手孔或两个不小于 DN 50（NPS 2）的螺紋管塞检查孔；”

【译文分析】

原文中有 1 个单词 inclusive 未译。

（2）本书的译文：“内径 450 mm（18in.）到≤900 mm（36in.）的所有容器，应有一个人孔或至少两个手孔，或两个不小于 DN50（NPS2）的管塞式螺纹检查孔；”

9 原文 4.5.16.6(g)：“Flanged and/or threaded connections from which piping, instruments, or similar attachments can be removed may be used in place of the required inspection openings provided that:

（1）The connections are at least equal to the size of the required openings; and

（2）The connections are sized and located to afford at least an equal view of the interior as the required inspection openings.”

【语法分析】

这是一个主从复合句，由连词 provided that 引出两个条件从句。前面主句的主语是一个从句 Flanged and/or threaded connections from which piping, instruments, or similar attachments can be removed，该从句的主语是 Flanged and/or threaded connections，谓语是 can be removed，由介词 from 引出的介词短语作状语。整个主句的谓语是 may be used。

条件从句（2）中的不定式 to afford 引出的不定式短语作主语 The connections 的主语补足语。

（1）CACI 译 2007 版 ASME-2:4.5 译文：“用法兰和/或螺纹连接件，如与之相连的管子、仪表或类似的附件是可以拆卸的，则可代替为所要求的检查孔用，但：

1）连接件至少要等于所要求的开孔尺寸；

2）连接件的尺寸与位置至少能提供与所要求的检查孔有相同的观察内部的效果。”

【译文分析】

从译文中可看出，主句的译文不通顺，因对语法分析不明确。

（2）本书的译文：“能够从管道、仪表和类似的附件中拆卸法兰连接或螺纹联接，可用来代替所需的检查孔，如果：

1）这些连接件至少等于所需检查孔的尺寸；

2）排列和定位这些连接件至少提供检查孔所需相同的检查内部的视域。”

10 原文 4.5.16.7（b）：“A handhole opening shall be not less than 50 mm×75 mm (2 in.×3 in.), but should be as large as is consistent with the size of the vessel and the location of the opening.”

【语法分析】

这是一个用对比转折意义的连词 but 连接的并列句，后一个并列句中，主句的谓语是 should be as large，as large 作表语。由关系代词 as 引导的定语从句是 as is consistent with the size of the vessel and the location of the opening，as 在从句中作主语，谓语是 is consistent with。

（1）CACI 译 2007 版 ASME-2:4.5 译文：“手孔的尺寸应不小于 50 mm×75 mm (2 in.×3 in.)，但其大小要与容器的尺寸和手孔位置相适应。”

（2）本书的译文：“一个手孔应不小于 50 mm×75 mm (2 in.×3 in.)，但应当是与容器的尺寸和开孔位置相适应的那样大。”

11 原文 4.5.18 “L_{pr1} = nozzle projection from the outside of the vessel wall.”

（1）CACI 译 2007 版 ASME-2:4.5 译文：“由容器壁外侧起的接管投影”。

【译文分析】

将 nozzle projection 译为“接管投影”，选定的专业词义不当。“由容器壁外侧起”，外侧的空间很大，从何处测量？语义含糊。

（2）本书的译文：“从容器外壁起接管伸出长度”。

12 原文 4.5.5 Step 4：“Calculate the limit of reinforcement along the nozzle wall projecting inside the vessel surface, if applicable.”

【语法分析】

该句是一个复合句，if applicable 是条件从句，省略 it is，状语从句可放在句首或句末。主句是无人称句，常用于命题，解题。句中的 projecting 是动名词，不是现在分词。

（1）CACI 译 2007 版 ASME-2:4.5 译文：“如适用，计算与容器内表面相交处沿管壁的补强范围。”

【译文分析】

Projecting 并无“相交”的涵义。Inside 是介词，并构成介词短语 inside the vessel surface。

（2）本书的译文：“如果适用，计算容器表面内侧，沿管壁伸出的补强范围。”

13 原文 4.5.17.2：“Reinforcement for nozzle openings in cylindrical and conical vessels designed for external pressure alone shall be in accordance with the requirements of 4.5.5 through 4.5.9, as applicable.”

【语法分析】

这也是一个主从复合句，方式状语从句 as applicable 是省略句。主句的主语是 Reinforcement，谓语是 shall be in accordance with the requirements of 4.5.5 through 4.5.9。

（1）CACI 译 2007 版 ASME-2:4.5 译文：“单独按外压设计的圆柱形和锥形容器上的开孔接管补强应按 4.5.5 节至 4.5.9（视适用）的要求。”

【译文分析】

不能将 as applicable 这样的省略句括在括号内。译文“按 4.5.5 节至 4.5.9（视适用）”，疑是在“4.5.5 节至 4.5.9 节”中选适用的部分，必然引起错误的理解。

（2）本书的译文：“如适用，仅按外压设计的圆筒和锥形容器上的接管开孔补强，应按 4.5.5 到 4.5.9 的要求。”

参考文献

[1] ASMEⅧ-2:4- 2015.

[2] 中国《ASME 规范产品》协作网（CACI）翻译 ASMEⅧ-2-2007 的中译本.

第 5 章　EN 13445-3:9 在壳体上开孔

第 1 节　概述

EN 13445-3: 9 标准的正文部分给出：9.1 应用范围，9.2 本条定义，9.3 专用符号，9.4 一般规定，9.5 单个开孔，9.6 多个开孔，9.7 开孔靠近壳体不连续处；9.4 的附图 9.4-1 至图 9.4-15，9.5 的附图 9.5-1 至图 9.5-4，9.6 的附图 9.6-1 至图 9.6-6，9.7 的附图 9.7-1 至图 9.7-11。

本标准将展现实施“压力面积法”完成各种接管开孔补强设计的新方法，它是“压力面积法”的一个代表。BD5500 的“压力面积法”的功能远不如该标准的功能强大，几乎能解决压力容器设计领域的所有开孔补强问题。

重点关注下列补强条件：

1　单个开孔的补强条件，包括径向接管和斜接管。

2　多个开孔的补强条件，相邻两个开孔接管的搭配形式多样，还涉及排孔的补强。

3　开孔靠近壳体不连续处的规定，是本标准的一大特点。ASMEⅧ-2:4.5 对此没有规定。

第 3 节给出“从 GB150 转入本标准的计算切入点”，可以转入按 **EN 13445-3: 9** 设计的、GB150 不能解决的所需的开孔补强。

第 4 节有 3 个实例计算，将有助于对标准条款的理解和应用。

第 6 节给出规范原文主要难句的语法分析和译文分析。

第 2 节　标准正文

本节按本章设置标题、公式号、图号和表号，将首位 5 改为 9，就是 **EN 13445-3: 9** 的相应号。

5.1　应用范围

本条所规定的设计方法适用于承受内压或外压的凸形封头、圆筒、锥壳和球壳上的圆形、椭圆形或长圆形开孔。

本条适用于凸形封头上的开孔、接管和补强圈，它们应完全位于如图 5.5-4 所示的，由半径等于 $0.4D_e$ 限定的中央面积内。对于凸形封头其他部位（如转角区域上接管），第 7 条给出了相应的设计规则。

第 16 条包括了常压载荷的设计。

5.2　本条定义

除第 3 条定义外，本条采用下列定义。

5.2.1　孔间带校核（ligament check）

两个相邻开孔之间的补强计算。

5.2.2　开孔（opening）

穿进壳体，可配置或不配置补强板、补强环或接管。

长圆形开孔（obround opening）

由两条平行直线连接两个半圆线形成的长圆形的开孔。

5.2.3　全面校核（overall check）

截面上的补强计算，包括每个开孔的每侧上的壁厚和相邻壳体长度。

5.2.4　补强（reinforcement）

考虑负载的金属截面积提供开孔处的耐压抗力（loaded cross-sectional area of metal considered to provide resistance to the pressure at an opening）。

5.2.5　补强的开孔（reinforced opening）

包括来自壳体、接管、补强板或补强环贡献补强的开孔。

5.2.6　补强板（reinforcing plate）

是用填角焊接到壳体上的板并贡献给补强（plate which is fillet welded to the shell and contributes to the reinforcement）。

5.2.7　补强环（reinforcing ring）

贡献给补强的插入环。

5.2.8　插入式接管（set-in nozzle）

插入壳体的接管并被焊接到壳体的内外壁上（见图 5.4-8）。

5.2.9　安放式接管（set-on nozzle）

仅被焊接到壳体外壁上的接管（见图 5.4-7）。

5.2.10　壳体（shell）

圆筒、球壳、锥壳或凸形封头。

5.2.11　壳体不连续

下列任意两个元件的连接处：圆筒，不同纵轴中心线上的圆筒，锥壳，凸形封头，球形封头，法兰或平盖。

5.2.12　小开孔（small opening）

满足式（5.5-18）条件的单个开孔。

5.3　专用符号

除第 4 条规定的符号外，本条采用下列符号、下标和缩写。

5.3.1　下标

下列下标适用于 5.3.2 所列符号。

a — 元件的分析壁厚；

b — 接管或支管；

c — 尺寸的平均值；

e — 外侧或外部尺寸；

i — 内侧或内部尺寸；

L — 孔间带校核；

O — 全面校核；

o — 可能的最大值或最小值；中间的不同值；

p —— 补强板；

r —— 补强环；

s —— 壳体；

w —— 考虑可用于补强的角焊缝的面积；

φ —— 用于斜接管连接的，附加的压力载荷面积；

1 —— 两个相邻开孔中第一个；

2 —— 两个相邻开孔中第二个。

5.3.2 符号

a —— 开孔中心与插入式接管或插入环的外边缘之间沿壳体中壁所取的间距，如果接管或环不存在，或接管是安放式的，a 就是孔中心与孔壁之间距，mm；

a_1,a_2 —— 标注在两个相邻开孔的孔间带侧上的 a 值（见图 5.6-2、图 5.6-3），mm；

a_1',a_2' —— 标注在两个相邻开孔的孔间带相反侧上的 a 值（见图 5.6-5），mm；

Af —— 应力作用的有效截面积，作为补强。mm^2；

Af_{Ls} —— 沿长度 L_b 所包含的壳体的 Af（见图 5.6-1、图 5.6-4），mm^2；

Af_{Os} —— 沿长度 L_{b1} 所包含的壳体的 Af（见图 5.6-5、图 5.6-6），mm^2；

Af_w —— 接管（补强板）与壳体间角焊缝的截面积（见 5.5.2.3.3 和图 5.4-4、图 5.5-1），mm^2；

Ap —— 压力作用面积，mm^2；

Ap_{Ls} —— 对于长度 L_b 内壳体的 Ap（见图 5.6-1、图 5.6-4），mm^2；

Apo_s —— 对于长度 L_{b1} 内壳体的 Ap（见图 5.6-5、图 5.6-6），mm^2；

Ap_φ —— 用于斜接管连接的，附加的压力作用面积，φ 角的函数（见图 5.5-1 到图 5.5-3），mm^2；

d —— 无接管的壳体上的开孔直径（或开孔最大宽度），mm；

d_{eb} —— 在壳体上配置的接管外径，mm；

d_{ib} —— 在壳体上配置的接管内径，mm；

d_{ip} —— 补强板的内径，mm；

d_{er} —— 补强环的外径，mm；

d_{ir} —— 补强环的内径，mm；

d_{ix} —— 模压成形的开孔内径，mm；

D_c —— 与其他元件连接处圆筒的中径，mm；

D_e —— 圆筒或球壳外径，碟形封头或椭圆形封头的直边外径，开孔中心处锥壳外径，mm；

D_i —— 圆筒或球壳内径，碟形封头或椭圆形封头的直边内径，开孔中心处锥壳内径，mm；

e_1 —— 与其他元件连接处圆筒所需最小厚度（见图 5.7-6、图 5.7-10），mm；

e_2 —— 与圆筒连接处锥壳所需最小厚度（见图 5.7-6、图 5.7-10），mm；

e_b —— 考虑补强计算的接管有效厚度（或在外伸长度 l_{bo} 内，或在内伸长度 l_{bio} 内接管平均厚度），mm；

$e_{a,b}$ —— 接管的分析厚度（或壳体内、外侧长度 l_b 内平均分析厚度），mm；

$e_{a,m}$ —— 沿补强环长度 l_o 的平均厚度（见式（5.5-48）），mm；

$e_{c,s}$ —— 供开孔补强校核用的壳壁的假定厚度（见式（5.5-2））。设计人员在壳体所需最小厚度 e 和壳体分析厚度 $e_{a,s}$ 之间假定该厚度。然后将该假定厚度一直用于所有补强计算。

注意：对于 $e_{c,s}$，总是可以使用壳体的分析厚度，为得到离邻接壳体不连续处的较小距离，而有时采用一个较小的假定值，是有利的。

e_p — 考虑补强计算的补强板的有效厚度，mm；

$e_{a,p}$ — 补强板的分析厚度，mm；

e_r — 考虑补强计算的补强环的有效厚度，mm；

$e_{a,r}$ — 补强环的分析厚度，mm；

$e_{a,s}$ — 壳壁的分析厚度，或在长度 l'_s 内平均分析厚度，如果设置补强圈，不包括补强圈厚度，mm；

e'_s — 对于部分焊透的插入式接管，接管进入到壳壁的焊透长度，mm；

f_b — 接管材料的名义设计应力，MPa；

f_p — 补强板材料的名义设计应力，MPa；

f_s — 壳体材料的名义设计应力，MPa；

h — 凸形封头除直边外的内曲面高度，mm；

k — l_{so} 的衰减系数（5.6.4 全面校核使用的）；

l_b — 壳体外侧接管的伸出长度，mm；

l'_b — 壳体外侧用于补强的接管有效长度，mm；

l_{bi} — 壳体内侧接管的伸出长度（即内伸式接管），mm；

l'_{bi} — 壳体内侧用于补强的接管有效长度，mm；

l_{bo} — 壳体外侧用于补强的接管最大长度，mm；

l_{cyl} — 式（5.7-3）给出的圆筒长度，或圆筒与同轴的锥壳小端连接处（见图 5.7-6），或与凸面朝向圆筒的球壳连接处，或与锥壳大端直边连接处的强度评定中所用的长度，mm；

l_{con} — 式（5.7-7）给出的锥壳长度，或锥壳小端与圆筒连接处的强度评定中所使用的长度（见图 5.7-6），mm；

l_n — 壳体对接焊缝中心线与靠近或与对接焊缝相交的开孔中心之间的距离，mm；

l_o — 用于补强的补强环中环+壳壁的最大长度，mm；

l_p — 补强板的宽度，mm；

l_{pi} — 两个相邻开孔之间补强板的宽度（见图 5.6-5），mm；

l'_p — 补强板用于补强的有效宽度，mm；

l_r — 补强环的宽度，mm；

l'_r — 用于补强的补强环的有效宽度，mm；

l_s — 从开孔边缘或从接管外径到壳体不连续处的壳体长度，mm；

l'_s — 用于开孔补强的壳体的有效长度，mm；

l_{so} — 贡献给开孔补强的，在壳壁中面所取的壳体最大长度，mm；

L_b — 在壳体中面所取的两个开孔或两个接管的中心距（见图 5.6-2），mm；

L_{b1} — 在壳体表面所取的，包括两个相邻开孔的整个截面的壳体截面的长度，mm；

r_{is} — 开孔中心处壳体曲率内半径，mm；

R — 半球形封头或碟形封头球冠内半径，mm；

w —— 开孔孔边与壳体不连续处之间距（见图 5.7-1－图 5.7-11），mm；

w_{min} —— 所需 w 的最小值，mm；

w_p —— 离壳体不连续处对 l_s 没有影响 w 的最小值，mm；

α —— 锥壳半顶角，度；

θ —— 对于具有一条纵焊缝的接管，包括接管中心线和其纵焊缝的平面与包括接管中心线和通过开孔中心的壳体母线的平面之间的夹角，度；

φ —— 开孔中心处壳壁的法线与接管中心线在纵截面或横截面上投影之间测得的斜角，度；

φ_e —— L_b 所在的平面上 φ 的投影，用于多个开孔的孔间带校核；

Φ —— 两个开孔或两个接管的中心连线与圆筒或锥壳的母线间的夹角（$0° \leqslant \Phi \leqslant 90°$）（见图 5.6-1），度；

Ω —— 对单个开孔，壳体母线与开孔长径之间的夹角，度；对相邻开孔，包括开孔中心与开孔长径中心线的平面间的夹角，度。

5.4 一般规定

5.4.1 在靠近开孔的区域内，含有开孔的壳体应得到足够地补强。这是补偿失去的承压面。采用下列方法应得到补强：

a）在未开孔的壳体所需厚度上面增加壳体壁厚（见图 5.4-1 和图 5.4-2）。

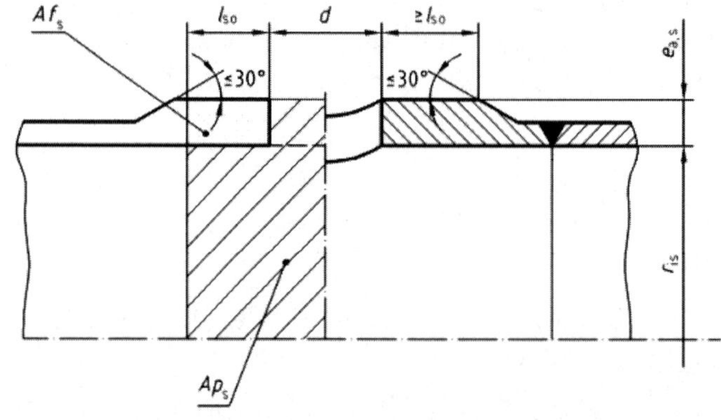

图 5.4-1　圆筒带有单个开孔且在靠近开孔区域增加了壳体壁厚

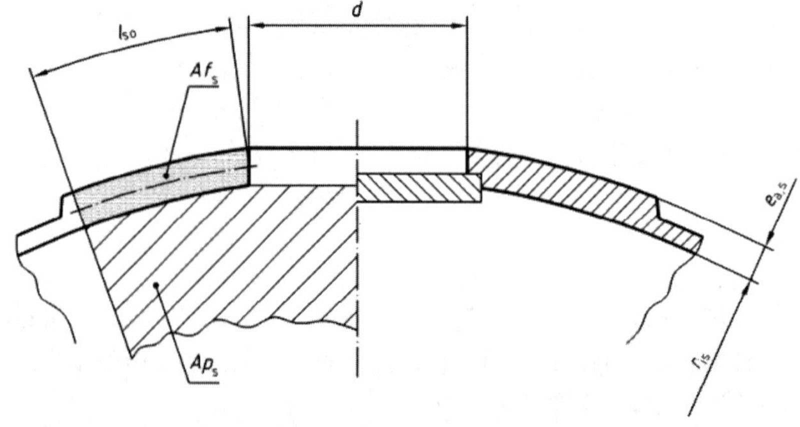

图 5.4-2　球壳或凸形封头带有单个开孔且在靠近开孔区域增加了壳体壁厚

b）采用一个补强板（见图 5.4-3 和图 5.4-4）。

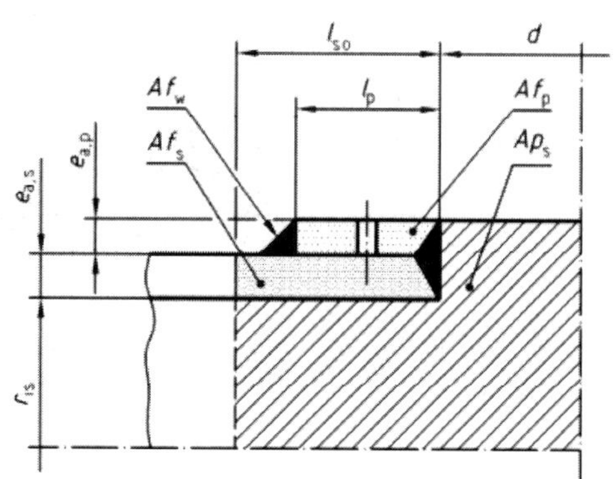

图 5.4-3　圆筒带有单个开孔和补强板

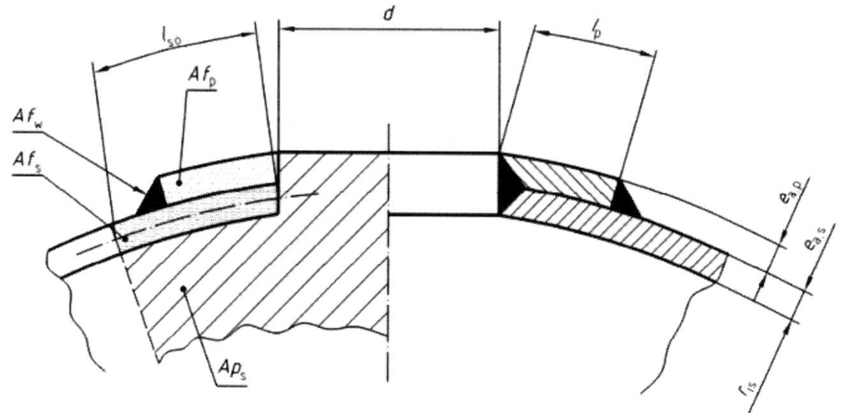

图 5.4-4　球壳或凸形封头带有单个开孔和补强板

c）采用一个补强环（见图 5.4-5 和图 5.4-6）。

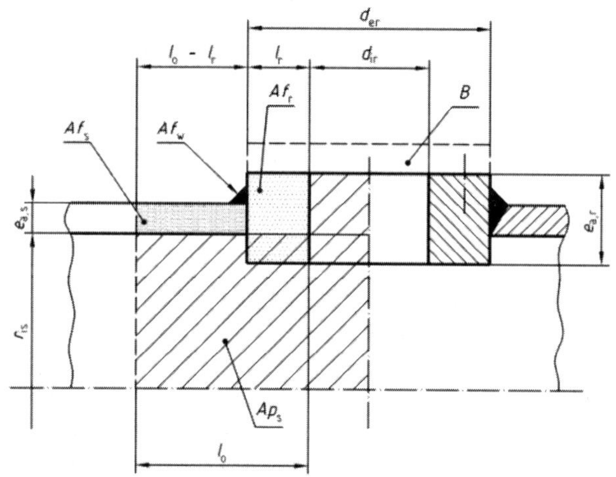

图 5.4-5　圆筒带有单个开孔和补强环，环上端面外加盲板法兰 B

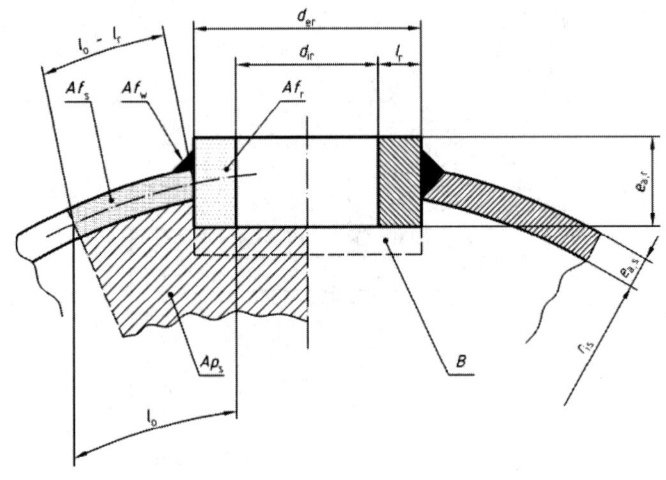

图 5.4-6　球壳或凸形封头带有单个开孔和补强环，环下端面外加盲板法兰 B

d）在承受薄膜压力应力所需接管厚度上面增加接管壁厚（见图 5.4-7 和图 5.4-8）。

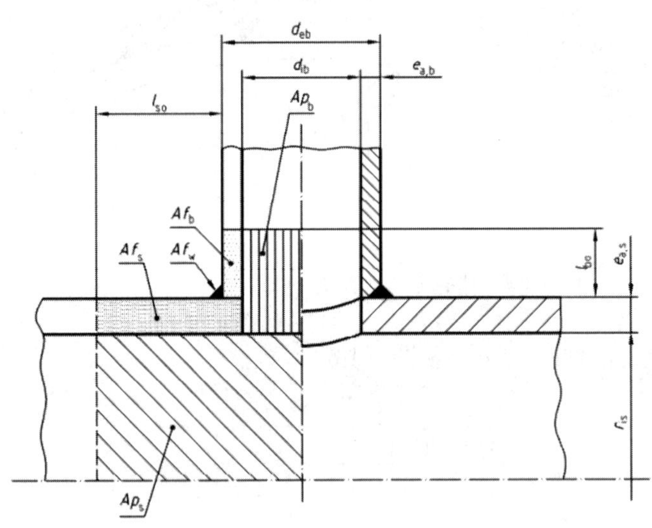

图 5.4-7　圆筒带有单个开孔和安放式接管

e）采用上述的任一组合（见图 5.4-9－图 5.4-13）。

5.4.2　应假定开孔处补强面积的尺寸，并通过下述规定方法证明设计是正确的。

该方法建立在保证材料提供的反作用力大于或等于由压力产生的作用力的基础上。前者是每一元件上的平均薄膜应力与应力作用的截面积乘积的总合（见图 5.4-1－图 5.4-13）。后者是压力与压力作用的截面积乘积的总合。如果补强不足，应增大前者并须重算。

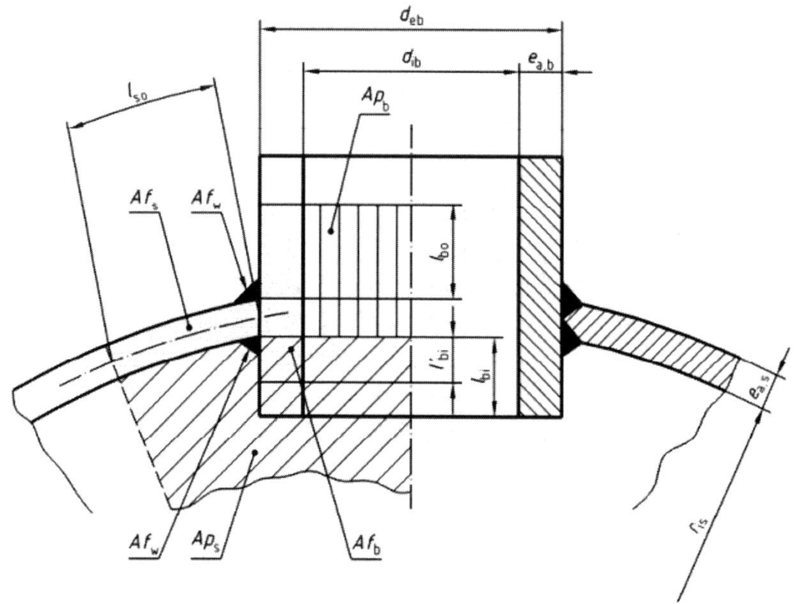

图 5.4-8 球壳或凸形封头带有单个开孔和插入式接管

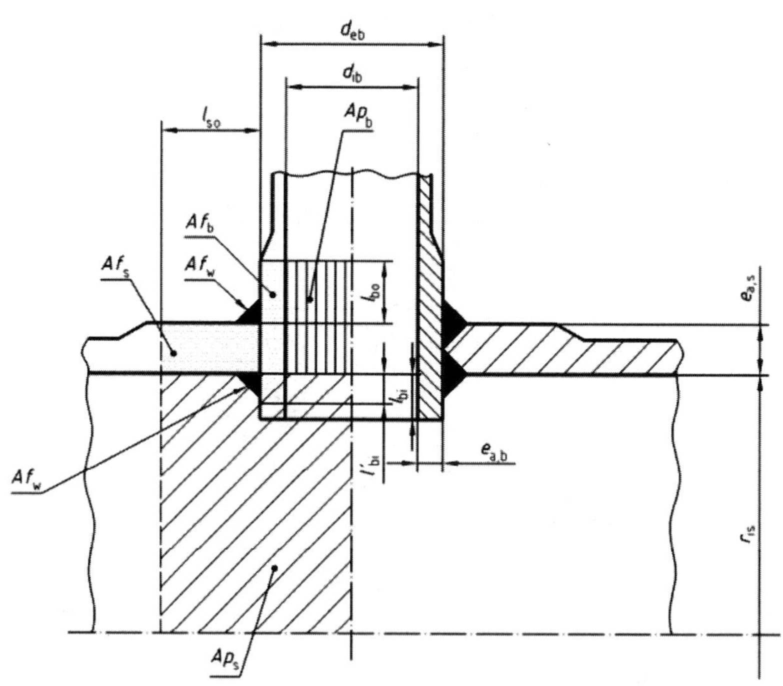

图 5.4-9 圆筒带有单个开孔，增加了壳体壁厚和插入式接管壁厚

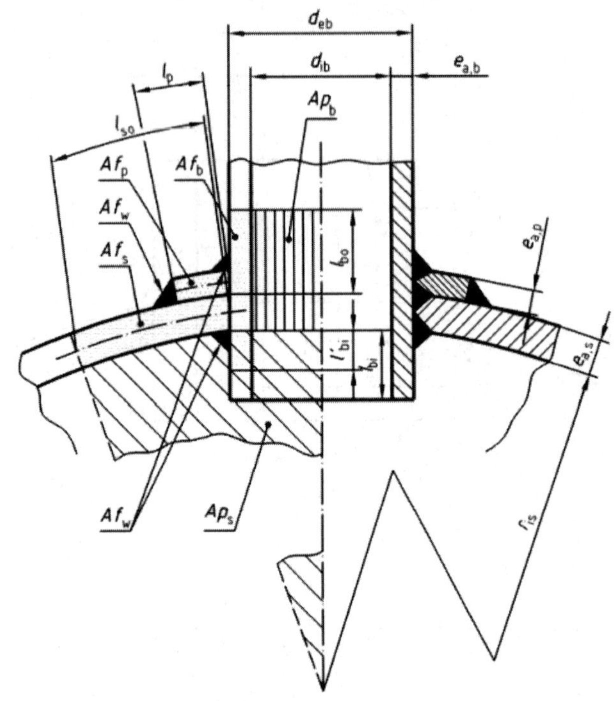

注：对于球壳上接管带有补强板的情况示出的壳体接管补强板长度和面积，还适用于圆筒上接管带有补强板的情况

图 5.4-10　球壳或凸形封头带有单个开孔及壳体、接管和补强板

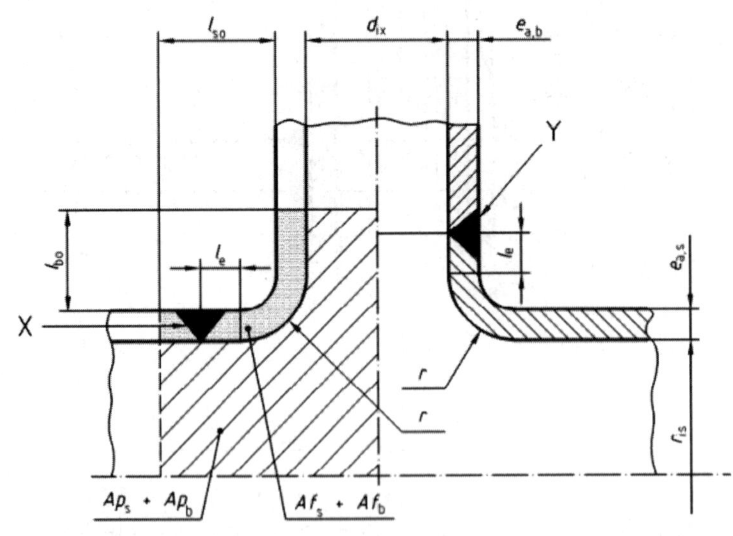

图 5.4-11　圆筒带有单个开孔，模压成形的接管与壳体或与接管的对接焊接

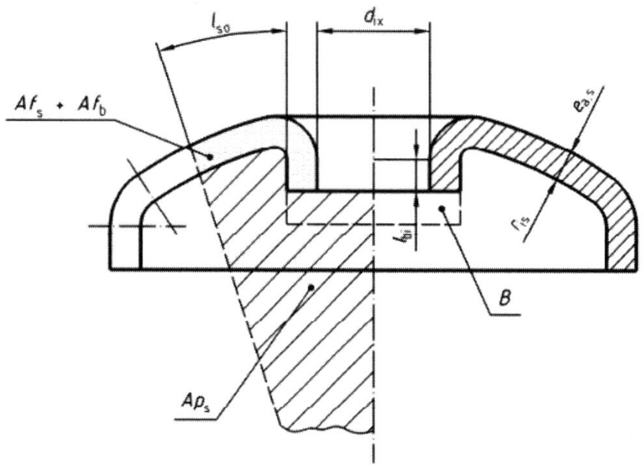

图 5.4-12 球壳或凸形封头带有由壳体模压成形的单个开孔，孔下端面加有盲板法兰

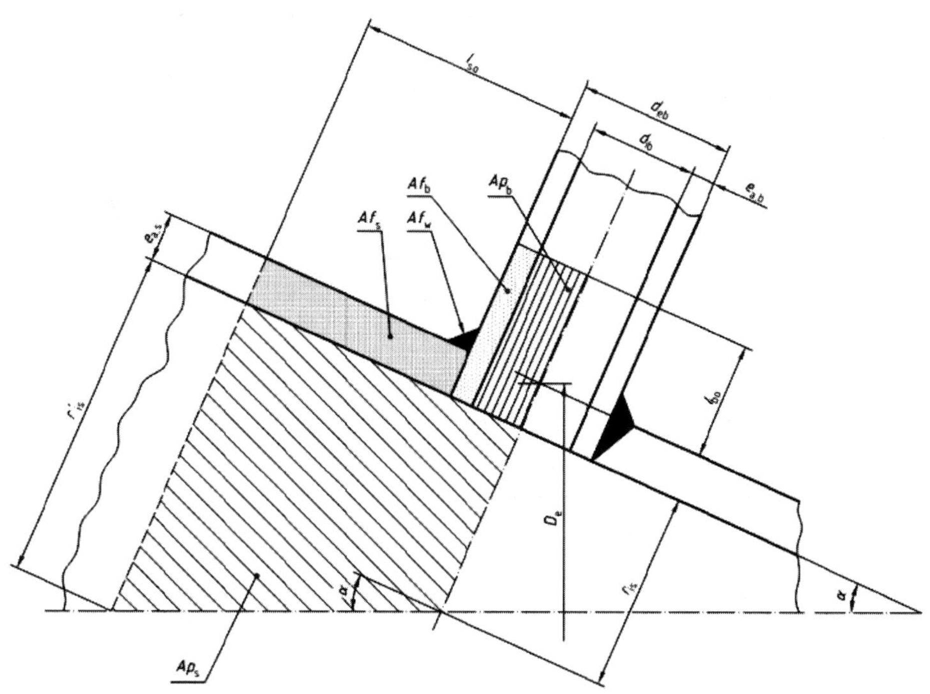

图 5.4-13 锥壳带有单个开孔，由壳体和接管联合补强

补强及强度在一个开孔中心线各处可有变化。在整个截面上应表明补强是足够的。

5.4.3 当开孔位于离壳体不连续处最小距离时，该设计方法是适用的。5.7 给出确定该最小距离的规则。

5.4.4 椭圆形或长圆形开孔

由圆形接管倾斜壳壁相贯产生的椭圆形或长圆形开孔，应按 5.5.2.4.5 计算。

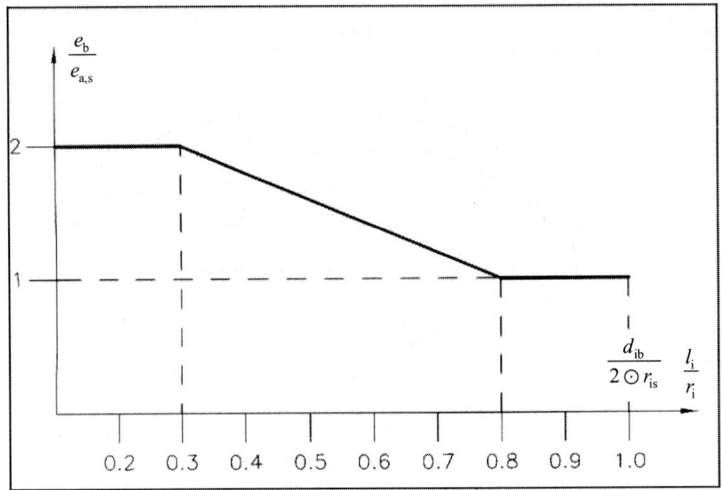

图 5.4-14　限制接管的有效厚度比，用于计算

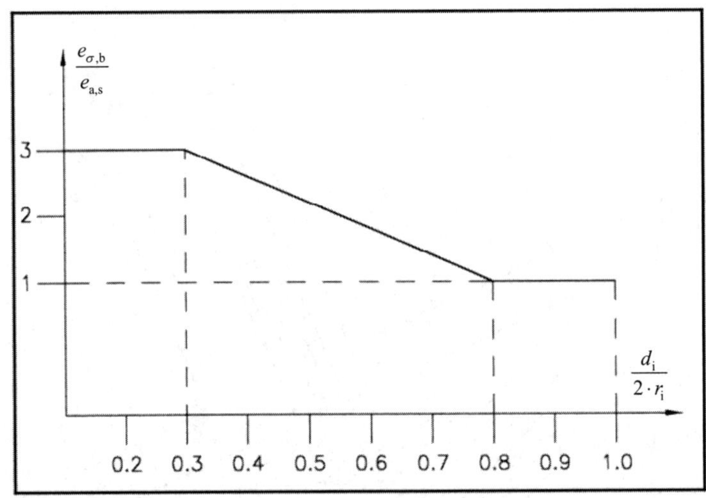

图 5.4-15　限制接管的实际厚度比，用于制造

对于所有其他的椭圆形或长圆形开孔，长、短径的比率不大于 2。

5.4.4.1　采用增加壳体壁厚、补强板或补强环补强的椭圆形和长圆形开孔［见 5.4.1a)，b）或 c)］。

在圆筒或锥壳上，用于补强计算的开孔直径 d 应取：

——对于单个开孔，沿壳体母线；

——包含各开孔中心的平面上。

在球壳和凸形封头上，开孔直径 d 应取：

——对于单个开孔，沿长轴的最大尺寸；

——包含各开孔中心的平面上。

5.4.4.2　由垂直壳壁的椭圆形或长圆形**接管**补强的开孔

在圆筒或锥壳上，开孔直径 d 计算如下：

$$d = d_{\min} \cdot \left[\sin^2 \Omega + \frac{d_{\max}}{d_{\min}} \cdot \frac{(d_{\min} + d_{\max})}{2 \cdot d_{\min}} \cos^2 \Omega \right] \quad (5.4\text{-}1)$$

式中 $d_{\min}$ 和 $d_{\max}$ 是开孔的短径和长径。

Ω 是：

——对于单个开孔，通过开孔中心的壳体母线与开孔长轴中心线间的夹角。

——对于相邻开孔，且对两个开孔中的每一个开孔，通过两个开孔中心的、位于壳体表面上的最短中心线与考虑中的任意接管横截面上接管中心线和其长轴中心线所定义的平面与壳体相交在壳体上产生的交线间的夹角。

在球壳和凸形封头上，开孔直径 d 计算如下：

$$d = d_{\max} \cdot \left(\frac{d_{\min} + d_{\max}}{2 \cdot d_{\min}} \right) \quad (5.4\text{-}2)$$

式中 $d_{\min}$ 和 $d_{\max}$ 在上面已定义。

在式（5.5-76）中用于计算 l_{bo} 的直径，在 5.5.2.4.4.1 中已定义。

注意：对于具有椭圆形或长圆形横截面的接管，压力不仅产生薄膜应力，而且在周向产生弯曲应力。于是，在一侧要连接到壳壁；另一侧，连接的法兰或圆形管件必须加撑接管，如果接管壁厚仅由薄膜应力确定，这种接管加重壳体负载，并且连接椭圆形或长圆形接管的壳体直径大于接管长轴是可能的。

5.4.4.3 对于不垂直壳壁的椭圆形或长圆形接管，5.4.4.2 是不适用的。因此，在管壁对补强计算没有贡献的情况下，应使用 5.4.4.1 准则。

5.4.5 对直径的限制

5.4.5.1 用壳体补强的开孔

用壳体补强的没有接管的开孔应满足下列条件：

$$\frac{d}{2r_{\mathrm{is}}} \leqslant 0.5 \quad (5.4\text{-}3)$$

5.4.5.2 用补强板补强的开孔

开孔配有补强板的地方，无论是否存在接管，均应满足式（5.4-3）的条件。

将补强板正常设置在壳体外表面上，但也可将其设置在壳体内表面上或内外表面上。

在壳体平均壁温高的时候（超过 250℃），或在通过壳体出现操作温度梯度的时候，则应避免使用补强板。如果需要，补强板的材料应具有壳体材料相同的性能，并采取特殊措施和预报系统，避免热应力集中。

5.4.5.3 在凸形封头上开孔

在半球形封头和其他的凸形封头上开孔，d/D_{e} 应不超过 0.6。因此，如果开孔由接管或补强环补强，则 $d_{\mathrm{ib}}/D_{\mathrm{e}}$ 和 d_{ir}/D_{e} 不应超过 0.6。

5.4.5.4 带有接管的开孔

圆筒上用接管补强的开孔，$d_{\mathrm{ib}}/(2r_{\mathrm{is}})$应不超过 1.0（见图 5.4-14 和图 5.4-15）。

5.4.6 接管的有效壁厚

5.4.6.1 采用第 17 条评定疲劳的疲劳应用上，且开孔处在危险区域（如 17.2 所定义）的 $e_{\mathrm{b}}/e_{a,s}$ 不应超过从图 5.4-14 所取之值，e_{b} 值决不超过 $e_{a,\mathrm{b}}$ 值。超过采用图 5.4-14 所计算的接管厚度，应不包括在补强计算中。

此外，$e_{a,b}/e_{a,s}$不应超过从图 5.4-15 所取之值。

注 1：e_b是接管的有效厚度，用于补强校核；$e_{a,b}$是接管的分析厚度；比值$e_b/e_{a,s}$限制接管对开孔抗力的贡献；比值$e_{a,b}/e_{a,s}$限制接管的分析厚度及其制造厚度，以便限制因厚度差过大而产生的应力，并避免引起的疲劳问题。

注 2：采用第 18 条疲劳评定时可以不限制壁厚比，因为在那种情况下，较精确的应力用于疲劳计算。

5.4.6.2 对于蠕变应用（当计算温度位于蠕变范围时）

可取接管的有效厚度e_b等于接管分析厚度$e_{a,b}$。

不管比值$e_{a,b}/e_{a,s}$怎样，不应超过从图 5.4-15 中所取之值。

5.4.6.3 采用 17 条时，对于没有蠕变和没有疲劳评定的应用（即计算温度处在蠕变范围之外，且开孔不是如 17.2 所规定的危险区域）

可取接管的有效厚度e_b等于其分析厚度$e_{a,b}$，且不限制对$e_{a,b}/e_{a,s}$比值的应用。

5.4.7 接管与壳体连接

通常接管具有下列连接形式：焊接的（插入式、安放式、平齐式）、模压成形或螺纹连接。

对于焊接式接管，总是考虑将接管的截面积用于开孔补强，提供的焊缝尺寸依据本标准附录 A 的表 A-6 和 A-8。

对于由壳体模压成形的接管，只要 5.5.2.4.4.2 的要求适用，就应考虑将接管的截面积用于补强。

对于螺纹连接的接管，不应考虑接管的截面积用于开孔补强。

5.4.8 接管与壳体对接焊缝的间距

壳体对接焊缝（纵焊缝或环焊缝）中心线与开孔中心的间距，不是小于$d_{ib}/6$就是大于下式给出的l_n值：

$$l_n = \min(0.5d_{eb} + 2e_{a,s}; 0.5d_{eb} + 40) \tag{5.4-4}$$

5.5 单个开孔

5.5.1 限制条件

如果满足下列条件，则认为开孔为单个开孔：

$$L_b \geqslant a_1 + a_2 + l_{so1} + l_{so2} \tag{5.5-1}$$

式中a_1和a_2如图 5.6-1－图 5.6-4 所示，而l_{so1}和l_{so2}按下式计算：

$$l_{so} = \sqrt{(2r_{is} + e_{c,s}) \cdot e_{c,s}} \tag{5.5-2}$$

式中，$e_{c,s}$是按 5.3.2 的符号说明所取的壳体的假定厚度；通常可取壳体分析厚度值$e_{a,s}$，但该值保守，有时采用一个较小的假定值$e_{c,s}$，可获得离邻近的壳体不连续处的较短的最小距离，这是有利的。

r_{is}由下式给出：

对于圆筒和球壳

$$r_{is} = \frac{D_e}{2} - e_{a,s} \tag{5.5-3}$$

对于半球形和碟形封头

$$r_{is} = R \quad (5.5\text{-}4)$$

对于椭圆形封头

$$r_{is} = \frac{0.44D_i^2}{2h} + 0.02D_i \quad (5.5\text{-}5)$$

对于锥壳

$$r_{is} = \frac{D_e}{2\cos\alpha} - e_{a,s} \quad (5.5\text{-}6)$$

5.5.2 补强规则

5.5.2.1 通用公式及导出公式

5.5.2.1.1 单个开孔补强的通用公式由下式给出：

$$(Af_s + Af_w)(f_s - 0.5P) + Af_p(f_{op} - 0.5P) + Af_b(f_{ob} - 0.5P) \geqslant P(Ap_s + Ap_b + 0.5Ap_\phi) \quad (5.5\text{-}7)$$

式中

$$f_{ob} = \min(f_s; f_b) \quad (5.5\text{-}8)$$

$$f_{op} = \min(f_s; f_p) \quad (5.5\text{-}9)$$

设置补强环的地方应以 Af_r 和 Ap_r 代替 Af_b 和 Ap_b。

5.5.2.1.2 除小开孔和采用补强环补强的那些开孔外，对所有要补强的开孔，式（5.5-7）均适用；尤其是：

a）f_b 或 f_p 不大于 f_s 的场合，按式（5.5-7）确定补强，且 P_{max} 按下式求得：

$$P_{max} = \frac{(Af_s + Af_w)\cdot f_s + Af_b \cdot f_{ob} + Af_p \cdot f_{op}}{(Ap_s + Ap_b + 0.5Ap_\phi) + 0.5(Af_s + Af_w + Af_b + Af_p)} \quad (5.5\text{-}10)$$

b）f_b 和 f_p 二者都大于 f_s 的场合，补强由下式确定：

$$(Af_s + Af_w + Af_p + Af_b)\cdot(f_s - 0.5P) \geqslant P(Ap_s + Ap_b + 0.5Ap_\varphi) \quad (5.5\text{-}11)$$

$$P_{max} = \frac{(Af_s + Af_w + Af_b + Af_p)\cdot f_s}{(Ap_s + Ap_b + 0.5Ap_\phi) + 0.5(Af_s + Af_w + Af_b + Af_p)} \quad (5.5\text{-}12)$$

5.5.2.1.3 对于带有补强环的开孔

a）f_r 小于 f_s 的场合，应采用下式补强：

$$(Af_s + Af_w)(f_s - 0.5P) + Af_r(f_{or} - 0.5P) \geqslant P(Ap_s + Ap_r + 0.5Ap_\phi) \quad (5.5\text{-}13)$$

且 P_{max} 由下式给出：

$$P_{max} = \frac{(Af_s + Af_w)\cdot f_s + Af_r \cdot f_{or}}{(Ap_s + Ap_r + 0.5Ap_\phi) + 0.5(Af_s + Af_w + Af_r)} \quad (5.5\text{-}14)$$

式中 f_{or} 由下式给出：

$$f_{or} = \min\left(f_s; f_r\right) \quad (5.5\text{-}15)$$

b）f_r 大于或等于 f_s 的场合，采用下式补强：

$$(Af_s + Af_w + Af_r)\cdot(f_s - 0.5P) \geqslant P(Ap_s + Ap_r + 0.5Ap_\phi) \quad (5.5\text{-}16)$$

且 P_{max} 由下式给出：

$$P_{max} = \frac{(Af_s + Af_w + Af_r)\cdot f_s}{(Ap_s + Ap_r + 0.5Ap_\phi) + 0.5(Af_s + Af_w + Af_r)} \quad (5.5\text{-}17)$$

注意：为了将式（5.5-10）、式（5.5-12）、式（5.5-14）和式（5.5-17）应用于不同的载荷工况，须见 3.16 注 1。

5.5.2.2 小开孔

小开孔是满足下列条件的开孔：

$$d \leqslant 0.15\sqrt{(2r_{is} + e_{c,s}) \cdot e_{c,s}} \tag{5.5-18}$$

小开孔处在超过 5.7.3 所定义的距离 w_p 的地方，是不需要的补强校核。在小开孔位于该距离 w_p 以内的地方，应按式（5.5-7）或式（5.5-11）补强。但小开孔与壳体不连续处的间距 w 应与 5.7.1 所要求的最小值 w_{min} 作比较。

5.5.2.3 对补强的一般要求

5.5.2.3.1 补强圈

关于补强圈对补强贡献的情况（见图 5.4-3、图 5.4-4 和图 5.4-10）：

——与壳体贴合处应设置补强圈。

——认为补强圈的宽度 l'_p 是对补强的贡献，由下式给出

$$l'_p = \min(l_{so}; l_p) \tag{5.5-19}$$

——计算 Af_p 所用的 e_p 值不得超过下列值：

$$e_p = \min(e_{a,p}; e_{c,s}) \tag{5.5-20}$$

此外，补强圈的分析厚度应满足下列条件：

$$e_{a,p} \leqslant 1.5 e_{a,s} \tag{5.5-21}$$

——对于采用补强圈也可补强的开孔，$e_{a,p}$ 和 l_p 是公式中所使用的补强圈的尺寸。如果补强圈不存在，则令 $e_{a,p}$ 和 l_p 等于零；如果补强圈贡献补强，则对所有情况：

$$Af_p = l'_p \cdot e_p \tag{5.5-22}$$

5.5.2.3.2 焊接接头系数

5.5.2.3.2.1 开孔与壳体主焊缝相交

如果开孔与壳体主焊缝相交（见标准 5.6 定义），则式（5.5-7）、式（5.5-11）、式（5.5-13）和式（5.5-16）中的壳体材料的 f_s 应以 $f_s \cdot z$ 替代，式中 z 是壳体的焊接接头系数。

5.5.2.3.2.2 有一条纵焊缝的接管

如果接管具有一条纵焊缝，其焊接接头系数 z，若 5.3.2 所定义的 θ 大于 45°，除圆筒和锥壳上的开孔外，接管材料的 f_b 值应以 $f_b \cdot z$ 替代。

5.5.2.3.2.3 带焊缝的补强圈

如果补强圈带有焊接接头系数 z 的一条焊缝，若补强圈的焊缝与壳体母线间夹角大于 45°，除圆筒和锥壳上的开孔外，补强圈材料的 f_p 应以 $f_p \cdot z$ 替代。

5.5.2.3.3 角焊缝面积用于补强

对于所有情况：

Af_w 是不同元件连接在一起的任一焊缝面积（壳体与接管，壳体与补强环或壳体与补强板），该面积位于壳体上长度 l'_s（见 5.5.2.4.2）和接管上长度 l'_b 和 l'_{bi}（见 5.5.2.4.4.1）以内。已经包括在其他面积中的焊缝面积，如 Af_s，Af_r，Af_p 或 Af_b（见图 5.4-6 和图 5.4-10），应略去 Af_w。

5.5.2.4 压力作用的截面积 Ap 和应力作用的截面积 Af

5.5.2.4.1 概述

关于 5.5.2.1 通用和导出的补强公式，应力作用的和压力作用的截面积均采用不同的公式计算，随壳体的不同情况和接管的不同情况而定。

有补强圈时，截面积 Af_{p} 应按 5.5.2.3.1 计算。

对于参与补强的角焊缝面积，截面积 Af_{w} 应按 5.5.2.3.3 确定。

对于由斜接管引起的，附加的压力作用的面积 Ap_{ϕ}，见 5.5.2.4.5。

5.5.2.4.2 壳体带有开孔，没有接管或补强环，有或没有补强圈

5.5.2.4.2.1 圆筒的纵向截面上

参照图 5.4-1 和图 5.4-3，对开孔补强有用的各值计算如下：

$$\mathrm{a}=\frac{d}{2} \tag{5.5-23}$$

$$r_{\mathrm{is}}=\frac{D_{\mathrm{e}}}{2}-e_{\mathrm{a,s}} \tag{5.5-24}$$

$$l_{\mathrm{so}}=\sqrt{\left[(D_{\mathrm{e}}-2e_{\mathrm{a,s}})+e_{\mathrm{c,s}}\right]\cdot e_{\mathrm{c,s}}} \tag{5.5-25}$$

$$l'_{\mathrm{s}}=\min(l_{\mathrm{so}};l_{\mathrm{s}}) \tag{5.5-26}$$

$$Ap_{\mathrm{s}}=r_{\mathrm{is}}(l'_{\mathrm{s}}+\mathrm{a})+\mathrm{a}\cdot(e_{\mathrm{a,s}}+e_{\mathrm{a.p}}) \tag{5.5-27}$$

$$Af_{s}=l'_{s}\cdot e_{c,s} \tag{5.5-28}$$

如果开孔封闭位于壳体内侧（如图 5.4-2 所示），则

$$Ap_{\mathrm{s}}=r_{\mathrm{is}}(l'_{\mathrm{s}}+\mathrm{a}) \tag{5.5-29}$$

为了充分补强，应满足式（5.5-7），或式（5.5-11）是合理的。

5.5.2.4.2.2 锥壳的纵向截面上

参照图 5.4-13，对开孔补强有用的各值计算如下：

$$\mathrm{a}=\frac{d}{2} \tag{5.5-30}$$

$$r_{\mathrm{is}}=\frac{D_{\mathrm{e}}}{2\cos\alpha}-e_{\mathrm{a,s}} \tag{5.5-31}$$

$$l_{\mathrm{so}}=\sqrt{\left[\left(\frac{D_{e}}{\cos\alpha}-2e_{\mathrm{a,s}}\right)+e_{\mathrm{c,s}}\right]\cdot e_{\mathrm{c,s}}} \tag{5.5-32}$$

$$l'_{\mathrm{s}}=\min(l_{\mathrm{so}};l_{\mathrm{s}}) \tag{5.5-33}$$

$$Af_{\mathrm{s}}=l'_{\mathrm{s}}\cdot e_{\mathrm{c,s}} \tag{5.5-34}$$

$$Ap_{\mathrm{s}}=0.5\cdot(l'_{\mathrm{s}}+\mathrm{a})\cdot[2r_{\mathrm{is}}+(l'_{\mathrm{s}}+\mathrm{a})\tan\alpha]+\mathrm{a}\cdot(e_{\mathrm{a,s}}+e_{\mathrm{a.p}}) \tag{5.5-35}$$

如果开孔封闭位于环内侧，则

$$Ap_{\mathrm{s}}=0.5\cdot(l'_{\mathrm{s}}+\mathrm{a})\cdot[2r_{\mathrm{is}}+(l'_{\mathrm{s}}+\mathrm{a})\tan\alpha] \tag{5.5-36}$$

为了充分补强，应满足式（5.5-7），或式（5.5-11）是合理的。

5.5.2.4.2.3 球壳、凸形封头、圆筒和锥壳的横截面上

参照图 5.4-2 和图 5.4-4，在下列各式中，求 r_{is} 式就是 5.5.1 中式（5.5-3）一式（5.5-6）中的那些 r_{is} 式。

$$l_{\mathrm{so}}=\sqrt{(2r_{\mathrm{is}}+e_{\mathrm{c,s}})\cdot e_{\mathrm{c,s}}} \tag{5.5-37}$$

$$l'_s = \min(l_{so}; l_s) \tag{5.5-38}$$

$$r_{ms} = (r_{is} + 0.5 \cdot e_{a,s}) \tag{5.5-39}$$

$$\delta = \frac{d}{2 \cdot r_{ms}} \tag{5.5-40}$$

$$a = r_{ms} \cdot \arcsin\delta \tag{5.5-41}$$

$$Ap_s = 0.5 \cdot r_{is}^2 \cdot \frac{l'_s + a}{0.5 \cdot e_{a,s} + r_{is}} + a \cdot (e_{a,s} + e_{a,p}) \tag{5.5-42}$$

$$Af_s = l'_s \cdot e_{c,s} \tag{5.5-43}$$

如果开孔封闭位于壳体内侧，则

$$Ap_s = 0.5 \cdot r_{is}^2 \cdot \frac{l'_s + a}{0.5 \cdot e_{a,s} + r_{is}} \tag{5.5-44}$$

为了充分补强，应满足式（5.5-7），或式（5.5-11）是合理的。

5.5.2.4.3 壳体带有开孔，没有接管，用补强环补强

只有当使用插入式焊接环与图 5.4-5 和图 5.4-6 一致，且用于补强计算的补强环的有效厚度应为下式时，本条适用。

$$e_r = \min[e_{a,r}; \max(3e_{c,s}; 3l_r)] \tag{5.5-45}$$

注意：这里说明的设计不包括密封问题。附加计算是必要的。见附录 G 球壳上带法兰的开孔（图 G.3-7b）。

将环+壳认为是一个从补强环孔壁开始的变厚度的壳壁（见图 5.4-5 和图 5.4-6），贡献给开孔补强的，孔壁起环+壳的最大长度 l_o 由下式给出：

$$l_o = \sqrt{(2r_{is} + e_{a,m}) \cdot e_{a,m}} \tag{5.5-46}$$

$$l_o = l_r + (l_o - l_r) \tag{5.5-47}$$

式中 $e_{a,m}$ 是沿着长度 l_o 平均厚度（包括考虑 e_r 和 $e_{c,s}$ 并用迭代计算求得的）：

$$e_{a,m} = e_{c,s} + (e_r - e_{c,s}) \cdot \frac{l_r}{l_o} \tag{5.5-48}$$

和

$$\frac{l_r}{l_o} \leqslant 1 \tag{5.5-49}$$

如果补强环的宽度 $l_r > l_o$，补强计算应令 $l_r = l_o$。

因此，用于计算 Ap_s 和 Af_s 的壳体有效长度 l'_s 为：

$$l'_s = \min[l_s; (l_o - l_r)] \tag{5.5-50}$$

5.5.2.4.3.1 圆筒纵向截面上的补强环

参照图 5.4-5，对开孔补强有用的各值计算如下：

$$a = \frac{d_{ir}}{2} \tag{5.5-51}$$

$$r_{is} = \frac{D_e}{2} - e_{a,s} \tag{5.5-52}$$

$$l_o = \sqrt{[(D_e - 2e_{a,s}) + e_{a,m}] \cdot e_{a,m}} \tag{5.5-53}$$

$$Af_s = l_s' \cdot e_{c,s} \tag{5.5-54}$$

$$Af_r = l_r \cdot e_r \tag{5.5-55}$$

$$Ap_s = \left(\frac{D_e}{2} - e_{a,s}\right) \cdot (l_s' + l_r + a) + e_{a,r} \cdot a \tag{5.5-56}$$

如果开孔封闭位于环内侧，则

$$Ap_s = \left(\frac{D_e}{2} - e_{a,s}\right) \cdot (l_s' + l_r + a) \tag{5.5-57}$$

5.5.2.4.3.2 锥壳纵向截面上补强环

参照图 5.4-5 和图 5.4-13，对开孔补强有用的各值计算如下：

$$a = \frac{d_{ir}}{2} \tag{5.5-58}$$

$$r_{is} = \frac{D_e}{2\cos\alpha} - e_{a,s} \tag{5.5-59}$$

$$l_o = \sqrt{\left[\left(\frac{D_e}{\cos\alpha} - 2e_{a,s}\right) + e_{a,m}\right] \cdot e_{a,m}} \tag{5.5-60}$$

$$Af_s = l_s' \cdot e_{c,s} \tag{5.5-61}$$

$$Af_r = l_r \cdot e_r \tag{5.5-62}$$

$$Ap_s = 0.5 \cdot (l_s' + l_r + a) \cdot [2r_{is} + (l_s' + l_r + a)\tan\alpha] + a \cdot e_{a,r} \tag{5.5-63}$$

如果开孔封闭位于环的内侧，则

$$Ap_s = 0.5 \cdot (l_s' + l_r + a) \cdot [2r_{is} + (l_s' + l_r + a)\tan\alpha] \tag{5.5-64}$$

5.5.2.4.3.3 球壳、凸形封头、圆筒和锥壳横截面上的补强环

参照图 5.4-6，在下列各式中，求 r_{is} 式就是 5.5.1 中式（5.5-3）至式（5.5-6）中的那些 r_{is} 式。

$$r_{ms} = (r_{is} + 0.5 \cdot e_{a,s}) \tag{5.5-65}$$

$$\delta_r = \frac{d_{er}}{2 \cdot r_{ms}} \tag{5.5-66}$$

$$d_{er} = d_{ir} + 2l_r \tag{5.5-67}$$

$$a_r = r_{ms} \cdot \arcsin\delta_r \tag{5.5-68}$$

$$l_o = \sqrt{(2r_{is} + e_{a,m}) \cdot e_{a,m}} \tag{5.5-69}$$

$$\delta = \frac{d_{is}}{2 \cdot r_{ms}} \tag{5.5-70}$$

$$a = r_{ms} \cdot \arcsin\delta \tag{5.5-71}$$

$$Ap_s = 0.5 \cdot r_{is}^2 \cdot \frac{l_s' + a_r}{0.5 \cdot e_{a,s} + r_{is}} + e_{a,r} \cdot a \tag{5.5-72}$$

$$Af_s = l_s' \cdot e_{c,s} \tag{5.5-73}$$

$$Af_r = l_r \cdot e_r \tag{5.5-74}$$

如果开孔封闭位于环内侧，则

$$Ap_s = 0.5 \cdot r_{is}^2 \cdot \frac{l'_s + a_r}{0.5 \cdot e_{a,s} + r_{is}} \tag{5.5-75}$$

5.5.2.4.4 垂直壳体的接管，有或没有补强圈

5.5.2.4.4.1 概述

本条依据图 5.4-7 至图 5.4-13。

对于安放式接管（见图 5.4-7）或插入式接管（见图 5.4-8），贡献给补强的接管长度应不大于按下式计算的 l_{bo}：

$$l_{bo} = \sqrt{(d_{eb} - e_b) \cdot e_b} \tag{5.5-76}$$

应沿开孔最小尺寸量取具有椭圆形或长圆形横截面的接管外径 d_{eb}，用于 l_{bo} 值的计算。对于内伸式接管（图 5.4-8－图 5.4-10）：

$$l'_{bi} = \min(l_{bi}; 0.5 l_{bo}) \tag{5.5-77}$$

对于插入式接管

$$Af_b = e_b \cdot (l'_b + l'_{bi} + e'_s) \tag{5.5-78}$$

$$Af_s = l'_s \cdot e_{c,s} \tag{5.5-79}$$

对于安放式接管

$$Af_b = e_b \cdot l'_b \tag{5.5-80}$$

$$Af_s = (l'_s + e_b) \cdot e_{c,s} \tag{5.5-81}$$

式中

$$l'_b = \min(l_{bo}; l_b) \tag{5.5-82}$$

$$l'_s = \min(l_{so}; l_s) \tag{5.5-83}$$

e'_s 是插入式接管进入壳壁的熔深长度（全焊透或部分焊透），但不大于 $e_{a,s}$。

对于插入式和安放式两种接管

$$Ap_b = 0.5 d_{ib} \cdot (l'_b + e_{a,s}) \tag{5.5-84}$$

如果补强板也贡献给补强，则

$$Ap_p = 0 \tag{5.5-85}$$

$$Af_p = e_p \cdot l'_p \tag{5.5-86}$$

式中

$$l'_p = \min(l_{so}; l_p) \tag{5.5-87}$$

$$e_p = \min(e_{a,p}; e_{c,s}) \tag{5.5-88}$$

此外，补强板的分析厚度应满足下列条件：

$$e_{a,p} \leqslant 1.5 e_{a,s} \tag{5.5-89}$$

5.5.2.4.4.2 模压成形的接管

对于由壳体模压成形的接管，见图 5.4-11 的形式 Y 和图 5.4-12。如果模压成形部分的最小厚度或实际厚度均未知，为补偿制造期间的减薄，应将 Af_s 和 Af_b 两者均乘以 0.9。

对于壳体与接管对接焊接，如图 5.4-11 形式 X，模压成形的接管，如图 5.4-11 形式 Y 和图 5.4-12，接管的压力作用面积 Ap 和应力作用的截面积 Af，应采用适合方法计算。

为了充分补强，应满足式（5.5-7），或式（5.5-11）是合理的。

5.5.2.4.4.3　圆筒纵向截面上的接管

参照图 5.4-7 和图 5.4-9，对开孔补强有用的各值计算如下：

$$\mathrm{a}=\frac{d_{\mathrm{eb}}}{2} \tag{5.5-90}$$

$$r_{\mathrm{is}}=\frac{D_{\mathrm{e}}}{2}-e_{\mathrm{a,s}} \tag{5.5-91}$$

$$l_{\mathrm{so}}=\sqrt{[(D_{\mathrm{e}}-2e_{\mathrm{a,s}})+e_{\mathrm{c,s}}]\cdot e_{\mathrm{c,s}}} \tag{5.5-92}$$

$$l'_{\mathrm{s}}=\min(l_{\mathrm{so}};l_{\mathrm{s}}) \tag{5.5-93}$$

$$Ap_{\mathrm{s}}=r_{\mathrm{is}}\cdot(l'_{\mathrm{s}}+\mathrm{a}) \tag{5.5-94}$$

为了充分补强，应满足式（5.5-7），或式（5.5-11）是合理的。

5.5.2.4.4.4　锥壳纵截面上的接管

参照图 5.4-13，对开孔补强有用的各值计算如下：

$$\mathrm{a}=\frac{d_{\mathrm{eb}}}{2} \tag{5.5-95}$$

$$r_{\mathrm{is}}=\frac{D_{\mathrm{e}}}{2\cos\alpha}-e_{\mathrm{a,s}} \tag{5.5-96}$$

$$l_{\mathrm{so}}=\sqrt{\left[\left(\frac{D_e}{\cos\alpha}-2e_{\mathrm{a,s}}\right)+e_{\mathrm{c,s}}\right]\cdot e_{\mathrm{c,s}}} \tag{5.5-97}$$

$$l'_{\mathrm{s}}=\min(l_{\mathrm{so}};l_{\mathrm{s}}) \tag{5.5-98}$$

$$Ap_{\mathrm{s}}=0.5\cdot(l'_{\mathrm{s}}+\mathrm{a})\cdot[2r_{\mathrm{is}}+(l'_{\mathrm{s}}+a)\tan\alpha] \tag{5.5-99}$$

为了充分补强，应满足式（5.5-7），或式（5.5-11）是合理的。

5.5.2.4.4.5　球壳、凸形封头、圆筒和锥壳横截面上的接管

参照图 5.4-8 和图 5.4-10，在下列各式中，求 r_{is} 式就是 5.5.1 中式（5.5-3）至式（5.5-6）中的那些 r_{is} 式。

$$l_{\mathrm{so}}=\sqrt{(2r_{\mathrm{is}}+e_{\mathrm{c,s}})\cdot e_{\mathrm{c,s}}} \tag{5.5-100}$$

$$l'_{\mathrm{s}}=\min(l_{\mathrm{so}};l_{\mathrm{s}}) \tag{5.5-101}$$

$$r_{\mathrm{ms}}=(r_{\mathrm{is}}+0.5\cdot e_{\mathrm{a,s}}) \tag{5.5-102}$$

$$\delta=\frac{d_{\mathrm{eb}}}{2\cdot r_{\mathrm{ms}}} \tag{5.5-103}$$

$$\mathrm{a}=r_{\mathrm{ms}}\cdot\arcsin\delta \tag{5.5-104}$$

$$Ap_{\mathrm{s}}=0.5\cdot r_{\mathrm{is}}^{2}\cdot\frac{l'_{\mathrm{s}}+\mathrm{a}}{0.5\cdot e_{\mathrm{a,s}}+r_{\mathrm{is}}} \tag{5.5-105}$$

为了充分补强，应满足式（5.5-7），或式（5.5-11）是合理的。

5.5.2.4.5　壳体上的斜接管，带或不带补强圈

5.5.2.4.5.1　概述

本条依据图 5.5-1 至图 5.5-3。

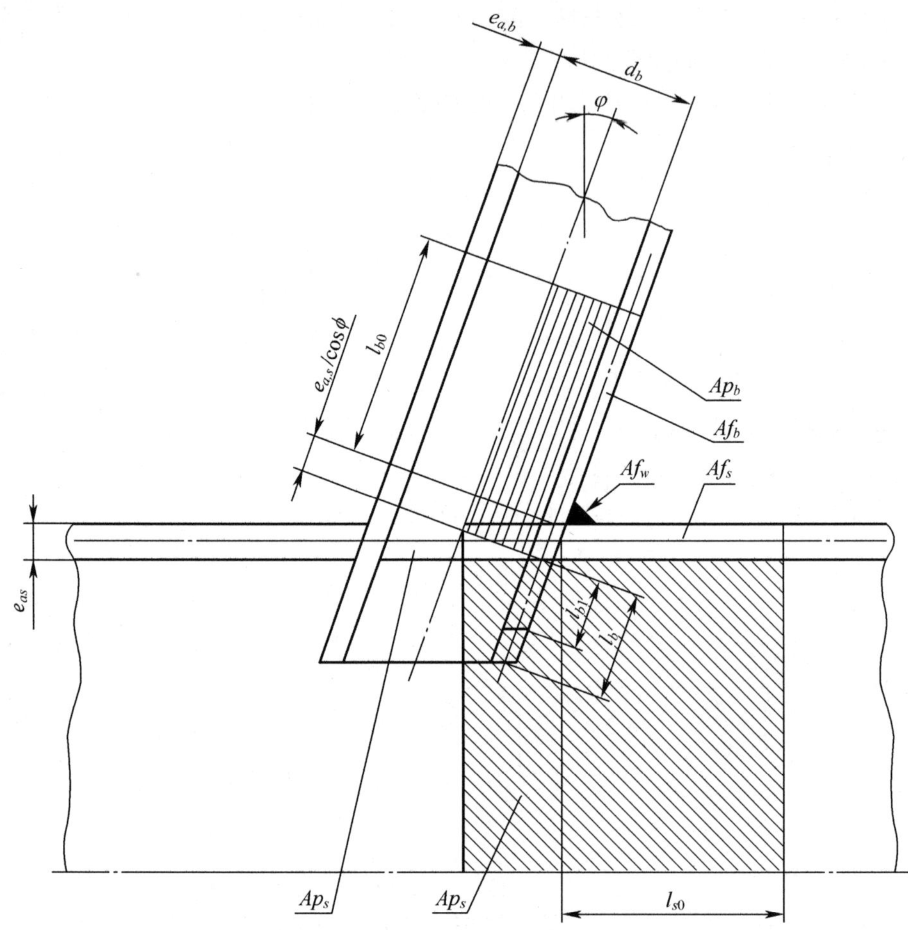

图 5.5-1 圆筒纵向截面上带有斜接管

对于所有情况的斜接管：Ap_ϕ 是由斜接管引起的附加面积；当接管垂直壳体（$\varphi = 0$）时（见图 5.5-1 和图 5.5-3），该值等于零。

5.5.2.4.5.2 圆筒和锥壳上斜接管的一般形式

在横截面上接管是倾斜的地方（见图 5.5-2）且 φ 角不超过下列值：

$$\phi \leqslant \arcsin(1-\delta) \tag{5.5-106}$$

式中

$$\delta = \frac{d_{\mathrm{eb}}}{2(r_{\mathrm{is}} + 0.5e_{\mathrm{a,s}})} \tag{5.5-107}$$

应在纵向和横向两个截面上校核补强，对于在纵截面上校核，应取 φ 等于零。

在纵截面上接管的中心线是倾斜的场合下（见图 5.5-1），且 φ 角不超过 60°，应仅在纵截面上校核补强。

总应在接管壁与壳壁间有锐角的一侧上计算补强。

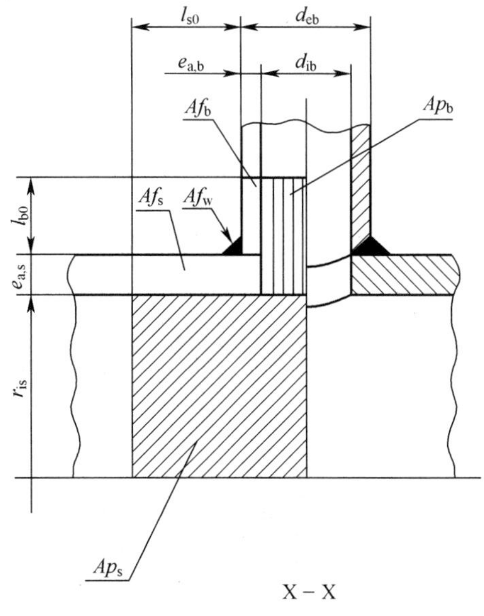

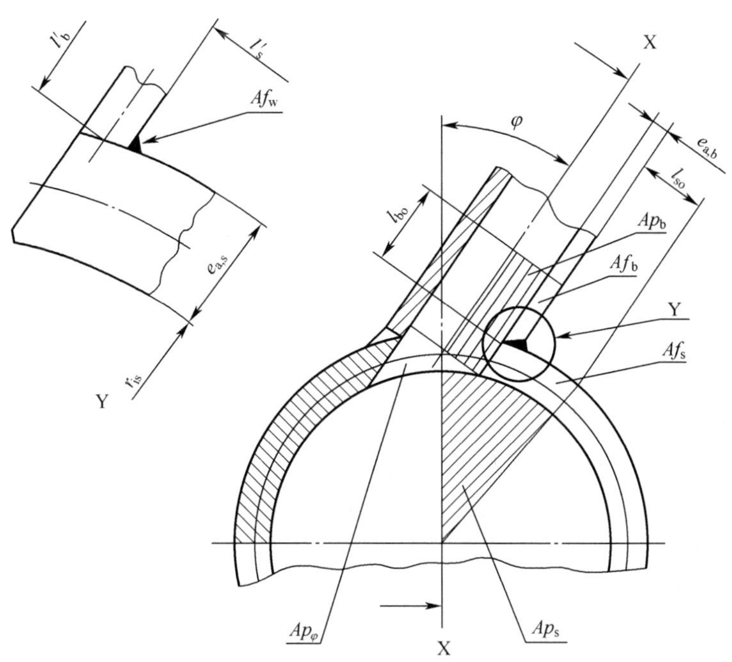

图 5.5-2　圆筒横截面上带有斜接管

应如下计算距离 a 值：

i）对于圆筒和锥壳，在纵截面上

$$a = 0.5 \cdot \frac{d_{eb}}{\cos\phi} \tag{5.5-108}$$

ii）对于圆筒和锥壳，在横截面上

$$a = 0.5 r_{ms} \cdot \left[\arcsin(\delta + \sin\phi) + \arcsin(\delta - \sin\phi)\right] \tag{5.5-109}$$

和

$$r_{ms} = (r_{is} + 0.5 \cdot e_{a,s}) \tag{5.5-110}$$

$$\delta = \frac{d_{eb}}{2 \cdot r_{ms}} \tag{5.5-111}$$

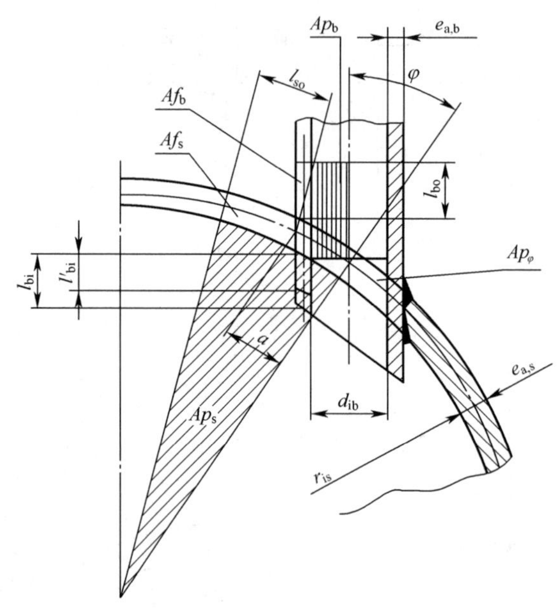

图 5.5-3　球壳带有非径向接管

由接管的倾角引起的附加面积，由下式确定：

$$Ap_\phi = \frac{d_{ib}^2}{2} \cdot \tan\phi \tag{5.5-112}$$

为了充分补强，应满足式（5.5-7），或式（5.5-11）是合理的。

5.5.2.4.5.3　圆筒纵截面上的斜接管

参照图 5.5-1，对开孔补强有用的各值计算如下：

$$Ap_s = r_{is}(l'_s + \mathrm{a}) \tag{5.5-113}$$

a 值计算按 5.5.2.4.5.2。

采用 5.5.2.4.4.3 的相同公式和相同条件计算 r_{is}、l_{so} 和 l'_s。

采用 5.5.2.4.4.1 的相同公式和相同条件计算 l_{bo}, l'_{bi}, e'_s, Af_b, Af_s, Ap_b, Ap_p, Af_p 和 e_p。

为了充分补强，应满足式（5.5-7），或式（5.5-11）是合理的。

5.5.2.4.5.4　锥壳纵向截面上的斜接管

参照图 5.5-1 和图 5.4-13，对开孔补强有用的各值应计算如下：

$$Ap_s = 0.5 \cdot (l'_s + \mathrm{a}) \cdot (2r_{is} + (l'_s + \mathrm{a})\tan\alpha) \tag{5.5-114}$$

a 值计算按 5.5.2.4.5.2。

注意：即使接管中心线的实际方向已经引起计算补强的接管侧上 Ap_s 值的减少，本条适用。Ap_s 公式应适用于两种情况：接管中心线在一个方向上，或在另一方向上，沿锥壳母线倾斜。

采用 5.5.2.4.4.4 的相同公式和相同条件计算 r_{is}, l_{so}, l'_s。

采用 5.5.2.4.4.1 的相同公式和相同条件计算 l_{bo}, l'_{bi}, e'_s, Af_b, Af_s, Ap_b, Ap_p, Af_p 和 e_p。
为了充分补强，应满足式（5.5-7），或式（5.5-11）是合理的。

5.5.2.4.5.5 圆筒和锥壳横截面上的斜接管

参照图 5.5-2，对开孔补强有用的各值应计算如下：

$$Ap_s = 0.5 \cdot r_{is}^2 \cdot \frac{l'_s + a}{0.5 \cdot e_{a,s} + r_{is}} \tag{5.5-115}$$

a 值计算按 5.5.2.4.5.2。

采用 5.5.2.4.4.5 的相同公式和相同条件计算 r_{is}, l_{so}, l'_s。

采用 5.5.2.4.4.1 的相同公式和相同条件计算 l_{bo}, l'_{bi}, e'_s, Af_b, Af_s, Ap_b, Ap_p, Af_p 和 e_p。

为了充分补强，应满足式（5.5-7），或式（5.5-11）是合理的。

5.5.2.4.5.6 在球壳和凸形封头上斜接管的一般形式

下面适用于球壳、碟形封头球面部分，以及椭圆形封头上的接管（见图 5.5-3），该接管中心线对球面径向或对椭圆形封头局部径向是倾斜的，并生成一个倾角，由下式限制：

$$\phi < \arcsin(1-\delta) \tag{5.5-116}$$

式中

$$\delta = \frac{d_{eb}}{2 \cdot r_{ms}} \tag{5.5-117}$$

$$r_{ms} = (r_{is} + 0.5 \cdot e_{a,s}) \tag{5.5-118}$$

参照图 5.5-3，在下列各式中，求 r_{is} 式就是 5.5.1 中式（5.5-3）至式（5.5-6）中的那些 r_{is} 式。

应由接管中心线和通过接管中心的球半径所定义的平面上计算补强。除应在接管两侧计算 l'_s 并取其中的较小值外，应仅考虑在接管壁与球面之间有一锐角的接管侧上所确定的面积进行计算。

对于球壳和凸形封头，a 值由下式给出：

$$a = 0.5 r_{ms} \cdot \left[\arcsin(\delta + \sin\phi) + \arcsin(\delta - \sin\phi)\right] \tag{5.5-119}$$

式中

$$r_{ms} = r_{is} + 0.5 \cdot e_{a,s} \tag{5.5-120}$$

$$\delta = \frac{d_{eb}}{2 \cdot r_{ms}} \tag{5.5-121}$$

由接管的倾角引起的附加面积，由下式确定：

$$Ap_\phi = \frac{d_{ib}^2}{2} \cdot \tan\phi \tag{5.5-122}$$

参照图 5.5-3，对开孔补强有用的各值计算如下：

$$Ap_s = 0.5 \cdot r_{is}^2 \cdot \frac{l'_s + a}{0.5 \cdot e_{a,s} + r_{is}} \tag{5.5-123}$$

a 值计算按 5.5.2.4.5.6。

采用 5.5.2.4.4.5 的相同公式和相同条件计算 r_{is}, l_{so}, l'_s。

采用 5.5.2.4.4.1 的相同公式和相同条件计算 l_{bo}, l'_{bi}, e'_s, Af_s, Af_b, Ap_b, Ap_p, Af_p 和 e_p。

为了充分补强，应满足式（5.5-7），或式（5.5-11）是合理的。

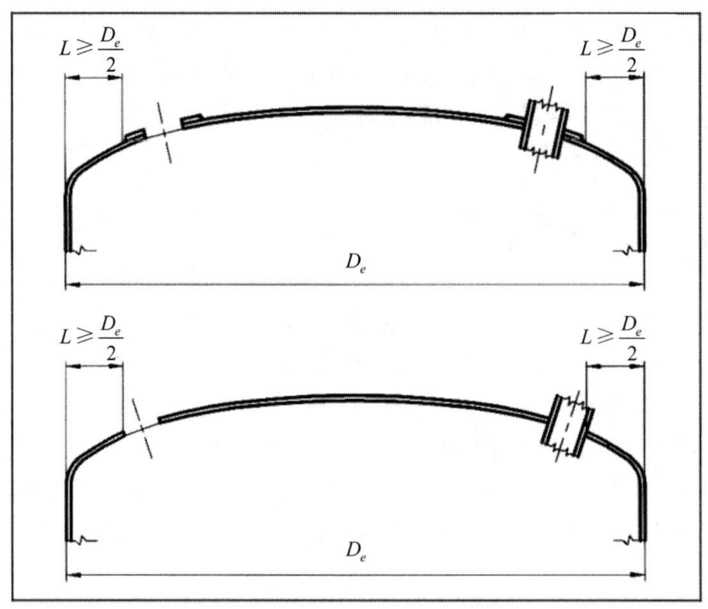

图 5.5-4　凸封头上开孔、接管和补强板的位置

5.6　多个开孔

5.6.1　相邻开孔

本条提供孔间带校核（5.6.3）和全面校核（5.6.4），应用如下。

如果两个相邻开孔（见图 5.6-1 和图 5.6-3）中心距不满足式（5.5-1），应按 5.6.3 进行孔间带校核，除非满足 5.6.2 给出的全部条件。如果孔间带校核不满足，应进行全面校核；如果满足孔间带校核，则不要求全面校核。

接管之间的孔间带应不小于

$$\max\left(3e_{a,s};0.2\sqrt{(2r_{is}+e_{c,s})\cdot e_{c,s}}\right) \tag{5.6-1}$$

式中：r_{is} 是两个相邻接管中心处壳体半径的平均值（如锥壳）。

在所有情况下，应满足 5.5 节对单个开孔的要求。

5.6.2　不要求孔间带校核的条件

如果满足下列全部条件，则不要求孔间带校核：

a）接管尺寸（或最大宽度）的总和满足下式：

$$(d_1+d_2+...+d_n)\leqslant 0.2\sqrt{(2r_{is}+e_{c,s})\cdot e_{c,s}} \tag{5.6-2}$$

b）所有接管全部位于由下式给出的具有直径 d_c 的一个圆内

$$d_c=2\sqrt{(2r_{is}+e_{c,s})\cdot e_{c,s}} \tag{5.6-3}$$

c）相邻接管被隔开，远离任意其他开孔或开孔圆周外侧不连续处。

5.6.3　相邻开孔的孔间带校核

5.6.3.1　一般规定

如果满足下式（见图 5.6-1 至图 5.6-4），则满足孔间带校核：

$$(Af_{Ls}+Af_w)\cdot(f_s-0.5P)+Af_{b1}(f_{ob1}-0.5P)+Af_{p1}(f_{op1}-0.5P)+Af_{b2}(f_{ob2}-0.5P)+$$

$$+Af_{p2}(f_{op2}-0.5P) \geqslant P(Ap_{Ls}+Ap_{b1}+0.5Ap_{\varphi 1}+Ap_{b2}+0.5Ap_{\varphi 2}) \quad (5.6\text{-}4)$$

在设置一个补强环的地方，应以 Af_r 和 Ap_r 代替 Af_b 和 Ap_b。

上式中壳体面积 Af_{Ls} 和 Ap_{Ls} 在 5.6.3.2.2 和 5.6.3.2.3 已规定。

对于排孔，应对每一对相邻开孔进行孔间带校核。

5.6.3.2 圆筒和锥壳上的相邻开孔

5.6.3.2.1 对于圆筒和锥壳上的两个相邻开孔（见图 5.6-1 和图 5.6-2），在垂直于壳体且包含两个开孔中心的平面上，应满足式(5.6-4)。Ap_{Ls} 和 Af_{Ls} 在 5.6.3.2.2 和 5.6.3.2.3 中分别给出。

5.6.3.2.2 对于圆筒，Ap_{Ls} 由下式给出：

$$Ap_{Ls}=\frac{0.5r_{is}^2\cdot L_b\cdot(1+\cos\Phi)}{r_{is}+0.5e_{a,s}\cdot\sin\Phi} \quad (5.6\text{-}5)$$

式中：r_{is} 由式（5.5-3）给出。

对于锥壳，Ap_{Ls} 由下式给出：

$$Ap_{Ls}=\frac{0.25(r_{is1}+r_{is2})^2\cdot L_b\cdot(1+\cos\Phi)}{r_{is1}+r_{is2}+e_{a,s}\cdot\sin\Phi} \quad (5.6\text{-}6)$$

式中：r_{is} 由式（5.5-6）给出。

在所有情况下，Φ 如图 5.6-1 所示，L_b 如图 5.6-1 至图 5.6-6 所示。

5.6.3.2.3 Af_{Ls} 由下式给出：

$$Af_{Ls}=(L_b-\mathrm{a}_1-\mathrm{a}_2)\cdot e_{c,s} \quad (5.6\text{-}7)$$

式中沿 L_b 的 a_1 和 a_2 的距离由下式给出（见图 5.6-1 和图 5.6-2）。

a）$\Phi=0°$的情况（即两个相邻接管位于容器的纵轴中心线上）

$$\mathrm{a}=\frac{0.5d_{eb}}{\cos\phi_e} \quad (5.6\text{-}8)$$

b）$\Phi\neq 0°$的情况，其中

——将斜接管朝向相邻接管倾斜

$$\mathrm{a}=r_{os}\cdot\left[\arcsin\left(\delta+\sin\phi_e\right)-\phi_e\right] \quad (5.6\text{-}9)$$

——将斜接管反向相邻接管倾斜

$$\mathrm{a}=r_{os}\cdot\left[\phi_e+\arcsin\left(\delta-\sin\phi_e\right)\right] \quad (5.6\text{-}10)$$

式中

$$r_{os}=\frac{r_{is}}{\sin^2\Phi}+0.5e_{a,s} \quad (5.6\text{-}11)$$

$$\delta=\frac{d_{eb}}{2r_{os}} \quad (5.6\text{-}12)$$

arcsin 以弧度表示。

对于位于同一母线上的相邻斜接管，将接管中心线投影到包括每一开孔中心和壳体纵轴中心线的平面上。

应按 5.5.2.4.5.2 计算 $Ap_{\varphi 1}$ 和 $Ap_{\varphi 2}$。

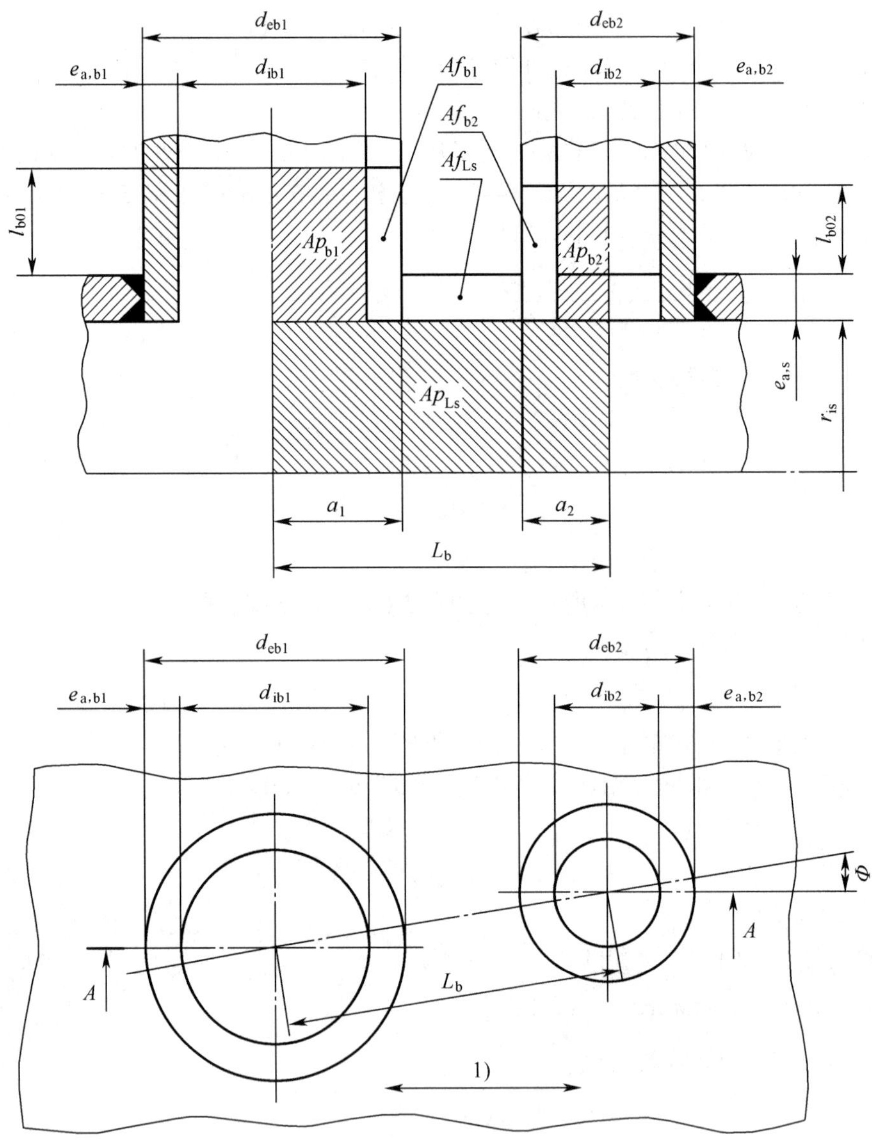

提示：壳体母线方向

注：本图所示的截面表明 Φ= 0 的情况

图 5.6-1　垂直圆筒的相邻接管孔间带校核

5.6.3.3　在球壳和凸形封头上的相邻开孔

关于两个相邻的正交开孔（见图 5.6-3），在垂直于壳体且含两个开孔中心的平面上，应满足式（5.6-4）的条件。

为此目的，应按 5.6.3 对圆筒且 Φ=90°的公式计算 a_1 和 a_2 及面积 Ap_{Ls} 和 Af_{Ls}。

对于相邻斜接管（见图 5.6-4），应将接管中心线投影到包括每一开孔中心处壳体法线的平面上。应按 5.5.2.4.5.6 计算 $Ap_{\varphi1}$ 和 $Ap_{\varphi2}$。

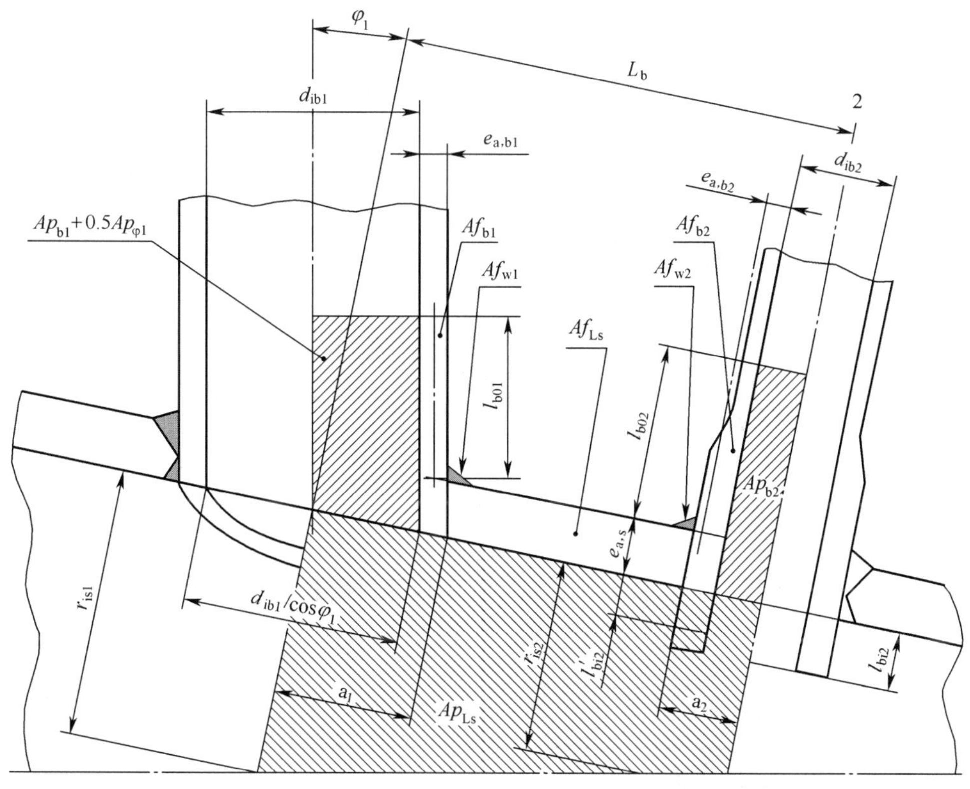

$a_1 = d_{eb1}/2\cos\varphi_1$

注：本图所示的截面表明 Φ= 0 的情况

图 5.6-2　锥壳上相邻斜接管的孔间带校核

5.6.3.4　规则排列的相邻开孔

当不少于 3 个接管位于同一线上（周向，或与圆筒及锥壳的母线成 Φ 角的纵向，以及在球壳或凸形封头的任意方向上）时，相邻开孔呈现规则排列样式，在小于 $2l_{so}$ 的距离上，其他开孔不得位于靠近这些相邻开孔中的每一开孔。

当钻孔呈现规则排列样式时，可使用水管锅炉标准给出的设计方法（见 EN12952）。

5.6.3.4.1　如果规则排列的相邻开孔具有相同的内径 d_{ib} 和相同的间距 L_b，垂直于壳体的接管具有同一尺寸且 f_b 值不小于壳体的 f_s，则下列条件可应用于补强计算。

考虑到由开孔所占据的长度 $n\times L_b$ 时，通式（5.6-4）简化为下式：

$$n \cdot Af_{Ls} \cdot (f_s - 0.5P) + n \cdot 2Af_b(f_s - 0.5P) \geqslant P \cdot n \cdot (Ap_{Ls} + 2Ap_b) \quad (5.6\text{-}13)$$

式中

$$Af_{\rm Ls} = e_{\rm c,s}(L_{\rm b} - d_{\rm ib}) \quad (5.6\text{-}14)$$

$$Af_{\rm b} = l_{\rm bo}e_{\rm a,b} \quad (5.6\text{-}15)$$

$$Ap_{\rm b} = 0.5d_{\rm ib}l_{\rm bo} \quad (5.6\text{-}16)$$

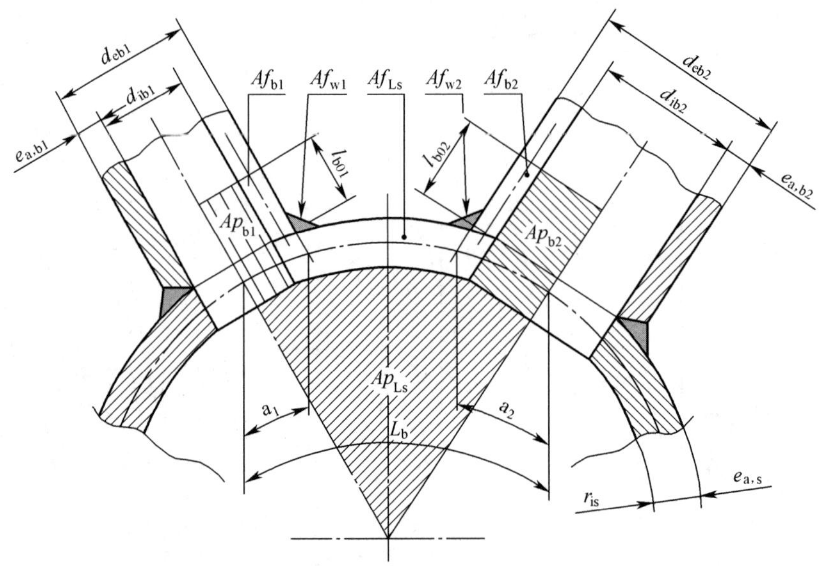

图 5.6-3　垂直球壳的相邻接管孔间带校核

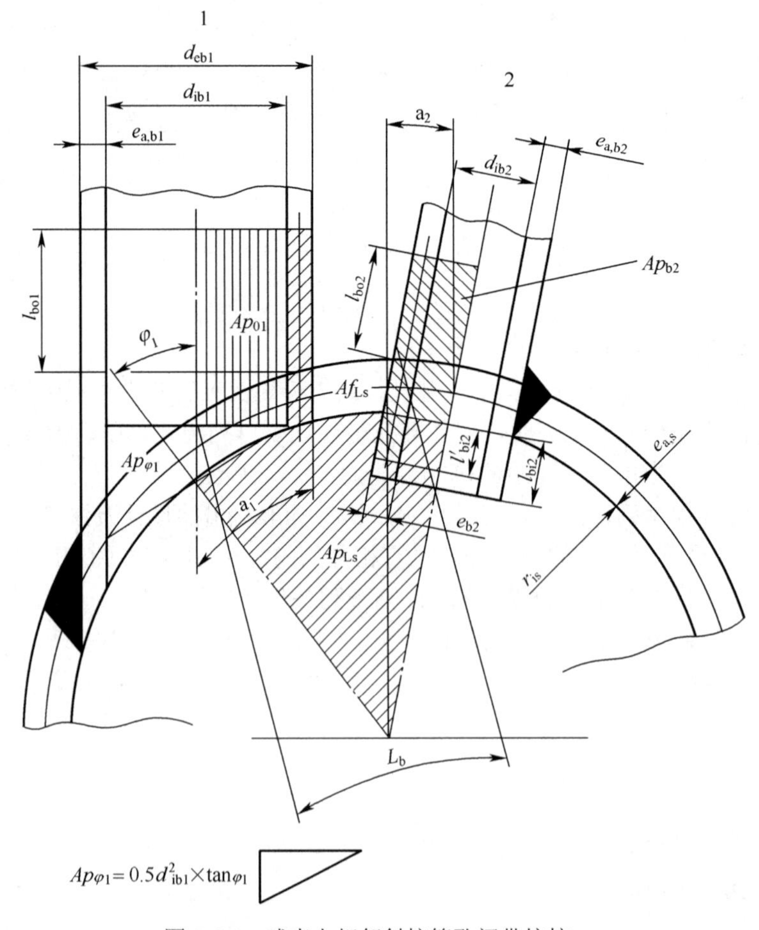

图 5.6-4　球壳上相邻斜接管孔间带校核

5.6.3 中规定了适用于不同壳体和不同 Φ 值的 Ap_{Ls}。

对于锥壳

$$r_{\mathrm{i}} = \frac{r_{\mathrm{i1}} + r_{\mathrm{in}}}{2} \tag{5.6-17}$$

因此，下列条件适用于呈规则排列的相邻钻孔的补强：

$$e_{\mathrm{c,s}} \cdot (L_{\mathrm{b}} - d_{\mathrm{ib}}) + 2 \cdot e_{\mathrm{a,b}} \cdot l_{\mathrm{bo}} \geqslant \frac{P}{(f_{\mathrm{s}} - 0.5P)} \cdot (Ap_{\mathrm{Ls}} + d_{\mathrm{ib}} \cdot l_{\mathrm{bo}}) \tag{5.6-18}$$

5.6.4　相邻开孔的全面校核

如果孔间带校核不满足，应将计算扩大到较大的截面，该面积包括每一接管的两个管壁和相邻的壳体截面（见图 5.6-5 和图 5.6-6），进行全面校核。应满足下列各条件：

a）　$L_{\mathrm{b}} + \mathrm{a}_1' + \mathrm{a}_2' \leqslant 2(l_{\mathrm{so1}} + l_{\mathrm{so2}})$　（5.6-19）

式中 a_1' 和 a_2' 是在与孔间带相反方向所取之值；

b）满足式（5.6-4），须其右项乘以 0.85；

c）其他开孔不与考虑中的两个开孔相邻；

d）两个开孔都不能靠近同一个不连续处（见 5.7.2）。

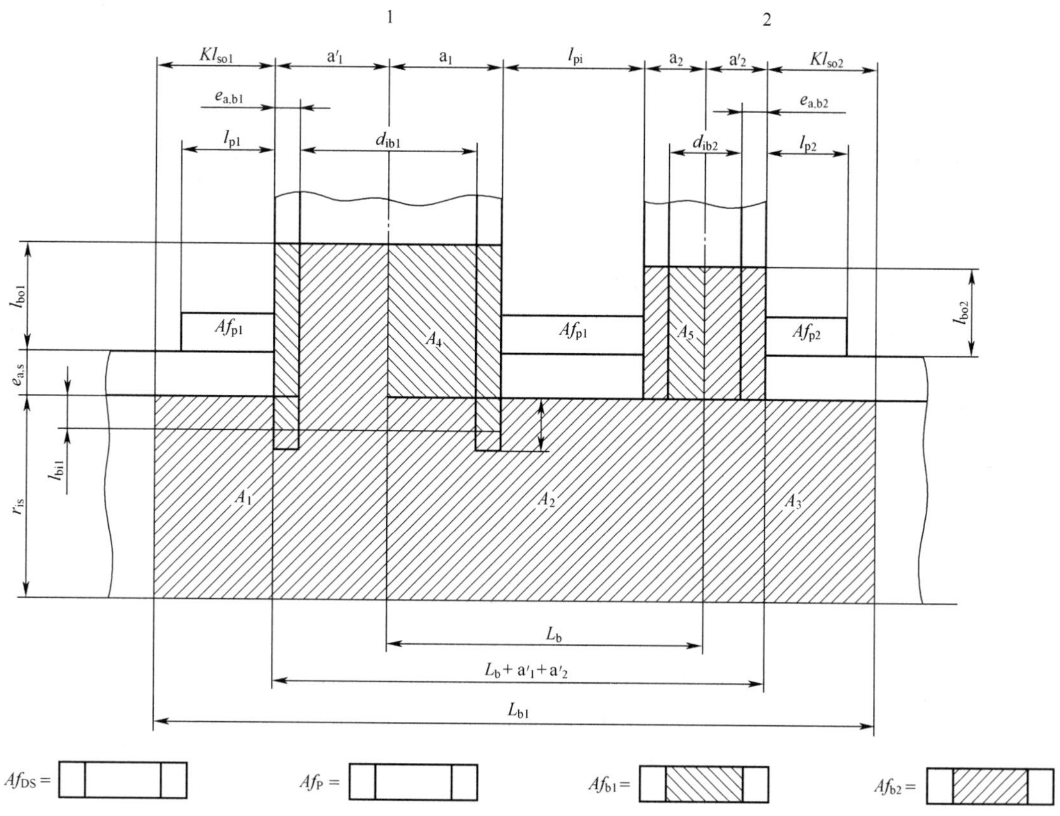

图 5.6-5　圆筒上相邻接管全面校核

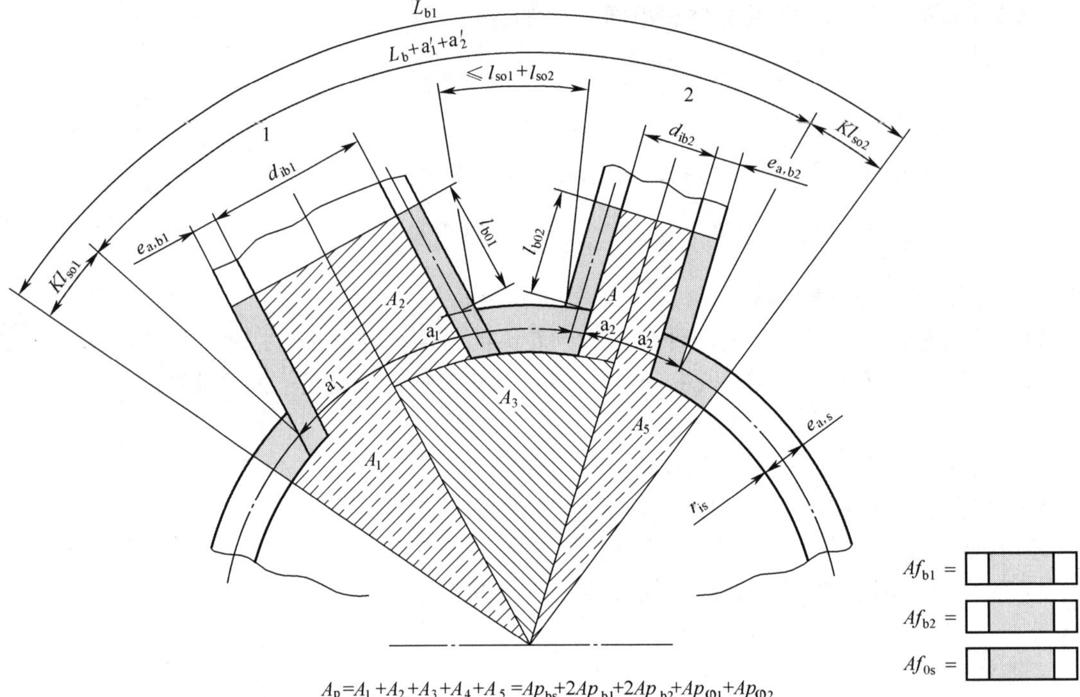

图 5.6-6　球壳或凸形封头上相邻接管全面校核

考虑在 L_{b1} 长度内壳体的整个截面，应进行补强的进一步计算。

其中

$$L_{b1}=L_b+a'_1+a'_2+k\cdot l_{so1}+k\cdot l_{so2} \tag{5.6-20}$$

L_b 如 5.5.1 中规定，而 k 值由下式给出：

$$k=2-\frac{L_b+a'_1+a'_2}{l_{so1}+l_{so2}} \tag{5.6-21}$$

如果 k>1，应取 k=1。

应实现下列补强条件（见图 5.6-5 和图 5.6-6）：

$$\begin{aligned}&(Af_{Os}+Af_w)\cdot(f_s-0.5P)+2Af_{b1}(f_{ob1}-0.5P)+2Af_{b2}(f_{ob2}-0.5P)+\\&+Af_{po1}(f_{op1}-0.5P)+Af_{po2}(f_{op2}-0.5P)+Af_{pi}(f_{opi}-0.5P)\\&\geqslant P(Ap_{Os}+2Ap_{b1}+Ap_{\varphi1}+2Ap_{b2}+Ap_{\varphi2})\end{aligned} \tag{5.6-22}$$

式中：

Apo_s 与 a_1 和 a_2, a'_1 和 a'_2 按 5.6.3 计算，Apo_s 仿照 Ap_{Ls}，用 L_{b1} 代替 L_b，r_{is} 在式（5.5-3）—式（5.5-6）中已规定；

$$Af_{Os}=(L_{b1}-a_1-a_2-a'_1-a'_2)\cdot e_{c,s} \tag{5.6-23}$$

Af_w 是 L_{b1} 内的焊缝的总面积；

——对每一接管，Af_b, Ap_b 和 Ap_φ 均按 5.5.2.4.4 和 5.5.2.4.5 计算；

——对于 L_b 外侧补强板：

$$Af_{po}=e_p\cdot l'_p \tag{5.6-24}$$

$$l'_p = \min(l_p; k \cdot l_{so}) \quad (5.6\text{-}25)$$

——对于接管之间且在 L_b 内侧的补强板

$$Af_{pi} = e_p \cdot L_{bp} \quad (5.6\text{-}26)$$

$$L_{bp} = \min[l_p; (L_b - a_1 - a_2)] \quad (5.6\text{-}27)$$

5.7 开孔靠近壳体不连续处

5.7.1 两个限制条件适用于一个开孔和一个壳体不连续处之间的允许距离 w:

a）开孔不应位于距离 w 小于 5.7.2.1 给出的离某一不连续处的最小值 w_{min};

b）如果某一开孔位于离某一不连续处的距离 w_p 内，用于开孔补强的有效壳体长度 l_s 将减少，如 5.7.3 给出。

5.7.2 关于 $\boldsymbol{w_{min}}$ 的规定

5.7.2.1 在圆筒上开孔

a）与凸形封头、半球形封头、锥壳大端、平盖、管板或任意形式的法兰连接的圆筒上，如图 5.7-1 至图 5.7-3 和图 5.7-5 所示，距离 w 应满足下列条件:

$$w \geqslant w_{min} = \max\left(0.2\sqrt{(2r_{is} + e_{c,s}) \cdot e_{c,s}}; 3e_{a,s}\right) \quad (5.7\text{-}1)$$

b）与锥壳小端、凸面朝向圆筒的球壳或处在不同纵轴中心线上的另一圆筒连接的圆筒上，如图 5.7-6 至图 5.7-8 所示，距离 w 应满足下列条件:

$$w \geqslant w_{min} = l_{cyl} \quad (5.7\text{-}2)$$

式中

$$l_{cyl} = \sqrt{D_c \cdot e_1} \quad (5.7\text{-}3)$$

c）与膨胀节连接的圆筒上，如图 5.7-4 所示，距离 w 应满足下列条件:

$$w \geqslant w_{min} = 0.5 \cdot l_{cyl} \quad (5.7\text{-}4)$$

5.7.2.2 锥壳上开孔

a）与同一纵轴中心线上锥壳大端直边连接的锥壳上，如图 5.7-9 所示，距离 w 应满足下列条件:

$$w \geqslant w_{min} = \max\left(0.2\sqrt{\frac{D_c \cdot e_{c,s}}{\cos\alpha}}; 3e_{a,s}\right) \quad (5.7\text{-}5)$$

式中

D_c 是直边的中径，$e_{a,s}$ 是锥壳的厚度，α 是锥壳的半顶角。

b）锥壳小端与具有同一纵轴中心线的圆筒连接的锥壳上，如图 5.7-10 所示，距离 w 应满足下列条件:

$$w \geqslant w_{min} = l_{con} \quad (5.7\text{-}6)$$

式中

$$l_{con} = \sqrt{\frac{D_c \cdot e_2}{\cos\alpha}} \quad (5.7\text{-}7)$$

5.7.2.3 螺栓连接的球冠形封头上开孔

对于螺栓连接的球冠形封头上开孔，如图 5.7-11 截取的，开孔边缘离法兰的距离 w 应满足下列条件：

$$w \geqslant w_{\min} = \max[0.2\sqrt{(2r_{is} + e_{c,s}) \cdot e_{c,s}};3e_{a,s}] \tag{5.7-8}$$

5.7.2.4 椭圆形和碟形封头上开孔

对于凸形封头，w 是开孔边缘（接管或补强圈的外径）与凸形封头上如图 5.5-4 所示的由 $D_e/10$ 确定的定点之间沿子午线的距离（即 $w_{\min} = 0$）。

5.7.2.5 半球形封头上开孔

与圆筒、法兰和管板连接的半球形封头上，距离 w 应满足下列条件：

$$w \geqslant w_{\min} = \max[0.2\sqrt{(2r_{is} + e_{c,s}) \cdot e_{c,s}};3e_{a,s}] \tag{5.7-9}$$

5.7.3 关于 w_p 的规定

如图 5.7-1 至图 5.7-11 所示，当开孔离某一不连续处的距离 w 小于下面（1）（2）（3）所定义的 w_p 值时，考虑式（5.5-26）和其他类似关系，用于补强的壳体有效长度 l_s 减少到下列各值：

a）对于 5.7.2.1（1），5.7.2.2（1），5.7.2.3，5.7.2.4 和 5.7.2.5 指出的壳体不连续处

$$w \leqslant w_p = l_{so} \tag{5.7-10}$$

$$l_s = w \tag{5.7-11}$$

b）对于 5.7.2.1（2）和（3）指出的壳体不连续处：

$$w \leqslant w_p = l_{so} + w_{\min} \tag{5.7-12}$$

$$l_s = w - w_{\min} \tag{5.7-13}$$

c）对于 5.7.2.2（2）指出的壳体不连续：

$$w \leqslant w_p = l_{so} + l_{con} \tag{5.7-14}$$

$$l_s = w - l_{con} \tag{5.7-15}$$

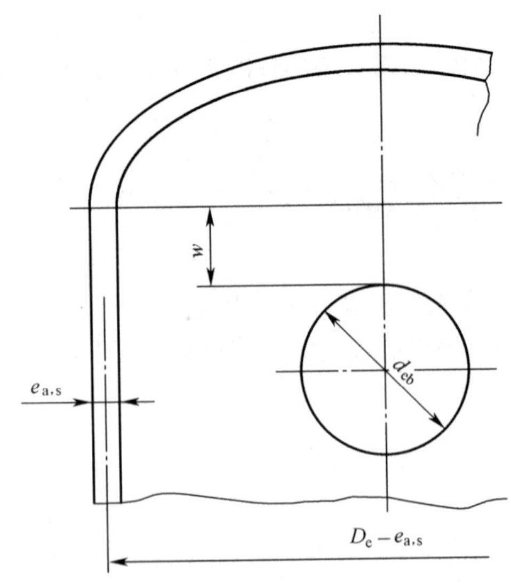

图 5.7-1　圆筒上开孔接近与球冠形封头的连接处

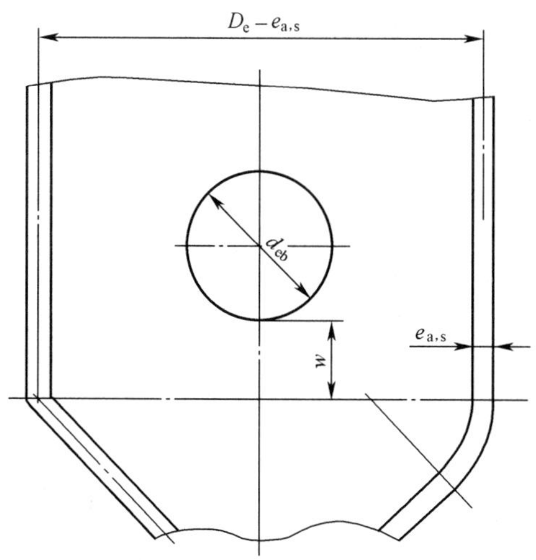

图 5.7-2　圆筒上开孔接近与锥壳大端连接处

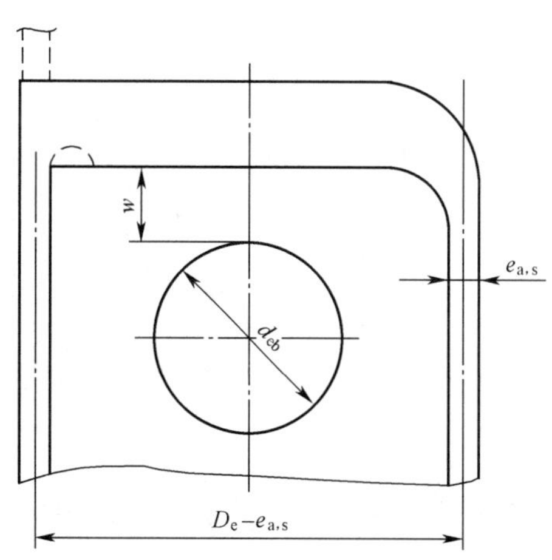

图 5.7-3　圆筒上开孔接近与平盖或管板连接处

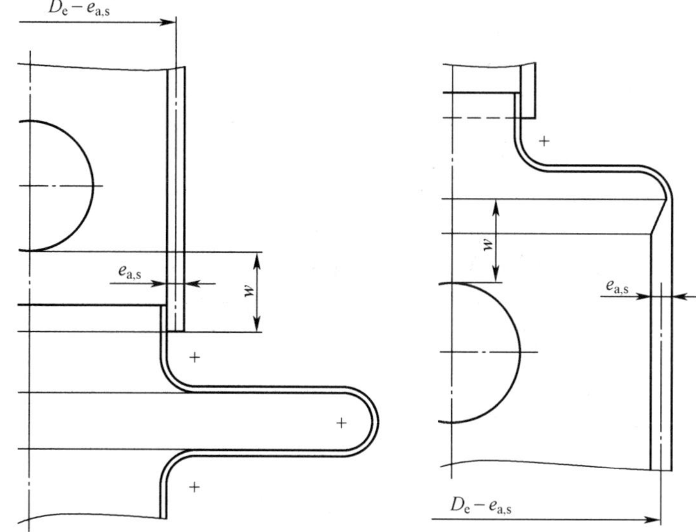

图 5.7-4　圆筒上开孔接近与膨胀节的连接处

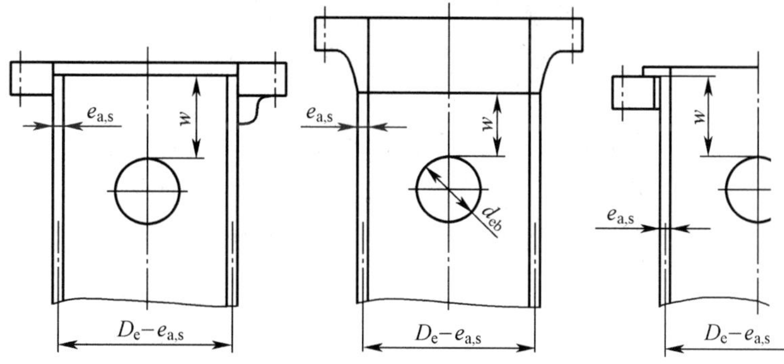

图 5.7-5　圆筒上开孔接近与法兰的连接处

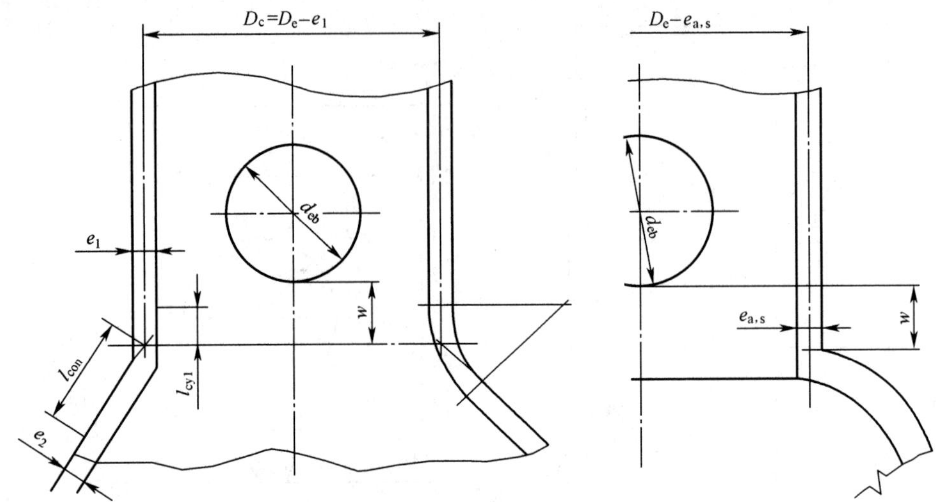

图 5.7-6　圆筒上开孔接近与锥壳小端的连接处　　图 5.7-7　圆筒上开孔接近与球壳的连接处

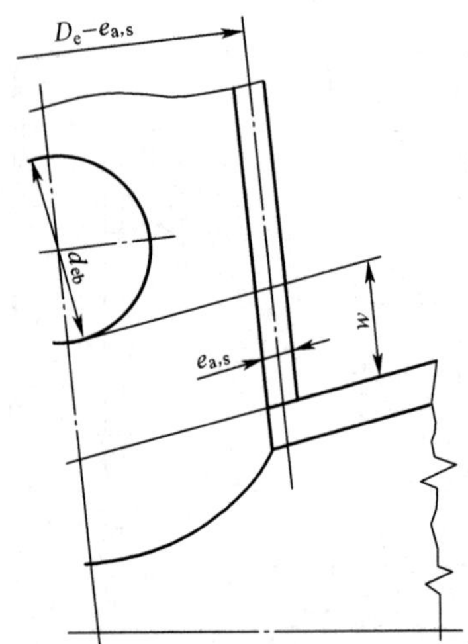

图 5.7-8　圆筒上开孔接近与具有不同纵轴中心线的另一圆筒连接处

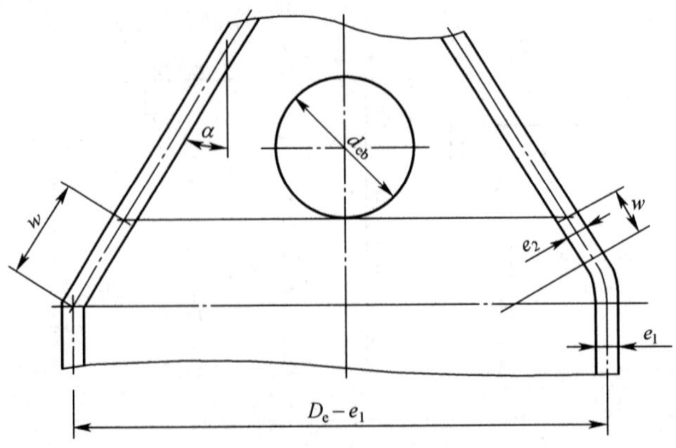

图 5.7-9　锥壳上开孔接近与其大端的连接处

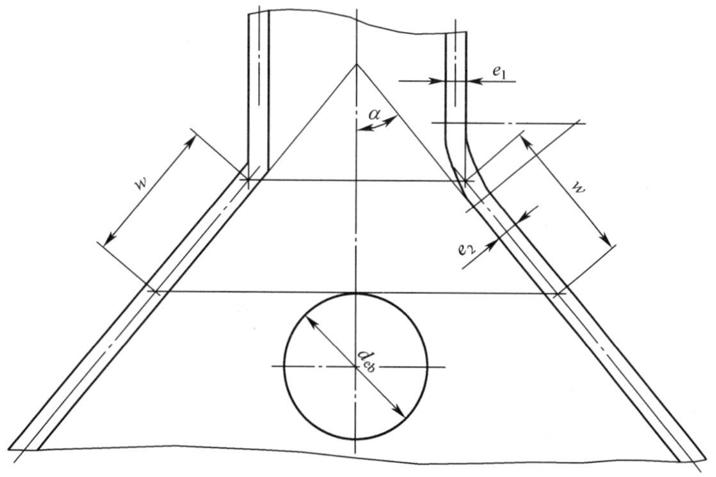

图 5.7-10 锥壳上开孔接近与其小端圆筒的连接处

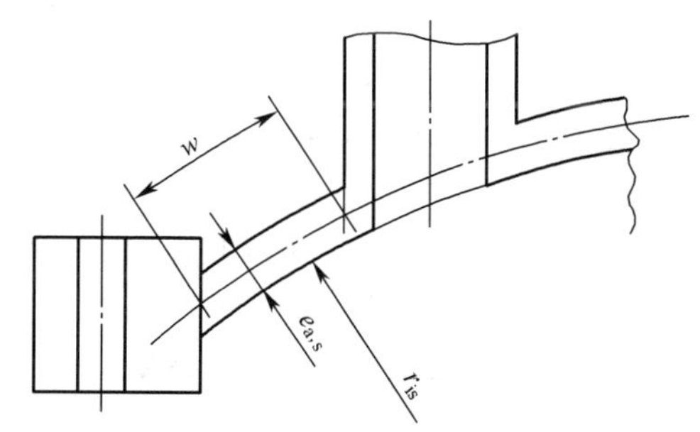

图 5.7-11 螺栓联接的球冠形封头上开孔接近与法兰的连接处

第 3 节 从 GB150 转入本标准的计算切入点

1 EN13445 关于各种厚度的定义，见图 5-1。

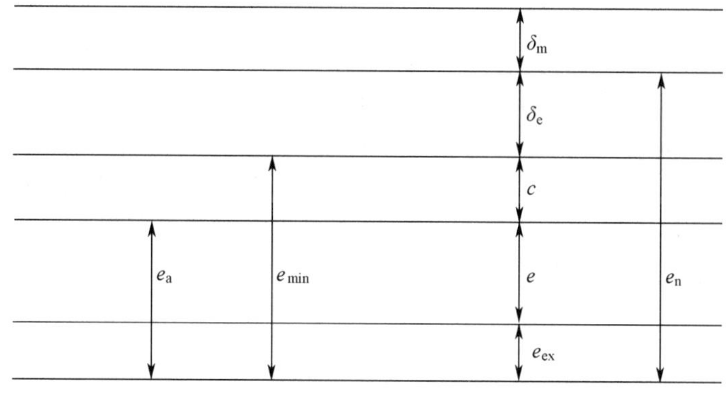

图 5-1 各种厚度定义的相互关系（EN13445:5.2.3）

e —— 所需厚度；

e_n —— 名义厚度；

e_{min} —— 最小允许的制造厚度（$e_{min} = e_n - \delta_e$）；

e_a —— 分析厚度（$e_a = e_{min} - c$）；

c —— 腐蚀裕量；

δ_e —— 以名义厚度允许的负偏差的绝对值（即按材料标准所取的规定值）；

δ_m —— 制造过程中允许可能减薄量；

e_{ex} —— 补足到名义厚度的附加厚度（译者注：即圆整到名义厚度的圆整值）。

2 按 GB150 选用钢号，并确定壳体和接管的**名义厚度和有效厚度**，就可以采用本规范计算开孔补强。

GB150 规定的有效厚度概念，即有效厚度=名义厚度-（腐蚀裕量+材料厚度负偏差）。因此，GB150 的有效厚度= EN13445 的分析厚度。上述的所需厚度 e 就是计算厚度。

第 4 节　实例计算

【例 1】某石化公司在用容器编号为 V2203 分馏塔顶油气分离器，尺寸见图 5-4.1，接管上端壁厚为 18，长 250mm，设计压力 0.33MPa，设计温度 60℃，筒体和接管材质均为 Q245R，[σ] =144 MPa，总附加量均为 c=2mm。

选用 GB150 的钢号和圆筒的壁厚设计公式，按 **EN13445-3: 9** 计算开孔补强。

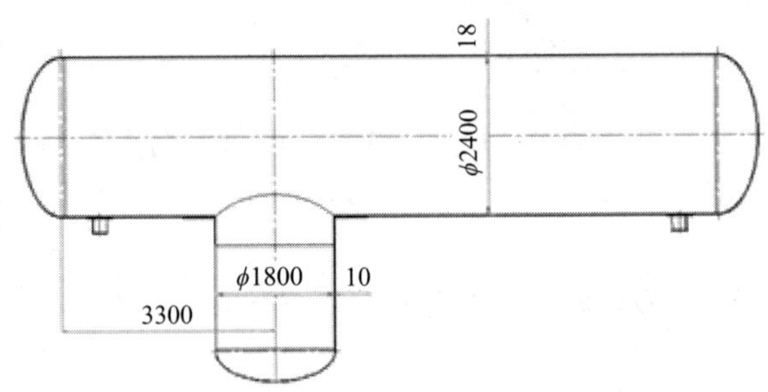

图 5-4.1　V2203 分馏塔顶油气分离器

【解】

（1）按 GB150 确定筒体的名义厚度 16mm，接管名义厚度 14mm（壳体和接管壁厚均有富裕）。进而确定筒体的有效厚度(16−2)=14 mm，接管的有效厚度(14−2)=12 mm。

（2）按标准 **5.5.2.4.4** 垂直壳体的接管，有或没有补强圈计算。

1）按 **5.5.2.4.4.3** 圆筒纵向截面上的接管，参照图 5.4-9，按式（5.5-90）至式（5.5-94）计算下列对补强计算有用的各值如下。下式中出现的假定的壳体厚度 $e_{c,s}$ 取为壳体的分析厚度 $e_{a,s}$，因为开孔处离壳体不连续处较远。

$$a = \frac{d_{eb}}{2} = \frac{1828}{2} = 914\ \text{mm}$$

$$r_{is} = \frac{D_e}{2} - e_{a,s} = \frac{2428}{2} - 14 = 1200\ \text{mm}$$

$$l_{so} = \sqrt{[(D_e - 2e_{a,s}) + e_{c,s}] \cdot e_{c,s}} = \sqrt{[(2428 - 2 \times 14) + 14] \cdot 14} = 184\ \text{mm}$$

$$Ap_s = r_{is} \cdot (l_s' + a) = 1200 \times (184 + 914) = 1317600 \text{ mm}$$

2）按 5.5.2.4.4.1 计算下列各值

①贡献给补强的接管外伸长度

$$l_{bo} = \sqrt{(d_{eb} - e_b) \cdot e_b} = \sqrt{(1828 - 12) \times 12} = 147.6 \text{ mm}$$

式中 e_b 为考虑补强计算的接管有效厚度，这里取为接管的分析厚度 12mm（见图 5.4-9）。

②对于插入式接管，应力作用面积：

$$Af_b = e_b \cdot (l_b' + l_{bi}' + e_s') = 12 \times (147.6 + 0 + 14) = 1939.2 \text{ mm}^2$$

$$Af_s = l_s' \cdot e_{c,s} = 184 \times 14 = 2576 \text{mm}^2$$

式中

$$l_b' = \min(l_{bo}; l_b) = \min(147.6; 250) = 147.6 \text{ mm}$$

$$l_s' = \min(l_{so}; l_s) = \min[184; (3300 - 50 - 912)] = 184 \text{ mm}$$

③对于插入式和安放式两种接管，均按式（5.5-84）计算接管压力作用面积

$$Ap_b = 0.5 d_{ib} \cdot (l_b' + e_{a,s}) = 0.5 \times 1800 \times (147.6 + 14) = 145440 \text{ mm}^2$$

（3）按 **5.5.2.1.1** 单个开孔补强的通用公式（5.5-7）计算补强条件

$$(Af_s + Af_w)(f_s - 0.5P) + Af_p(f_{op} - 0.5P) + Af_b(f_{ob} - 0.5P) \geqslant P(Ap_s + Ap_b + 0.5Ap_\phi)$$

本例不考虑焊缝贡献给补强的面积，不设置补强圈。因此，上式简化为下式：

$$Af_s(f_s - 0.5P) + Af_b(f_{ob} - 0.5P) \geqslant P(Ap_s + Ap_b)$$

$$2576 \times (144 - 0.5 \times 0.33) + 1939.2 \times (144 - 0.5 \times 0.33) \geqslant 0.33(1317600 + 145440)$$

$$370518.96 + 278924.8 \geqslant 482803$$

649443.8 N ＞ 482803N

式中 $f_{ob} = \min(f_s; f_b) = 144 \text{ MPa}$

结论：材料的反作用力大于压力产生的作用力。**通过。**

（4）按式（5.5-10）计算最大允许压力

$$P_{max} = \frac{(Af_s + Af_w) \cdot f_s + Af_b \cdot f_{ob} + Af_p \cdot f_{op}}{(Ap_s + Ap_b + 0.5Ap_\phi) + 0.5(Af_s + Af_w + Af_b + Af_p)}$$

$$= \frac{(2576 + 0) \times 144 + 1939.2 \times 144 + 0}{(1317600 + 145440 + 0) + 0.5 \times (2576 + 0 + 1939.2 + 0)} = \frac{663734.4}{1467426.6} = 0.44 \text{ MPa}$$

$\boldsymbol{P_{max}}$**=0.44 MPa＞0.33 MPa**

结论：最大允许压力大于设计压力。**通过。**

【例 2】HDPE 产品出料罐，计算压力 2.365MPa，设计温度 150℃，圆筒内径 900mm，材质 Q345R，其许用应力[σ]=183 MPa，接管 16Mn，其许用应力[σ]=157 MPa，计算锥壳上的斜接管 ϕ219×12 的开孔补强，锥壳半顶角为 30°，附加量 2mm，结构见图 5-4.2。

【解】按 GB150 确定，锥壳名义厚度 16 mm，接管名义厚度 10mm。开孔中心处的锥壳内径 D_i = 464mm（注：由 AutoCAD 标注得到）。接管外径 219 mm，接管内径 203 mm。进而确定锥壳的有效厚度(16−2)=14 mm，接管的有效厚度(10−2)=8 mm。

（1）锥壳纵向截面上的斜接管，按 **5.5.2.4.5.4** 式（5.5-114）计算。

$$Ap_s = 0.5\cdot(l'_s + a)\cdot(2r_{is} + (l'_s + a)\tan\alpha) = 0.5\cdot(88.5 + 126.4)\times$$
$$\times[2\times 286.5 + (88.5 + 126.4)\tan 30°] = 74900.4\text{mm}^2$$

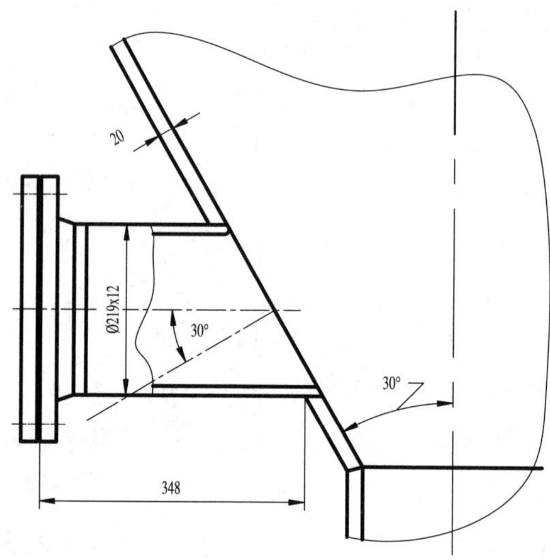

图 5-4.2　锥壳上的斜接管（接管中心线与锥壳纵轴中心线垂直）

式中 a 按 5.5.2.4.5.2 式（5.5-108）计算，φ=30°。

$$a = 0.5\cdot\frac{d_{eb}}{\cos\phi} = 0.5\cdot\frac{219}{\cos 30°} = 126.4\text{ mm}$$

（2）应用 5.5.2.4.4.4 的式（5.5-96）一式（5.5-98）计算 r_{is}, l_{so}, l'_s。

$$r_{is} = \frac{D_e}{2\cos\alpha} - e_{a,s} = \frac{496.3}{2\cdot\cos 30°} - 14 = 286.5\text{ mm}$$

式中开孔中心处锥壳外径 D_e=464+2×14/cos30° =496.3mm。

$$l_{so} = \sqrt{\left[\left(\frac{D_e}{\cos\alpha} - 2e_{a,s}\right) + e_{c,s}\right]\cdot e_{c,s}} = \sqrt{\left[\left(\frac{496.3}{\cos 30°} - 2\times 14\right) + 14\right]\cdot 14} = 88.5\text{ mm}$$

$$l'_s = \min(l_{so}; l_s) = \min(88.5, 320) = 88.5\text{mm}$$

式中从接管外径到锥壳小端不连续处的壳体长度 l_s=320mm。

（3）应用 5.5.2.4.4.1 式（5.5-76）、式（5.5-78）、式（5.5-79）和式（5.5-82）、式（5.5-84）计算 l_{bo}, l'_b, Af_b, Af_s, Ap_b。

$$l_{bo} = \sqrt{(d_{eb} - e_b)\cdot e_b} = \sqrt{(219 - 8)\cdot 8} = 41.1\text{ mm}$$

$$Af_b = e_b\cdot(l'_b + l'_{bi} + e'_s) = 8\times(41.1 + 0 + 14) = 440.8\text{ mm}^2$$

$$Af_s = l'_s\cdot e_{c,s} = 88.5\times 14 = 1239\text{mm}^2$$

$$l'_b = \min(l_{bo}; l_b) = \min(41.1, 250) = 41.1\text{ mm}$$

式中壳体外侧接管的伸出长度 l_b =250mm

$$Ap_b = 0.5d_{ib}\times(l'_b + e_{a,s}) = 0.5\times 203\times(41.1 + 14) = 5592.7\text{ mm}^2$$

（4）按 **5.5.2.1.1** 单个开孔补强的通用公式（5.5-7）计算补强条件

$$(Af_s + Af_w)(f_s - 0.5P) + Af_p(f_{op} - 0.5P) + Af_b(f_{ob} - 0.5P) \geqslant P(Ap_s + Ap_b + 0.5Ap_\phi)$$

本例不考焊缝贡献给补强的面积，不设置补强圈。因此，上式简化为：

$$(Af_s)(f_s-0.5P)+Af_b(f_{ob}-0.5P)\geqslant P(Ap_s+Ap_b+0.5Ap_\phi)$$

式中 $f_{ob}=\min(f_s;f_b)=157\text{MPa}$

由接管的倾角引起的附加面积，按式（5.5-112）计算：

$$Ap_\phi=\frac{d_{ib}^2}{2}\cdot\tan\phi=\frac{203^2}{2}\tan 30°=11896\,\text{mm}^2$$

$$1239\times(183-0.5\times2.365)+440.8\times(157-0.5\times2.365)\geqslant2.365\times(74900.4+5592.7+0.5\times11896)$$

$$\mathbf{293956.3>204433.2}$$

结论：材料的反作用力大于压力产生的作用力。**通过。**

（5）按式（5.5-10）计算最大容许压力

$$P_{max}=\frac{(Af_s+Af_w)\cdot f_s+Af_b\cdot f_{ob}+Af_p\cdot f_{op}}{(Ap_s+Ap_b+0.5Ap_\phi)+0.5(Af_s+Af_w+Af_b+Af_p)}$$

$$=\frac{(1239+0)\times183+440.8\times157+0}{(74900.4+5592.7+0.5\times11896)+0.5\times(1239+0+440.8+0)}=3.39\,\text{MPa}$$

$$\boldsymbol{P_{max}=3.39\text{MPa}>2.365\text{ MPa}}$$

结论：最大允许压力大于设计压力。**通过。**

【例 3】HDPE 产品出料罐，设计条件同例 2，DN900×20 的椭圆形封头上中心接管 ϕ219×12，非中心部位的 ϕ168×12、两个 ϕ83×11 和 ϕ35×6 共 5 个接管开孔，只计算 ϕ219×12 和 ϕ168×12 两个接管开孔补强，附加量 2mm，结构见图 5-4.3。5 个接管的布置如图 5-4.4 所示。

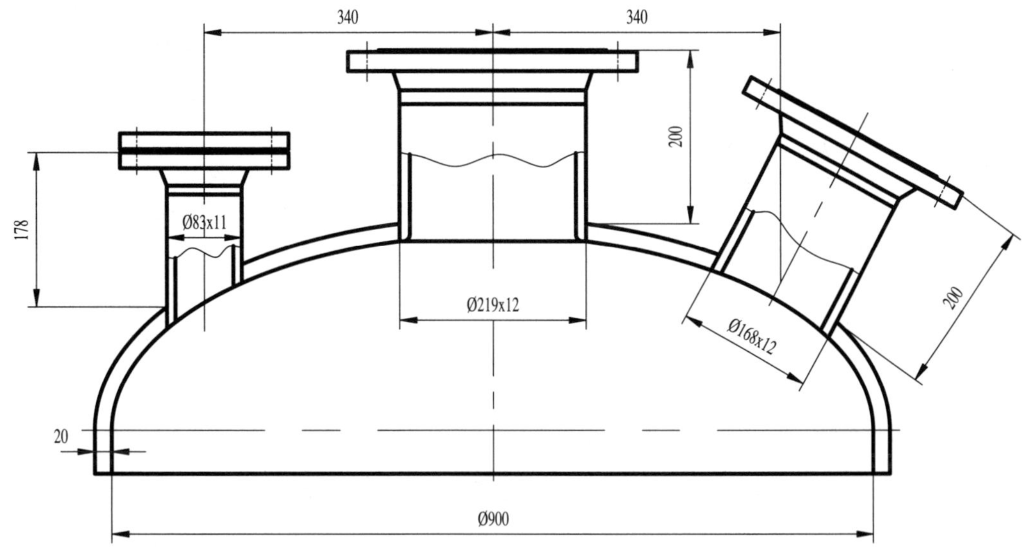

图 5-4.3 椭圆形封头上的接管

【解】按 GB150 确定，椭圆形封头名义厚度按 16 mm 考虑，ϕ168×12 的接管，按 ϕ168×6 考虑，余量留给疲劳分析用。椭圆形封头有效厚度(16−2)=14mm，ϕ219×6，ϕ168×6，接管有效厚度 4 mm。

（1）按单个开孔的限制条件，核算是否满足式（5.5-1）：

$$L_b\geqslant a_1+a_2+l_{so1}+l_{so2}$$

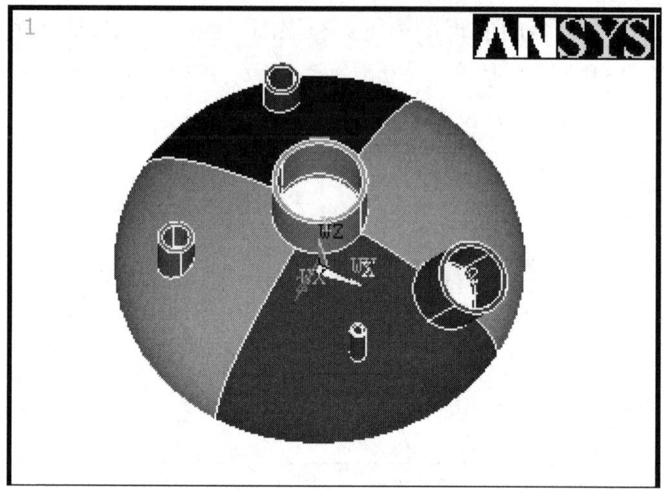

图 5-4.4　5 个接管的布置

l_{so} 按式（5.5-2）计算

$$l_{so} = \sqrt{(2r_{is} + e_{c,s}) \cdot e_{c,s}} = \sqrt{(2 \times 810 + 14) \times 14} = 151.2\,\text{mm}$$

式中对椭圆形封头，按式（5.5-5）计算曲率半径 r_{is}，

$$r_{is} = \frac{0.44D_i^2}{2h} + 0.02D_i = \frac{0.44 \times 900^2}{2 \times 225} + 0.02 \times 900 = 810\,\text{mm}$$

因接管 ϕ219×12 和 ϕ168×12 都是正交接管，按 **5.5.2.4.4.5** 的式（5.5-102）至式（5.5-104）计算下列各值

$$r_{ms} = r_{is} + 0.5 \cdot e_{a,s} = 810 + 0.5 \times 14 = 817\,\text{mm}$$

对于接管 ϕ219×12

$$\delta = \frac{d_{eb}}{2 \cdot r_{ms}} = \frac{219}{2 \times 817} = 0.134$$

对于接管 ϕ168×12

$$\delta = \frac{d_{eb}}{2 \cdot r_{ms}} = \frac{168}{2 \times 817} = 0.103$$

对于 a_1 和 a_2

$$a_1 = r_{ms} \cdot \arcsin\delta = 817 \times (\arcsin 0.134) \times \frac{\pi}{180} = 109.8\,\text{mm}$$

$$a_2 = r_{ms} \cdot \arcsin\delta = 817 \times (\arcsin 0.103) \times \frac{\pi}{180} = 84.3\,\text{mm}$$

L_b=423.5＜109.8+84.3+2×151.2=496.5mm

注意：L_b=423.5，见第 4 章例 4。

设定值 L_b=423.5 不满足式（5.5-1）的条件。因此，第一，要满足 ϕ168×6 单个接管开孔的补强条件；第二，按 **5.6.3** 相邻开孔的孔间带校核，满足式（5.6-4）的条件。

（2）计算 ϕ168×6 单个接管开孔的补强

1）按 **5.5.2.4.4.5** 的式（5.5-101）和式（5.5-105）计算下列两值.

$$l'_s = \min(l_{so}; l_s) = \min[151.2; (423.5 - 109.8 - 84.3)] = 151.2\,\text{mm}$$

$$Ap_s = 0.5 \cdot r_{is}^2 \cdot \frac{l_s' + a}{0.5 \cdot e_{a,s} + r_{is}} = 0.5 \times 810^2 \cdot \frac{151.2 + 84.3}{0.5 \times 14 + 810} = 94560.3\ \text{mm}^2$$

2）按 **5.5.2.4.4** 垂直壳体的接管，有或没有补强圈的式（5.5-76）、式（5.5-78）、式（5.5-79）、式（5.5-82）和式（5.5-84）计算下列各值：

$$l_{bo} = \sqrt{(d_{eb} - e_b) \cdot e_b} = \sqrt{(168 - 4) \times 4} = 25.6\ \text{mm}$$

$$Af_b = e_b \cdot (l_b' + l_{bi}' + e_s') = 4 \times (25.6 + 0 + 14) = 158.4\ \text{mm}^2$$

$$Af_s = l_s' \cdot e_{c,s} = 151.2 \times 14 = 2116.8\text{mm}^2$$

$$l_b' = \min(l_{bo}; l_b) = \min(25.6; 150) = 25.6\ \text{mm}$$

$$Ap_b = 0.5 d_{ib} \cdot (l_b' + e_{a,s}) = 0.5 \times 156 \times (25.6 + 14) = 3088.8\ \text{mm}^2$$

3）按 **5.5.2.1.1** 的式（5.5-7）计算单个接管开孔补强条件

$$(Af_s + Af_w)(f_s - 0.5P) + Af_p(f_{op} - 0.5P) + Af_b(f_{ob} - 0.5P) \geqslant P(Ap_s + Ap_b + 0.5Ap_\phi)$$

本例不考虑焊缝贡献给补强的面积，不设置补强圈。因此，上式简化为：

$$(Af_s)(f_s - 0.5P) + Af_b(f_{ob} - 0.5P) \geqslant P(Ap_s + Ap_b)$$

$$2116.8 \times (183 - 0.5 \times 2.365) + 158.4 \times (157 - 0.5 \times 2.365) > 2.365 \times (94560.3 + 3088.8)$$

409552.8 N＞230940.1 N

按式（5.5-8）计算 f_{ob}

$$f_{ob} = \min(f_s; f_b) = \min(183; 157) = 157\text{MPa}$$

4）按 **5.5.2.1.2** 的式（5.5-10）计算最大允许压力

$$P_{max} = \frac{(Af_s + Af_w) \cdot f_s + Af_b \cdot f_{ob} + Af_p \cdot f_{op}}{(Ap_s + Ap_b + 0.5Ap_\phi) + 0.5(Af_s + Af_w + Af_b + Af_p)}$$

$$= \frac{(2116.8 + 0) \times 183 + 158.4 \times 157 + 0}{(94560.3 + 3088.8 + 0) + 0.5 \times (2116.8 + 0 + 158.4 + 0)} = 4.17\ \text{MPa}$$

（3）按 **5.6.3** 相邻开孔的孔间带校核，满足式（5.6-4）的条件

按 **5.6.3.1** 的式（5.6-4）校核孔间带

$$(Af_{Ls} + Af_w) \cdot (f_s - 0.5P) + Af_{b1}(f_{ob1} - 0.5P) + Af_{p1}(f_{op1} - 0.5P) + Af_{b2}(f_{ob2} - 0.5P) + \\ + Af_{p2}(f_{op2} - 0.5P) \geqslant P(Ap_{Ls} + Ap_{b1} + 0.5Ap_{\varphi 1} + Ap_{b2} + 0.5Ap_{\varphi 2})$$

本例不考虑焊缝对补强的贡献，不设置补强圈，接管垂直壳体。因此，上式可改写成：

$$(Af_{Ls}) \cdot (f_s - 0.5P) + Af_{b1}(f_{ob1} - 0.5P) + Af_{b2}(f_{ob2} - 0.5P) \geqslant P(Ap_{Ls} + Ap_{b1} + Ap_{b2})$$

式中：按 **5.6.3.3** 在球壳和凸形封头上的相邻正交开孔规定，对圆筒且 Φ=90°的公式计算 a_1 和 a_2 及面积 Ap_{Ls} 和 Af_{Ls}，即按式（5.6-5）、式（5.6-7）和式（5.6-8）计算。

$$Ap_{Ls} = \frac{0.5r_{is}^2 \cdot L_b \cdot (1 + \cos\Phi)}{r_{is} + 0.5e_{a,s} \cdot \sin\Phi} = \frac{0.5 \times 810^2 \times 423.5 \cdot (1 + \cos 90°)}{810 + 0.5 \times 14 \times \sin 90°} = 170047.9\ \text{mm}^2$$

$$Af_{Ls} = (L_b - a_1 - a_2) \cdot e_{c,s} = (423.5 - 109.5 - 84) \times 14 = 3220\ \text{mm}^2$$

$$a_1=\frac{0.5d_{eb}}{\cos\phi_e}=\frac{0.5\times 219}{\cos 0°}=109.5\text{ mm}$$

$$a_2=\frac{0.5d_{eb}}{\cos\phi_e}=\frac{0.5\times 168}{\cos 0°}=84\text{ mm}$$

$$L_b=423.5$$

$$3220\times(183-0.5\times 2.365)+173.2\times(157-0.5\times 2.365)+158.4\times(157-0.5\times 2.365)$$
$$\geqslant 2.365\times(170047.9+4481.6+3088.8)$$

$$637121.5>420067.3$$

式中

$$l_{b1}=\sqrt{(d_{eb}-e_b)\cdot e_b}=\sqrt{(219-4)\cdot 4}=29.3\text{ mm}$$

$$l_{b2}=\sqrt{(d_{eb}-e_b)\cdot e_b}=\sqrt{(168-4)\cdot 4}=25.6\text{ mm}$$

$$l'_{b1}=\min(l_{bo};l_b)=\min(29.3;150)=29.3\text{ mm}$$

$$l'_{b2}=\min(l_{bo};l_b)=\min(25.6;150)=25.6\text{ mm}$$

$$Af_{b1}=e_b\cdot(l'_b+l'_{bi}+e'_s)=4\times(29.3+0+14)=173.2\text{ mm}^2$$

$$Af_{b2}=e_b\cdot(l'_b+l'_{bi}+e'_s)=4\times(25.6+0+14)=158.4\text{ mm}^2$$

$$Ap_{b1}=0.5d_{ib}\cdot(l'_{b1}+e_{a,s})=0.5\times 207\times(29.3+14)=4481.6\text{ mm}^2$$

$$Ap_{b2}=0.5d_{ib}\cdot(l'_{b2}+e_{a,s})=0.5\times 156\times(25.6+14)=3088.8\text{ mm}^2$$

结论：孔间带校核通过。

第 5 节　小结

1　开孔补强的基础理论

该方法建立在保证材料提供的反作用力大于或等于由压力产生的作用力的基础上。前者是每一元件上的平均薄膜应力与应力作用的截面积乘积的总和（见图 5.4-1 至图 5.4-13）；后者是压力与压力作用的截面积乘积的总和。如果补强不足，应增大前者并须重算。

补强及强度在一个开孔中心线各处可有变化。在整个截面上应表明补强是足够的。

（1）单个开孔的补强条件，如式（5.5-7）：

$$(Af_s+Af_w)(f_s-0.5P)+Af_p(f_{op}-0.5P)+Af_b(f_{ob}-0.5P)\geqslant P(Ap_s+Ap_b+0.5Ap_\phi)$$

（2）多个开孔的补强条件

1）相邻开孔的孔间带校核，如式（5.6-4）：

$$(Af_{Ls}+Af_w)\cdot(f_s-0.5P)+Af_{b1}(f_{ob1}-0.5P)+Af_{p1}(f_{op1}-0.5P)+Af_{b2}(f_{ob2}-0.5P)+$$
$$+Af_{p2}(f_{op2}-0.5P)\geqslant P(Ap_{Ls}+Ap_{b1}+0.5Ap_{\varphi 1}+Ap_{b2}+0.5Ap_{\varphi 2})$$

2）相邻开孔的全面校核，如式（5.6-22）：

$$(Af_{Os}+Af_{w})\cdot(f_{s}-0.5P)+2Af_{b1}(f_{ob1}-0.5P)+2Af_{b2}(f_{ob2}-0.5P)+$$
$$+Af_{po1}(f_{op1}-0.5P)+Af_{po2}(f_{op2}-0.5P)+Af_{pi}(f_{opi}-0.5P)\geqslant$$
$$\geqslant P(Ap_{Os}+2Ap_{b1}+Ap_{\varphi1}+2Ap_{b2}+Ap_{\varphi2})$$

上述各式左面是壳体、补强圈和接管的设计应力（许用应力）与应力作用面乘积的力，而右面是压力与壳体、接管承受的压力作用面，再加上由斜接管产生的附加压力作用面的乘积的力。

在接管、补强圈、补强环与各种开孔位置搭配条件下，主要的任务就是计算应力作用面和压力作用面。

2 开孔补强是“一孔一校”

$$P_{max}=\frac{(Af_{s}+Af_{w})\cdot f_{s}+Af_{b}\cdot f_{ob}+Af_{p}\cdot f_{op}}{(Ap_{s}+Ap_{b}+0.5Ap_{\phi})+0.5(Af_{s}+Af_{w}+Af_{b}+Af_{p})}\geqslant\text{设计压力}$$

3 开孔率

（1）用壳体补强的没有接管的开孔，开孔率为

$$\frac{d}{2r_{is}}\leqslant 0.5$$

（2）用补强板补强的开孔，开孔率也为上式。

（3）在半球形封头和其他的凸形封头上开孔，d/D_e 应不超过 0.6。

（4）圆筒上用接管补强的开孔，$d_{ib}/(2r_{is})$应不超过 1.0（见图 5.4-14 和图 5.4-15）。

4 能设计的开孔补强

（1）开孔垂直于壳体，没有接管、补强环和补强圈，仅在开孔区域用增加壳体壁厚的方法补强（见图 5.4-1 和图 5.4-2），对于圆筒纵向截面上的开孔，按 5.5.2.4.2 计算。锥壳纵向截面上的开孔按 5.5.2.4.2.2 计算。对于球壳、凸形封头、圆筒和锥壳的横截面上的开孔，按 5.5.2.4.2.3 计算。

（2）开孔垂直于壳体，没有接管、补强环，在开孔区域仅用补强圈补强（见图 5.4-3 和图 5.4-4）。应力作用的截面积按式（5.5-22）计算。

（3）开孔垂直于壳体，没有接管和补强圈，在开孔区域仅用补强环补强（见图 5.4-5 和图 5.4-6），按 5.5.2.4.3 计算，对于圆筒纵截面上的补强环，按 5.5.2.4.3.1 计算。对于锥壳纵截面上的补强环，按 5.5.2.4.3.2 计算。对于球壳、凸形封头、圆筒和锥壳横截面上的补强环，按 5.5.2.4.3.3 计算。补强环全是与壳体正交的，没有倾斜的。

上述开孔为圆形、椭圆形或长圆形。

（4）用接管补强

1）径向接管

①圆筒纵向截面上的接管，按 5.5.2.4.4.3 计算。

②锥壳纵截面上的接管，按 5.5.2.4.4.4。

③球壳、凸形封头、圆筒和锥壳横截面上的接管，按 5.5.2.4.4.5 计算。

2）斜接管

①圆筒纵截面上的斜接管，φ 角不超过 60°，按 5.5.2.4.5.2 和 5.5.2.4.5.3 计算。

②锥壳纵截面上的接管，φ 角不超过 60°，按 5.5.2.4.5.2 和 5.5.2.4.5.4。

③圆筒和锥壳横截面上的斜接管，按 5.5.2.4.5.2 和 5.5.2.4.5.5 计算。

④在球壳和凸形封头上斜接管，按 5.5.2.4.5.6 计算。

5 不能设计的接管开孔补强

该标准不能设计 **ASMEⅧ-2:4.5** 给出的下列接管开孔补强，也不能设计计算本书第 6 章 ГОСТ Р 52857.3 给出的图 A.11 的开孔补强。

6 若接管开孔补强条件中，不考虑接管与壳体角焊缝，或补强圈与壳体或接管的角焊缝贡献给补强的面积，则不用按 5.5.2.3.3 考虑角焊缝的面积 Af_w。

7 对于相互有影响的开孔补强，本标准给出相邻开孔的孔间带校核，按 5.6.3 计算，全面校核按 5.6.4。

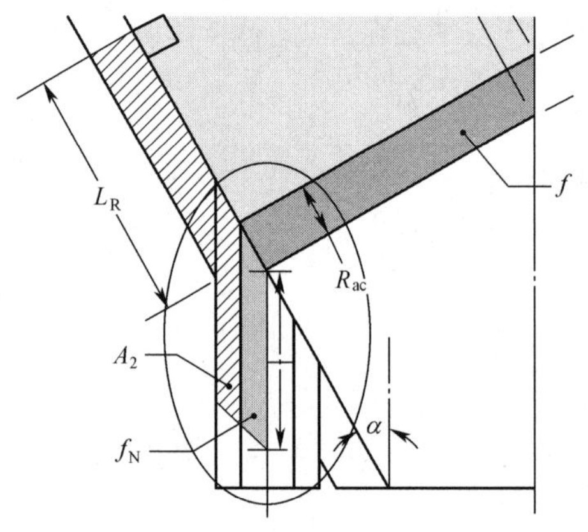

ASMEⅧ-2:4.5 图 4.5.8（本书图 4.8）

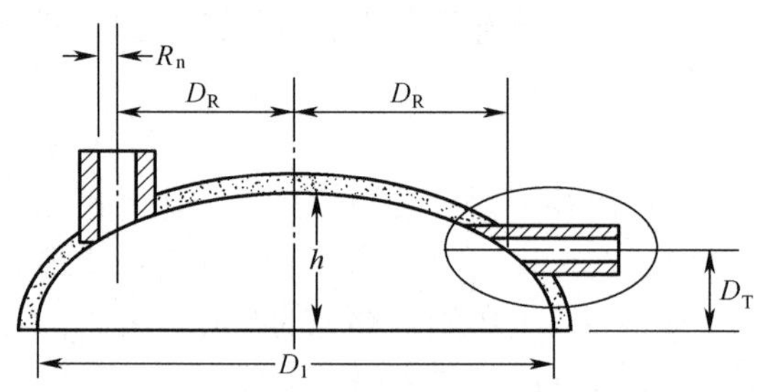

ASMEⅧ-2:4.5 图 4.5.10（本书图 4.10）

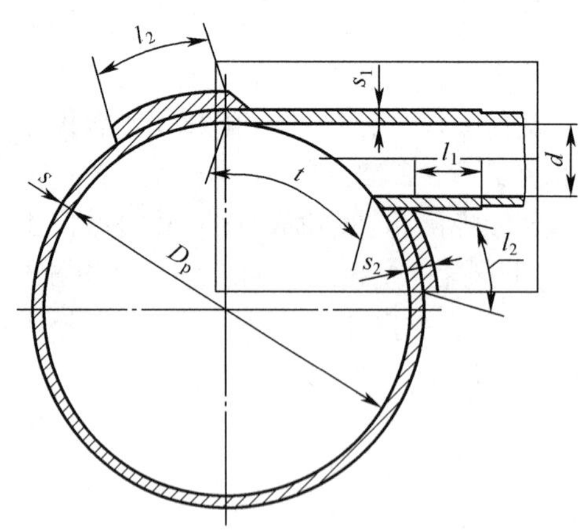

ГОСТ Р 52857.3 图 A.11

8 开孔靠近壳体不连续处的距离 w，必须满足 5.7.2 的规定：$w \geqslant w_{min}$。这是本标准的一大特点。

9 本标准没有规定在元件承受轴向压缩条件下的开孔补强，以及在接管上有外载荷作用下开孔补强的规定。

第 6 节　原文主要的难句分析

1　原文 9.2.4：“plate which is fillet welded to the shell and contributes to the reinforcement”

【语法分析】

句中 fillet 是名词，fillet welded 为“名词+过去分词”，在此处作表语。由 which 引出的定语从句作 plate 的定语。

本书的译文：“是用填角焊接到壳体上的板并贡献给补强”。

2　原文 9.5.2.2 “Where it lies within this distance, the reinforcement shall be in accordance with Equation (9.5-7) or (9.5-11) as appropriate.”

【语法分析】

这是一个主从复合句，主句中的 as appropriate 充当句子一个成分，在这里是作主语补语。Where 是副词，引导状语从句。

本书的译文：“在小开孔位于该距离 w_p 以内的地方，按式（9.5-7）或式（9.5-11）补强是合适的。”（注：接上文，小开孔，w_p 是 it 和 this distance 所指的肉容）

3　本标准原文的 Reinforcing pads=reinforcing plate，译为“补强圈”或“补强板”。见原文 9.5.2.3.1 “For cases where a reinforcing pad contributes to the reinforcement (see Figures 9.4-3, 9.4-4, 9.4-10)”。这里，图 9.4-3、图 9.4-4、图 9.4-10 中用 reinforcing plate。不注意这一情况就可能译错。

4　原文 9.5.2.3.1 “the width of a reinforcing plate l'_p to be considered as contributing to reinforcement is given by.”

【语法分析】

此句的主语是 the width of a reinforcing plate l'_p to be considered as contributing to reinforcement，不定式 to be considered 是被动语态，the width of a reinforcing plate l'_p 作主语，而 as contributing to reinforcement 作主语补语。谓语是 is given by。

本书的译文：“补强圈的宽度 l'_p 被认为是对补强的贡献，由下式给出”。

5　原文 9.5.2.4.5.3 “with **a** calculated according to 9.5.2.4.5.2.”

【语法分析】

这不是一个句子，这是两个短语，其一是 with a calculated，类似于分词独立结构，这种短语有主谓结构，主语是 a，谓语是 calculated；其二是 according to 9.5.2.4.5.2。

本书的译文：“a 值计算，按 9.5.2.4.5.2”。

6　原文 9.6.4 b)：“Equation (9.6-4) is satisfied with the term in the right hand side multiplied by 0.85;”

【语法分析】

这是一个简单句，“with the term in the right hand side multiplied by 0.85”，介词短语作状语，即“with+名词 term+过去分词 multiplied by 0.85”。

本书的译文：“满足式（9.6-4），须其右项乘 0.85”。

7 原文 9.6.4 c)“no other opening is adjacent to the two openings under consideration;”

【语法分析】

（1）No 通常与名词连用，但否定的重点不是名词，而是常常转移到动词上。

（2）Under consideration 介词短语作定语，译为“考虑中”，不能译为“所考虑的”。

本书的译文：“其他开孔不是与考虑中的两个开孔相邻的；”

8 原文 9.5.2.4.2.1 “For adequate reinforcement either Equation (9.5-7) or (9.5-11), as appropriate, shall be satisfied.”

【语法分析】

这是一个被动句，主语是“either Equation (9.5-7) or (9.5-11)”，either…or 是连词，谓语是 shall be satisfied，介词短语 For adequate reinforcement 作状语，as appropriate 是“as+形容词”作主语补语。按主动句译，as appropriate 就作为“either Equation (9.5-7) or (9.5-11)”的宾语补语。实际使用时，满足补强条件只能使用其中一个公式。依据：若 f_b 或 f_p 均不大于 f_s，应选用式（9.5-7）；若 f_b 或 f_p 两者都大于 f_s，应选用式（9.5-11）。因此，翻译时，可以译为“式（9.5-7）或式（9.5-11）”，也可以译为“不是式（9.5-7）就是式（9.5-11）”。

本书的译文：“为了充分补强，满足式（9.5-7）或式（9.5-11）是合理的”。

参考文献

[1] DS EN 13445-3-2014《Unfired pressure vessels-part 3 Design》.

[2] BD5500-2015.

第6章　在内压或外压作用下壳体和封头的开孔补强 接管上外载荷作用下圆筒和球形封头的强度计算

第1节　概述

本章的内容是**ГОСТ Р 52857.3－2007**，是以极限平衡（极限载荷）理论为基础推导出的计算公式。与**ГОСТ 24755-89**比较，新增的内容是，除考虑压力载荷外，还考虑圆筒和球形封头的接管上作用的轴向力和弯矩载荷，除开孔补强计算外，须进一步计算许用轴向力和许用弯矩，并给出联合载荷下的静强度校核条件。仅有压力载荷时，圆筒锥壳的开孔率为1.0，考虑接管上的轴向力和弯矩载荷作用时，圆筒开孔率为0.8。凸形封头开孔率0.6。

重点关注下列计算问题：

1　本标准给出具有圆形横截面的接管与壳体在各种相贯型式下的开孔计算直径的计算公式（见汇总表3.5-1）。

2　在壳体计算壁厚（没有多余壁厚）的情况下，存在一个不要补强的开孔计算直径 d_{op}，并从所需补强面积中减去它所占据的面积，见附图1和式（28）。

3　完成静载荷下的开孔补强计算之后，若已知圆筒和球形封头的正交接管上作用的轴向力和弯矩载荷时，须计算许用轴向力和许用弯矩，并进行联合载荷下的静强度校核。

第3节给出“从GB150转入本规范的计算切入点”，可以转入按**ГОСТ Р 52857.3**设计的、GB150不能解决的所需的开孔补强。

第4节有3个实例计算，将有助于对规范条款的理解和应用。

第6节给出规范原文主要难句的语法分析和译文分析。

第 2 节　标准正文

	俄罗斯联邦 国家标准	ГОСТ Р 52857.3- 2007

实施日期：**2008-04-01**

容器及设备
强度计算的规范和方法
在内压或外压作用下壳体和封头的开孔补强
接管上外载荷作用下圆筒和球形封头的强度计算

1　应用范围

本标准规定了在化工、石油天然气加工和相邻的工业部门中使用的，内压或外压容器及设备的圆筒、锥壳、锥形过渡段和凸形封头上开孔补强计算的规范和方法。

本标准中列入了在接管上的外部静载荷作用下圆筒和球形封头强度计算的方法。

本标准与 ГОСТ Р 52857.1，ГОСТ Р 52857.2 联合使用。

2　引用标准

本标准引用下列标准：

ГОСТ Р 52630－2006　钢制焊接容器及设备通用技术条件

ГОСТ Р 52857.1－2007　容器及设备强度计算的规范和方法
一般要求

ГОСТ Р 52857.2－2007　容器及设备强度计算的规范和方法
圆筒、锥壳、凸形封头和平盖的计算

3　符号

A —— 被开孔切除的截面中所需补强的计算面积，见图 A.1（附录 A），mm^2；

A_1 —— 接管外侧部分参与补强的截面积，mm^2；

A_2 —— 补强圈的横截面积，mm^2；

A_3 —— 接管内侧部分参与补强的截面积，mm^2；

b —— 两个相邻接管外表面之间的最小距离，见图 A.2，图 A.3（附录 A），mm；

c —— 壳体、过渡段和封头的计算壁厚总附加量，mm；

c_s, c_s', c_s'' —— 接管的计算壁厚总附加量，mm；
$c_{s1}, c_{s1}', c_{s1}''$ —— 接管计算壁厚的腐蚀裕量，mm；
D —— 圆筒或凸形封头的内径，mm；
$D_к$ —— 需要补强的开孔中心处的锥壳（过渡段或封头）内径，见图 A.4 中 б（附录 A），mm；
D_p, D_p', D_p'' —— 需要补强元件的计算内直径，mm；
D_c —— 开孔处壳体的平均直径，mm；
D_2 —— 补强圈的外径，mm；
d, d', d'' —— 接管内径，mm；
d_o —— 不要求额外补强的单个开孔最大计算直径，mm；
d_{op} —— 不要补强的开孔计算直径，mm；
d_1 —— 椭圆孔的长轴，mm；
d_2 —— 椭圆孔的短轴，mm；
d_p —— 开孔计算直径，mm；
d_c —— 接管的平均直径，mm；
e —— 接管外边缘至封头外边缘在底面上的投影距离，见图 A.5 中 a，б（附录 A），mm；
F_z, F_x —— 作用到接管上的轴向力和横向力，N；
K_1, K_2, K_3 —— 系数；
L_o —— 在没有补强圈的条件下，从接管外壁算起的补强区宽度，见图 A.1（附录 A），mm；
$L_к$ —— 从接管外表面至最邻近的承载结构元件的距离，见图 A.4（附录 A），mm；
L_2 —— 对于两个开孔采用公用补强圈时，补强区的计算宽度，mm；
l —— 折边式嵌入环或焊接环的名义宽度，mm；
l_p —— 在接管或折边式嵌入环周围补强区的计算宽度，mm；
$l_1, l_1', l_1'', l_3, l_3', l_3''$ —— 接管的名义长度，见图 A.6，图 A.7（附录 A）mm；
H —— 椭圆形封头的内曲面高度，mm；
$l_{1p}, l_{1p}', l_{1p}'', l_{3p}, l_{3p}', l_{3p}''$ —— 接管的计算长度，mm；
l_2 —— 补强圈的名义宽度，mm；
l_{2p} —— 补强圈的计算宽度，mm；
M_x, M_y, M_z —— 作用到接管上的弯矩和扭矩，N·mm；
p —— 容器及设备的计算压力，MPa；
$[p]$ —— 容器及设备元件的许用压力，MPa；
$[p]_п$ —— 塑性范围内的许用压力，MPa；
$[p]_E$ —— 弹性范围内的许用压力，MPa；
R —— 半球形封头和碟形封头球面部分的最大内半径，mm；
$R_н$ —— 采用联合补强时，圆形补强圈的半径，见图 A.8（附录 A），mm；
R' —— 直径为 d' 的开孔周围非对称补强圈的半径，见图 A.8（附录 A），mm；
R'' —— 直径为 d'' 的开孔周围非对称补强圈的半径，见图 A.8（附录 A），mm；
R_c —— 接管处圆筒或球形封头的平均半径，mm；
r —— 壳体翻边或折边式嵌入环折边部分的外半径，见图 A.9，A.10 中 a（附录 A），mm；

s — 圆筒、锥壳过渡段或封头的名义壁厚，mm；

s_p — 圆筒、锥壳过渡段或封头的计算壁厚，mm；

s_1, s_1', s_1'' — 壳体外侧接管的名义壁厚，mm；

$s_{1p}, s_{1p}', s_{1p}''$ — 壳体外侧接管的计算壁厚，mm；

s_2, s_2', s_2'' — 补强圈的名义壁厚，mm；

s_3, s_3', s_3'' — 壳体内侧接管的名义壁厚，mm；

t — 圆周上的开孔长度，见图 A.11 中 *в*，*г*（附录 A），mm；

V — 强度降低系数；

x — 椭圆形封头上需要补强的开孔中心至椭圆形封头中心线的水平距离，mm；

α — 锥壳的半顶角，度；

β — 两个相互有影响的开孔中心的连线与筒体母线的夹角，见图 A.3*a*（附录 A），度；

γ — 圆筒、锥壳和凸形封头上斜接管中心线与开孔处壳体表面法线间夹角，见图 A.5 中 *a*，A.11*б*（附录 A），度；

$\chi_1, \chi_2, \chi_3, \chi_1', \chi_2', \chi_3', \chi_1'', \chi_2'', \chi_3''$ — 许用应力的比值；

ρ — 修正系数；

$[\sigma]$ — 计算温度下圆筒、锥壳过渡段和封头材料的许用应力，MPa；

$[\sigma]_1$ — 计算温度下壳体外侧接管材料的许用应力，MPa；

$[\sigma]_2$ — 计算温度下补强圈材料的许用应力，MPa；

$[\sigma]_3$ — 计算温度下壳体内侧接管材料的许用应力，MPa；

$[\tau]$ — 许用剪应力，MPa；

φ — 壳体和封头的焊接接头的强度系数；

$\varphi_1, \varphi_1', \varphi_1''$ — 接管纵向焊接接头的强度系数；

ψ — 通过接管纵焊缝和其中心线的平面与通过壳体纵轴截面的平面间的夹角，见图 A.12（附录 A），度；

ψ', ψ'' — 通过接管纵焊缝和其中心线的平面与通过两个相邻接管开孔中心连线的平面形成的接管中心角，见图 A.12（附录 A），度；

ω — 椭圆孔长轴与通过壳体纵轴中心线的平面之间的夹角，见图 A.13（附录 A），度。

4 一般规定

4.1 本标准给出的计算方法是以极限平衡（极限载荷）理论为基础。极限平衡理论认为，操作条件下容器及设备的材料是塑性材料。列入 ГОСТ Р 52630 中的钢号及其最低使用温度，都能保证所需的塑性性能。有色金属——铝、铜、钛、镍及其合金制容器及设备的标准文件中，列有类似的数据

当采用非塑性材料，或按任何其他参数和操作条件，均不满足本标准应用条件的那种情况下，应按 ГОСТ Р 52857.9，或专门的计算方法进行计算。

4.2 计算公式适用范围的限制条件见表 1。

表 1

参数名称	开孔补强计算公式的适用条件			
	圆筒	锥壳，锥壳过渡段或锥形封头	椭圆形封头	半球形封头碟形封头
直径比*	$\dfrac{d_p-2c_s}{D}\leqslant 1.0$	$\dfrac{d_p-2c_s}{D_к}\leqslant 1.0$	$\dfrac{d_p-2c_s}{D}\leqslant 0.6$	$\dfrac{d_p-2c_s}{D}\leqslant 0.6$
壳体或封头壁厚与其直径比	$\dfrac{s-c}{D}\leqslant 0.1$	$\dfrac{s-c}{D_к}\leqslant \dfrac{0.1}{\cos\alpha}$	$\dfrac{s-c}{D}\leqslant 0.1$	$\dfrac{s-c}{D}\leqslant 0.1$
* 接管上外部静载荷作用下，壳体和封头强度计算时，对于圆筒，$d/D\leqslant 0.8$，对于半球形封头，$d/D\leqslant 0.6$。				

4.3　当在圆筒上设置具有圆形横截面的倾斜接管时，开孔补强计算方法的适用条件是，γ（见图 A.11 中 *б*）不超过 45°，而椭圆孔 d_1 轴和 d_2 轴（见图 A.11 中 *a*）之比满足下列条件：

$$\frac{d_1}{d_2}\leqslant 1+2\frac{\sqrt{D_p(s-c)}}{d_2} \tag{1}$$

接管中心线位于圆筒横截平面上的切向接管（见图 A.11 中 *в*）和斜接管（见图 A.11 中 *г*），不受此限制。

对于椭圆形封头上非中心部位的接管（见图 A.5），γ 不超过 60°。

4.4　接管外边缘至无折边球形封头或碟形封头外表面边缘在封头底面上母线投影距离 $e\geqslant \max\{0.10(D+2s);0.09(D+s)\}$。

小孔直径满足下列条件：

$$d_p\leqslant \max\{(s-c);0.2\sqrt{D_p(s-c)}\} \tag{2}$$

允许在凸形封头的边缘区域布置开孔，不须专门计算或实验依据。

在圆筒和锥壳边缘区域开孔，必须考虑 5.1.5.4 的限制。

在椭圆形封头和半球形封头的边缘区域允许开孔，无限制条件。

4.5　在外部静载荷作用下的强度计算适用于垂直圆筒或球形封头表面的接管。

5　内压或外压下的开孔补强计算

5.1　基本的计算公式

5.1.1　计算直径

需要补强元件的计算直径，按下列各式计算：

对于圆筒

$$D_p=D \tag{3}$$

对于锥壳、过渡段和锥形封头

$$D_p=\frac{D_к}{\cos\alpha} \tag{4}$$

对于椭圆形封头

$$D_p=\frac{D^2}{2H}\sqrt{1-4\frac{(D^2-4H^2)}{D^4}\cdot x^2} \tag{5}$$

对于 $H=0.25D$ 的椭圆形封头

$$D_{\mathrm{p}} = 2D\sqrt{1-3\left(\frac{x}{D}\right)^2} \tag{6}$$

对于球形封头，以及碟形封头的球面部分

$$D_{\mathrm{p}} = 2R \tag{7}$$

式中 R —— 对于碟形封头，按 ГОСТ Р 52857.2 确定。

5.1.1.1 在圆筒、锥壳过渡段和封头壁上开孔，设置具有圆形横截面的接管，且接管中心线与开孔中心处的壳体表面法线重合［见图 A.4，图 A.5 中 *б*，图 A.6（附录 A）]，或没有接管的圆形开孔，开孔计算直径均按下式计算：

$$d_{\mathrm{p}} = d + 2c_s \tag{8}$$

接管中心线位于圆筒或锥壳横截面上［见图 A.11 中 *в*，*г*（附录 A)］的切向接管、斜接管，开孔的计算直径按下式确定：

$$d_{\mathrm{p}} = \max\{d;0.5t\} + 2c_s \tag{9}$$

对于椭圆形封头上非中心部位的接管［见图 A.5 中 *a*（附录 A)]，开孔的计算直径按下式计算：

$$d_{\mathrm{p}} = \frac{d + 2c_s}{\sqrt{1-\left(\frac{2x}{D_{\mathrm{p}}}\right)^2}} \tag{10}$$

5.1.1.2 设置具有圆形横截面的倾斜接管，当开椭圆孔的长轴与圆筒的母线成 ω 角［见图 A.11 中 *a*（附录 A)］时，开孔的计算直径按下式计算：

$$d_{\mathrm{p}} = (d + 2c_s)(1 + \tan^2\gamma\cos^2\omega) \tag{11}$$

对于接管［见图 A.11 中 *б*（附录 A)］中心线位于圆筒和锥壳的纵向截面上（ω=0），以及对半球形封头和碟形封头球面部分的所有开孔，开孔的计算直径均按下式计算：

$$d_{\mathrm{p}} = \frac{d + 2c_s}{\cos^2\gamma} \tag{12}$$

对于垂直壳体表面布置的椭圆形接管的开孔的计算直径按下式计算：

$$d_{\mathrm{p}} = (d_2 + 2c_s)\left[\sin^2\omega + \frac{(d_1 + 2c_s)(d_1 + d_2 + 4c_s)}{2(d_2 + 2c_s)^2}\cos^2\omega\right] \tag{13}$$

对于凸形封头，$\omega = 0$。

对于设置具有圆形横截面的接管，接管中心线与开孔中心处壳体表面的法线重合，当采用壳体翻边或折边式嵌入环时，按下式计算开孔计算直径：

$$d_{\mathrm{p}} = d + 1.5(r - s_{\mathrm{p}}) + 2c_s \tag{14}$$

5.1.2 焊接接头的强度系数

若壳体（封头）焊缝中心线远离接管外表面的距离大于需要补强元件壁厚的 3 倍［$3s$，见图 A.4（附录 A)]，则开孔补强计算时，应取这条焊接接头的强度系数 φ=1。当壳体焊缝通过开孔，或接管外表面离开壳体焊缝中心的距离小于 $3s$ 的例外情况下，依焊缝形式和焊缝质量，取 $\varphi \leqslant 1$。

若通过焊接管的纵焊缝和该管中心线的平面与通过圆筒或锥壳纵向中心线的截面平面形成的 ψ 角不小于 60°［见图 A.12（附录 A)］，则取接管纵向焊接接头的强度系数 $\varphi_1=1$。在其他情况下，应依接管焊缝形式和焊缝质量取 $\varphi_1 \leqslant 1$。

5.1.3　计算壁厚

5.1.3.1　需要补强元件的计算壁厚按 ГОСТ Р 52857.2 确定。对于内压椭圆形封头，其计算壁厚 s_p 按下式确定：

$$s_\mathrm{p} = \frac{pD_\mathrm{p}}{4\varphi[\sigma]-p} \tag{15}$$

式中系数 φ 按 5.1.2 条确定。

5.1.3.2　无论受内压还是受外压的接管，其计算壁厚均按下式计算：

$$s_{1\mathrm{p}} = \frac{p(d+2c_s)}{2[\sigma]_1\varphi_1 - p} \tag{16}$$

式中系数 φ_1 按 5.1.2 条确定。

对于椭圆形接管，上式中取 $d=d_1$。

5.1.4　接管的计算长度

参与开孔补强并在计算时考虑的圆形接管在壳体内、外侧的计算长度[见图 A.6(附录 A)]，分别按下式计算：

$$l_{1\mathrm{p}} = \min\left\{l_1;1.25\sqrt{(d+2c_s)(s_1-c_s)}\right\} \tag{17}$$

$$l_{3\mathrm{p}} = \min\left\{l_3;0.5\sqrt{(d+2c_s)(s_3-c_s-c_{s1})}\right\} \tag{18}$$

对于椭圆形接管［见图 A.13（附录 A)］，在上式中，取 $d=d_2$。

在内伸式接管的情况下［见图 A.7（附录 A)］，取 $s_3=s_1$。

5.1.5　计算宽度

5.1.5.1　在圆筒、锥壳过渡段和封头上补强区域的宽度按下式计算：

$$L_\mathrm{o} = \sqrt{D_\mathrm{p}(s-c)} \tag{19}$$

5.1.5.2　当存在折边式嵌入环或焊接环［见图 A.10（附录 A)]）时，接管周围的圆筒、过渡段和封头壳壁中补强区域的计算宽度，按下式确定：

$$l_\mathrm{p} = \min\{l;L_\mathrm{o}\} \tag{20}$$

当有壳体翻边结构［见图 A.9（附录 A)］，以及没有折边式嵌入环或焊接环的条件下，补强区域的计算宽度为：

$$l_\mathrm{p} = L_\mathrm{o} \tag{21}$$

5.1.5.3　补强圈的计算宽度按下式确定：

$$l_{2\mathrm{p}} = \min\left\{l_2;\sqrt{D_\mathrm{p}(s_2+s-c)}\right\} \tag{22}$$

5.1.5.4　对于离开其他结构元件的距离 $L_\kappa < L_\mathrm{o}$ 的开孔[见图 A.4(附录 A)]，计算宽度 l_p、$l_{2\mathrm{p}}$ 确定如下：

对于圆筒与刚性环，平盖和管板的连接区域［见图 A.4 中 a（附录 A)］，按式（20)、式（21）或式（22）计算。

对于锥壳与另一圆筒，圆筒与锥形封头或凸形封头［见图 A.4 中 б（附录 A）］，以及圆筒与容器法兰或鞍座的连接区域，按下式计算：

$$l_{\mathrm{p}} = L_{\kappa}；\quad l_{2\mathrm{p}} = \min\{l_2; L_{\kappa}\} \tag{23}$$

5.1.6 许用应力的比值

对于接管的外侧部分

$$\chi_1 = \min\left\{1.0; \frac{[\sigma]_1}{[\sigma]}\right\}$$

对于补强圈

$$\chi_2 = \min\left\{1.0; \frac{[\sigma]_2}{[\sigma]}\right\}$$

对于接管的内侧部分

$$\chi_3 = \min\left\{1.0; \frac{[\sigma]_3}{[\sigma]}\right\}$$

5.1.7 不要补强的开孔计算直径

不要补强的开孔计算直径按下式确定：

$$d_{\mathrm{op}} = 0.4\sqrt{D_{\mathrm{p}}(s-c)} \tag{24}$$

作者注：在计算壁厚（没有圆整）条件下不要补强的开孔计算直径。若将$(s-c)=s_{\mathrm{p}}$代入式（26）中，则得式（24）。

5.2 容器及设备的单个开孔

如果相邻两个接管［见图 A.2（附录 A）］外表面之间的距离满足下列条件：

$$b \geqslant \sqrt{D_{\mathrm{p}}'(s-c)} + \sqrt{D_{\mathrm{p}}''(s-c)} \tag{25}$$

最近的两个开孔彼此不产生影响，则认为发生上述的开孔为单个开孔。

5.2.1 不要求额外补强的内压容器单个开孔的计算直径

在容器存在多余壁厚的条件下，不要求额外补强的单个开孔计算直径，按下式计算：

$$d_{\mathrm{o}} = 2\left(\frac{s-c}{s_{\mathrm{p}}} - 0.8\right)\cdot\sqrt{D_{\mathrm{p}}(s-c)} \tag{26}$$

若单个开孔的计算直径满足下列条件：

$$d_{\mathrm{p}} \leqslant d_{\mathrm{o}} \tag{27}$$

则后续的开孔补强计算不必进行。

如果不满足式（27）的条件，则开孔补强计算按 **5.2.2** 和 **5.2.3** 进行。

5.2.2 单个开孔的补强条件

5.2.2.1 采用增加容器或接管壁厚，或采用补强圈，或用折边式嵌入环，或采用在开孔处壳体翻边的开孔补强的情况下，均应满足下列补强条件：

$$l_{1\mathrm{p}}(s_1 - s_{1\mathrm{p}} - c_s)\chi_1 + l_{2\mathrm{p}}s_2\chi_2 + l_{3\mathrm{p}}(s_3 - c_s - c_{s1})\chi_3 + l_{\mathrm{p}}(s - s_{\mathrm{p}} - c) \geqslant 0.5(d_{\mathrm{p}} - d_{\mathrm{op}})s_{\mathrm{p}} \tag{28}$$

5.2.2.2 采用任意形状的接管开孔补强［见图 A.1（附录 A）］时，补强条件的一般形式为：

$$A_1 + A_3 \geqslant A = 0.5(d_p - d_{op})s_p \quad (29)$$

式中确定 A_1 和 A_3 面积，已经扣除附加量 c 和 c_s 及接管的计算壁厚 s_{1p} 与壳体的计算壁 s_p。

计算 A_1 和 A_3 所需计入的接管计算长度确定如下：l_{1p} 按式（17）计算；l_{3p} 按式（18）计算。

5.2.2.3 采用补强圈的开孔补强计算，需要确定补强圈的面积时，可按下式计算：

$$A_2 \geqslant \frac{1}{\chi_2}\{0.5(d_p - d_{op})s_p - l_p(s - s_p - c) - l_{1p}(s_1 - s_{1p} - c_s)\chi_1 - l_{3p}(s_3 - c_s - c_{s1})\chi_3 \quad (30)$$

式中 $A_2 = l_{2p}s_2$ —— 补强圈的面积。

若 $s_2 > 2s$，则推荐将补强圈分设在容器及设备的外壁和内壁上，外侧补强圈厚度取 $0.5s_2$，内侧补强圈厚度取（$0.5s_2 + c$）。

5.2.3 许用内压力

许用内压力按下式计算：

$$[p] = \frac{2K_1(s-c)\varphi[\sigma]}{D_p + (s-c)V}V \quad (31)$$

式中 $K_1 = 1$ —— 对于圆筒和锥壳；$K_1 = 2$ —— 对于凸形封头。

$$V = \min\left\{1; \frac{1 + \dfrac{l_{1p}(s_1 - c_s)\chi_1 + l_{2p}s_2\chi_2 + l_{3p}(s_3 - c_s - c_{s1})\chi_3}{l_p(s-c)}}{1 + 0.5\dfrac{d_p - d_{op}}{l_p} + K_1\dfrac{d + 2c_s}{D_p}\dfrac{\varphi}{\varphi_1}\dfrac{l_{1p}}{l_p}}\right\} \quad (32)$$

对椭圆形接管，在上式中取 $d = d_1$。

5.3 内压容器及设备上相互有影响的开孔计算

如果不满足式（25）的条件，则这些相互有影响的开孔［见图 A.2 和 A.3（附录 A)］计算按下述方法完成：

首先对这些开孔中的每一个开孔单独按 **5.2** 计算补强，然后校核孔桥补强的足够程度。

为此，应按下式计算孔桥的许用压力：

$$[p] = \frac{2K_1(s-c)\varphi[\sigma]}{0.5(D_p' + D_p'') + (s-c)V}V \quad (33)$$

式中强度降低系数 V 按下列两种情况分别计算：

当两个相互有影响的开孔采用各自补强圈补强时

$$V = \min\left\{1; \frac{1 + \dfrac{l_{1p}'(s_1' - c_s')\chi_1' + l_{2p}'s_2'\chi_2' + l_{3p}'(s_3' - c_s' - c_{s1}')\chi_3' + l_{1p}''(s_1'' - c_s'')\chi_1'' + l_{2p}''s_2''\chi_2'' + l_{3p}''(s_3'' - c_s'' - c_{s1}'')\chi_3''}{b\cdot(s-c)}}{K_3\left(0.8 + \dfrac{d_p' + d_p''}{2b}\right) + K_1\left(\dfrac{d' + 2c_s'}{D_p'}\dfrac{\varphi}{\varphi_1'}\dfrac{l_{1p}'}{b} + \dfrac{d'' + 2c_s''}{D_p''}\dfrac{\varphi}{\varphi_1''}\dfrac{l_{1p}''}{b}\right)}\right\} \quad (34)$$

当两个相互有影响的开孔采用公用补强圈联合补强［见图 A.8（附录 A)］时

$$V=\min\left\{1;\frac{1+\dfrac{l'_{1p}(s'_1-c'_s)\chi'_1+l'_{3p}(s'_3-c'_s-c'_{s1})\chi'_3+L_2s_2\chi_2+l''_{1p}(s''_1-c''_s)\chi''_1+l''_{3p}(s''_3-c''_s-c''_{s1})\chi''_3}{b\cdot(s-c)}}{K_3\left(0.8+\dfrac{d'_p+d''_p}{2b}\right)+K_1\left(\dfrac{d'+2c'_s}{D'_p}\dfrac{\varphi}{\varphi'_1}\dfrac{l'_{1p}}{b}+\dfrac{d''+2c''_s}{D''_p}\dfrac{\varphi}{\varphi''_1}\dfrac{l''_{1p}}{b}\right)}\right\} \tag{35}$$

式中 $L_2=\min\{b;l'_{2p}+l''_{2p}\}$

对于椭圆形接管，在式（34）和式（35）中取 $d'=d'_1$ 和 $d''=d''_1$。

如果壳体（封头）上焊缝中心线远离两个相邻接管的外表面大于需要补强元件壁厚的 3 倍，且焊缝不通过孔桥，则在式（33）、式（34）和式（35）中取该条焊接接头的强度系数 φ=1。在其他情况下，依焊缝形式和质量取 $\varphi\leqslant 1$。

若两个相邻接管各自的纵焊缝分别和其开孔中心的连线与通过两个开孔中心的连线在接管圆周上形成的中心角（图 A.12）ψ' 和 ψ'' 不小于 60°，则两个接管的纵焊缝强度系数 $\varphi'_1=1$ 和 $\varphi''_1=1$。在其他情况下，依焊缝形式和质量取 $\varphi'_1\leqslant 1$ 和 $\varphi''_1\leqslant 1$。

对于圆筒和锥壳，系数 K_3 按下式计算：

$$K_3=\frac{1+\cos^2\beta}{2} \tag{36}$$

角 β 按图 A.3（附录 A）确定。

对于凸形封头，$K_3=1$。

排列靠近的两个相邻开孔需要采用其他方法补强时，对于纵向截面补强［见图 A.2（附录 A）］所需面积的一半应布置在这两个开孔之间。

对于排孔［见图 A.14（附录 A）］，强度降低系数 V 按下式确定：

$$V=\min\left\{1;\frac{2b_1+4l_{1p}\left(\dfrac{(s_1-c_s)}{(s-c)}\right)\chi_1}{(1+\cos^2\beta_1)\cdot(0.8b_1+d+2c_s)+4l_{1p}\dfrac{(d+2c_s)}{D_p}};\frac{2b_2+4l_{1p}\left(\dfrac{(s_1-c_s)}{(s-c)}\right)\chi_1}{(1+\cos^2\beta_2)\cdot(0.8b_2+d+2c_s)+4l_{1p}\dfrac{(d+2c_s)}{D_p}}\right\} \tag{37}$$

如果存在相互有影响的开孔，且其中之一按图 A.10（附录 A）配置，则不适用按 5.3 计算。

5.4 外压容器及设备上的开孔补强计算

许用外压力按下式确定：

$$[p]=\frac{[p]_п}{\sqrt{1+\left(\dfrac{[p]_п}{[p]_E}\right)^2}} \tag{38}$$

式中 $[p]_п$ —— 塑性范围内的许用外压力，按式（31）确定，作为带有单个开孔的容器及设备在 φ =1.0 时的许用内压力。

$[p]_E$ —— 弹性范围内的许用外压力，按 ГОСТ Р 52857.2 对相应的无开孔壳体和封头确定。

当存在相互有影响的开孔时，首先单独对每一个开孔和每一孔桥按 5.3 计算许用内压力 $[p]$；然后取所得值的较小值作为 $[p]_п$。

对于带有加强圈的壳体或封头，仅对相邻两个加强圈之间带有开孔的每一段进行单独计算。

6　接管上的外部静载荷作用下圆筒和球形封头的强度计算

接管上的外部静载荷作用下圆筒和球形封头的强度计算（见图 A.15，附录 A）

6.1　圆筒

6.1.1　计算公式的适用条件

公式适用于下列条件：

1）$0.001 \leqslant s/D_c \leqslant 0.1$；

2）$\lambda_c = \dfrac{d_c}{\sqrt{D_c s_э}} \leqslant 10$；

式中 $s_э$ —— 圆筒和补强圈的当量壁厚。

3）接管边缘至其他任何结构元件的距离，可能有应力集中，应不小于 $\sqrt{R_c s_э}$；

4）在不小于 $\sqrt{d_c s_1}$ 的长度上，接管名义壁厚 s_1 不变。

6.1.2　接管周围圆筒当量壁厚的确定

接管周围圆筒当量壁厚按下式计算：

1）若没有补强圈，则

$$s_э = s$$

2）如果设置补强圈，则

当 $l_2 \geqslant \sqrt{R_c(s+s_2)}$ 时，$s_э = s + s_2\chi_2$

当 $l_2 < \sqrt{R_c(s+s_2)}$ 时，$s_э = s + \min\{s_2 \dfrac{l_2}{\sqrt{D_c(s+s_2)}}; s_2\}\chi_2$

6.1.3　许用载荷的确定

许用压力，许用轴向力和许用弯矩，须各自单独确定。为了评定在联合载荷作用下接管嵌入节点的强度，应采用凸形的极限状态曲线。

6.1.3.1　单个开孔的许用压力，按 5.2.3 确定。

6.1.3.2　没有补强圈时，作用到接管上的许用轴向力按下式确定：

$$[F_Z] = [\sigma](s-c)^2 \max\{C_1; 1.81\} \tag{39}$$

C_1 按图 A.16（附录 A）确定，或按下式计算：

$$C_1 = a_0 + a_1\lambda_c + a_2\lambda_c^2 + a_3\lambda_c^3 + a_4\lambda_c^4 \tag{40}$$

在 $s_э = (s-c)$ 条件下，计算参数 λ_c。

系数 a_0～a_4 列入表 2 中。

表 2　确定 C_1 的各系数值

a_0	a_1	a_2	a_3	a_4
0.60072181	0.95196257	0.0051957881	−0.001406381	0

6.1.3.3　存在补强圈（$s_1/s_э \geqslant 0.5$）时，作用到接管上的许用轴向力 $[F_Z]$ 按下式确定：

$$[F_Z] = \min\{[F_{Z1}]; [F_{Z2}]\} \tag{41}$$

式中 $[F_{Z1}]$ —— 接管与圆筒相贯处由强度条件确定的许用轴向力，按下式计算：

$$[F_{Z1}] = [\sigma](s + \chi_2 s_2 - c)^2 \max\{C_1; 1.81\} \tag{42}$$

计算参数λ_c时，$s_э$按 6.1.2 确定。

$[F_{Z2}]$ —— 在$s_1/s_э \geqslant 0.5$条件下，补强圈外边缘处由强度条件确定的许用轴向力，按下式计算：

$$[F_{Z2}]=[\sigma](s-c)^2\max\{C_1;1.81\} \tag{43}$$

在$d_c=D_2$和$s_э=(s-c)$条件下，计算参数λ_c。

C_1按图 A.16（附录 A）确定，或按下式计算：

$$C_1=a_0+a_1\lambda_c+a_2\lambda_c^2+a_3\lambda_c^3+a_4\lambda_c^4 \tag{44}$$

系数a_0～a_4列入表 2 中。

6.1.3.4 在垂直圆筒纵轴中心线的平面内，作用到接管上的许用弯矩$[M_x]$没有补强圈时，按下式计算：

$$[M_x]=[\sigma](s-c)^2\frac{d_c}{4}\max\{C_2;4.9\} \tag{45}$$

C_2按图 A.17（附录 A）确定，或按下式计算：

$$C_2=a_0+a_1\lambda_c+a_2\lambda_c^2+a_3\lambda_c^3+a_4\lambda_c^4 \tag{46}$$

在$s_э=(s-c)$条件下，计算参数λ_c。

系数a_0～a_4列入表 3 中。

表 3　确定 C_2 的各系数值

a_0	a_1	a_2	a_3	a_4
4.526315	0.064021889	0.15887638	−0.021419298	0.0010350407

6.1.3.5 存在补强圈（$s_1/s_э \geqslant 0,5$）时，许用弯矩［M_x］按下式计算：

$$[M_x]=\min\{[M_{x1}];[M_{x2}]\} \tag{47}$$

接管与圆筒相贯处由强度条件确定的许用弯矩$[M_{x1}]$按下式计算：

$$[M_{x1}]=[\sigma](s+\chi_2 s_2-c)^2\frac{d_c}{4}\max\{C_2;4.9\} \tag{48}$$

计算参数λ_c时，$s_э$按 6.1.2 确定。

补强圈外边缘处由强度条件确定的许用弯矩$[M_{x2}]$，在$s_1/s_э \geqslant 0.5$条件下按下式计算：

$$[M_{x2}]=[\sigma](s-c)^2\frac{d_c}{4}\max\{C_2;4.9\} \tag{49}$$

在$d_c=D_2$和$s_э=(s-c)$条件下，计算参数λ_c。

C_2按图 A.17（附录 A）确定，或按下式计算：

$$C_2=a_0+a_1\lambda_c+a_2\lambda_c^2+a_3\lambda_c^3+a_4\lambda_c^4 \tag{50}$$

系数a_0～a_4列入表 3 中。

6.1.3.6 在圆筒纵轴截面的平面内，作用到接管上的许用弯矩$[M_y]$没有补强圈时，按下式计算：

$$[M_y]=[\sigma](s-c)^2\frac{d_c}{4}\max\{C_3;4.9\} \tag{51}$$

C_3依λ_c按图 A.18（附录 A）确定，或按下式计算：

$$C_3 = a_0 + a_1\lambda_c + a_2\lambda_c^2 + a_3\lambda_c^3 + a_4\lambda_c^4 \quad (52)$$

在 $s_э = (s - c)$ 条件下，计算参数 λ_c。

系数 a_0～a_4 列入表 4 中。

表 4　确定 C_3 的各系数值

$s_1/s_э$	a_0	a_1	a_2	a_3	a_4
≤0.2	4.8844124	−0.071389214	0.79991259	−0.024155709	0
≥0.5	6.3178075	−3.6618209	4.5145391	−0.83094839	0.050698494

如果 $s_1/s_э$ 位于 0.2 和 0.5 之间，则系数 C_3 按线性内插法确定。

6.1.3.7　存在补强圈（$s_1/s_э \geqslant 0,5$）时，许用弯矩［M_y］按下式计算：

$$[M_y] = \min\{[M_{y1}];[M_{y2}]\} \quad (53)$$

接管与圆筒相贯处由强度条件确定的许用弯矩 $[M_{y1}]$ 按下式计算：

$$[M_{y1}] = [\sigma](s + \chi_2 s_2 - c)^2 \frac{d_c}{4} \max\{C_3;4.9\} \quad (54)$$

C_3 依 λ_c 按图 A.18（附录 A）确定，或按下式计算：

$$C_3 = a_0 + a_1\lambda_c + a_2\lambda_c^2 + a_3\lambda_c^3 + a_4\lambda_c^4 \quad (55)$$

在 $s_э = s + \chi_2 s_2 - c$ 条件下，计算参数 λ_c。

系数 a_0～a_4 列入表 4 中。

补强圈外边缘处由强度条件确定的许用弯矩 $[M_{y2}]$ 按下式计算：

$$[M_{y2}] = [\sigma](s - c)^2 \frac{d_c}{4} \max\{C_3;4.9\} \quad (56)$$

C_3 依 λ_c 按图 A.18（附录 A）确定，或按下式计算：

$$C_3 = a_0 + a_1\lambda_c + a_2\lambda_c^2 + a_3\lambda_c^3 + a_4\lambda_c^4 \quad (57)$$

在 $d_c = D_2$ 和 $s_э = (s - c)$ 条件下，计算参数 λ_c。

系数 a_0～a_4 列入表 4 中。

如果 $s_1/s_э$ 位于 0.2 和 0.5 之间，则系数 C_3 按线性内插法确定。

6.1.4　载荷的联合作用

对每一载荷，均要单独地完成下列强度条件的初步校核：

$$\Phi_p = \left|\frac{p}{[p]}\right| \leqslant 1 \quad (58)$$

$$\Phi_Z = \left|\frac{F_Z}{[F_Z]}\right| \leqslant 1 \quad (59)$$

$$\Phi_b = \sqrt{\left(\frac{M_x}{[M_x]}\right)^2 + \left(\frac{M_y}{[M_y]}\right)^2} \leqslant 1 \quad (60)$$

此外，在联合载荷作用下，应完成下列强度条件的校核：

$$\sqrt{\left[\max\left\{\left|\frac{\Phi_p}{C_4}+\Phi_Z\right|;\left|\Phi_Z\right|;\left|\frac{\Phi_p}{C_4}-0.2\Phi_Z\right|\right\}\right]^2+\Phi_b^2}\leqslant 1 \tag{61}$$

如果确定的载荷考虑了温度变形的限制，则取C_4等于 1.1，在所有其他情况下，$C_4=1$。

确定Φ_Z，考虑轴向载荷的方向，如果轴向载荷的方向由器壁指向外侧，则Φ_Z应取“+”号；在相反方向时，则式（61）中Φ_Z应取“-”号。

6.1.5　接管强度校核

接管中最大纵向拉应力应满足下列条件：

$$\frac{p(d+s_1)}{4(s_1-c_s)}+\frac{4\sqrt{M_x^2+M_y^2}}{\pi(d+s_1)^2(s_1-c_s)}+\frac{F_Z}{\pi(d+s_1)(s_1-c_s)}\leqslant[\sigma]_1 \tag{62}$$

如果轴向载荷产生压应力，应取F_Z等于零。

除强度计算外，还应按下式进行接管的稳定计算：

$$\frac{p}{[p]}+\frac{\sqrt{M_x^2+M_y^2}}{[M]}+\frac{|F_Z|}{[F]}\leqslant 1 \tag{63}$$

式中$[M]$，$[F]$ —— 分别为许用弯矩和许用纵向压缩力；

$[p]$ —— 由稳定条件确定的许用外压力。

$[M]$、$[F]$和$[p]$均对接管圆筒按 ГОСТ Р 52857.2 确定。

如果F_Z为纵向拉伸力，而p为内压力，则公式（63）中的F_Z，p应取等于零。

6.2　球形封头①

6.2.1　计算公式的适用条件

公式适用于下列条件：

1）$0.001\leqslant s/R_c\leqslant 0.1$；

如果球形封头的壁厚不超过圆筒壁厚的一半，则薄壁的下限$s/R_c<0.001$，应适用。

2）$\lambda_s=\dfrac{d_c}{\sqrt{R_c s_э}}\leqslant 10$；

式中$s_э$ —— 球形封头和补强圈的当量壁厚。

3）接管边缘至其他任何结构元件的距离，可能有应力集中，应不小于$\sqrt{R_c s_э}$；

4）在不小于$\sqrt{d_c s_1}$的接管长度上，应保持接管名义壁厚s_1不变。

6.2.2　接管周围球壳当量壁厚的确定

接管周围球壳当量壁厚按下式计算：

1）若没有补强圈，则

$s_э=s$；

2）如果设置补强圈，则

当$l_2\geqslant\sqrt{R_c(s+s_2)}$时，$s_э=s+s_2\chi_2$

① 如果接管外边缘至椭圆形封头中心按弦长测量的距离不大于封头外直径的 0.4 倍，本计算可用于椭圆形封头，平均半径R_c取其顶点的平均半径。

当$l_2 < \sqrt{R_c(s+s_2)}$时，$s_э = s + \min\left[s_2 \dfrac{l_2}{\sqrt{D_c(s+s_2)}}; s_2\right]\chi_2$

6.2.3　许用载荷的确定

许用压力、许用轴向力和许用弯矩，须各自单独确定。为了评定接管嵌入节点强度，在联合载荷作用下，应采用线性累积损伤。

6.2.3.1　辅助参数

$$\lambda_s = \frac{d_c}{\sqrt{R_c s_э}}\text{；}\quad K_4 = \min\left\{\frac{2[\sigma]_1(s_1 - c_s)}{[\sigma]s_э}\sqrt{\frac{s_1 - c_s}{d_c}}; 1\right\}$$

6.2.3.2　单个开孔的许用压力，按 5.2.3 确定。

6.2.3.3　没有补强圈时，作用到接管上的许用轴向力按图 A.19（附录 A）或按下式确定：

$$[F_Z] = [\sigma](s-c)^2(1.82 + 2.4\sqrt{1+K_4}\,\lambda_s + 0.91K_4\lambda_s^2) \tag{64}$$

在$s_э = s - c$条件下，计算λ_s和K_4。

6.2.3.4　存在补强圈时，作用到接管上的许用轴向力按下式确定：

$$[F_Z] = \min\{[F_{Z1}];[F_{Z2}]\} \tag{65}$$

式中$[F_{Z1}]$——接管与球壳相贯处由强度条件确定的许用轴向力，按图 A.19（附录 A）或按下式确定：

$$[F_{Z1}] = [\sigma](s + \chi_2 s_2 - c)^2(1.82 + 2.4\sqrt{1+K_4}\,\lambda_s + 0.91K_4\lambda_s^2) \tag{66}$$

在按 6.2.2 确定$s_э = s + \chi_2 s_2 - c$条件下，计算λ_s和K_4。

式中$[F_{Z2}]$——补强圈外边缘处由强度条件确定的许用轴向力，按下式计算：

$$[F_{Z2}] = [\sigma](s-c)^2(1.82 + 2.4\sqrt{1+K_4}\,\lambda_s + 0.91K_4\lambda_s^2) \tag{67}$$

在$s_э = s - c$和$d_c = D_2$条件下，计算λ_s时，而参数K_4=1。

6.2.3.5　没有补强圈时，许用弯矩$[M_b]$按图 A.20（附录 A）或按下式确定：

$$[M_b] = [\sigma](s-c)^2\frac{d_c}{4}(4.9 + 2.0\sqrt{1+K_4}\,\lambda_s + 0.91K_4\lambda_s^2) \tag{68}$$

在$s_э = s - c$条件下，计算λ_s和K_4。

6.2.3.6　存在补强圈时，许用弯矩$[M_b]$按下式确定：

$$[M_b] = \min\{[M_{b1}];[M_{b2}]\} \tag{69}$$

式中$[M_{b1}]$——接管与球形封头相贯处由强度条件确定的许用弯矩，按图 A.20（附录 A）或按下式确定：

$$[M_{b1}] = [\sigma](s + \chi_2 s_2 - c)^2\frac{d_c}{4}(4.9 + 2.0\sqrt{1+K_4}\,\lambda_s + 0.91K_4\lambda_s^2) \tag{70}$$

计算λ_s和K_4，$s_э$按 6.2.2 确定。

式中$[M_{b2}]$——补强圈外边缘处由强度条件确定的许用弯矩，按图 A.20（附录 A）或按下式确定：

$$[M_{b2}]=[\sigma](s-c)^2\frac{d_c}{4}(4.9+2.0\sqrt{1+K_4}\lambda_s+0.91K_4\lambda_s^2) \tag{71}$$

在 $s_э=s-c$ 和 $d_c=D_2$ 条件下，计算 λ_s，而参数 K_4=1。

6.2.4 载荷的联合作用

对每一载荷，均要单独地初步校核下列强度条件：

$$\Phi_p=\left|\frac{p}{[p]}\right|\leqslant 1 \tag{72}$$

$$\Phi_z=\left|\frac{F_Z}{[F_Z]}\right|\leqslant 1 \tag{73}$$

$$\Phi_b=\left|\frac{M_b}{[M_b]}\right|\leqslant 1 \tag{74}$$

此外，在联合载荷作用下，应满足下列强度条件：

$$\max\{|\Phi_p+\Phi_Z|;|\Phi_Z|;|\Phi_p-0.2\Phi_Z|\}+|\Phi_b|\leqslant 1.0 \tag{75}$$

6.2.5 接管的强度校核

接管中最大的纵向拉应力，应满足下列条件：

$$\frac{p(d+s_1)}{4(s_1-c_s)}+\frac{4M_b}{\pi(d+s_1)^2(s_1-c_s)}+\frac{F_z}{\pi(d+s_1)(s_1-c_s)}\leqslant[\sigma]_1 \tag{76}$$

若 F_Z 产生压应力，则应取 F_Z 等于零。

当 $p=0$ 时，应按下式校核接管的稳定性：

$$\frac{M_b}{[M]}+\frac{|F_Z|}{[F]}\leqslant 1 \tag{77}$$

如果 F_z 为纵向拉伸力，而 p 内压力，则公式（77）中 F_z 和 p 应取等于零。

$[M]$ 和 $[F]$ 分别为许用弯矩和纵向压缩力，按 ГОСТ Р 52857.2 由稳定条件确定。

附录 A

（必须遵守的）

说明标准原文和计算尺寸的附图

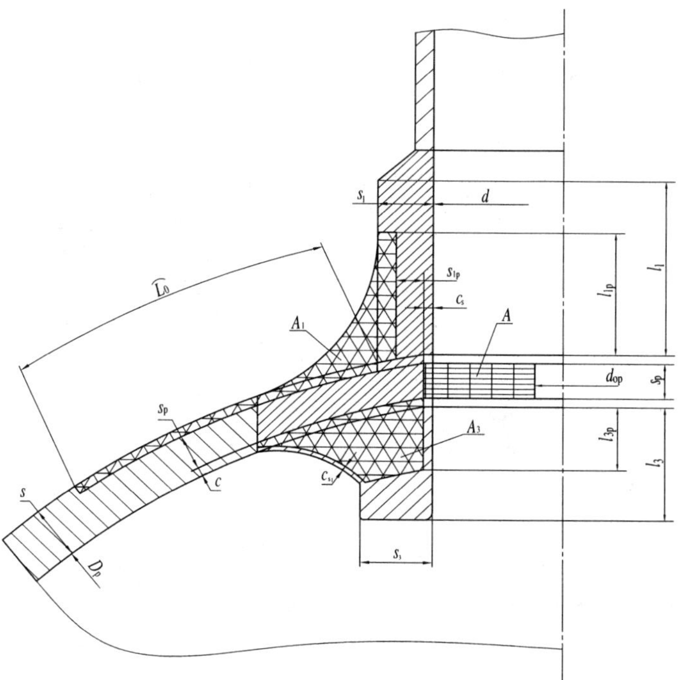

图 A.1　由任意形状的接管切出壳体截面的补强

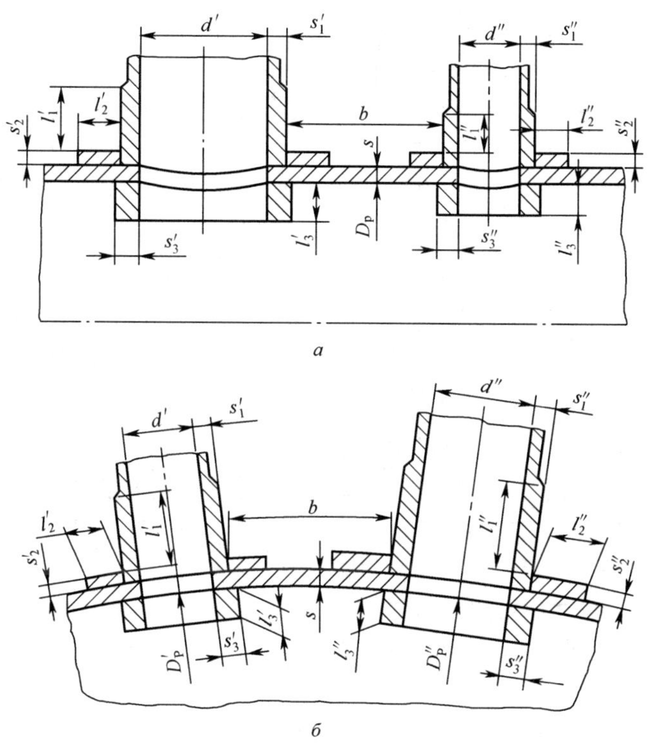

图 A.2　相互有影响的开孔补强

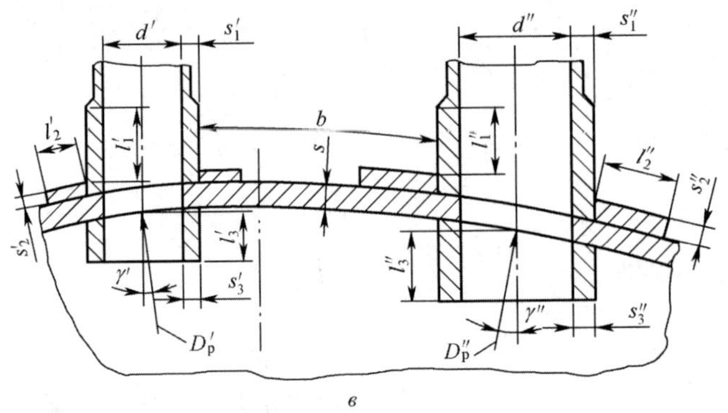

图 A.2　相互有影响的开孔补强（续图）

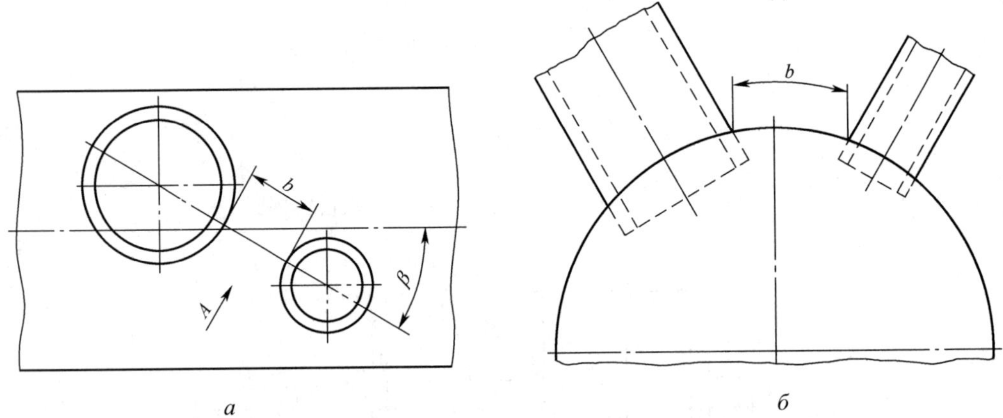

图 A.3　相互有影响的两个开孔布置的一般情况

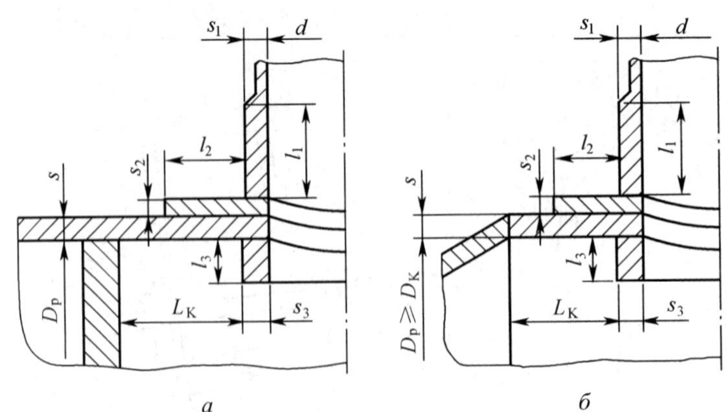

图 A.4　靠近结构元件布置的开孔补强（非内伸式接管）

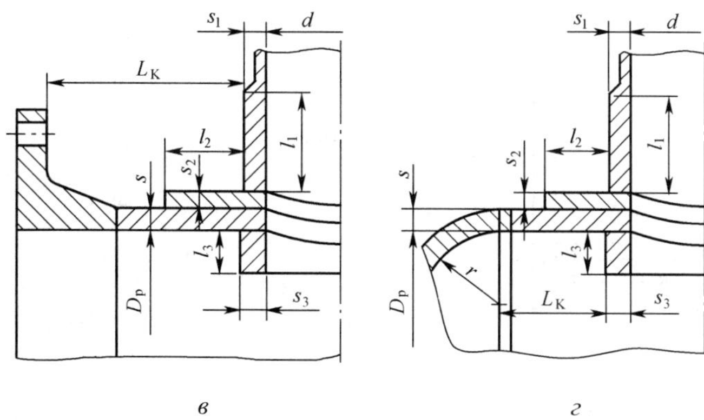

图 A.4　靠近结构元件布置的开孔补强（非内伸式接管）（续图）

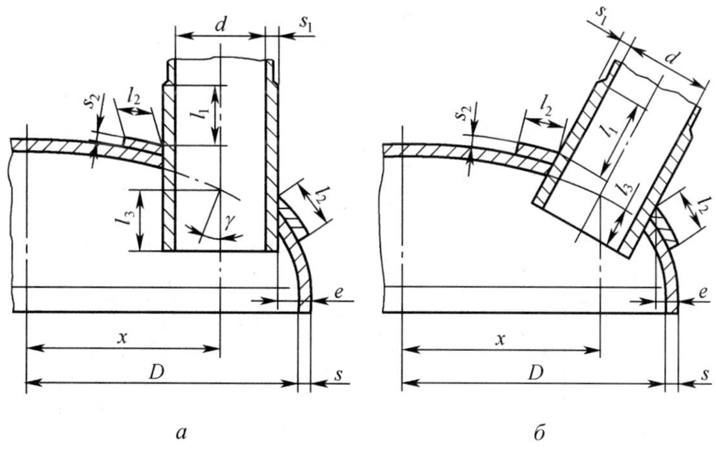

图 A.5　凸形封头上非中心部位的接管

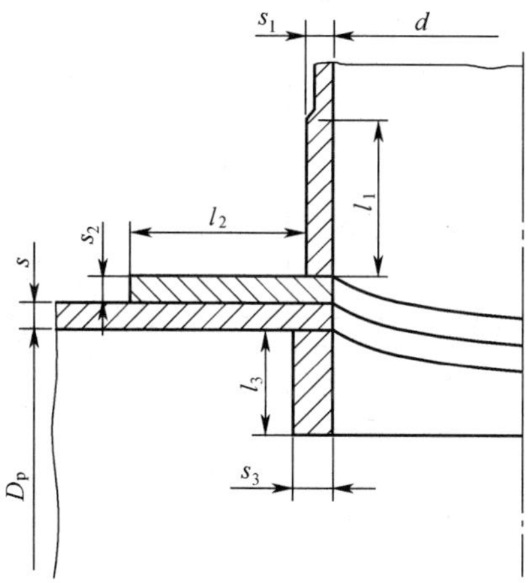

图 A.6　接管与补强圈、壳体连接的基本计算简图

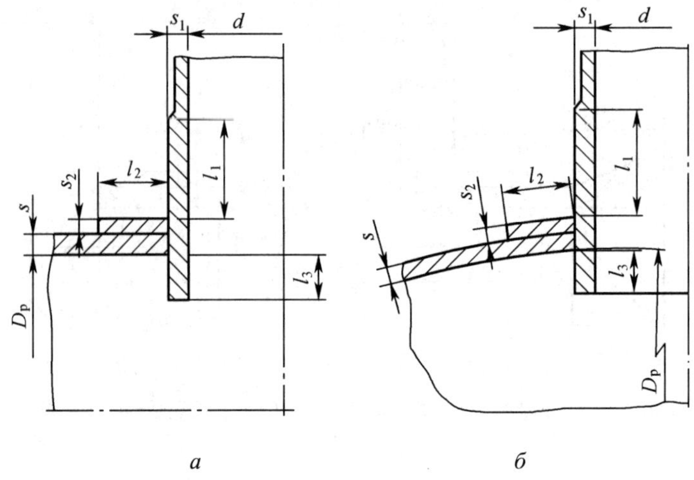

图 A.7 有内伸式接管的开孔补强

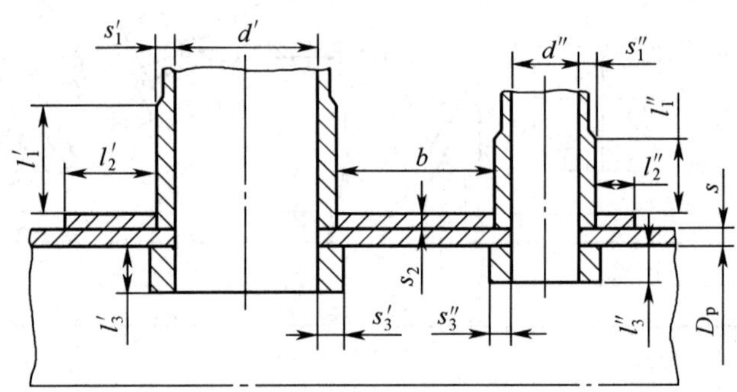

a 采用圆形公用补强圈补强

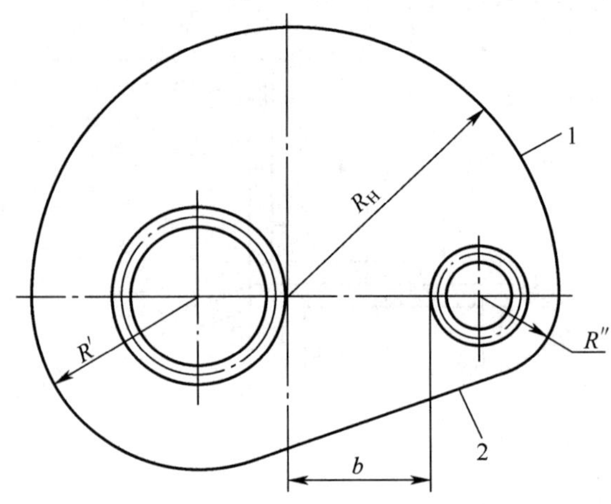

б 采用非对称形状的公用补强补强

图 A.8 相互有影响的两个开孔联合补强结构

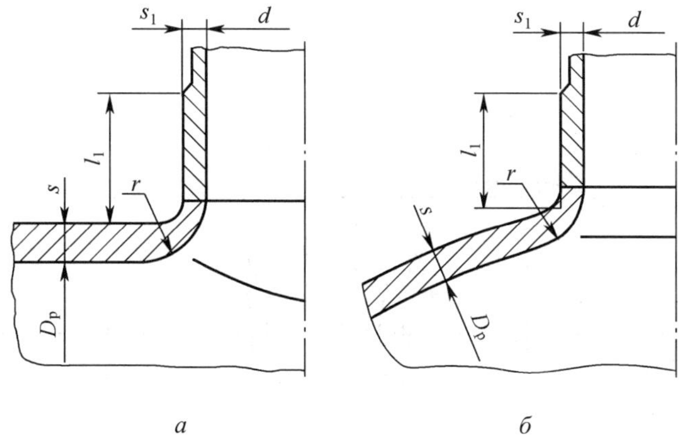

图 A.9　开孔处壳体翻边补强结构

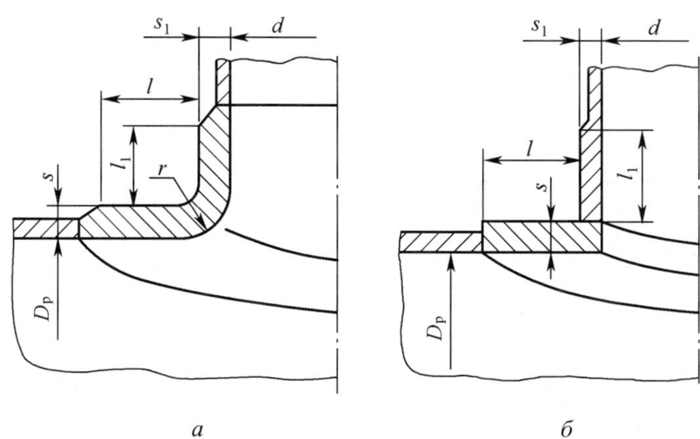

图 A.10　折边式嵌入环或焊接环的开孔补强

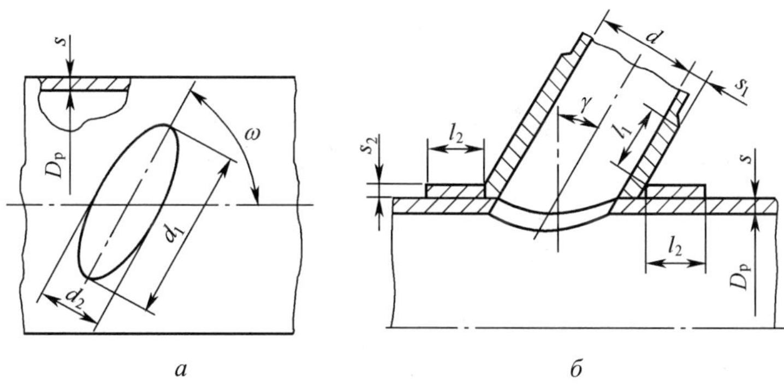

图 A.11　圆筒上的斜接管

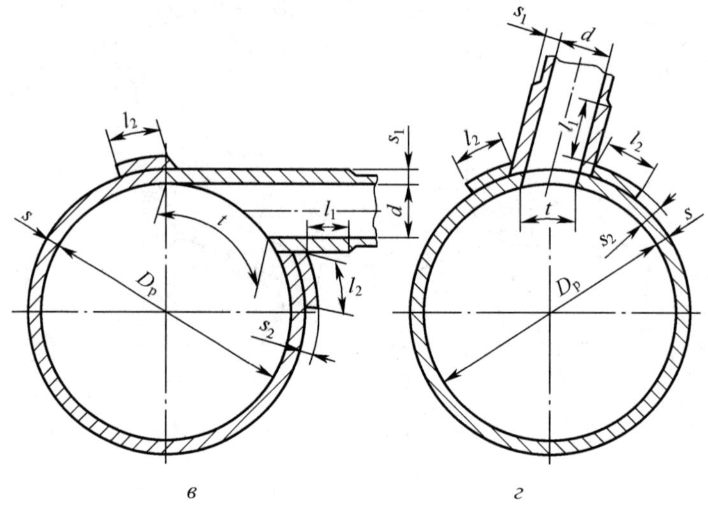

图 A.11　圆筒上的斜接管（续图）

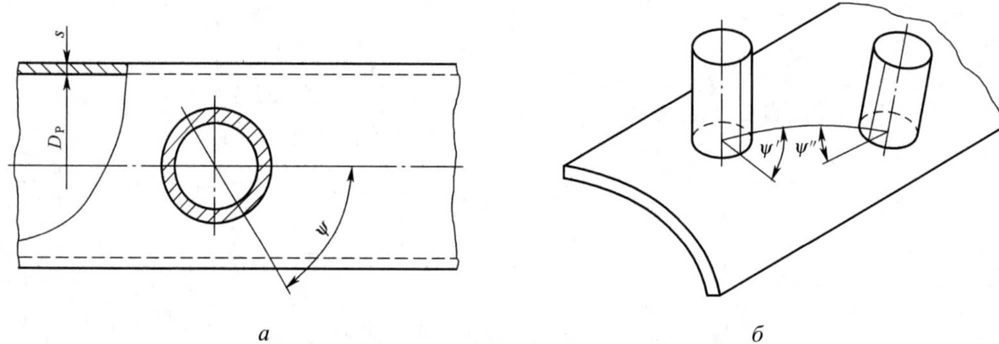

图 A.12　考虑接管纵焊缝的影响

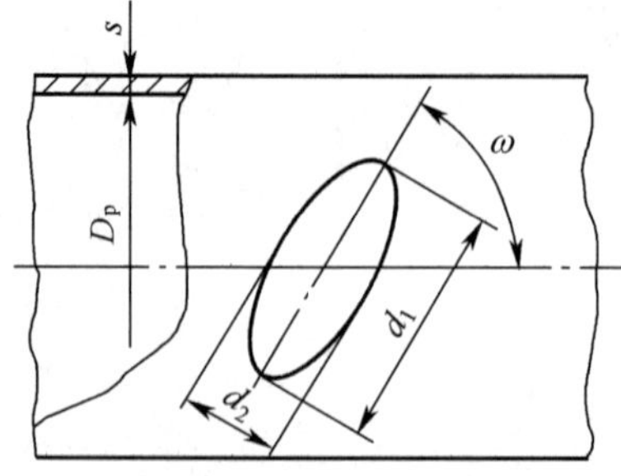

图 A.13　垂直圆筒表面椭圆形接管的开孔

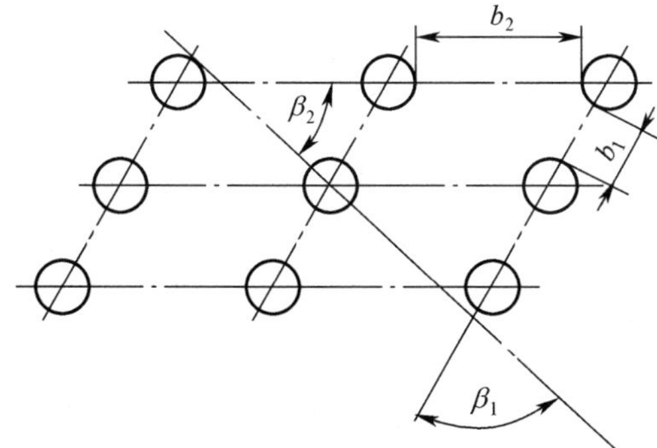

图 A.14　排孔

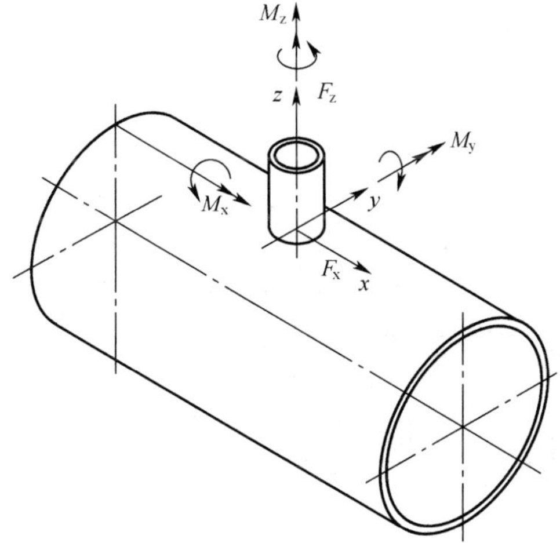

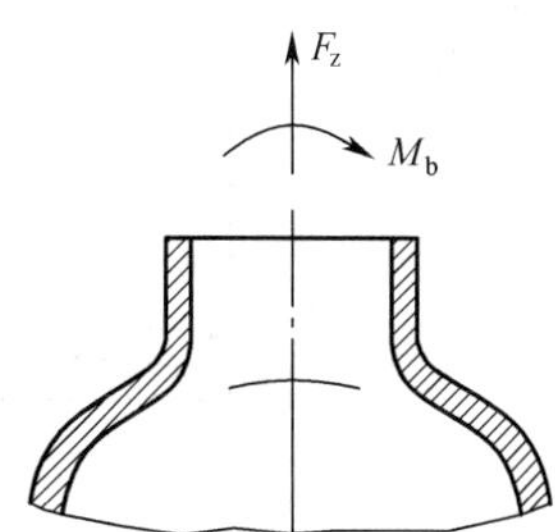

a 接管上的外部静载荷作用下的圆筒　　*б* 接管上的外部静载荷作用下的球形封头

图 A.15

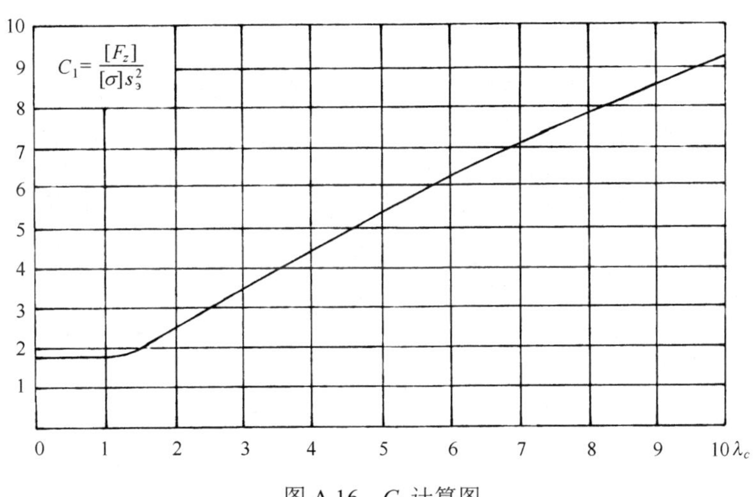

图 A.16　C_1 计算图

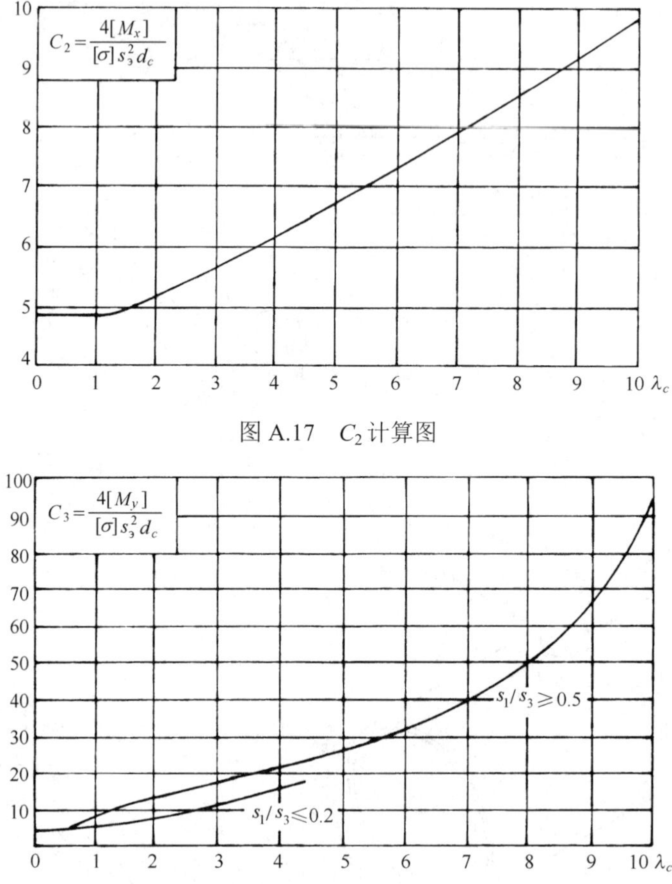

图 A.17　C_2 计算图

图 A.18　C_3 计算图

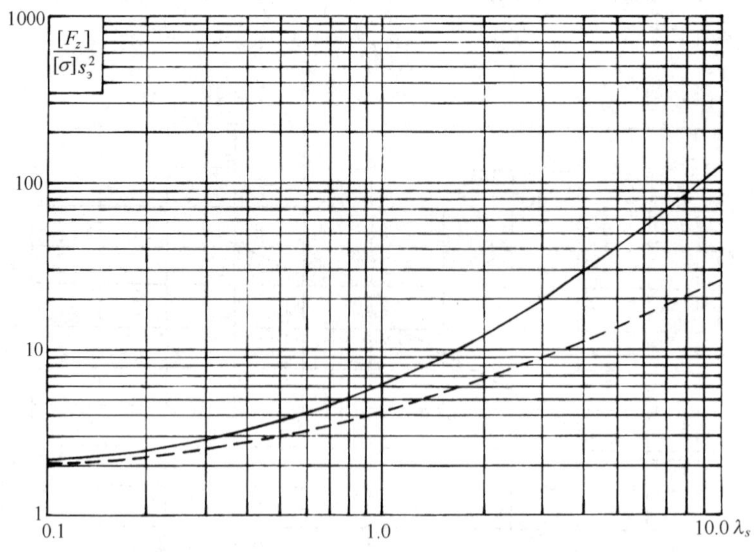

（K_4=1 时，用上面的曲线；K_4<1.0 时，用下面的曲线一最小值）

图 A.19　［F_z］计算图

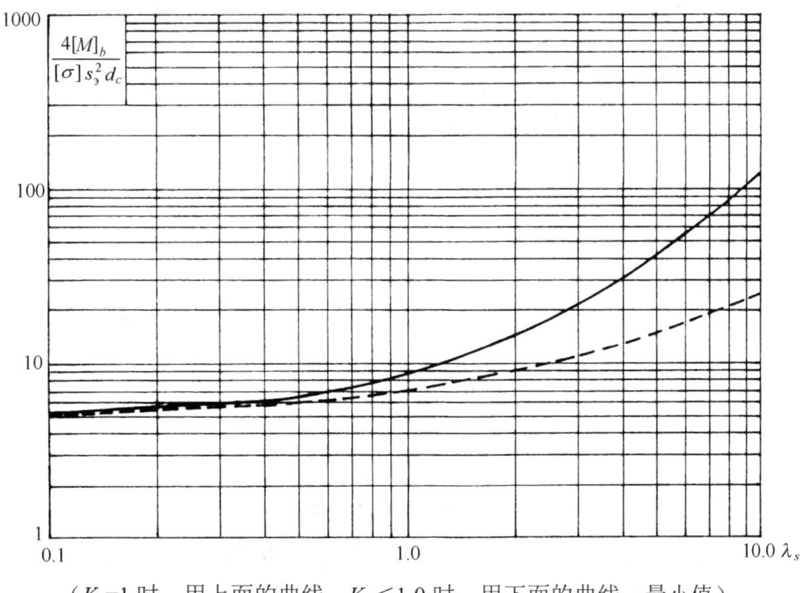

（K_4=1 时，用上面的曲线；K_4<1.0 时，用下面的曲线－最小值）

图 A.20　［M_b］计算图

关键词：容器及设备 强度计算的规范和方法 开孔补强 许用载荷 接管

第3节　从GB150转入本标准的计算切入点

按 GB150 选用钢号和其许用应力，并确定壳体和接管的**多余厚度**（名义厚度－计算厚度－总附加量），满足式（28）补强条件。对于椭圆形封头上的接管（这是该标准的特色之一），按式（6）计算椭圆形封头的计算直径，按式（10）计算椭圆形封头上非中心部位的接管的开孔计算直径，按式（15）计算内压椭圆形封头的计算厚度。接管的计算长度要用接管的有效厚度。计算许用内压力和孔桥的许内压力要用壳体的有效厚度。这样就可以采用本标准计算开孔补强。

第4节　实例计算

【例 1】某石化公司在用容器编号为 V2203 分馏塔顶油气分离器，尺寸见图 6-4.1，接管上端壁厚为 18，长 250mm，设计压力 0.33MPa，设计温度 60℃，筒体和接管材质均为 Q245R，[σ] =144 MPa，总附加量均为 c=2mm，焊接接头系数 0.85。

【解】按 ГОСТ Р 52857.3 计算

（1）圆筒名义壁厚采 16mm，接管名义壁厚采用 14mm。圆筒和接管的计算壁厚 s_p 和 s_{1p} 分别为：

$$s_{\mathrm{p}}=\frac{pD}{2[\sigma]\cdot\phi-p}=\frac{0.33\times2400}{2\times144\times0.85-0.33}=3.24\ \mathrm{mm}$$

$$s_{1\mathrm{p}}=\frac{p(d+2c_s)}{2[\sigma]_1\phi_1-p}=\frac{0.33\times(1800+2\times2)}{2\times144\times0.85-0.33}=2.44\ \mathrm{mm}$$

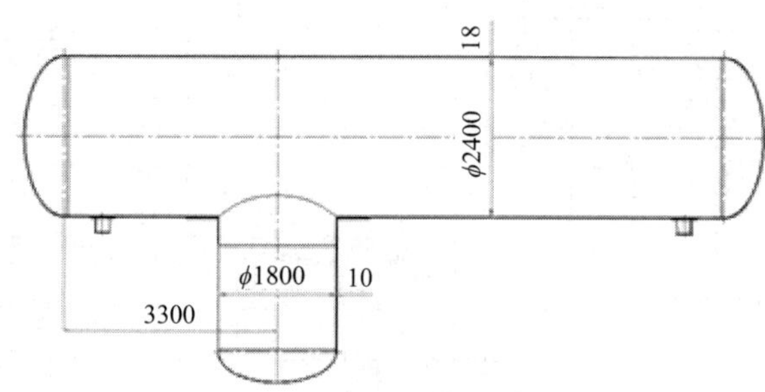

图 6-4.1　V2203 分馏塔顶油气分离器

（2）按式（8）计算开孔计算直径：$d_{\mathrm{p}}=d+2c_s=1800+2\times2=1804\ \mathrm{mm}$

（3）按式（24）计算不要补强的开孔计算直径：$d_{\mathrm{op}}=0.4\sqrt{2400\times3.24}=35.3\ \mathrm{mm}$。

（4）按式（26）计算不另补强的单个开孔计算直径：

$$d_{\mathrm{o}}=2((s-c)/s_{\mathrm{p}}-0.8)\cdot\sqrt{D_{\mathrm{p}}(s-c)}=2[(16-2)/3.24-0.8]\sqrt{2400(16-2)}=1290.8\ \mathrm{mm}$$

（5）判别式$d_{\mathrm{p}}\leqslant d_{\mathrm{o}}$，因接管开孔计算直径 1804>1290.8，所以后续补强计算要进行。

（6）圆筒补强区域的宽度按式（19）计算：

$$L_{\mathrm{o}}=\sqrt{D_{\mathrm{p}}(s-c)}=\sqrt{2400\ (16-2)}=183.3\ \mathrm{mm}。$$

（7）接管外侧计算长度按式（17）计算：

$$l_{1\mathrm{p}}=\min\left\{l_1;1.25\sqrt{(d+2s)(s_1-c_s)}\right\}=\min\left\{250\ ;1.25\sqrt{(1800+2\times2)(14-2)}\right\}=184\ \mathrm{mm}$$

（8）补强条件按式（15）确定：

$$l_{1\mathrm{p}}(s_1-s_{1\mathrm{p}}-c_s)\chi_1+l_{2\mathrm{p}}s_2\chi_2+l_{3\mathrm{p}}(s_3-c_s-c_{s1})\chi_3+l_{\mathrm{p}}(s-s_{\mathrm{p}}-c)\geqslant0.5(d_{\mathrm{p}}-d_{\mathrm{op}})s_{\mathrm{p}}$$

$$184(14-2.44-2)\cdot1.0+183.3(16-3.24-2)=3731.3\geqslant0.5(1804-35.3)\times3.24=2865.3\ \mathrm{mm}^2$$

式中：$l_{2\mathrm{p}}$—— 补强圈的计算宽度；$l_{3\mathrm{p}}$—— 壳体内部接管的计算长度；s_2—— 补强圈的名义壁厚；χ_1,χ_2,χ_3 —— 许用应力的比值。

本例题是平齐接管，且不考虑补强圈补强。

（9）按式（31）计算许用内压力：

$$[p]=\frac{2K_1(s-c)\phi\cdot[\sigma]}{D_{\mathrm{p}}+(s-c)\cdot V}V=\frac{2\cdot1\cdot(16-2)\cdot0.85\cdot144}{2400+(16-2)\cdot0.283}\cdot0.283=0.4>0.33\mathrm{MPa}$$

式中强度降低系数按式（32）计算：

$$V=\min\left\{1;\frac{1+\dfrac{l_{1\mathrm{p}}(s_1-c_s)\chi_1+l_{2\mathrm{p}}s_2\chi_2+l_{3\mathrm{p}}(s_3-c_s-c_{s1})\chi_3}{l_{\mathrm{p}}(s-c)}}{1+0.5\dfrac{d_{\mathrm{p}}-d_{\mathrm{op}}}{l_{\mathrm{p}}}+K_1\dfrac{d+2c_s}{D_{\mathrm{p}}}\cdot\dfrac{-}{1}\cdot\dfrac{l_{1\mathrm{p}}}{l_{\mathrm{p}}}}\right\}$$

$$\min\left\{1;\frac{1+\dfrac{184\cdot(14-2)\cdot 1}{183.3(16-2)}}{1+0.5\dfrac{1804-35.3}{183.3}+1\cdot\dfrac{1800+2\cdot 2}{2400}\cdot\dfrac{0.85}{0.85}\cdot\dfrac{184}{183.3}}\right\}=0.283$$

【例 2】HDPE 产品出料罐，计算压力 2.365MPa，设计温度 150℃，圆筒内径 900mm，材质 Q345R，其许用应力[σ]=183MPa，接管 16Mn，其许用应力[σ]=157MPa，计算锥壳上的水平接管 ϕ219×12 的开孔补强，锥壳半顶角为 30°，附加量 2mm，结构见图 6-4.2。

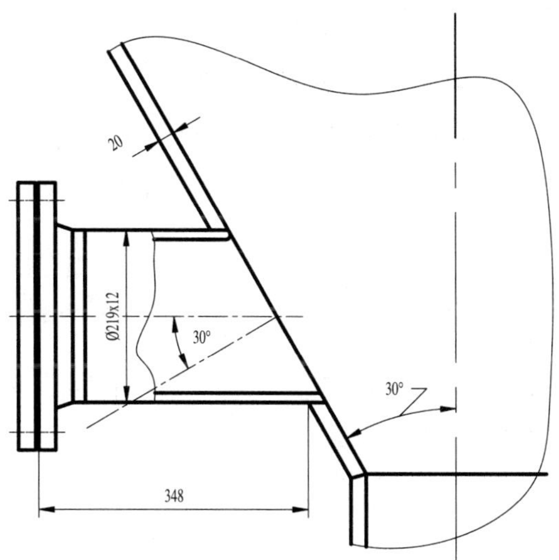

图 6-4.2　锥壳上的斜接管

【解】按 GB150 确定，锥壳名义厚度 16 mm，接管名义厚度 10mm。

（1）开孔中心处的锥壳计算直径，按式（4）计算：

$$D_{\text{p}}=\frac{D_{\text{к}}}{\cos\alpha}=\frac{464}{\cos 30^{\circ}}=535.8\,\text{mm}$$

式中开孔中心处的锥壳内径 $D_{\text{к}}=464\,\text{mm}$（注：由 AutoCAD 标注得到）

（2）开孔的计算直径，按式（12）计算：

$$d_{\text{p}}=\frac{d+2c_s}{\cos^2\gamma}=\frac{199+2\cdot 2}{\cos^2 30^{\circ}}=270.6\,\text{mm}$$

（3）需要补强的锥壳元件的计算壁厚

内压光滑锥壳的计算壁厚按 ГОСТ Р 52857.2 式（100）计算，并按标准的 8.1.2.2 确定带折边过渡段的光滑锥壳计算直径：

$$D_{\text{к}}=D-2[r(1-\cos\alpha_1)+0.7a_1\sin\alpha_1]=900-2[135(1-\cos 30^{\circ})+0.7\cdot 60\cdot\sin 30^{\circ}]=822\text{mm}$$

式中：锥壳折边过渡区的转角内半径 r=135mm，锥壳过渡部分的实际长度 a_1=60mm

$$s_{\text{к}\cdot\text{p}}=\frac{pD_{\text{к}}}{2\phi_{\text{p}}[\sigma]-p}\cdot\frac{1}{\cos\alpha_1}=\frac{2.365\cdot 822}{2\cdot 1.0\cdot 183-2.365}\cdot\frac{1}{\cos 30^{\circ}}=6.2\text{ mm}$$

$$s_{\text{к}}\geqslant s_{\text{к}\cdot\text{p}}+c=6..2+2=8.2\rightarrow 10\,\text{mm}$$

（4）接管的计算壁厚按式（16）计算：

$$s_{1p}=\frac{p(d+2c_s)}{2[\sigma]_1\phi_1-p}=\frac{2.365\cdot(199+2\cdot 2)}{2\cdot 157\cdot 1.0-2.365}=1.54\,\text{mm}$$

（5）接管外侧计算长度，按式（17）计算：

$$l_{1p}=\min\left\{l_1;1.25\sqrt{(d+2c_s)(s_1-c_s)}\right\}=\min\left\{285\,;1.25\sqrt{(199+4)(10-2)}\right\}$$
$$=50.4\text{mm}$$

（6）补强区域的计算宽度，按式（19）计算：

$$l_p=L_o=\sqrt{D_p(s-c)}=\sqrt{535.8\cdot(16-2)}=86.6\,\text{mm}$$

（7）不要补强的开孔计算直径（在计算壁厚条件下），按式（24）计算：

$$d_{op}=0.4\sqrt{D_p(s-c)}=0.4\cdot\sqrt{535.8\cdot 6.2}=23.1\,\text{mm}$$

（8）不要求额外补强的单个开孔的计算直径（锥壳存在多余壁厚的条件下），按式（26）计算：

$$d_o=2\left(\frac{s-c}{s_p}-0.8\right)\sqrt{D_p(s-c)}=2\left(\frac{16-2}{6.2}-0.8\right)\sqrt{535.8\times 6.2}=252.6\,\text{mm}$$

（9）单个开孔的计算直径须满足式（27）条件，后续补强计算不必进行：

$$d_p=270.6>d_o=252.6\,\text{mm}$$

不满足，所以要进行后继的补强计算。

（10）单个开孔的补强条件，按式（28）计算：

本例不采用补强圈补强，平齐接管，式（28）简化为下式

$$l_{1p}(s_1-s_{1p}-c_s)\chi_1+l_p(s-s_p-c)\geqslant 0.5(d_p-d_{op})s_p$$
$$50.4\cdot(10-1.54-2)\cdot 1.0+86.6\cdot(16-6.2-2)\geqslant 0.5\cdot(270.6-23.1)\cdot 6.2$$
$$1001.1\,\text{mm}^2>767.3\,\text{mm}^2$$

结论：满足补强条件。

（11）许用内压力按式（31）计算：

$$[p]=\frac{2K_1(s-c)\phi[\sigma]}{D_p+(s-c)V}V=\frac{2\cdot 1\cdot(16-2)\cdot 1.0\cdot 183}{535.8+(16-2)\cdot 0.5}0.5=4.72>2.365\,\text{MPa}$$

式中强度降低系数，按式（32）计算：

$$V=\min\left\{1;\frac{1+\dfrac{l_{1p}(s_1-c_s)\chi_1+l_{2p}s_2\chi_2+l_{3p}(s_3-c_s-c_{s1})\chi_3}{l_p(s-c)}}{1+0.5\dfrac{d_p-d_{op}}{l_p}+K_1\dfrac{d+2c_s}{D_p}\dfrac{\phi}{\phi_1}\dfrac{l_{1p}}{l_p}}\right\}$$

$$=\min\left\{1;\frac{1+\dfrac{50.4\cdot(10-2)\cdot 1.0}{86.6\cdot(16-2)}}{1+0.5\dfrac{270.6-23.1}{86.6}+1\cdot\dfrac{199+2\cdot 2}{535.8}\cdot\dfrac{1.0}{1.0}\cdot\dfrac{50.4}{86.6}}\right\}=0.5$$

许用内压力校核通过。

【例 3】HDPE 产品出料罐，设计条件同例 2，DN900×20 的椭圆形封头上中心接管 ϕ219×12，

非中心部位的 $\phi168\times12$，两个 $\phi83\times11$ 和 $\phi35\times6$ 共 5 个接管开孔，附加量 2mm，结构见图 6-4.3。5 个接管的布置如图 6-4.4 所示。

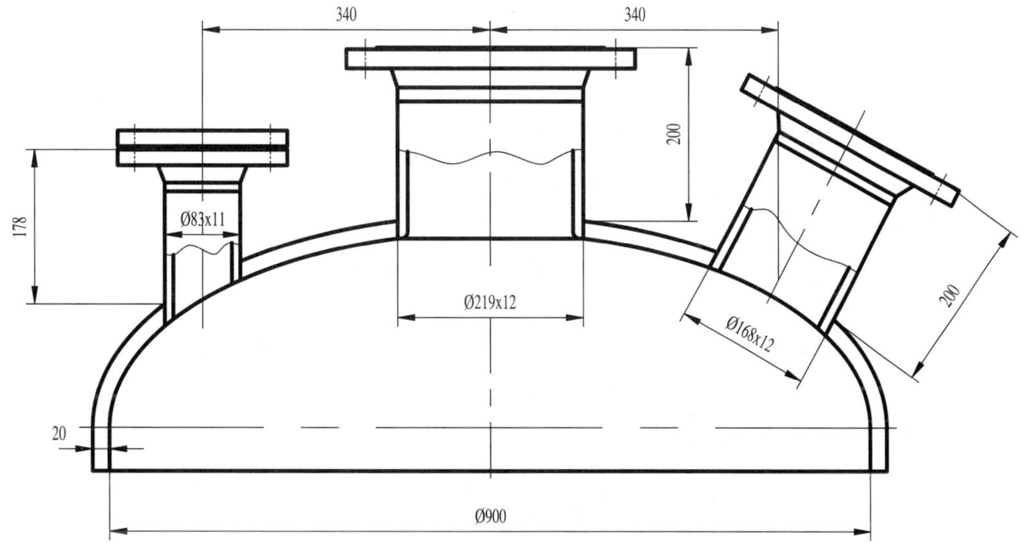

图 6-4.3　椭圆形封头上的接管

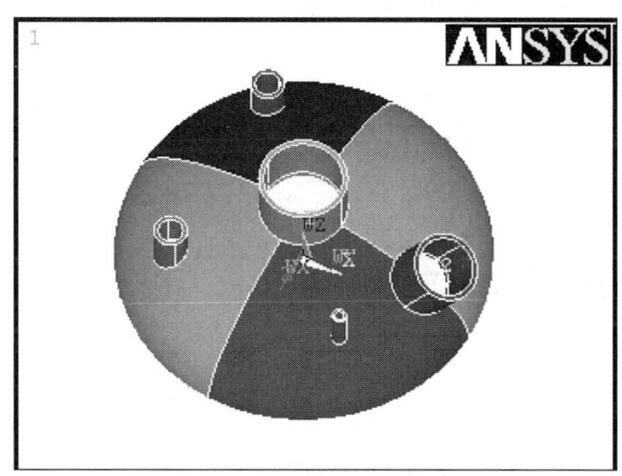

图 6-4.4　5 个接管的布置

【解】按 GB150 确定，椭圆形封头名义厚度按 16 mm 考虑，$\phi168\times12$ 的接管，按 $\phi168\times6$ 考虑，余量留给疲劳分析用。椭圆形封头有效厚度(16−2)=14mm，$\phi219\times6$，$\phi168\times6$，接管有效厚度 4 mm。

（1）对于 $H=0.25D$ 的椭圆形封头计算直径，按标准的式（6）计算：

$$D_{\mathrm{p}}=2D\sqrt{1-3\left(\frac{x}{D}\right)^{2}}$$

1）对于 $x=0$ 的中心部位接管

$$D_{\mathrm{p}}=2D\sqrt{1-3\left(\frac{x}{D}\right)^{2}}=2D\sqrt{1-3\left(\frac{0}{D}\right)^{2}}=2D=2\cdot900=1800\,\mathrm{mm}$$

2）对于 $x=340$ 的非中心部位接管

$$D_{\mathrm{p}}=2D\sqrt{1-3\left(\frac{x}{D}\right)^2}=2\cdot 900\sqrt{1-3\left(\frac{340}{900}\right)^2}=1361.2\ \mathrm{mm}$$

（2）内压椭圆形封头的计算壁厚，按式（15）计算：

1）对于 $x=0$ 的中心部位

$$s_{\mathrm{p}}=\frac{pD_{\mathrm{p}}}{4\phi[\sigma]-p}=\frac{2.365\cdot 1800}{4\cdot 1.0\cdot 183-2.365}=5.83\ \mathrm{mm}$$

2）对于 $x=340$ 的非中心部位

$$s_{\mathrm{p}}=\frac{pD_{\mathrm{p}}}{4\phi[\sigma]-p}=\frac{2.365\cdot 1361.2}{4\cdot 1.0\cdot 183-2.365}=4.41\ \mathrm{mm}$$

作者注：由于中心部位和非中心部位计算直径不同，所以计算壁厚也不同。不能取同一值。

（3）无论内压，还是外压的接管计算壁厚按式（16）计算：

1） $\phi 219\times 12$，按 $\phi 219\times 6$ 考虑

$$s_{1\mathrm{p}}=\frac{p(d+2c_s)}{2[\sigma]_1\phi_1-p}=\frac{2.365(207+4)}{2\cdot 157\cdot 1.0-2.365}=1.6\ \mathrm{mm}$$

2） $\phi 168\times 12$，按 $\phi 168\times 6$ 考虑

$$s_{1\mathrm{p}}=\frac{p(d+2c_s)}{2[\sigma]_1\phi_1-p}=\frac{2.365(156+4)}{2\cdot 157\cdot 1.0-2.365}=1.2\ \mathrm{mm}$$

3） $\phi 83\times 11$，按 $\phi 83\times 4$ 考虑

$$s_{1\mathrm{p}}=\frac{p(d+2c_s)}{2[\sigma]_1\phi_1-p}=\frac{2.365(75+4)}{2\cdot 157\cdot 1.0-2.365}=0.6$$

4） $\phi 35\times 6$，按 $\phi 35\times 4$ 考虑

$$s_{1\mathrm{p}}=\frac{p(d+2c_s)}{2[\sigma]_1\phi_1-p}=\frac{2.365(27+4)}{2\cdot 157\cdot 1.0-2.365}=0.24\ \mathrm{mm}$$

（4）开孔计算直径

1）对于接管中心线与开孔中心处的曲面法线重合的有 $\phi 219\times 12$ 和 $\phi 168\times 12$ 的两个正交接管，开孔计算直径按式（8）计算：

a）中心部位的接管 $\phi 219\times 12$，按 $\phi 219\times 6$ 考虑

$$d_{\mathrm{p}}=d+2c_s=207+4=211\ \mathrm{mm}$$

b）非中心部位的接管 $\phi 168\times 12$，按 $\phi 168\times 6$ 考虑

$$d_{\mathrm{p}}=d+2c_s=168-2\cdot 6+2\cdot 2=160\ \mathrm{mm}$$

2）对于椭圆形封头上非中心部位的接管，开孔的计算直径按式（10）计算

a） $\phi 83\times 11$ 的接管，按 $\phi 83\times 4$ 考虑

$$d_{\mathrm{p}}=\frac{d+2c_s}{\sqrt{1-\left(\frac{2x}{D_{\mathrm{p}}}\right)^2}}=\frac{75+4}{\sqrt{1-\left(\frac{2\cdot 340}{1361.2}\right)^2}}=91.1\ \mathrm{mm}$$

b） $\phi 35\times 6$ 的接管，按 $\phi 35\times 4$ 考虑

$$d_p = \frac{d + 2c_s}{\sqrt{1 - \left(\frac{2x}{D_p}\right)^2}} = \frac{27 + 4}{\sqrt{1 - \left(\frac{2 \cdot 340}{1361.2}\right)^2}} = 35.78 \text{ mm}$$

（5）接管外侧的计算长度，按式（17）计算：

1）$\phi 219 \times 12$，按 $\phi 219 \times 6$ 考虑

$$l_{1p} = \min\left\{l_1; 1.25\sqrt{(d + 2c_s)(s_1 - c_s)}\right\} = \min\{150; 1.25\sqrt{211 \cdot 4}\} = 36.3 \text{ mm}$$

2）$\phi 168 \times 12$，按 $\phi 168 \times 6$ 考虑

$$l_{1p} = \min\left\{l_1; 1.25\sqrt{(d + 2c_s)(s_1 - c_s)}\right\} = \min\{150; 1.25\sqrt{160 \cdot 4}\} = 31.6 \text{ mm}$$

3）$\phi 83 \times 11$，按 $\phi 83 \times 4$ 考虑

$$l_{1p} = \min\left\{l_1; 1.25\sqrt{(d + 2c_s)(s_1 - c_s)}\right\} = \min\{150; 1.25\sqrt{79 \cdot 2}\} = 15.7 \text{ mm}$$

4）$\phi 35 \times 6$，按 $\phi 35 \times 4$ 考虑

$$l_{1p} = \min\left\{l_1; 1.25\sqrt{(d + 2c_s)(s_1 - c_s)}\right\} = \min\{150; 1.25\sqrt{31 \cdot 2}\} = 9.8 \text{ mm}$$

（6）椭圆形封头补强区的计算宽度

1）对于 $x = 0$ 的中心部位

$$l_p = \sqrt{D_p(s - c)} = \sqrt{1800 \cdot (16 - 2)} = 158.7 \text{ mm}$$

2）对于 $x = 340$ 的非中心部位

$$l_p = \sqrt{D_p(s - c)} = \sqrt{1361.2 \cdot (16 - 2)} = 138 \text{ mm}$$

（7）不要补强的开孔计算直径（封头没有多余壁厚，即计算壁厚的条件下），按式（24）计算：

1）$\phi 219 \times 12$，按 $\phi 219 \times 6$ 考虑

$$d_{op} = 0.4\sqrt{D_p(s - c)} = 0.4\sqrt{1800 \cdot 5.83} = 41 \text{ mm}$$

2）$\phi 168 \times 12$，按 $\phi 168 \times 6$ 考虑

$$d_{op} = 0.4\sqrt{D_p(s - c)} = 0.4\sqrt{1361.2 \cdot 4.41} = 31 \text{ mm}$$

3）$\phi 83 \times 11$，按 $\phi 83 \times 4$ 考虑

$$d_{op} = 0.4\sqrt{D_p(s - c)} = 0.4\sqrt{1361.2 \cdot 4.41} = 31 \text{ mm}$$

4）$\phi 35 \times 6$，按 $\phi 35 \times 4$ 考虑

$$d_{op} = 0.4\sqrt{D_p(s - c)} = 0.4\sqrt{1361.2 \cdot 4.41} = 31 \text{ mm}$$

（8）在容器存在多余壁厚的条件下，不要求额外补强的单个开孔计算直径，按式（26）计算：

1）$\phi 219 \times 12$，按 $\phi 219 \times 6$ 考虑

$$d_o = 2\left(\frac{s - c}{s_p} - 0.8\right) \cdot \sqrt{D_p(s - c)} = 2\left(\frac{16 - 2}{5.83} - 0.8\right)\sqrt{1800 \cdot 14} = 508.4 \text{ mm}$$

2）$\phi 168 \times 12$，按 $\phi 168 \times 6$ 考虑

$$d_o = 2\left(\frac{s-c}{s_p} - 0.8\right) \cdot \sqrt{D_p(s-c)} = 2\left(\frac{16-2}{4.41} - 0.8\right)\sqrt{1361.2 \cdot 14} = 655.6\ \text{mm}$$

3） $\phi 83 \times 11$，按 $\phi 83 \times 4$ 考虑

$$d_o = 2\left(\frac{s-c}{s_p} - 0.8\right) \cdot \sqrt{D_p(s-c)} = 2\left(\frac{16-2}{4.41} - 0.8\right)\sqrt{1361.2 \cdot 14} = 655.6\ \text{mm}$$

4） $\phi 35 \times 6$，按 $\phi 35 \times 4$ 考虑

$$d_o = 2\left(\frac{s-c}{s_p} - 0.8\right) \cdot \sqrt{D_p(s-c)} = 2\left(\frac{16-2}{4.41} - 0.8\right)\sqrt{1361.2 \cdot 14} = 655.6\ \text{mm}$$

（9）单个开孔的计算直径须满足式（27）条件：

$$d_p \leqslant d_o$$

1） $\phi 219 \times 12$，按 $\phi 219 \times 6$ 考虑

$$d_p = 211 < d_o = 508.4\ \text{mm}$$

不满足规定条件，补强的后续计算须要进行。

2） $\phi 168 \times 12$，按 $\phi 168 \times 6$ 考虑

$$d_p = 160 \leqslant d_o = 655.6\ \text{mm}$$

满足规定条件，补强的后续计算不必进行。

3） $\phi 83 \times 11$，按 $\phi 83 \times 4$ 考虑

$$d_p = 91.2 \leqslant d_o = 655.6\ \text{mm}$$

满足规定条件，补强的后续计算不必进行。

4） $\phi 35 \times 6$，按 $\phi 35 \times 4$ 考虑

$$d_p = 35.78 \leqslant d_o = 655.6\ \text{mm}$$

满足规定条件，补强的后续计算不必进行。

（10） $\phi 219 \times 12$，按 $\phi 219 \times 6$ 考虑的单个开孔的补强条件，按式（28）计算：

$$l_{1p}(s_1 - s_{1p} - c_s)\chi_1 + l_p(s - s_p - c) \geqslant 0.5(d_p - d_{op})s_p$$

$$36.3 \cdot (6 - 1.6 - 2) \cdot 1.0 + 158.7 \cdot (16 - 5.83 - 2) \geqslant 0.5 \cdot (211 - 41) \cdot 5.83$$

$$1383.7\ \text{mm}^2 > 495.6\ \text{mm}^2$$

满足补强条件。

（11）许用内压力，按式（31）校核：

$$[p] = \frac{2K_1(s-c)[\sigma]V}{D_p + (s-c)V} = \frac{2 \cdot 2 \cdot (16-2) \cdot 1.0 \cdot 183}{1800 + (16-2) \cdot 0.67} 0.67 = 3.79 > 2.365\ \text{MPa}$$

式中强度降低系数，按式（32）计算：

$$V = \min\left\{1; \frac{1 + \dfrac{l_{1p}(s_1 - c_s)\chi_1 + l_{2p}s_2\chi_2 + l_{3p}(s_3 - c_s - c_{s1})\chi_3}{l_p(s-c)}}{1 + 0.5\dfrac{d_p - d_{op}}{l_p} + K_1\dfrac{d + 2c_s}{D_p} \cdot \dfrac{\phi}{\phi_1} \cdot \dfrac{l_{1p}}{l_p}}\right\}$$

$$= \min\left\{1; \frac{1+36.3\cdot(6-2)\cdot 1.0/158.7\cdot(16-2)}{1+0.5\cdot\dfrac{211-41}{158.7}+2\dfrac{211+4}{1800}\cdot\dfrac{1.0}{1.0}\cdot\dfrac{36.3}{158.7}}\right\} = 0.67$$

许用内压力校核通过。

（12）相邻两个接管 $\phi 219$ 与 $\phi 168$ 外表面之间的距离［见图 A.2（附录 A）］，按式（25）计算：

$$b \geqslant \sqrt{D_p'(s-c)} + \sqrt{D_p''(s-c)} = \sqrt{1800\cdot 14} + \sqrt{1361.2\cdot 14} = 195.6\ \text{mm}$$

$$b = 230 < 195.6\ \text{mm}$$

不满足单个开孔条件（b=230 是设定值）。

为此，应按式（33）计算孔桥的许用压力：

$$[p] = \frac{2K_1(s-c)\phi[\sigma]}{0.5\cdot(D_p'+D_p'')+(s-c)V}V = \frac{2\cdot 2\cdot(16-2)\cdot 1.0\cdot 183}{0.5\cdot(1800+1361.2)+(16-2)\cdot 0.65}\cdot 0.65 = 4.19\ \text{MPa}$$

式中强度降低系数 V 按式（34）计算：

$$V = \min\left\{1; \frac{1+\dfrac{l_{1p}'(s_1'-c_s')\chi_1' + l_{2p}'s_2'\chi_2' + l_{3p}'(s_3'-c_s'-c_{s1}')\chi_3' + l_{1p}''(s_1''-c_s'')\chi_1'' + l_{2p}''s_2''\chi_2'' + l_{3p}''(s_3''-c_s''-c_{s1}'')\chi_3''}{b\cdot(s-c)}}{K_3\left(0.8+\dfrac{d_p'+d_p''}{2b}\right)+K_1\left(\dfrac{d'+2c_s'}{D_p'}\dfrac{\varphi}{\varphi_1'}\dfrac{l_{1p}'}{b}+\dfrac{d''+2c_s''}{D_p''}\dfrac{\varphi}{\varphi_1''}\dfrac{l_{1p}''}{b}\right)}\right\}$$

$$\min\left\{1; \frac{1+\dfrac{36.3\cdot(6-2)\cdot 1.0+0+0+31.6\cdot(6-2)\cdot 1.0+0+0}{230\cdot(16-2)}}{1\cdot\left(0.8+\dfrac{211+160}{2\cdot 230}\right)+2\left(\dfrac{207+2\cdot 2}{1800}\cdot\dfrac{1.0}{1.0}\cdot\dfrac{36.3}{230}+\dfrac{156+2\cdot 2}{1361.2}\cdot\dfrac{1.0}{1.0}\cdot\dfrac{31.6}{230}\right)}\right\} = 0.65$$

式中，对于椭圆形封头，系数 K_1=2，K_3=1。

结论：$[p]$=4.19 MPa＞2.365 MPa。

第 5 节　小结

1　开孔率

按该标准表 1 的限制条件，圆筒或锥壳上的开孔率实现 1.0。除考虑压力载荷外，圆筒和球形封头的正交接管上作用有轴向力和弯矩条件下，圆筒开孔率达 0.8，在世界各国的压力容器开孔补强规范中，这两项技术达到了先进水平。

2　开孔接管型式

本标准给出接管开孔补强型式见附录 A（必须遵守的）。开孔计算直径见表 6.5-1。

相互有影响的且与圆筒成正交的，或非正交的带单独补强圈的接管见图 A.2，见带公用补强圈联合补强的正交接管见图 A.8。排孔见图 A.14。

表 6.5-1

开孔接管型式	开孔的计算直径 d_P
圆筒、锥壳和凸形封头上的正交接管（开孔中心线与开孔中心处的壳体表面法线重合）（图 A.4，图 A.5 中 б，图 A.6），或没有接管的圆形开孔	$d_p = d + 2c_s$
接管中心线位于圆筒或锥壳横截面上的切向接管、斜接管，图 A.11 中 в 和 г	$d_p = \max\{d\,;0.5t\} + 2c_s$
椭圆形封头上的非中心部位（或边缘区域）的接管，图 A.5 中 a	$d_p = (d + 2c_s)/\sqrt{1-(2x/D_p)^2}$
圆筒上存在一具有圆形横截面的斜接管，椭圆形开孔的长轴与圆筒母线成 ω 角，图 A.11 中 a	$d_p = (d + 2c_s)(1+\tan^2\gamma\cos^2\omega)$
对于接管［见图 A.11 中 б（附录 A）］中心线位于圆筒和锥壳的纵向截面上的情况（ω=0），以及对半球形封头和碟形封头球面部分的所有开孔	$d_p = (d + 2c_s)/\cos^2\gamma$
采用壳体翻边或折边式嵌入环结构，具有圆形横截面的正交接管，图 A.9，图 A.10	$d_p = d + 1.5(r - s_p) + 2c_s$
垂直壳体表面的椭圆形接管的开孔（图 A.13） 对于凸形封头，ω=0	$d_p = (d_2 + 2c_s)[\sin^2\omega + (d_1 + 2c_s)\cdot \times\dfrac{(d_1 + d_2 + 4c_s)}{2(d_2 + 2c_s)^2}\cos^2\omega\,]$

3　计算直径

在内压或外压的开孔补强计算中将涉及到 4 种计算直径，注意其计算方法。

（1）需要补强元件的计算直径见表 6.5-2。

表 6.5-2

需要补强元件的计算直径	计算公式
圆筒	$D_p = D$
锥壳、过渡段和锥形封头	$D_p = D_к/\cos\alpha$
对于 H=0.25D 的椭圆形封头	$D_p = 2D\sqrt{1-3(x/D)^2}$
球形封头或碟形封头球面部分	D_p=2R

作者注：表中 x ——需要补强的开孔中心至椭圆形封头中心线的水平距离。

（2）开孔的计算直径见表 6.5-1。

（3）壳体不存在多余壁厚（即计算壁厚）的情况下，不要补强的开孔计算直径按式（24）计算：

$$d_{op} = 0.4\sqrt{D_p(s-c)} = 0.4\sqrt{D_p \cdot s_p}$$

所需补强面积要扣除不要补强的开孔计算直径 d_{op} 所占有的面积，可降低补强金属的消耗量，这是该标准的特色之一。对此，GB150 没有考虑。

（4）在壳体存在多余壁厚（即名义壁厚）的条件下，不要求额外补强的单个开孔计算直径按（26）计算：

$$d_o = 2\left(\frac{s-c}{s_p} - 0.8\right) \cdot \sqrt{D_p(s-c)}$$

如果单个开孔计算直径 $d_P < d_o$ 时，则后续的补强计算不必进行。

4　对于单个开孔，必须满足式（28）的补强条件，壳体和接管须有多余厚度。

5　对于相互有影响的开孔补强计算，首先对其中每一开孔均按 5.2 单个开孔补强条件进行计算，然后再按式（33）校核孔桥的许用内压力并通过。

6　对于受外压的单个开孔补强计算，需要补强元件的壁厚按 ГОСТ Р 52857.2 计算，接管壁厚按式（16）计算，按式（28）完成补强条件计算后，按式（38）计算许用外压力，其中由塑性范围内的强度条件确定的许用外压力$[p]_п$按式（31）计算，而由弹性范围内稳定条件确定的许用外压力$[p]_E$按 ГОСТ Р 52857.2 对无孔的壳体或封头的相应公式计算，如对圆筒按式（9）计算，对椭圆形封头和半球形封头按式（48）计算。

7　对于相互有影响的受外压的开孔补强计算，前几步同上，按式（38）计算许用外压力时，其中由塑性范围内的强度条件确定的许用外压力$[p]_п$取式（31）和式（33）两值中的较小值。

8　根据 **В.И.Рачков** 强度专家提示：当存在排孔的情况下，许用压力按式（31）计算。

9　接管上的外部静载荷作用下圆筒的强度计算的实质内容是，除满足压力载荷下单个开孔补强要求外，必须进行下列扩展计算：

（1）作用到圆筒上的正交接管的外部静载荷有轴向力 F_Z（与接管中心线重合），纵向弯矩 M_y（位于通过圆筒中心线的纵向平面内），横向弯矩 M_x（位于垂直圆筒中心线的横向平面内）均为已知，标准给出没有补强圈或存在补强圈两种情况下的许用轴向力$[F_z]$、许用弯矩$[M_y]$和$[M_x]$计算公式。其中存在补强圈时，考虑了由接管与圆筒相贯处的强度条件和补强圈外边缘的强度条件确定的许用载荷值。

（2）首先单独对每一载荷按式（58）、式（59）和式（60）进行初步强度校核，许用内压力按式（31）计算，然后按式（61）进行联合载荷下的强度校核。

（3）按式（62）对接管单独进行最大纵向拉应力校核。

（4）在外压力、轴向压缩力和弯矩作用下，须对接管按式（63）进行稳定校核。

（5）系数 C_1, C_2, C_3 可查表或按相应公式计算。

10　接管上的外部静载荷作用下球形封头的强度计算的实质内容是，除满足压力载荷下单个开孔补强要求外，必须进行下列扩展计算：

（1）作用到球形封头上的正交接管的外部静载荷有轴向力 F_Z（与接管中心线重合）和弯矩 M_b，均为已知。标准给出没有补强圈或存在补强圈两种情况下许用轴向力$[F_z]$和许用弯矩$[M_b]$的计算方法。其中存在补强圈时，考虑了由接管与球形封头相贯处的强度条件和补强圈外边缘的强度条件确定的许用载荷值。

（2）首先单独对每一载荷按式（72）一式（74）进行初步强度校核，许用内压力按式（31）计算，然后按式（75）进行联合载荷下的强度校核。

（3）按式（76）对接管单独进行最大纵向拉应力校核。

（4）在轴向压缩力和弯矩作用下，须对接管按式（77）进行稳定校核。

ГОСТ 24755-89[2]没有此部分规定。这部分新规范也是对圆筒或球形封头上的正交接管在完成开孔补强计算之后，在已知正交接管上作用有轴向力和弯矩的条件下，必须进行的强度校核和稳定校核。这样的扩展计算更能保证压力容器开孔补强的安全可靠性。

第 6 节 主要的难句分析

1 原文 1 Область применения “Настоящий стандарт устанавливает нормы и методы расчета на прочность укрепления отверстий в цилиндрических и конических обечайках, конических переходах, выпуклых днищах и крышках сосудов и аппаратов, применяемых в химической, нефтегазоперерабатывающей и смежных отраслях промышленности, работающих под действием внутреннего или наружного давления.”

【语法分析】

主语是 Настоящий стандарт，谓语是 устанавливает，动词的补语（即英语的宾语）是 нормы и методы расчета на прочность укрепления отверстий，其中 расчета на прочность 是固定搭配，语义是“强度计算”。前置词短语 в цилиндрических и конических обечайках, конических переходах, выпуклых днищах и крышках сосудов и аппаратов 作 укрепления отверстий 的定语，被动形动词 применяемых 作 сосудов и аппаратов 的定语，前置词短语 в химической, нефтегазоперерабатывающей и смежных отраслях промышленности 作 применяемых 的状语，主动形动词短语 работающих под действием внутреннего или наружного давления 作 сосудов и аппаратов 的定语。

形动词作后置定语，在形动词前面要有逗号。

在俄语中，“压力容器”是“сосуды，работающие под давлением”。

本书的译文：“本标准规定了在化工、石油天然气加工和相邻的工业部门中使用的，内压或外压容器及设备的圆筒、锥壳、锥形过渡段和凸形封头上开孔补强计算的规范和方法。”

2 原文 5.1.1.2 “Расчетный диаметр отверстия для штуцера с круглым поперечным сечением, ось которого совпадает с нормалью к поверхности обечайки в центре отверстия, при наличии отбортовки или торообразной вставки вычисляют по формуле.”

【语法分析】

这是一个不定人称句，没有主语，谓语是现在时复数第三人称 вычисляют，补语是 Расчетный диаметр отверстия，前置词短语 для штуцера с круглым поперечным сечением 作 отверстия 的定语，由 который 引出的定语从句 ось которого совпадает с нормалью к поверхности обечайки в центре отверстия，которого 代表 штуцера。定语从句中，主语是 ось，谓语是 совпадает с нормалью к，совпадает с чем 是固定搭配，前置词短语 при наличии отбортовки или торообразной вставки 作状语。

技术标准中常用这种不定人称句。判定方法是：没有主语时，谓语须是第三人称复数，有补语，如谓语 вычисляют。

本书的译文：“对于具有圆形横截面的接管，接管中心线与开孔中心处壳体表面的法线重合，当采用壳体翻边或折边式嵌入环时，按下式计算开孔计算直径。”

3 原文 6.1.1 г) “исполнительная толщина штуцера s_1 должна быть на длине не менее $\sqrt{d_c s_1}$."

【语法分析】

主语是 исполнительная толщина（在俄语中应译为“名义厚度”，不要译为“执行厚度”。在 20 世纪 80 年代，本书作者与前苏联压力容器强度专家 **В.И.Рачков** 多次通信交流（专家提示标注在[2]中），其中提到执行厚度与名义厚度。前苏联将压力容器规定为“违反标准，依法追究”，所以壳体厚度一旦决定，就必须执行。“执行厚度”体现执法。实际上是“名义厚度”。谓语是 должна быть，是“短尾形容词 должен+быть+其他词类或词组”，短尾形容词作谓语，性、数与主语一致。

本书提出译文之一“接管的名义厚度 s_1 应处在不小于 $\sqrt{d_c s_1}$ 的接管长度上。”

本书提出译文之二“在不小于 $\sqrt{d_c s_1}$ 的接管长度上，应为接管的名义厚度。”

本书提出译文之三“在不小于 $\sqrt{d_c s_1}$ 的接管长度上，接管的名义厚保持不变。”

上述三种译法，均认为理解了原意，是正确的。之一的译文有翻译腔，之二和之三的译文较通顺，考虑接管厚度从削薄到颈部有变化。因此，采用之三的译文更好些。

参考文献

[1]　ГОСТ Р 52857.3－2007.

[2]　栾春远. 压力容器 ANSYS 分析与强度计算[M]. 北京：中国水利水电出版社，2008.

[3]　栾春远. 压力容器全模型 ANSYS 分析与强度计算新规范[M]. 北京：中国水利水电出版社，2012.

第 7 章　接管开孔补强综合分析

第 1 节　实例计算结果一览表

第 4～6 章实例计算结果汇总见表 7.1、表 7.2 和表 7.3。

表 7.1　【例 1】计算结果一览表

标准规范	设计压力=0.33 MPa，许用应力：[σ]=144MPa，1.5[σ]=216MPa		
ASMEⅧ-2:4.5	计算项目	计算结果	评定
	最大一次局部薄膜应力，P_L，MPa	141.1	141.1＜216
	最大允许压力，P_{max}，MPa	0.505	0.505＞0.33
EN 13445-3:9	材料的反作用力，N	**649443.8**	**649443.8＞482803**
	压力面积的作用力，N	**482803**	
	最大允许压力，P_{max}，MPa	0.44	0.44＞0.33
ГОСТ Р 52857.3	已补强面积，mm^2	3731.3	3731.3＞2865.3
	所需补强净面积，mm^2	2865.3	
	许用内压力，MPa	0.4	0.4＞0.33

表 7.2　【例 2】计算结果一览表

标准规范	设计压力=2.365MPa，许用应力：[σ]=183 MPa，1.5[σ]=274.5MPa		
ASMEⅧ-2:4.5	计算项目	计算结果	评定
	最大一次局部薄膜应力，P_L，MPa	166	166＜274.5
	最大允许压力，P_{max}，MPa	2.6	2.6＞2.365
EN 13445-3:9	材料的反作用力，N	**293956.3**	**293956.3＞204433.2**
	压力在承压截面上的作用力，N	**204433.2**	
	最大允许压力，P_{max}，MPa	3.39	3.39＞2.365
ГОСТ Р 52857.3	已补强面积，mm^2	1001.1	1001.1＞767.3
	所需补强净面积，mm^2	767.3	
	许用内压力，MPa	4.72	4.72＞2.365

表 7.3　【例 3】计算结果一览表

标准规范	设计压力=2.365 MPa，许用应力：[σ]=183MPa，1.5[σ]=274.4 MPa		
ASMEⅧ-2:4.5	计算项目	计算结果	评定
	最大一次局部薄膜应力，P_L，MPa	150.6	150.6＜274.4

续表

	最大允许压力，P_{max}，MPa		2.87	2.87＞2.365
	ϕ219 与 ϕ168 接管间距补强有重叠		2.65	2.65＞2.365
EN 13445-3:9	材料的反作用力，N		409552.8	409552.8＞230940.1
	压力在承压截面上的作用力，N		230940.1	
	最大允许压力，P_{max}，MPa		4.17	4.17＞2.365
	孔间带校核	材料反作用力 N	637121.5	637121.5＞420067.3
		压力作用力 N	420067.3	
ГОСТ Р 52857.3	ϕ219×6，已补强面积，mm^2		1383.7	1383.7＞495.6
	所需补强净面积，mm^2		495.6	
	许用内压力，MPa		3.79	3.79＞2.365
	ϕ219 与 ϕ168 孔桥许用压力，MPa		4.19	4.19＞2.365

第 2 节　开孔补强功能对比分析

1　评价开孔补强的功能，试从下列角度分析。

（1）负载情况。

①内压；②外压；③在轴向压缩条件下；④接管上有外力或外力矩作用下。在这 4 种载荷分别作用下，或其中两种载荷联合作用下，能解决径向或非径向接管开孔补强的问题。

（2）开孔位置。

1）圆筒纵截面上的径向接管。

2）圆筒纵截面上的斜接管，ASMEⅧ-2:4.5 规定，0°＜θ＜90°，ГОСТ Р 52857.3 规定，γ（见图 A.11 中 *б*）不超过 45°，EN13445 规定 φ 角不超过 60°（注：θ,γ,φ 的定义见标准）。

3）锥壳纵截面上的径向接管。

4）锥壳纵截面上的斜接管：水平接管（接管中心线垂直纵轴中心线，ASMEⅧ-2 图 4.5.7），竖直接管（接管中心线平行于纵轴中心线，ASMEⅧ-2 图 4.5.8）。

5）圆筒横截面上的山坡接管（ASMEⅧ-2 图 4.5.4），斜接管（EN13445 图 9.5-2，ГОСТ Р 52857.3 图 A.11 中 *г*），切向接管（ГОСТ Р 52857.3 图 A.11 中 *в*）。

6）球壳或凸形封头上的中心部位的正交接管，非中心部位的正交接管，非中心部位山坡上的竖直接管和垂直接管（接管中心线垂直竖直中心线），ГОСТ Р 52857.3 对于椭圆形封头非中心部位的接管 γ（见图 A.11*б*）不超过 60°。

7）凸形封头边缘部位，EN13445 规定接管与封头相交处至封头外边缘的距离 $L\geqslant D_e/10$，ГОСТ Р 52857.3 对于凸形封头边缘部位接管不加限制，而 ASMEⅧ-2:4.5 没有给出规定。

8）相互有影响的接管，ASMEⅧ-2:4.5 规定要考虑两个接管补强部分重叠须重新计算 L_R，EN13445 要进行孔间带或全面校核，ГОСТ Р 52857.3 要计算孔桥的许用压力并评定。详见上述表 7.3。

9）开孔边缘到壳体不连续处的距离规定，EN13445:9 有规定且详细，ГОСТ Р 52857.3 有规定，ASMEⅧ-2:4.5 没有给出限制值。

10）排孔，三个规范均给出相应规定。

综上所述，ASMEⅧ-2:4.5 考虑了上述 4 种载荷的作用，除圆筒或成形封头上的接管－应力计算应与 WRC 107 或 WRC 297 一致外，在标准内均给出内压、外压和承受压缩应力的开孔补强。ГОСТ Р 52857.3 在本标准内给出内压、外压和圆筒与球形封头上，作用到接管的外力、弯距条件下的接管开孔补强，并给出许用轴向力、许用弯距的许用值和联合载荷的校核条件。EN13445:9 仅给出内压和外压条件下的开孔补强。

关于接管开孔位置，ASMEⅧ-2:4.5 不能计算圆筒横截面中心部位的斜接管，ГОСТ Р 52857.3 不能计算圆筒纵截面上 γ 超过 45°的斜接管，EN13445 不能计算圆筒横截面上的切向接管和圆筒锥壳纵截面上 φ 角超过 60°的斜接管。因此，可初步认定三个规范的排序是：①ASMEⅧ-2:4.5；②ГОСТ Р 52857.3；③EN13445-3:9。

使用 ASMEⅧ-2 规范，可能有近百个国家和地区使用 EN13445 规范，有 26 个欧盟成员国使用 ГОСТ Р 52857 标准，前苏联解体后出现的 15 个国家为独联体成员国，加上其他独联体成员国。因此，三个规范是世界压力容器的先进规范，在开孔补强标准方面形成三足鼎立的局面，这是不容置疑的。

2 开孔补强的基本理论

（1）ASMEⅧ-2:4.5 实施“最大局部一次薄膜应力法”。

（2）EN13445-3:9 实施“压力面积法”（“pressure area” design method），该方法建立在保证材料提供的反作用力大于或等于由压力产生的作用力的基础上。

（3）ГОСТ Р 52857.3 给出的计算方法是以极限平衡理论为基础。第一，材料是塑性材料；第二，补强条件是，左边是壳体和接管的多余壁厚，加上补强圈的贡献，右边是在计算壁厚下失去的净面积。

补强条件见表 7.2-1。

表 7.2-1 接管开孔补强条件

标准规范	补强条件
ASMEⅧ-2:4.5	$P_L = \max\left[\left(2\sigma_{avg} - \sigma_{circ}\right), \sigma_{circ}\right] \leqslant S_{allow} = 1.5SE$
EN 13445-3:9	$(Af_s + Af_w)(f_s - 0.5P) + Af_p(f_{op} - 0.5P) + Af_b(f_{ob} - 0.5P) \geqslant P(Ap_s + Ap_b + 0.5Ap_\phi)$
ГОСТ Р 52857.3	$l_{1p}(s_1 - s_{1p} - c_s)\chi_1 + l_{2p}s_2\chi_2 + l_{3p}(s_3 - c_s - c_{s1})\chi_3 + l_p(s - s_p - c) \geqslant 0.5(d_p - d_{op})s_p$

3 三个规范均须执行“一孔一校”规定，见表 7.2-2。而 GB150 分析法补强不能做到“一孔一校”。

4 开孔限制

对单个开孔的限制见表 7.2-3。

表 7.2-2 "一孔一校"规定

标准规范	校核条件
ASMEⅧ-2:4.5	$P_{max}=\min[P_{max1},P_{max2}]\geqslant$设计压力
EN 13445-3:9	$P_{max}=\dfrac{(Af_s+Af_w)\cdot f_s+Af_b\cdot f_{ob}+Af_p\cdot f_{op}}{(Ap_s+Ap_b+0.5Ap_\phi)+0.5(Af_s+Af_w+Af_b+Af_p)}\geqslant$设计压力
ГОСТ Р 52857.3	$[p]=\dfrac{2K_1(s-c)\varphi[\sigma]}{D_p+(s-c)V}V\geqslant$设计压力

表 7.2-3 开孔限制

标准规范	圆筒	锥壳	球壳	凸形封头
ASMEⅧ-2:4.5	$D_i/t\leqslant400$		壳体内径与厚度比没有限制，见 4.5.10 和 4.5.11	
	椭圆形开孔长轴直径与短轴直径之比应小于或等于 1.5			
EN 13445-3:9	采用接管补强： $d_{ib}/(2r_{is})\leqslant1.0$			$d/D_e\leqslant0.6$
	用壳体补强的没有接管的开孔：$d/2r_{is}\leqslant0.5$			
ГОСТ Р 52857.3	$\dfrac{d_p-2c_s}{D}\leqslant1.0$	$\dfrac{d_p-2c_s}{D_к}\leqslant1.0$		$\dfrac{d_p-2c_s}{D}\leqslant0.6$
	$\dfrac{s-c}{D}\leqslant0.1$	$\dfrac{s-c}{D_к}\leqslant\dfrac{0.1}{\cos\alpha}$		$\dfrac{s-c}{D}\leqslant0.1$
	径向接管上外部静载荷作用下 $d/D\leqslant0.8$		径向接管上外部静载荷作用下 $d/D\leqslant0.6$	

5 接管横截面

垂直于壳体表面的接管横截面的形状有圆形、椭圆形和长圆形。斜接管的横截面为圆形。

6 沿器壁和管壁的补强范围

三个规范沿器壁的补强范围是不同的，带接管的壳体见表 7.2-4-1。

表 7.2-4-1 沿器壁的补强范围

标准规范	沿器壁的补强范围	
	插入式	安放式
ASMEⅧ-2:4.5	$L_R=\min\left[\sqrt{R_{eff}t},2R_n\right]$	$L_R=\min\left[\sqrt{R_{eff}t},2R_n\right]+t_n$
EN 13445-3:9	$l_{so}=\sqrt{((D_e-2e_{a,s})+e_{c,s})\cdot e_{c,s}}$ —— 用于圆筒纵截面 $l_{so}=\sqrt{(2r_{is}+e_{c,s})\cdot e_{c,s}}$ —— 用于球壳、凸形封头、圆筒锥壳横截面上接管 $l_{so}=\sqrt{\left[\left(\dfrac{D_e}{\cos\alpha}-2e_{a,s}\right)+e_{c,s}\right]\cdot e_{c,s}}$ —— 用于锥壳纵截面	

续表

标准规范	沿器壁的补强范围	
	插入式	安放式
ГОСТ Р 52857.3	$L_o=\sqrt{D_p(s-c)}$，D_P —— 壳体计算内径，s —— 壳体的名义厚度	

三个规范沿管壁伸出的补强范围，见表 7.2-4-2。

表 7.2-4-2　沿管壁的补强范围

标准规范	计算容器表面外侧，沿管壁伸出的补强范围	
	插入式	安放式
ASMEⅧ-2:4.5	$L_H=\min[L_{H1},L_{H2},L_{H3}]+t$ —— 圆筒 对于球壳或成形封头上： $L_H=\min\left[t+t_e+F_p\sqrt{R_nt_n},L_{pr1}+t\right]$	$L_H=\min[L_{H1},L_{H2},L_{H3}]$ —— 圆筒 对于球壳或成形封头上： $L_H=\min\left[t_e+F_p\sqrt{R_nt_n},L_{pr1}\right]$
EN 13445-3:9	$l_{bo}=\sqrt{(d_{eb}-e_b)\cdot e_b}$ —— 壳壁外侧	
ГОСТ Р 52857.3	$l_{1p}=\min\left\{l_1;1.25\sqrt{(d+2c_s)(s_1-c_s)}\right\}$ —— 壳壁外侧	

沿壳壁和管壁的补强范围：对于 ASMEⅧ-2:4.5，计入接管开孔近区总有效面积；对于 EN13445:9，计入应力的作用面积；对于 ГОСТ Р 52857.3，计入贡献给补强的壳体和接管的多余面积。

第 3 节　展望

1　采用 ASMEⅧ-2:4.5、EN13445:9 和 ГОСТ Р 52857.3 三个规范同时对三个实例进行开孔补强计算，均已通过，其中实例 2[4]和实例 3[4] 还通过全模型 ANSYS 分析。说明：以 GB150 的钢号和许用应力为基础，以上述三个规范为方法，为设计人员解决工程所需的，GB150 不能解决的开孔补强的各种问题提供了示例和途径。

三个规范给出的各种位置的开孔补强**图例**，犹如群星灿烂，最大限度地满足了工程需要，设计人员通过计算也实现了最高的设计享受。

2　可以让三个规范在一台要设计的容器上同时登场，各显其能：如容器上部凸形封头上设置斜接管，如图 7.1 所示；圆筒横截面设置中心部位斜接管或切向接管，如图 7.2 和图 7.3 所示；锥壳部位用卸料管，如图 7.4 所示。这是完全可行的，因为它们只是解决开孔强的一种方法。

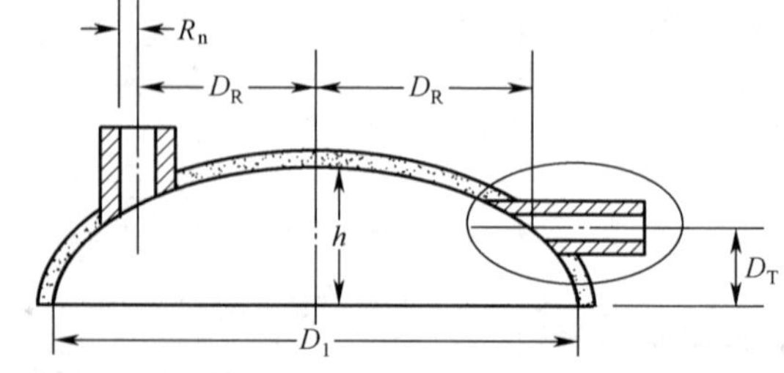

图 7.1　ASMEⅧ-2:4.5 图 4.5.10

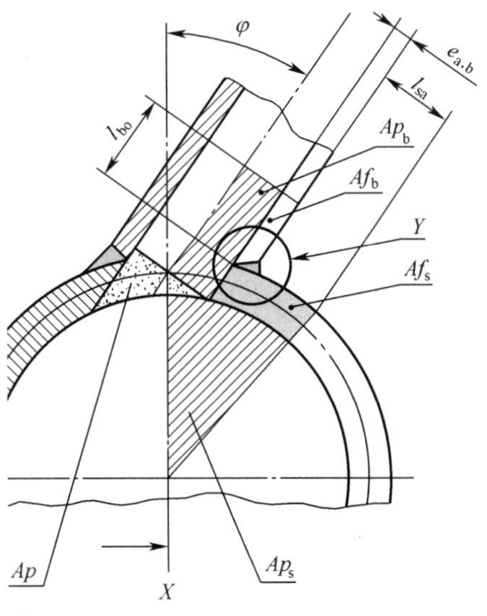

图 7.2 EN13445 图 9.5-2

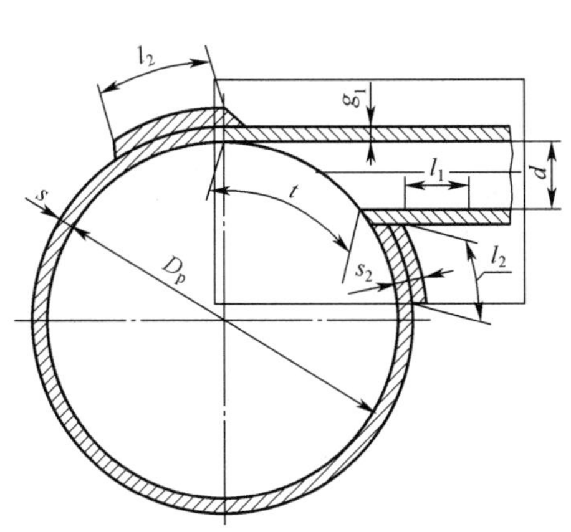

图 7.3 ГОСТ Р 52857.3 图 A.11

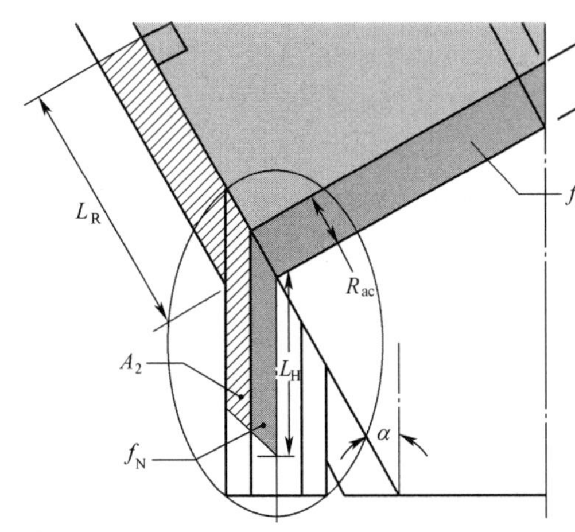

图 7.4 ASMEⅧ-2:4.5 图 4.5.8

参考文献

[1] ASMEⅧ-2:4.5-2015.

[2] DS EN13445-3:9-2014.

[3] ГОСТ Р 52857.3-2007.

[4] 栾春远．压力容器全模型 ANSYS 分析与强度计算新规范[M]．北京：中国水利水电出版社，2012．